高等学校机械类专业系列教材

# 机械制造技术

主　编　王　帅　杨化林　付　平
**副主编**　郭克红　王　蕾　武路鹏　张青春

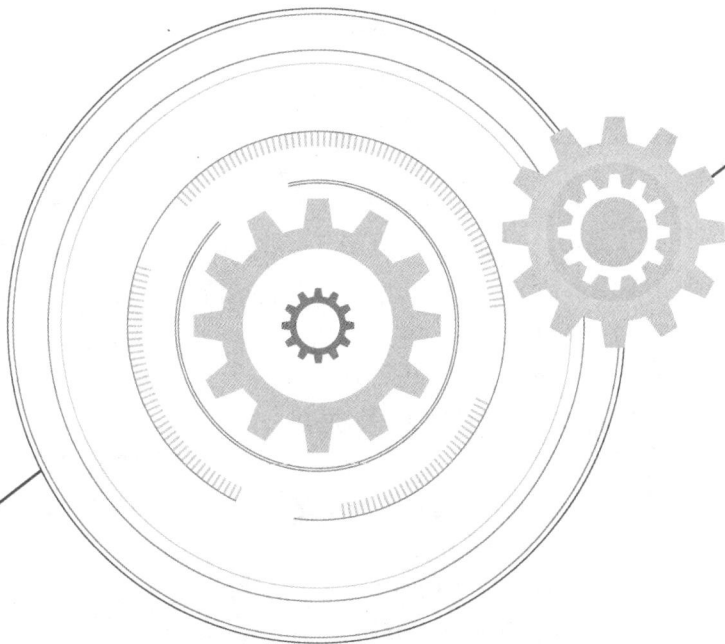

西安电子科技大学出版社

## 内 容 简 介

本书根据近年来机械制造技术、智能制造的发展以及教学计划和课程教学大纲编写。为反映现代制造技术的发展，本书在保证基本内容的基础上增加了一些新内容，理论联系实际，多用实例、图、表等来表述，贯彻国家新的制图标准，并在每章最后配有一定数量的习题，便于学生巩固所学知识。

全书内容共九章，即机械加工基础、机械制造工艺的基本概念、工件的装夹、机械加工精度、机械加工表面质量、机械加工工艺规程的制定、工艺尺寸链的概念及计算、加工成本分析、生产调度及调度算法。

本书可作为高等学校机械类专业的教材，也可供从事机械制造业的工程技术人员和参加自学考试的考生参考。

**图书在版编目（CIP）数据**

机械制造技术 / 王帅，杨化林，付平主编. -- 西安：西安电子科技大学出版社，2025. 2. -- ISBN 978-7-5606-7515-2

Ⅰ. TH16

中国国家版本馆 CIP 数据核字第 2025CA4339 号

策　　划　刘玉芳
责任编辑　李　明
出版发行　西安电子科技大学出版社（西安市太白南路 2 号）
电　　话　(029) 88202421　88201467　　邮　　编　710071
网　　址　www. xduph. com　　　　　电子邮箱　xdupfxb001@163.com
经　　销　新华书店
印刷单位　陕西精工印务有限公司
版　　次　2025 年 2 月第 1 版　　2025 年 2 月第 1 次印刷
开　　本　787 毫米×1092 毫米　　1/16　　印张 18.5
字　　数　438 千字
定　　价　47.00 元
ISBN 978-7-5606-7515-2

XDUP 7816001-1

# 前　言

为了适应机械工程相关专业教学改革的需要，编者结合多年的教学实践经验，以教学中使用的讲稿为基础，精选和增添了新的内容，编写了本书。本书在学时和内容上均充分考虑了高等工科院校学生的使用情况。

"机械制造技术"课程的特点是既有科学性、理论性，又有较强的综合性和实践性，注重联系实际培养学生工艺设计、工艺分析、工艺计算和工艺实验等方面的独立工作能力。因此，本书按照机械产品的制造过程，将机械制造基础及机械制造工艺学两门课程内容有机结合，由浅入深地介绍了有关机械加工工具、方法、技术的基本内容以及与智能制造相关并反映本学科发展方向的新内容。本书各章内容有所侧重，重点阐述机械产品制造中的某一方面的问题。通过各章之间的有机联系，本书综合阐述、分析了机械产品加工的工具、方法、质量、效率和成本等问题。

为适应工程技术应用和科学研究人才培养的需求，本书侧重于基本理论和基础知识的应用。学习本书时，读者应有一定的机械加工基础知识和生产实践的知识，先修课程包括机械制图、工程材料与机械制造基础、互换性及技术测量、机械原理、机械设计、金属切削原理及刀具和金属切削机床等。

本书各章安排如下：

第一章为机械加工基础，主要介绍机械加工中的切削基础知识、金属切削机床及加工方法、典型表面加工方案选择等。

第二章为机械制造工艺的基本概念，主要介绍制造工艺的有关工艺过程、生产类型、各类基准及误差不等式的概念。

第三章为工件的装夹，主要研究机械零件加工时应首先解决的准确、快速定位及夹紧工件的问题。

第四章为机械加工精度，主要以机械零件的加工精度为研究对象，分析各种误差对加工精度的影响，并给出相应的改善措施，以保证零件的尺寸、形状和位置精度。

第五章为机械加工表面质量，主要以机械零件的加工表面为研究对象，分析加工表面粗糙度和物理力学性能的产生原因，并给出相应的改善措施，以保证机械零件的使用性能和使用寿命。

第六章为机械加工工艺规程的制定，主要以机械零件为研究对象，分析如何通过合理安排零件的机械加工工艺过程来实现机械零件制造过程中的优质、高产和低消耗等问题。

第七章为工艺尺寸链的概念及计算，主要介绍工序设计时涉及的各类尺寸链及尺寸链换算方法。

第八章为加工成本分析，主要介绍工艺过程中涉及的各类成本及成本控制的方法。

第九章为生产调度及调度算法，主要介绍生产调度问题的相关模型及算法。

本书由王帅、杨化林和付平担任主编，郭克红、王蕾、武路鹏和张青春担任副主编。其中王帅负责编写大部分章节并进行全书统稿，杨化林负责编写第六章及全书的校核，付平负责编写第一章，郭克红、王蕾、武路鹏和张青春也参与了部分章节的编写，研究生唐晓乾、朱志明等参与了画图、排版、校对等工作。另外，华东理工大学王庆明教授对本书提出了不少宝贵意见，在此谨致衷心的感谢。

本书大部分内容在教学实践中得到了不断修正和补充，但由于编者水平有限，书中难免有不足之处，恳请读者批评指正。

编　者

2025 年 1 月

# 目　录

# 第一章

# 机械加工基础

## 第一节 切削与刀具

### 一、切削运动与切削参数

#### 1. 切削加工的分类

切削加工是使用切削工具，在工具和工件的相对运动中，把工件上多余的材料层切除，使工件获得规定的几何参数（尺寸、形状、位置）和表面质量的加工方法。切削加工分为机械加工和钳工加工两大类。

机械加工（简称机加工）是利用切削过程产生的机械力对各种工件进行加工的方法。机加工一般是通过工人操作各种金属切削机床来完成切削加工的，其主要加工方式有车削、钻削、铣削、刨削、镗削、拉削、磨削、研磨、珩磨、超精加工、抛光等，所用的机床分别为车床、钻床、铣床、刨床、镗床、拉床、磨床等。

钳工加工（简称钳工）是在钳工台上，通过工人手持工具对工件进行加工的方法。钳工是机械制造中的重要工种之一。钳工的基本操作可分为以下四种。

（1）辅助性操作：即划线，它是根据图样在毛坯或半成品工件上划出加工界线的操作。

（2）切削性操作：有錾削、锯削、锉削、攻螺纹、套螺纹、钻孔（扩孔、铰孔）、刮削和研磨等多种操作。

（3）装配性操作：即装配，它是将零件或部件按图样技术要求组装并调试成机器的工艺过程。

（4）维修性操作：即维修，它是对在役机械、设备进行维修、检查的操作。

目前虽然有各种先进的机械加工方法，但钳工具有所用工具简单、加工多样灵活、操作方便、适用面广、可以完成机械加工不能完成的某些工作等特点，更容易保证产品的质量。因此，尽管钳工操作的劳动强度大、生产效率低，但在机械制造及机械维修中钳工有着特殊的、不可取代的作用，是切削加工不可缺少的一个组成部分。随着加工技术的发展和自动化程度的提高，钳工工具和操作方法也在不断改进和发展，钳工机械化的内容亦越来越丰富。

### 2．切削过程中的工件表面

切削加工过程是一个动态过程。以车削为例，在切削加工中，工件上通常存在着三个不断变化的表面，即待加工表面、过渡表面（加工表面）和已加工表面，如图1-1所示。待加工表面是指工件上有待切除的表面；已加工表面是指工件上经刀具切削后形成的表面；过渡表面是指加工时工件上正在被刀具切削刃切削着的表面，介于待加工表面和已加工表面之间。

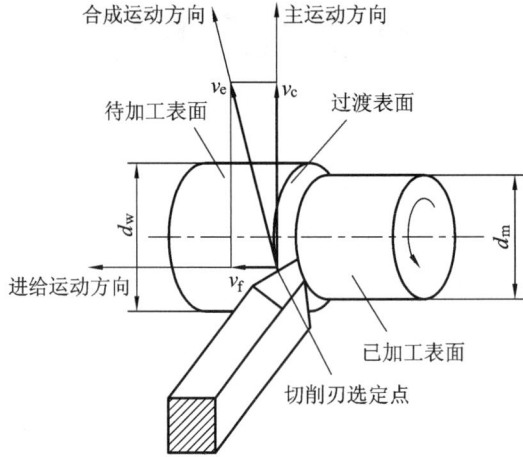

图1-1　加工表面和切削运动

### 3．切削运动的组成

为了切除多余的金属，刀具和工件间必须有一定的相对运动，即切削运动。切削运动可以是旋转运动或直线运动，也可以是连续运动或间歇运动。如图1-2所示，根据在切削中所起的作用不同，切削运动分为主运动（见图1-2中运动Ⅰ）和进给运动（见图1-2中运动Ⅱ）。切削时实际的切削运动是一个合成运动。

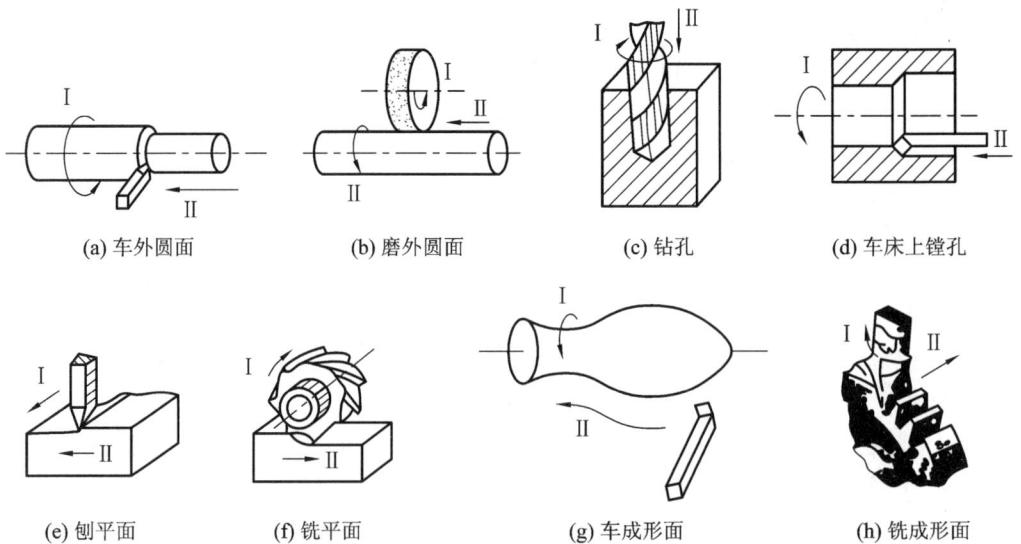

(a) 车外圆面　(b) 磨外圆面　(c) 钻孔　(d) 车床上镗孔

(e) 刨平面　(f) 铣平面　(g) 车成形面　(h) 铣成形面

图1-2　零件不同表面加工时的切削运动

主运动是由机床或人力提供的主要运动，它促使刀具与工件之间产生相对运动，从而使刀具前刀面接近工件而实现切削运动，如图 1-1 所示工件的旋转运动。主运动速度最高，消耗功率最大，因此主运动只有一个。主运动可以由工件完成，也可以由刀具完成。主运动的形式有旋转运动和往复运动两种。车削、铣削、磨削、钻削、镗削、滚齿、剃齿等加工时工件或刀具的主运动是旋转运动；刨削、插削、拉削加工时工件或刀具的主运动是往复运动。

进给运动是由机床或人力提供的运动，它使刀具与工件之间产生附加的相对运动。进给运动与主运动配合，即可不断地或连续地切除余量，如图 1-1 所示车刀的移动。除主运动以外，其余的运动都是进给运动。根据工件表面成形的需要，进给运动可以有一个或多个，也可以没有，可以是连续的，也可以是断续的。当主运动为旋转运动时，进给运动是连续的，如车削、钻削。当主运动为往复运动时，进给运动是断续的，如刨削、插削等。拉削时没有进给运动。

合成运动是由同时存在的主运动和进给运动合成的运动。

**4. 切削要素**

切削要素包括切削用量三要素（切削速度 $v_c$、进给量 $f$ 及背吃刀量 $a_p$）和切削层参数。

**1）切削速度**

切削刃上选定点相对工件主运动的瞬时速度称为切削速度，以 $v_c$ 表示，单位为 m/s 或 m/min。

若主运动为旋转运动（如车削、铣削等），则切削速度一般为其最大线速度，计算公式为

$$v_c = \frac{\pi d n}{1000} \quad (\text{m/s 或 m/min})$$

式中：$d$ 为工件或刀具的直径（mm）；$n$ 为工件或刀具的转速（r/s 或 r/min）。

若主运动为往复运动（如刨削、插削等），则常以其平均速度为切削速度，即

$$v_c = \frac{2 L n_r}{1000} \quad (\text{m/s 或 m/min})$$

式中：$L$ 为往复行程长（mm）；$n_r$ 为主运动每秒或每分钟的往复次数（str/s 或 str/min）。

**2）进给量**

刀具在进给运动方向上相对工件的位移量称为进给量，以 $f$ 表示。不同的加工方法，由于所用刀具和切削运动形式不同，进给量的表述和度量方法也不相同。

若用单齿刀具（如车刀、刨刀等）加工，则当主运动是旋转运动时，进给量指每转进给量，即工件或刀具每旋转一周，两者沿进给方向的相对位移量，单位为 mm/r；当主运动是往复运动时，进给量指每行程进给量，即刀具或工件每往复直线运动一次，两者沿进给方向的相对位移量。

若用多齿刀具（如铣刀、钻头等）加工，则进给运动的瞬时速度称为进给速度，以 $v_f$ 表示，单位为 mm/s 或 mm/min。刀具每转或每行程中每齿相对工件在进给运动方向上的位移量称为每齿进给量，以 $f_z$ 表示，单位为 mm/z。$f_z$、$f$、$v_f$ 之间有如下关系：

$$v_f = f n = f_z z n \quad (\text{mm/s 或 mm/min})$$

式中：$n$ 为刀具或工件的转速(r/s 或 r/min)；$z$ 为刀具的齿数。

3）背吃刀量

在通过切削刃上选定点并垂直于该点主运动方向的切削层尺寸平面中，垂直于进给运动方向测量的切削层尺寸，称为背吃刀量，以 $a_p$ 表示，单位为 mm。如图 1-3(a)所示，车外圆时，$a_p$ 可用下式计算：

$$a_p = \frac{d_w - d_m}{2} \quad (mm)$$

式中：$d_w$、$d_m$ 分别为工件待加工表面和已加工表面的直径(mm)。

4）切削层参数

切削层是指切削过程中，由刀具切削部分的一个单一动作(如车削时工件转一圈，车刀主切削刃移动一段距离)所切除的工件材料层。它决定了切屑的尺寸及刀具切削部分的载荷。切削层的尺寸和形状通常是在切削层尺寸平面中测量的，如图 1-3 所示。

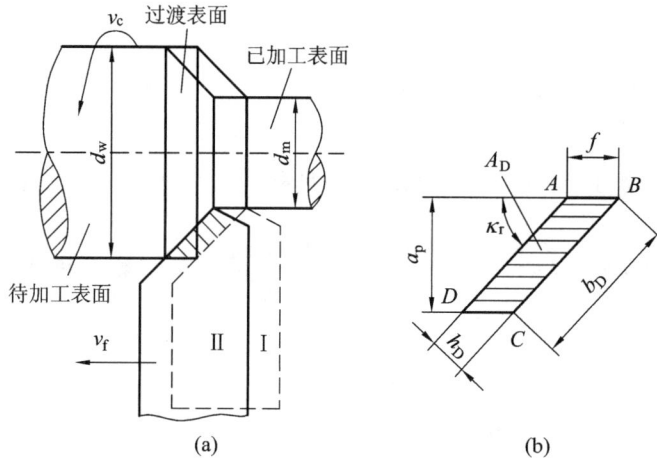

图 1-3　车削时切削层尺寸

（1）切削层公称横截面积 $A_D$：在给定瞬间，切削层在切削层尺寸平面里的实际横截面积，单位为 mm²。

（2）切削层公称宽度 $b_D$：在给定瞬间，作用于主切削刃截形上两个极限点间的距离，在切削层尺寸平面中测量，单位为 mm。

（3）切削层公称厚度 $h_D$：同一瞬间切削层公称横截面积与公称宽度之比，单位为 mm。由定义可知

$$A_D = b_D h_D \quad (mm^2)$$

对于车削加工来说，切削层公称横截面积

$$A_D \approx f a_p \quad (mm^2)$$

## 二、切削刀具

切削刀具是在切削加工过程中直接完成切削工作的部件。切削刀具的种类繁多，形状各异，但不管切削刀具的结构多么复杂，它们的基本构成是一样的，即都是由夹持部分和

切削部分组成的。夹持部分是用来将刀具夹持在机床上的部分，要求它能保证刀具正确的工作位置，传递所需要的运动和动力，并且夹固可靠，装卸方便；切削部分是刀具上直接参加切削工作的部分，刀具的切削性能取决于刀具切削部分的几何参数、结构及材料。

### 1．刀具的组成

各种多齿刀具切削部分的结构要素和几何角度都有着许多共同的特征。多齿刀具的每一个刀齿都相当于一把车刀的刀头，所以，研究切削刀具时总是以车刀为基础，如图 1-4 所示。

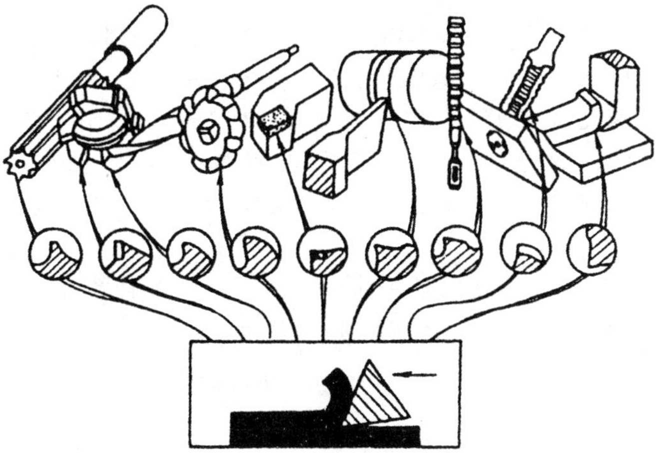

图 1-4　刀具的切削部分

车刀由工作部分和非工作部分构成。车刀的工作部分即切削部分，非工作部分就是车刀的柄部（或刀杆）。

车刀的切削部分由"三面、两刃、一尖"（前刀面、主后刀面、副后刀面、主切削刃、副切削刃、刀尖）组成，如图 1-5 所示。

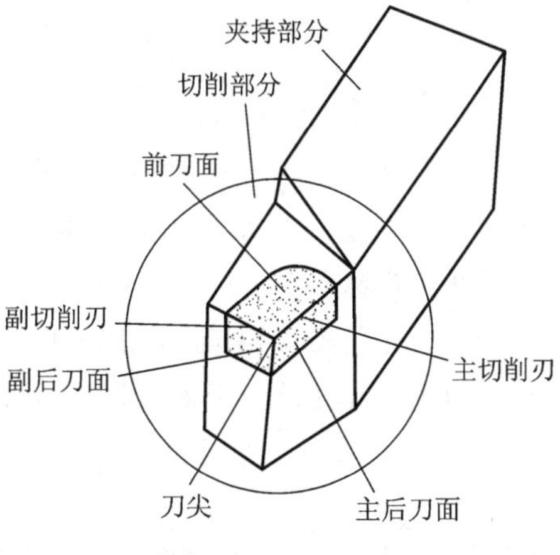

图 1-5　外圆车刀的切削部分

（1）前刀面：刀具上切屑流过的表面。

（2）主后刀面：与工件过渡表面相对的表面。

（3）副后刀面：与工件已加工表面相对的表面。

（4）主切削刃：前刀面与主后刀面的交线。切削时主要的切削工作由它来负担。

（5）副切削刃：前刀面与副后刀面的交线。切削过程中它也起一定的切削作用，但不是很明显。

（6）刀尖：主切削刃与副切削刃的连接处相当少的一部分切削刃。实际刀具的刀尖并非绝对尖锐，为了增加刀尖处的强度，改善散热条件，通常在刀尖处磨出一小段曲线或直线，分别称为修圆刀尖和倒角刀尖。

**2. 刀具角度**

刀具要从工件上切除余量，必须具有一定的切削角度。切削角度决定切削性能。为定义、规定刀具角度的大小，需选定适当组合的基准坐标平面建立参考系。用于定义刀具设计、制造、刃磨和测量几何参数的参考系，称为刀具静止参考系；用于规定刀具进行切削加工时几何参数的参考系，称为刀具工作参考系。工作参考系与静止参考系的区别在于，工作参考系用实际的合成运动方向取代假定主运动方向，用实际的进给运动方向取代假定进给运动方向。

（1）刀具静止参考系。最常用的刀具静止参考系是正交平面参考系，它主要包括基面、切削平面、正交平面和假定工作平面，如图 1-6 所示。

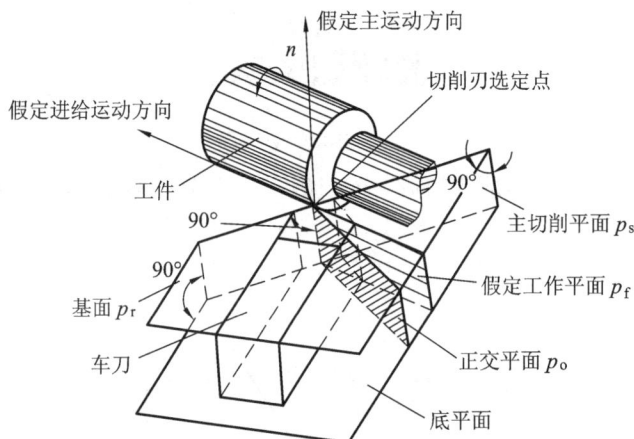

图 1-6 正交平面参考系

① 基面：过切削刃选定点，垂直于该点假定主运动方向的平面，以 $p_r$ 表示。对于车刀，基面一般为过切削刃选定点的水平面，平行于刀具安装的底平面。

② 切削平面：过切削刃选定点，与切削刃相切，并垂直于基面的平面，以 $p_s$ 表示。

③ 正交平面：过切削刃选定点，并同时垂直于基面和切削平面的平面，以 $p_o$ 表示。

④ 假定工作平面：过切削刃选定点，垂直于基面并平行于假定进给运动方向的平面，以 $p_f$ 表示。

（2）刀具标注角度。刀具在设计、制造、刃磨及测量时，必须考虑的标注角度主要包括前角、后角、主偏角、副偏角和刃倾角。车刀的主要角度如图 1-7 所示。

① 主偏角 $\kappa_r$：在基面中测量的主切削平面与假定工作平面间的夹角。主偏角愈小，切削层公称宽度愈大而公称厚度愈小，即切下宽而薄的切屑，主切削刃单位长度上的负荷较小，并且散热条件较好，有利于刀具寿命的提高。但是，当主偏角减小时，背向力将增大，

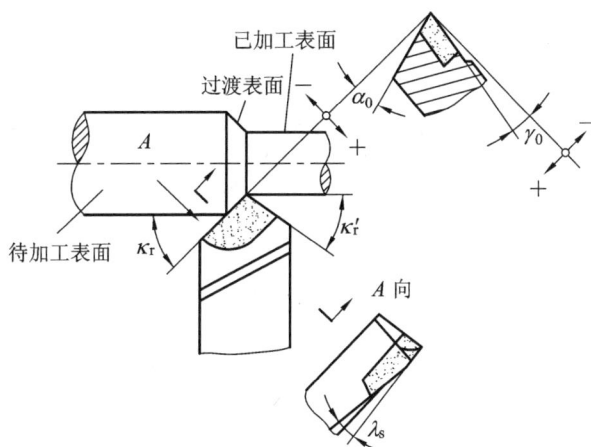

图 1-7　车刀的主要角度

若加工刚度较差的工件（如车细长轴），则容易引起工件变形，并可能产生振动。

② 副偏角 $\kappa_r'$：在基面中测量的副切削平面与假定工作平面间的夹角。如图 1-8 所示，当主、副偏角小时，已加工表面残留面积的高度 $h_c$ 亦小，因而可减小表面粗糙度的值，并且降低刀尖强度、改善散热条件，有利于提高刀具寿命。副偏角还有减小副后刀面与已加工表面间摩擦的作用。

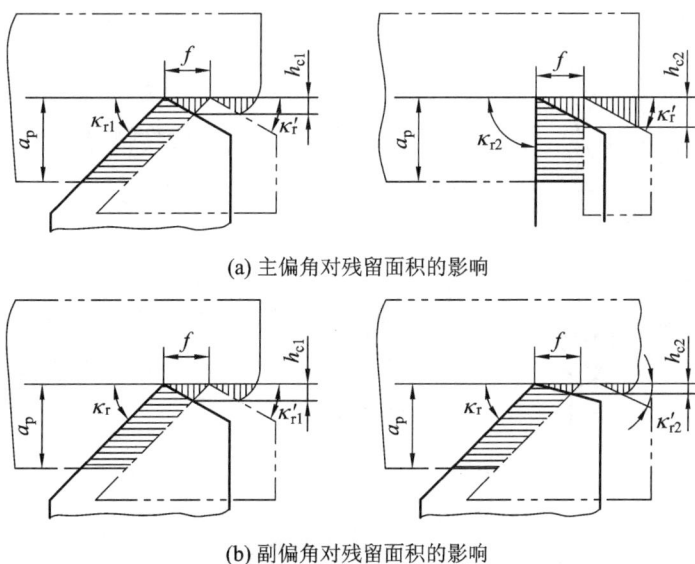

(a) 主偏角对残留面积的影响

(b) 副偏角对残留面积的影响

图 1-8　主、副偏角对残留面积的影响

③ 前角 $\gamma_0$：在正交平面中测量的前刀面与基面间的夹角。根据前刀面和基面相对位置的不同，前角可分为正前角、零度前角和负前角，如图 1-9 所示。

当取较大的前角时，切削刃锋利，切削轻快，即切削层材料变形小，切削力也小。但当前角过大时，切削刃和刀头的强度、散热条件和受力状况变差，将使刀具磨损加快，刀具寿命降低，甚至崩刃损坏。若取较小的前角，虽切削刃和刀头较强固，散热条件和受力状况也较好，但切削刃不够锋利，对切削加工不利。

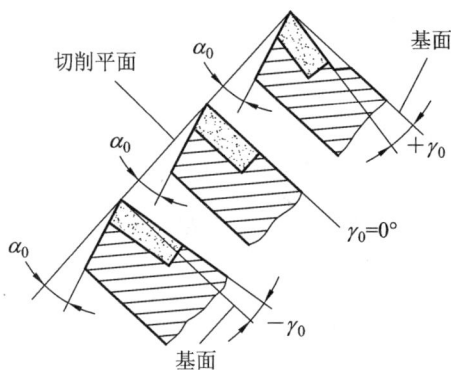

图 1-9 前角的三种类型

④ 后角 $\alpha_0$：在正交平面中测量的刀具后刀面与切削平面间的夹角。后角也可以有正负之分，但一般为正值。

后角的主要作用是减少刀具后刀面与工件表面间的摩擦，并配合前角改变切削刃的锋利程度与强度。后角增大，摩擦减小，切削刃锋利。但后角过大，将使切削刃变弱，散热条件变差，加速刀具磨损。反之，后角过小，虽切削刃强度增加，散热条件变好，但摩擦加剧。

⑤ 刃倾角 $\lambda_s$：在主切削平面中测量的主切削刃与基面间的夹角。与前角类似，刃倾角也有零和正、负值之分，如图 1-10 所示。当主切削刃与基面平行时 $\lambda_s = 0°$；当刀尖点相对基面处于主切削刃上的最高点时 $\lambda_s > 0°$；当刀尖点相对基面处于主切削刃上的最低点时 $\lambda_s < 0°$。

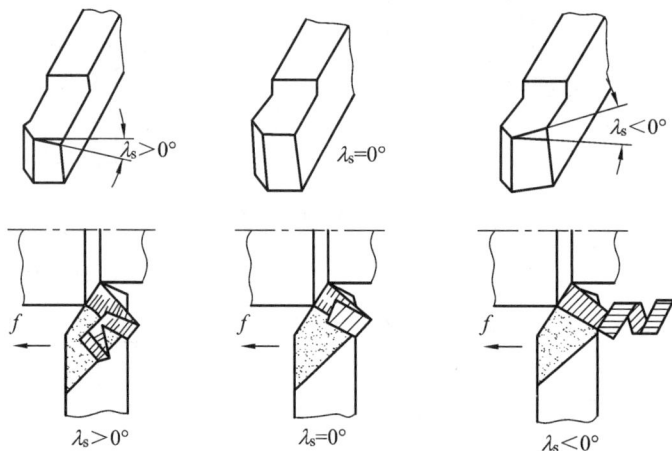

图 1-10 刃倾角及其对排屑方向的影响

刃倾角主要影响刀头的强度、切削分力和排屑方向。负的刃倾角可起到增强刀头的作用，但会使背向力增大，有可能引起振动，而且还会使切屑排向已加工表面，划伤和拉毛已加工表面。因此，粗加工时为了增强刀头，$\lambda_s$ 常取负值；精加工时为了保护已加工表面，$\lambda_s$ 常取正值或零。

（3）刀具工作角度。刀具工作角度是指在工作参考系中定义的刀具角度。刀具工作角度考虑了合成运动和刀具安装条件的影响，一般情况下，进给运动对合成运动的影响可忽略，但在切断、车螺纹及车非圆柱表面时，就要考虑进给运动的影响。

车外圆时，若车刀刀尖与工件回转轴线等高，则车刀的工作角度近似于静止参考系中的角度；若刀尖高于工件的回转轴线，则工作前角 $\gamma_{0e}>\gamma_0$，而工作后角 $\alpha_{0e}<\alpha_0$；若刀尖低于工件的回转轴线，则 $\gamma_{0e}<\gamma_0$，$\alpha_{0e}>\alpha_0$（镗孔时的情况正好与此相反），如图 1-11 所示。当车刀刀柄的纵向轴线与进给方向不垂直时，将会引起主偏角和副偏角的变化，如图 1-12 所示。

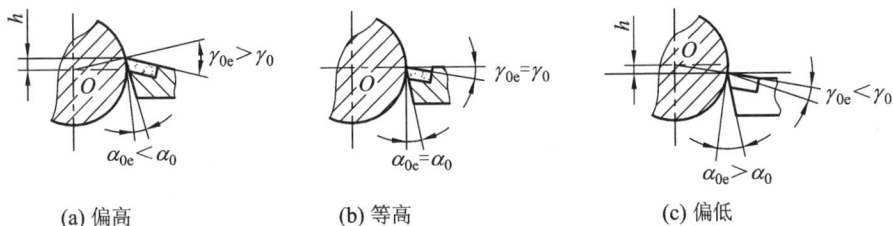

(a) 偏高　　(b) 等高　　(c) 偏低

图 1-11　车刀安装高度对前角和后角的影响

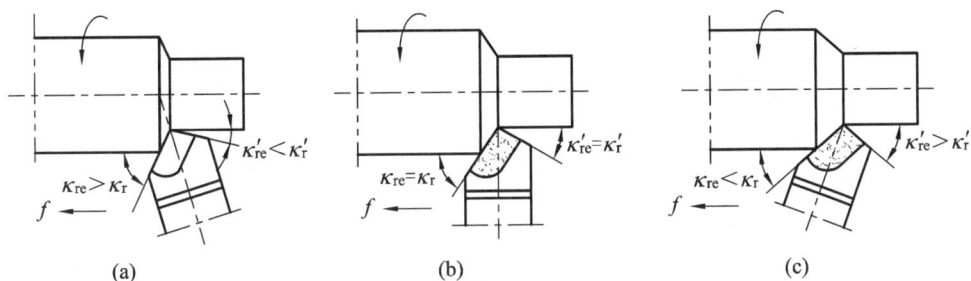

(a)　　(b)　　(c)

图 1-12　车刀安装偏斜对主偏角和副偏角的影响

### 3. 刀具结构

刀具的结构形式对刀具的切削性能、切削加工的生产效率和经济性有着重要的影响。下面以车刀为例说明刀具结构的特点，车刀的结构形式如图 1-13 所示。

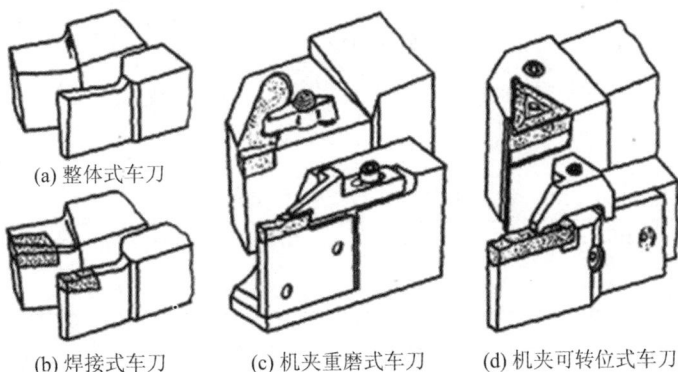

(a) 整体式车刀

(b) 焊接式车刀　　(c) 机夹重磨式车刀　　(d) 机夹可转位式车刀

图 1-13　车刀的结构形式

（1）整体式车刀：早期使用的车刀多半是整体结构，切削部分与夹持部分材料相同，由于这种结构对贵重的刀具材料消耗较大，因此整体式车刀常用高速钢制造。

（2）焊接式车刀：将硬质合金刀片焊接在开有刀槽的刀杆上，然后刃磨使用。焊接式车刀结构简单、紧凑、刚性好、灵活性大，可根据加工条件和加工要求磨出所需角度，应用十分普遍。但焊接式车刀的硬质合金刀片经过高温焊接和刃磨后，容易产生内应力和裂纹，使切削性能下降，对提高生产效率不利。

（3）机夹重磨式车刀：主要特点是刀片和刀杆是两个可拆开的独立元件，工作时靠夹紧元件把它们紧固在一起。车刀磨钝后，将刀片卸下刃磨，然后重新装上继续使用。这类车刀避免了焊接引起的缺陷，较焊接式车刀提高了刀具耐用度，且刀杆可重复使用，降低了生产成本，但结构复杂，不能完全避免由于刃磨而可能引起的刀片裂纹。

（4）机夹可转位式车刀：将压制有一定几何参数的多边形刀片用机械夹固的方法装夹在标准的刀体上形成的车刀。使用时，刀片上一个切削刃用钝后，只需松开夹紧机构，将刀片转位换成另一个新的切削刃便可继续切削。机夹可转位式车刀不需刃磨和焊接，能避免因焊接引起的缺陷，提高刀具切削性能；减少刃磨、换刀、调刀所需的辅助时间，提高生产效率；可使用涂层刀片，提高刀具耐用度，延长刀具使用寿命，节约成本。因此，机夹可转位式车刀在现代生产中的应用越来越多。

**4．刀具材料**

刀具在切削时要承受高压、高温、剧烈摩擦、冲击和振动，因此，刀具材料应具备较高的硬度、较好的耐磨性、足够的强度和韧度、较高的耐热性、良好的工艺性和经济性。目前尚没有一种刀具材料能全面满足上述要求，因此，必须了解常用刀具材料的性能和特点，以便根据工件材料的性能和切削要求，选用合适的刀具材料。同时，应进行新型刀具材料的研制。

生产中常用的刀具材料有碳素工具钢、合金工具钢、高速钢、硬质合金、陶瓷等，其基本性能如表1-1所示。另外还包括新型刀具，如涂层刀具材料、金刚石刀具材料和立方氮化硼等。

**表 1-1　常用刀具材料基本性能**

| 刀具材料 | 代表牌号 | 硬度/HRA(HRC) | 抗弯强度 $\sigma_b$ | | 耐热性/℃ |
| --- | --- | --- | --- | --- | --- |
| | | | GPa | kg/mm² | |
| 碳素工具钢 | T10A | 81～83(60～64) | 2.45～2.75 | 250～280 | <200 |
| 合金工具钢 | 9SiCr | 81～83.5(60～65) | 2.45～2.75 | 250～280 | 250～300 |
| 高速钢 | W18Cr4V | 82～87(62～69) | 3.43～4.41 | 350～450 | 540～650 |
| 硬质合金 | K30 | 89.5～91 | 1.08～1.47 | 110～150 | 800～900 |
| | P10 | 89.5～95.2 | 0.88～1.27 | 90～130 | 900～1000 |
| 陶瓷 | AM | 91～94 | 0.44～0.83 | 45～85 | >1200 |

（1）碳素工具钢和合金工具钢：含碳量较高的优质钢（如 T10A、T12A 等），淬火后硬度较高、价廉，但耐热性较差。在碳素工具钢中加入少量的 Cr、W、Mn、Si 等元素，形成合金工具钢（如 9SiCr 等），可适当减少热处理变形和提高耐热性。由于这两种刀具材料的耐热性较低，常用来制造手工工具或切削速度较低的刀具，如锉刀、锯条、铰刀等。

（2）高速钢：加入较多 W、Mo、Cr、V 等合金元素的高合金工具钢。高速钢具有较高的硬度（热处理硬度可达 62～69 HRC）和耐热性（切削温度可达 540～650℃）。它的硬度、耐磨性和耐热性虽略低于硬质合金，但强度和韧度高于硬质合金，工艺性较硬质合金好，价格也比硬质合金低。高速钢适合于制造结构和刃型复杂的刀具，如成形车刀、铣刀、钻头、插齿刀、剃齿刀、螺纹刀具和拉刀。高速钢分为通用型高速钢（如 W18Cr4V）、高性能高速钢（如 W2Mo9Cr4VCo8）、粉末高速钢等。

（3）硬质合金：以高硬度、高熔点的金属碳化物（WC、TiC 等）作基体，以金属 Co 等作黏结剂，用粉末冶金的方法制成的一种合金。它的硬度高（一般可达 89～96 HRA）、耐磨性好、耐热性高（一般可耐 800～1000℃ 的高温），允许的切削速度比高速钢高数倍，但其强度和韧度均较高速钢低，工艺性也不如高速钢。因此，硬质合金常制成各种形式的刀片，焊接或机械夹固在车刀、刨刀、端铣刀等的刀柄（刀体）上使用。硬质合金可分为 P、M、K 三个主要类别。

（4）涂层刀具材料：指通过气相沉积或其他技术方法，在韧度较好的硬质合金基体或高速钢基体上涂覆一薄层高硬度、高耐磨性的难熔金属或非金属化合物而构成的刀具材料。这是提高刀具材料耐磨性而又不降低其韧性的有效方法之一。主要涂层材料有 TiC、TiN、TiC+TiN、TiC+Al$_2$O$_3$、TiC+TiN+Al$_2$O$_3$ 或金刚石等。采用多涂层可使涂层具有更高的结合强度和使刀片具有更好的切削性能。涂层硬质合金刀片的寿命至少可提高 1～3 倍，涂层高速钢刀具的寿命至少可提高 2～10 倍。

（5）陶瓷刀具材料：以氧化铝或氮化硅为基体添加少量金属，在高温下烧结而成的刀具材料。大部分陶瓷刀具材料以氧化铝为基体，即主要成分是 Al$_2$O$_3$。陶瓷刀具具有很高的硬度、耐热性和耐磨性，有良好的化学稳定性和抗氧化性，与金属的亲和力小，抗黏结和抗扩散能力强，能以更高的速度切削，并可切削难加工的高硬度材料，加之 Al$_2$O$_3$ 的价格低廉，原料丰富，因此很有发展前途。但是陶瓷材料抗弯强度低，性脆，抗冲击韧度差，易崩刃。

（6）金刚石刀具材料：金刚石刀具材料包括天然金刚石和人造金刚石。天然金刚石是自然界最硬的材料，耐磨性极好，但价格昂贵，主要用于加工精度和表面粗糙度要求极高的零件，如加工磁盘、激光反射镜、感光鼓、多面镜等。人造金刚石是碳的同素异形体，是通过金属触媒的作用在高温、高压下由石墨转化而成的人工制造出的最坚硬物质，硬度极高，切削刃口锋利，刃部表面摩擦系数小，不易产生黏结或积屑瘤，耐磨性极好，可切削极硬的材料而长时间保持尺寸的稳定性，刀具耐用度极高。但这种材料的韧性和抗弯强度很差，只有硬质合金的 1/4，热稳定性也很差，不耐高温。而且金刚石刀具材料与铁元素的化学亲和力很强，易产生黏结作用加快刀具磨损，不宜加工铁族金属。

（7）立方氮化硼（CBN）：由六方氮化硼在高温、高压下加入催化剂转化而成的一种新型超硬刀具材料。它具有很高的硬度及耐磨性，热稳定性好，硬度在 3000～4500 HV，仅次于金刚石。它导热性好，摩擦系数低，化学惰性大，与铁族金属亲和力小，耐热性比金刚石高得多，在 1200～1300℃ 的高温下也不与铁金属起化学反应。立方氮化硼主要用于淬硬工具钢、冷硬铸铁、耐热合金及喷焊材料等难加工材料的半精加工和精加工，是一种很有发展前途的刀具材料。立方氮化硼和金刚石刀具脆性大，故使用时机床刚性要好，主要用于连续切削，尽量避免冲击和振动。

## 三、切削过程及控制

### 1. 切屑形成过程及切屑的种类

1) 切屑形成过程

金属的切削过程实际上与金属的挤压过程很相似。刀具与工件接触处的压力使工件产生弹性变形，剪应力不断增加，直到产生滑移。经过塑性变形的切屑，其厚度 $h_{ch}$ 大于切削层公称厚度 $h_D$，其长度 $l_{ch}$ 小于切削层公称长度 $l_D$（如图 1-14 所示），这种现象称为切屑收缩。切屑厚度 $h_{ch}$ 与切削层公称厚度 $h_D$ 之比称为切屑厚度压缩比，以 $\xi_h$ 表示。在一般情况下，$\xi_h > 1$。切屑厚度压缩比反映了切削过程中切屑变形程度的大小，对切削力、切削温度和表面粗糙度有重要影响。在其他条件不变时，切屑厚度压缩比愈大，切削力愈大，切削温度愈高，表面愈粗糙。

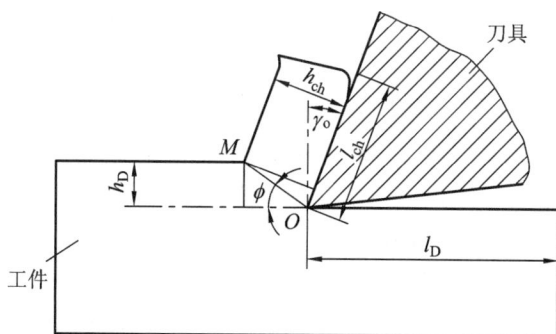

图 1-14 切屑厚度压缩比

2) 切屑的种类

由于工件材料的塑性不同、刀具的前角不同或采用不同的切削用量等，会形成不同类型的切屑，并对切削加工产生不同的影响。常见的切屑有三种，如图 1-15 所示。

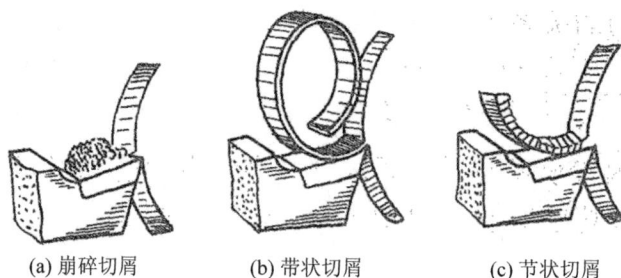

(a) 崩碎切屑　　　　(b) 带状切屑　　　　(c) 节状切屑

图 1-15 切屑的类型

（1）崩碎切屑。在切削铸铁和黄铜等脆性材料时，切削层金属发生弹性变形以后，一般不经过塑性变形就突然崩落，形成不规则的碎块状屑片，即为崩碎切屑[如图 1-5(a)所示]。当刀具前角小、进给量大时易产生这种切屑。产生崩碎切屑时，切削过程不平稳，切削热和切削力都集中在主切削刃和刀尖附近，刀具易崩刃、刀尖易磨损，并容易产生振动，影响表面质量。

（2）带状切屑。切屑外形连续不断呈带状，底面光滑、背面呈毛茸状的切屑即为带状切屑[如图1-15(b)所示]。在用大前角的刀具、较高的切削速度和较小的进给量切削塑性材料时，容易得到带状切屑。形成带状切屑时，切削力较平稳，加工表面较光洁，但切屑连续不断会产生安全隐患，也可能擦伤已加工表面，影响加工过程顺利进行，因此要采取断屑措施。

（3）挤裂（节状）切屑。切屑接触面有裂纹，外表面是锯齿形的切屑即为挤裂切屑。在采用较低的切削速度和较大的进给量、刀具前角较小、粗加工中等硬度的钢材料时，容易得到挤裂切屑[如图1-15(c)所示]。形成这种切屑时，金属材料经过弹性变形、塑性变形、挤裂和切离等阶段，是典型的切削过程。由于切削力波动较大，工件表面较粗糙。

**2. 积屑瘤**

1）积屑瘤的产生及影响

在一定范围的切削速度下切削塑性金属形成带状切屑时，常常在刀具前刀面靠近切削刃的部位黏附着一小块很硬的金属楔状物，这就是积屑瘤。积屑瘤是在一定的温度与压力作用下，由于摩擦阻力较大导致金属滞流，使得一部分金属黏结或冷焊在切削刃附近而产生的。

积屑瘤的硬度比工件材料的硬度高，附着在切削刃附近的积屑瘤能代替切削刃进行切削，起到保护切削刃的作用。同时，由于积屑瘤的存在，增大了刀具的实际工作前角，切削力降低，使切削轻快。所以，粗加工时可利用积屑瘤保护切削刃。但是，积屑瘤的顶端伸出切削刃之外，而且在不断地产生和脱落，使切削层公称厚度不断变化，影响尺寸精度。此外，积屑瘤还会导致切削力的变化，引起振动，磨损刀具，并会有一些积屑瘤碎片黏附在工件已加工表面上，增大表面粗糙度。因此，精加工时应尽量避免积屑瘤产生。

2）积屑瘤的控制

影响积屑瘤形成的主要因素有：工件材料的力学性能、切削速度和冷却润滑条件等。工件材料塑性越大，越容易形成积屑瘤。切削速度对积屑瘤高度的影响如图1-16所示。

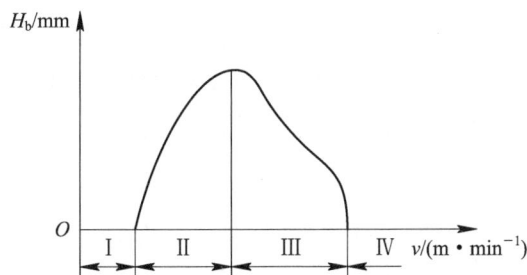

图1-16 切削速度对积屑瘤高度的影响

抑制或消除积屑瘤可采取以下措施：加工时控制切削速度，采用低速或高速切削，避开产生积屑瘤的切削速度区；采用润滑性能好的切削液，使摩擦和黏结减少，降低切削温度；适当减少进给量、增大刀具前角，减小切削变形，降低切屑接触区压力；采用适当的热处理来提高工件材料的硬度、降低塑性、减小加工硬化倾向。为了避免形成积屑瘤，一般精车、精铣采用高速切削，而拉削、铰削和精刨时，则采用低速切削。

### 3．切削力和切削功率

*1）切削力*

刀具在切削工件时，克服材料的弹性、塑性变形抗力，克服刀具与工件及刀具与切屑之间的摩擦力等构成了实际的总切削力。以车削外圆为例，总切削力 $F$ 一般分解为三个互相垂直的分力，如图 1-17 所示。

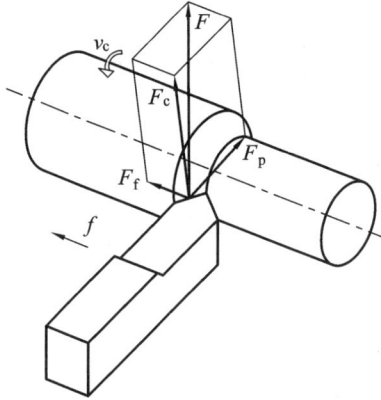

图 1-17　车削时总切削力的分解

（1）切削力 $F_c$：总切削力 $F$ 在主运动方向上的分力，大小约占总切削力的 $80\%\sim$ $90\%$。$F_c$ 消耗的功率最多，约占机床总功率的 $90\%$，是计算切削功率、校核机床主传动系统零件和刀具强度及刚度的主要依据。当 $F_c$ 过大时，可能使刀具损坏或使机床发生"闷车"现象。

（2）进给力 $F_f$：总切削力 $F$ 在进给运动方向上的分力，是设计和校验进给机构所必需的数据，进给力也做功，但只消耗机床总功率的 $1\%\sim5\%$。

（3）背向力 $F_p$：总切削力 $F$ 在垂直于工作平面方向上的分力。因为切削时这个方向上的运动速度为零，所以 $F_p$ 不消耗功率。但 $F_p$ 一般作用在机床、夹具、工件、刀具组成的工艺系统中刚度较弱的方向上，容易使工件变形，甚至可能产生振动，影响工件的加工精度及已加工表面质量。因此，应当设法减小或消除 $F_p$ 的影响。

*2）切削功率*

切削功率 $P_m$ 应是三个切削分力消耗功率的总和，但背向力 $F_p$ 消耗的功率为零，进给力 $F_f$ 消耗的功率很小，一般可忽略不计。因此，切削功率 $P_m$ 可用下式计算：

$$P_m = 10^{-3} F_c \cdot v_c \quad (\text{kW})$$

式中：$F_c$ 为切削力（N）；$v_c$ 为切削速度（m/s）。

机床电动机的功率 $P_E$ 满足

$$P_E \geqslant \frac{P_m}{\eta_m} \quad (\text{kW})$$

式中：$\eta_m$ 为机床传动效率，一般取 $0.75\sim0.85$。

#### 4. 切削热和切削温度

**1）切削热的热源**

在切削过程中，由于绝大部分的切削功都转变成热量，所以有大量的热产生，这些热称为切削热。切削热主要有三个切削热源：切屑变形所产生的热量，是切削热的主要来源；切屑与刀具前刀面之间的摩擦所产生的热量；工件与刀具后刀面之间的摩擦所产生的热量。随着刀具材料、工件材料、切削条件的不同，三个热源的发热量亦不相同。

**2）切削热的传导途径**

切削热产生以后，由切屑、工件、刀具及周围的介质（如空气）四条途径传导出去。各部分传导的比例是：切屑传出的热约为 50%～86%；工件传出的热约为 40%～10%；刀具传出的热约为 9%～3%；周围介质传出的热约为 1%。传入切屑及介质中的热量越多，对加工越有利。因此，在切削加工中应采取措施减少切削热的产生，同时改善散热条件以减少高温对刀具和工件的不良影响。

**3）切削温度及其影响因素**

切削温度一般是指切屑、工件和刀具接触区域的平均温度。切削温度的高低取决于切削热量产生的多少和散热的快慢。影响切削温度的主要因素有：

（1）切削用量。在切削用量三要素中，切削速度对切削温度的影响最大，进给量和背吃刀量对切削温度的影响较小。当切削速度增加时，切削功率增加，切削热亦增加。从降低切削温度、提高刀具寿命的角度来看，选用大的背吃刀量和进给量，比选用高的切削速度有利。

（2）工件材料。工件材料的强度和硬度越高，切削力和切削功率越大，产生的切削热越多。切削脆性材料时，由于塑性变形很小，崩碎切屑与前刀面的摩擦也小，产生的切削热较少。

（3）刀具角度。增大前角，可减少切屑变形，降低切削温度，但当前角过大时，会使刀具的传热条件变差，反而不利于切削温度的降低。减小主偏角，主切削刃的工作长度增加，改善了散热条件，也可降低切削温度。

（4）切削液。合理选择和使用切削液，能减小摩擦和改善散热条件，带走大量的切削热，降低切削温度。

#### 5. 切削液

切削液具有冷却、润滑、清洗的作用。常用的切削液有以下几种：

（1）水溶液。水溶液的主要成分是水，并加入少量的防锈剂等添加剂，具有良好的冷却作用，可以大大降低切削温度，但润滑性能较差。

（2）乳化液。乳化液是将乳化油用水稀释而成的，具有良好的流动性和冷却作用，并有一定的润滑作用。低浓度的乳化液用于粗车、磨削，高浓度的乳化液用于精车、精铣、精镗、拉削等。

（3）切削油。切削油主要用矿物油制成，少数切削油采用动植物油或混合油。切削油的润滑作用良好，而冷却作用小，多用以减小摩擦和减小工件表面粗糙度，因此切削油常用于精加工工序，如精刨、珩磨和超精加工等常使用煤油作切削液。

目前，切削液的使用方法以浇注法最为普遍。在使用时应注意把切削液尽量注射到切削区，仅仅浇注到刀具上是不恰当的。为了提高切削液的使用效果，可以采用喷雾冷却或内冷却法。

### 6. 刀具磨损和刀具寿命

1）刀具磨损形式

刀具正常磨削时,按磨损的部位不同,可分为后刀面磨损(通常用磨损宽度 $VB$ 表示)、前刀面磨损(通常用磨损深度 $KT$ 表示)和前后刀面同时磨损三种形式,如图1-18所示。

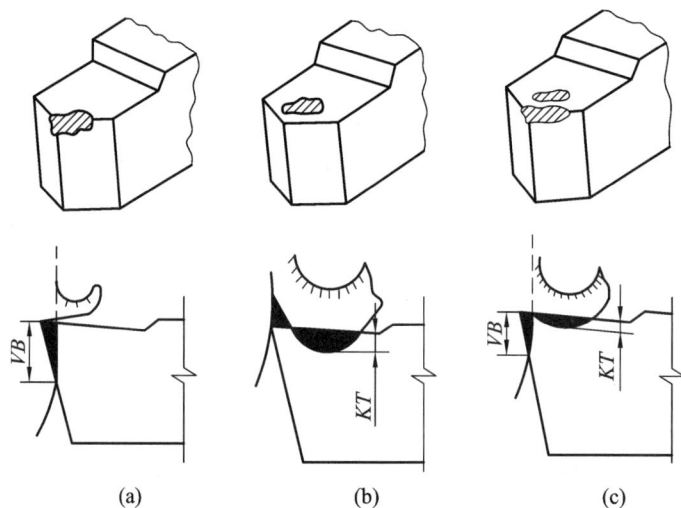

(a)　　　　　　　(b)　　　　　　　(c)

图1-18　刀具磨损形式

2）刀具磨损过程

在一定切削条件下,不论何种磨损形态,刀具磨损量都将随时间的延长而增大。如图1-19所示为硬质合金车刀主后刀面磨损量 $VB$ 与切削时间之间的关系,即磨损曲线。

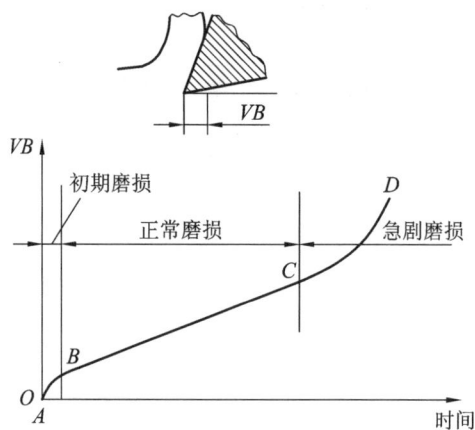

图1-19　刀具磨损过程

经验表明,在刀具正常磨损阶段的后期、急剧磨损阶段之前,换刀重磨为最好。这样既可保证加工质量又能充分利用刀具材料。

3）刀具耐用度和刀具寿命

通常以1/2背吃刀量处后刀面上测定的磨损带宽度 $VB$ 作为刀具磨钝标准。一把新刀

（或重新刃磨过的刀具）从开始使用直至达到磨钝标准所经历的实际切削时间，称为刀具耐用度，以 $T$ 表示。一把新刀从第一次投入使用直至完全报废（经刃磨后亦不可再用）时所经历的实际切削时间，叫作刀具寿命。

### 7. 切削用量的合理选择

所谓"合理"的切削用量是指充分利用切削性能和机床动力性能（功率、扭矩），在保证质量的前提下，实现高生产率和低加工成本的切削用量。选择切削用量的基本原则是：粗加工时，在保证合理的刀具寿命的前提下，首先选尽可能大的背吃刀量，其次选尽可能大的进给量，最后选取适当的切削速度；精加工时，主要考虑加工质量，常选用较小的背吃刀量和进给量以及较高的切削速度。只有在受到刀具等工艺条件限制不宜采用高速切削时才选用较低的切削速度。例如，用高速钢铰刀铰孔，切削速度受刀具材料耐热性的限制，并为了避免积屑瘤的影响，采用较低的切削速度。

## 四、材料的切削加工性

材料的切削加工性是指某种材料被切削加工成合格零件的难易程度。一般以抗拉强度 $\sigma_b = 735$ MPa 的 45 钢的 $v_{60}$ 作基准，写作 $(v_{60})_j$，而把各种被切削材料的 $v_{60}$ 与之相比，这个比值 $K_r$ 即为被切削材料的相对加工性，即

$$K_r = \frac{v_{60}}{(v_{60})_j}$$

相对加工性 $K_r$ 实际上反映了材料对刀具磨损和寿命的影响。$K_r$ 值越大，表示在相同切削条件下允许的切削速度越高，材料的相对加工性越好；同时表明刀具不易磨损，即刀具耐用度高。凡 $K_r$ 大于 1 的材料，该材料比 45 钢容易切削，加工性比 45 钢好，如有色金属；$K_r$ 小于 1 的材料比 45 钢难切削，加工性比 45 钢差，如高锰钢、钛合金均属难加工材料。常用材料中，低碳钢（$w_c < 0.25\%$）的切削加工性较差；中碳钢（$0.25\% < w_c \leqslant 0.6\%$）有较好的综合力学性能，其切削加工性较好；高碳钢在 $0.6\% < w_c \leqslant 0.8\%$ 时切削加工性次于中碳钢，而当 $w_c > 0.8\%$ 时切削加工性不好。合金结构钢的切削加工性一般低于含碳量相近的碳素结构钢。普通铸铁与具有相同基体组织的碳素钢相比，具有较好的切削加工性。铝、镁等非铁合金硬度较低，且导热性好，故具有良好的切削加工性。

一般认为，当材料的相对加工性 $K_r$ 小于 0.65 时，就属于难加工材料。切削难切金属材料的主要措施有：改善切削加工条件、选用合适的刀具材料、优化刀具几何参数和切削用量、对材料进行适当热处理、选用合适的切削液、重视切屑控制等。

| 第二节 | 切削机床与切削工艺 |
| --- | --- |

## 一、机床的分类与型号

1) 金属切削机床分类

根据 GB/T 15375—2008《金属切削机床 型号编制方法》，机床按加工性质、所用刀具

和机床用途分为车、铣、刨、磨等十一大类。同类型机床按通用性程度，又可分为通用机床、专门化机床和专用机床；按照加工零件的大小和机床重量，机床可分为仪表机床、中小型机床、大型机床（10～30 t）、重型机床（30～100 t）和超重型机床（100 t 以上）；按照机床的工作精度，机床可分为普通机床（P 级）、精密机床（M 级）和高精度机床（G 级）；按照自动化程度，机床可分为手动机床、机动机床、半自动机床和自动机床；按照机床的自动控制方式，机床可分为仿形机床、数控机床、加工中心等。

2）金属切削机床型号

GB/T 15375—2008《金属切削机床 型号编制方法》规定，我国的机床型号由汉语拼音字母和阿拉伯数字按一定规律组合而成，如图 1-20 所示。其中：有"（ ）"的代号或数字，当无内容时不表示，若有内容则不带括号；有"○"符号者为大写的汉语拼音字母；有"△"符号者为阿拉伯数字；有"◎"符号者为大写的汉语拼音字母或阿拉伯数字或两者兼有。

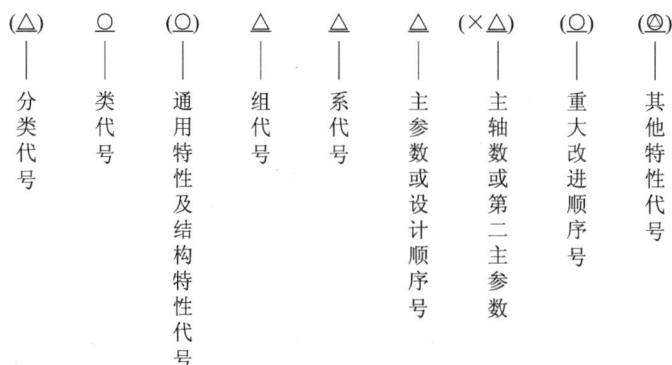

图 1-20 金属切削机床的型号

（1）机床的类别代号。我国的机床分为十一大类，即车床（C）、钻床（Z）、镗床（T）、磨床（M）、齿轮加工机床（Y）、螺纹加工机床（S）、铣床（X）、刨插床（B）、拉床（L）、锯床（G）和其他机床（Q）等。如果有子分类，则在其类代号前加数字表示，如 2M。

（2）机床的通用特性代号。当某类型机床除有普通形式外，还具有表 1-2 所列的通用特性时，则在类代号之后，用大写的汉语拼音表示。

表 1-2 机床通用特性代号

| 通用特性 | 代号 | 读音 | 通用特性 | 代号 | 读音 |
|---|---|---|---|---|---|
| 高精度 | G | 高 | 仿形 | F | 仿 |
| 精密 | M | 密 | 轻型 | Q | 轻 |
| 自动 | Z | 自 | 加重型 | C | 重 |
| 半自动 | B | 半 | 数显 | X | 显 |
| 数控 | K | 控 | 柔性加工单元 | R | 柔 |
| 加工中心（自动换刀） | H | 换 | 高速 | S | 速 |

（3）结构特性代号。结构特性代号是为了区别主参数相同而结构、性能不同的机床，在型号中用汉语拼音字母区分。例如，CA6140 型普通车床型号中的"A"可理解为：CA6140

型普通车床在结构上区别于 C6140 型普通车床。

（4）机床的组别、系别代号。每类机床按其作用、性能、结构等分为 10 个组，每组又可以分为 10 个系。在机床型号中用两位阿拉伯数字表示机床的组别、系别，第一位数字表示组，第二位数字表示系。在同一类机床中，凡主要布局或使用范围基本相同的机床，即为同一组。在同一组机床中，凡主参数、主要结构及布局形式相同的机床，即为同一系。

（5）机床的主参数、设计顺序号和第二参数。机床主参数代表机床规格的大小。在机床型号中，用折算数值（1/10 或 1/100）表示主参数，标注于机床的组别、系别代号之后。设计顺序号是指当无法用一个主参数表示时，则在型号中用设计顺序号表示。第二主参数在主参数后面，一般是主轴数、最大跨距、最大工作长度、工作台工作面长度等，它也用折算值表示。

（6）机床的重大改进顺序号。当机床性能和结构布局有重大改进和提高时，在原机床型号尾部，按其设计改进的次序，分别加重大改进顺序号 A、B、C 等。

（7）其他特性代号。其他特性代号用汉语拼音字母或阿拉伯数字或二者的组合来表示，主要用以反映各类机床的特性，如对数控机床，可反映不同的数控系统；对于一般机床，可反映同一型号机床的变型等。

例如：CA6140 机床代号中，C 为类别代号（车床类），A 为结构特性代号，6 为组别代号（落地及卧式车床组），1 为系别代号（卧式车床系），40 为主参数代号（最大工件回转直径 400 mm）；MG1432A 机床代号中，M 为类别代号（磨床类），G 为通用特性代号（高精度），1 为组别代号（外圆磨床组），4 为系别代号（万能外圆磨床系），32 为主参数代号（最大磨削直径 320 mm），A 为重大改进顺序号（第一次重大改进）。

## 二、车床与车削工艺

车削加工是指在车床上利用工件的旋转和刀具的移动，从工件表面切除多余材料，使工件符合一定形状、尺寸和表面质量要求的一种切削加工方法。其中工件的旋转为主运动，车刀的移动为进给运动。车床主要用来加工各种回转表面（内外圆柱面、圆锥面及成形回转表面）和回转体的端面，有些车床可以加工螺纹面。

### 1. 车床

车床种类繁多，按其用途和结构的不同主要分为卧式车床、立式车床、转塔车床、仪表车床、单轴自动和半自动车床、多轴自动和半自动车床、数控车床、专门化车床等。

（1）卧式车床。如图 1-21 所示为 C6132 卧式车床，其最大工件回转直径为 320 mm，下面以该车床为例，介绍卧式车床的组成部分。

C6132 卧式车床由床身、变速箱、主轴箱、进给箱、光杠、丝杠、溜板箱、刀架、尾座和床腿等组成。

变速箱的工作是由电动机带动变速箱内的齿轮轴转动，通过改变变速箱内的齿轮搭配（啮合）位置，得到不同的转速，然后通过皮带轮把运动传给主轴。

主轴箱安装在床身的左上端。主轴箱内装有一根空心的主轴及部分变速机构。主轴通过传动齿轮带动配换齿轮旋转，将运动传给进给箱。主轴前部外锥面用于安装夹持工件的附件（如卡盘等），前部内锥面用来安装顶尖，细长的通孔可穿入长棒料。

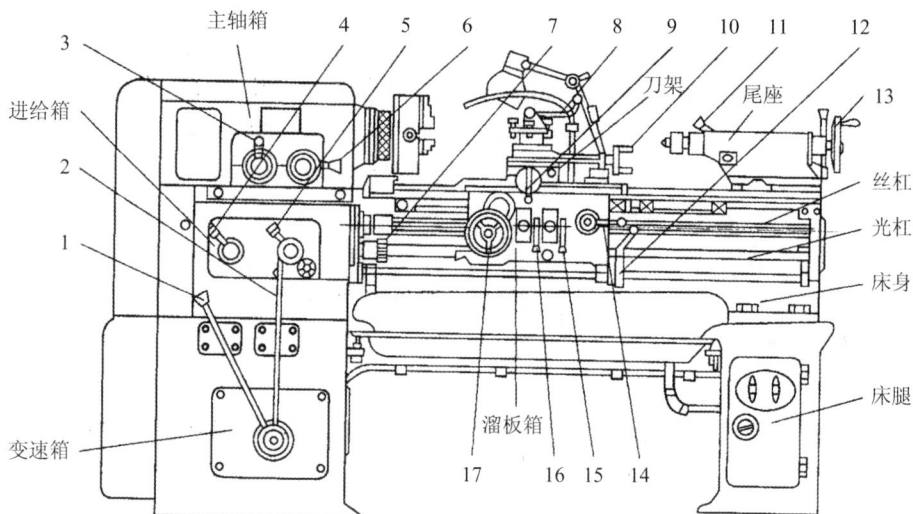

1—主轴变速短手柄；2—主轴变速长手柄；3—换向手柄；4、5—进给量调整手柄；6—主轴变速手柄；7—离合手柄；
8—方刀架锁紧手柄；9—手动横向手柄；10—小滑板手柄；11—尾座套筒锁紧手柄；12—主轴启闭和变向手柄；
13—尾座手柄；14—对开螺母手柄；15—横向自动手柄；16—纵向自动手柄；17—纵向手动手柄。

图 1-21　C6132 卧式车床

　　进给箱内装有进给运动的变速机构，可按所需的进给量或螺距调整其变速机构，改变进给速度。

　　光杠、丝杠的作用是将进给箱的运动传给溜板箱。光杠用于自动走刀车削外圆面、端面等，丝杠用于车削螺纹。丝杠的传动精度比光杠高，光杠和丝杠不得同时使用。

　　溜板箱与大拖板（又称大刀架）连在一起，是车床进给运动的操纵箱。它用于安装变向机构，可将光杠传来的旋转运动通过齿轮、齿条机构（或丝杠、螺母机构）变为车刀需要的纵向或横向的直线运动，也可操纵对开螺母由丝杠带动刀架车削螺纹。

　　刀架用来夹持车刀，使其作纵向、横向或斜向进给运动，由大拖板、中滑板（又称中刀架、横刀架）、转盘、小滑板（又称小刀架）和方刀架组成，如图 1-22 所示。大拖板与溜板箱带动车刀沿床身导轨作纵向移动。中滑板沿大拖板上面的导轨作横向移动。转盘用螺栓与中滑板紧固在一起，松开螺母，可使其在水平面内扳转任意角度。小滑板沿转盘上的导轨可作短距离的移动。将转盘扳转某一角度后，小滑板便可带动车刀作相应的斜向移动。方刀架用于夹持车刀，可同时安装四把车刀。

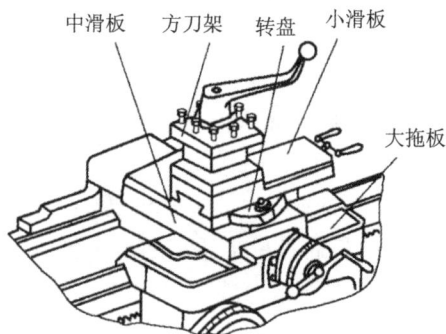

图 1-22　刀架的组成

尾座安装在车床导轨上。尾座由底座、尾座体、套筒等部分组成。在尾座的套筒内安装顶尖可用来支承工件，也可安装钻头、铰刀，在工件上钻孔或铰孔。

（2）立式车床。如图1-23所示，立式车床分单柱式和双柱式，一般用于加工直径大、长度短且质量较大的工件。立式车床工作台的台面是水平面，主轴的轴心线垂直于台面，工件的矫正、装夹比较方便，工件和工作台的重量均匀地作用在工作台下面的圆导轨上。

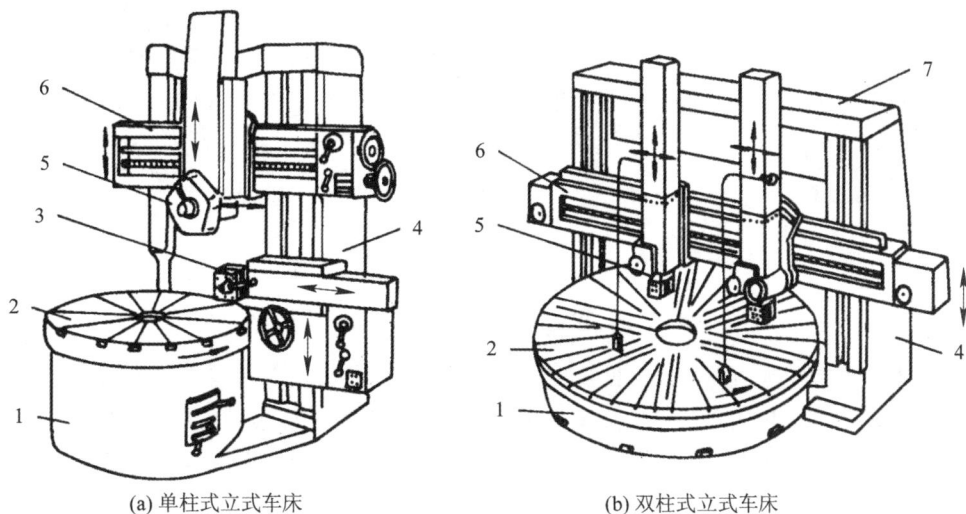

(a) 单柱式立式车床　　　　　　　(b) 双柱式立式车床

1—底座；2—工作台；3—侧刀架；4—立柱；5—垂直刀架；6—横梁；7—顶梁。

图1-23　立式车床

（3）转塔车床。如图1-24所示的转塔车床与卧式车床相似，转塔车床也有四方刀架，但转塔车床没有丝杠，且转塔车床由可转动的六角转塔刀架代替尾座。转塔刀架有六个装刀位置，可以同时装夹六把（组）刀具，如钻头、铰刀、板牙以及装在特殊刀夹中的各种车刀，既能加工孔，又能加工外圆和螺纹。

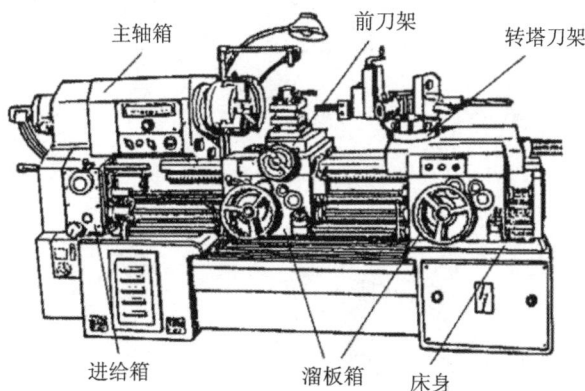

图1-24　转塔车床

**2. 车床附件**

车床主要用于加工回转表面，所以其常用装夹工件的附件有三爪自定心卡盘、四爪单动卡盘、顶尖、心轴、花盘、花盘-弯板、中心架和跟刀架等。

（1）三爪自定心卡盘。三爪自定心卡盘是车床上最常用的附件，其结构如图1-25所示。当转动小锥齿轮时，可使与其相啮合的大锥齿轮随之转动，大锥齿轮背面的平面螺纹使三个卡爪同时向中心收拢或张开，以夹紧不同直径的工件。三爪自定心卡盘还附带三个"反爪"，换到卡盘体上即可用来夹持直径较大的工件。

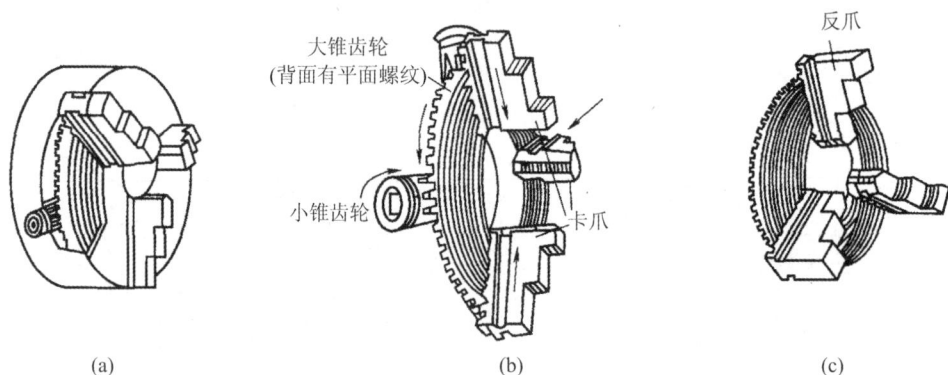

图1-25 三爪自定心卡盘

（2）四爪单动卡盘。四爪单动卡盘的结构如图1-26所示。它的四个卡爪通过四个调整螺杆独立移动，所以不但可以安装截面是圆形的工件，还可以安装截面为正方形、长方形、椭圆或其他某些不规则形状的工件，在圆盘上车偏心孔也常用四爪单动卡盘安装，如图1-27所示。

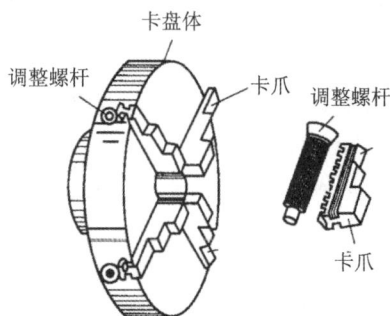

图1-26 四爪单动卡盘　　　　　图1-27 四爪单动卡盘安装零件举例

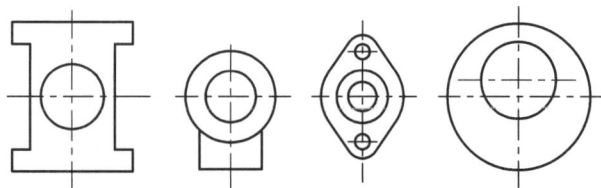

（3）顶尖。如图1-28所示，在车床上加工长度较长或工序较多的轴类零件时，往往用

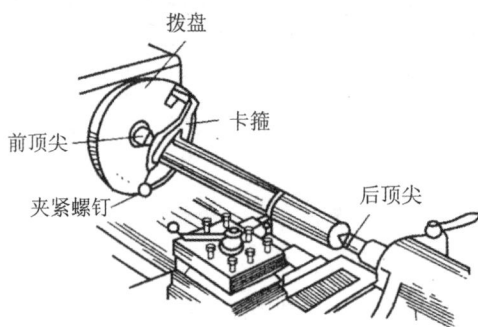

图1-28 用双顶尖安装工件

双顶尖安装工件。把轴架在前、后两个顶尖上，前顶尖装在主轴锥孔内，并和主轴一起旋转，后顶尖装在尾座套筒内，前、后顶尖就确定了轴的位置。将卡箍紧固在轴的一端，卡箍的尾部插入拨盘的槽内，拨盘安装在主轴上(安装方式与三爪自定心卡盘相同)并随主轴一起转动，通过拨盘带动卡箍即可使轴转动。

（4）心轴。使用心轴可以完成盘套类零件的加工，达到一次安装即可加工所有面并保证工件外圆、孔和两个端面同轴度、垂直度或跳动度的要求，如图1-29和图1-30所示。

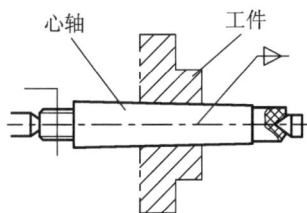

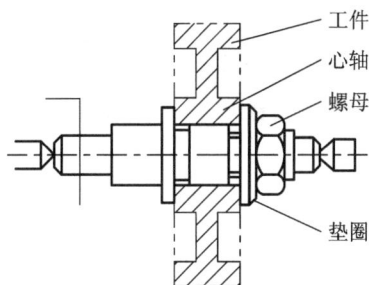

图1-29 锥度心轴　　　　　图1-30 圆柱体心轴

（5）花盘。对于某些形状不规则的零件，当要求外圆、孔的轴线与安装基面垂直，或端面与安装基面平行时，可以把工件直接压在花盘上加工，如图1-31所示。

（6）花盘-弯板。对于某些形状不规则的零件，当要求孔的轴线与安装基面平行，或端面与安装基面垂直时，可用花盘-弯板安装工件，如图1-32所示。

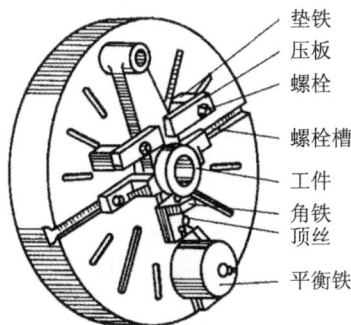

图1-31 用花盘安装工件　　　　图1-32 用花盘-弯板安装工件

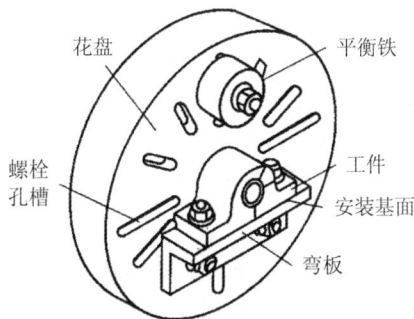

（7）中心架和跟刀架。加工长径比大于20的细长轴时，为防止轴受切削力的作用而产生弯曲变形，往往需要使用中心架或跟刀架。中心架固定在床身上。支承工件前，先在工件上车出一小段光滑圆柱面，然后调整中心架的三个支承爪与其均匀接触，再分段进行车削。如图1-33(a)所示为利用中心架车外圆，在工件右端加工完毕后，调头再加工另一端。如图1-33(b)所示为利用中心架加工长轴的端面，卡盘夹持长轴的一端，中心架支承另一端，用这种方法也可以加工端面上的孔。跟刀架与中心架不同，它固定在大拖板上，并随大拖板一起纵向移动。使用跟刀架需先在工件上靠后顶尖的一端车出一小段外圆，以它来支承跟刀架的支承爪，然后再车出工件的全长，如图1-34所示。跟刀架多用于加工光滑轴，如光杠和丝杠等。

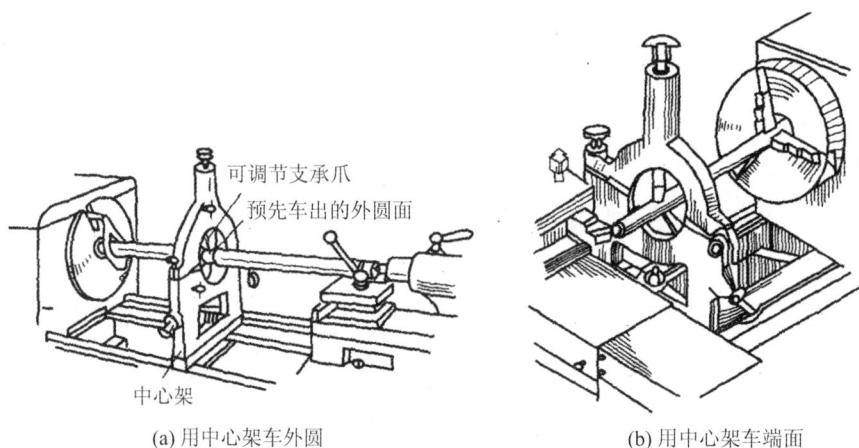

(a) 用中心架车外圆　　　　　　　(b) 用中心架车端面

图 1-33　中心架的应用

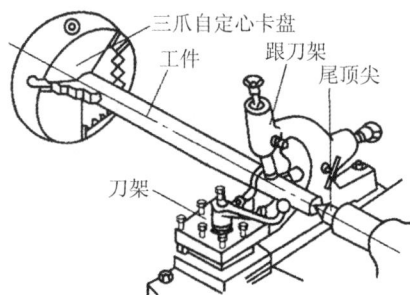

图 1-34　跟刀架的应用

### 3. 车刀

车刀的特点在前文中已有较详细的介绍，这里不再赘述。

### 4. 车削基本工艺

车削可分为粗车、半精车、精车和精细车。粗车以从毛坯上切去大部分余量为目的，尺寸公差等级一般为 IT13～IT11，表面粗糙度 $Ra$ 值为 50～12.5 $\mu m$。半精车的目的是提高精度和减小表面粗糙度，可作为中等精度外圆的终加工和精加工外圆的预加工，尺寸公差等级可达 IT10～IT9，表面粗糙度 $Ra$ 值为 6.3～3.2 $\mu m$。精车的目的是达到图纸要求的精度和表面粗糙度，也可作为光整加工的预加工，尺寸公差等级一般为 IT8～IT7，表面粗糙度 $Ra$ 值为 1.6～0.8 $\mu m$。精细车一般用于技术要求高的、韧性大的有色金属零件的加工，尺寸公差等级可达 IT6～IT5，表面粗糙度 $Ra$ 值为 0.4～0.1 $\mu m$。

### 5. 车削加工应用

车削加工适用于加工各种轴类、套筒类和盘类零件上的回转表面，如内外圆柱面、内外圆锥面、环槽、成形回转表面、端面和各种常用螺纹等。在车床上还可以进行钻孔、扩孔、铰孔和滚花等工艺，如图 1-35 所示。其中，需要注意的是车圆锥。在生产中车削锥面常用宽刀法、小拖板旋转法、偏移尾座法和靠模法。

(a) 车端面　(b) 车外圆　(c) 车外锥面　(d) 切槽、切断　(e) 车孔

(f) 切内槽　(g) 钻中心孔　(h) 钻孔　(i) 铰孔　(j) 锪锥孔

(k) 车外螺纹　(l) 车内螺纹　(m) 攻螺纹　(n) 车成形面　(o) 滚花

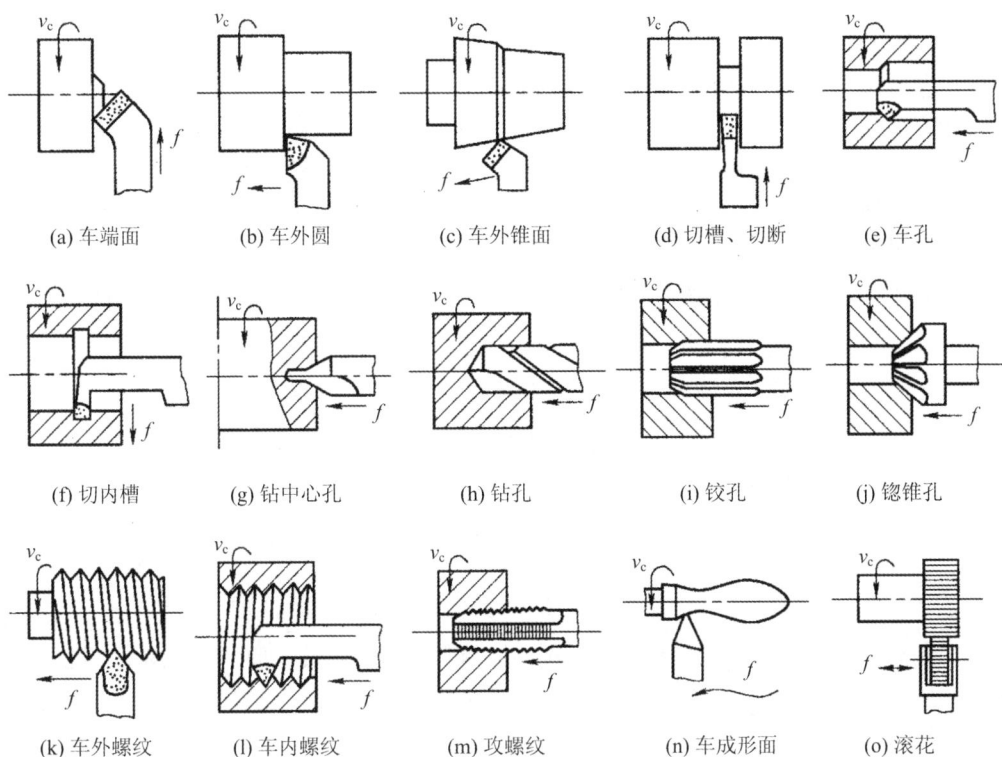

图 1-35　卧式车床的典型加工工序

（1）宽刀法。宽刀法就是利用主切削刃横向直接车出圆锥面，如图 1-36 所示。此时，切削刃的长度要略长于圆锥母线长度，切削刃与工件回转中心线成半锥角。宽刀法加工方便、迅速，能加工任意角度的内、外圆锥。此种方法加工的内、外圆锥面很短，而且要求切削加工系统有较高的刚性，适用于批量生产。

（2）小拖板旋转法。小拖板旋转法就是松开车床中拖板上转盘的紧固螺钉，使小拖板转过半锥角，如图 1-37 所示，将螺钉拧紧后，转动小拖板手柄，沿斜向进给，便可以车出圆锥面。小拖板旋转法操作简单方便，能保证一定的加工精度，能加工各种锥度的内、外圆

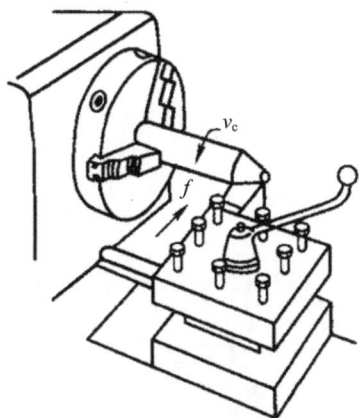

图 1-36　宽刀法车锥面　　图 1-37　小拖板旋转法车锥面

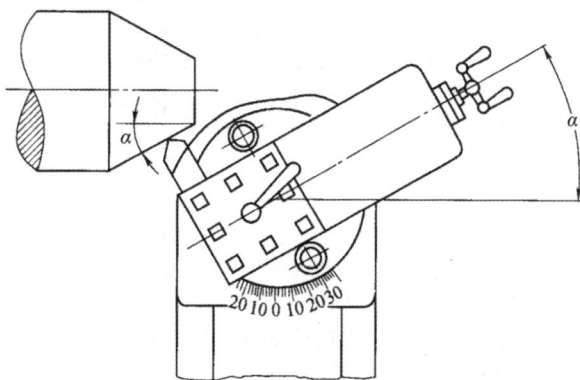

锥面，应用广泛。受小拖板行程的限制，小拖板旋转法不能车太长的圆锥。由于小拖板只能手动进给，加工的锥面粗糙度数值大，所以小拖板旋转法主要用于单件或小批生产中精度较低和长度较短的内外锥面。

（3）偏移尾座法。偏移尾座法即用尾座带动顶尖横向偏移距离 $S$，使得安装在两顶尖间的工件回转轴线与主轴轴线成半锥角，如图 1-38 所示。这样车刀作纵向走刀车出的回转体母线与回转体中心线成斜角，形成圆锥面。偏移尾座法能在单件或成批生产中切削较长的外圆锥面，并能自动走刀，表面粗糙度值比小拖板旋转法小，与自动走刀车外圆一样。但此方法由于受到尾部偏移量的限制，一般只能加工小锥度圆锥，也不能加工内锥面。

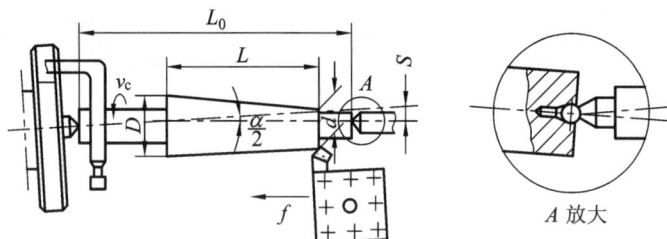

图 1-38 偏移尾座法车锥面

（4）靠模法。采用靠模法车削圆锥面如图 1-39 所示。靠模上的滑块可以沿靠模滑动，而滑块通过连接板与拖板连接在一起。如果工件的锥角为 $\alpha$，则将靠模调节成 $\alpha/2$ 的斜角。当大拖板作纵向自动进给时，滑块就沿着靠模滑动，从而使车刀的运动平行于靠模板，车出所需的圆锥面。靠模法加工进给平稳，工件的表面质量好，生产效率高，可以加工 $\alpha<12°$ 的长圆锥。但在数控车削加工技术广泛应用后，此方法已很少使用。

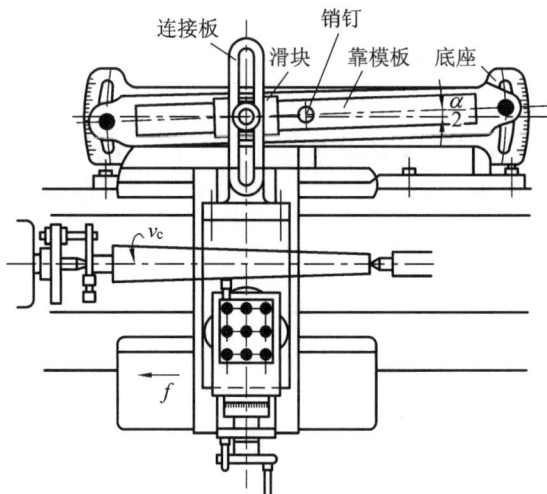

图 1-39 靠模法车锥面

**6. 车削工艺特点**

（1）易于保证零件各加工表面的相互位置精度。

（2）生产成本低。

（3）应用范围广。

### 三、铣床与铣削工艺

在铣床上用铣刀对工件进行切削加工的方法叫铣削，主要用于加工水平面、斜面、垂直面、各种沟槽等成形表面。

**1. 铣床**

铣床的种类很多，常用的有卧式铣床和立式铣床。此外还有龙门铣床、数控铣床及各种专用铣床。卧式或立式升降台铣床多用于单件、小批量生产中加工中小型工件；龙门铣床用于加工大型工件或同时加工多个中小型工件，生产率较高，多应用于成批、大量生产。下面主要对卧式铣床和立式铣床进行介绍。

（1）卧式铣床。卧式铣床是铣床中应用最多的一种，其主要特征是主轴轴线与工作台面平行。卧式升降台铣床（如图1-40所示）主要由床身、主轴（图中标注为铣刀轴）、横梁（又称悬梁）、纵向工作台（图中标注为滑座）、转台（图中未标出）、横向工作台（图中标注为工作台）、升降台等部分组成，纵向工作台、横向工作台和升降台可以实现相互垂直的三个方向的运动，转台可以实现一定角度的铣削，有无转台是万能卧铣与普通卧铣的主要区别。

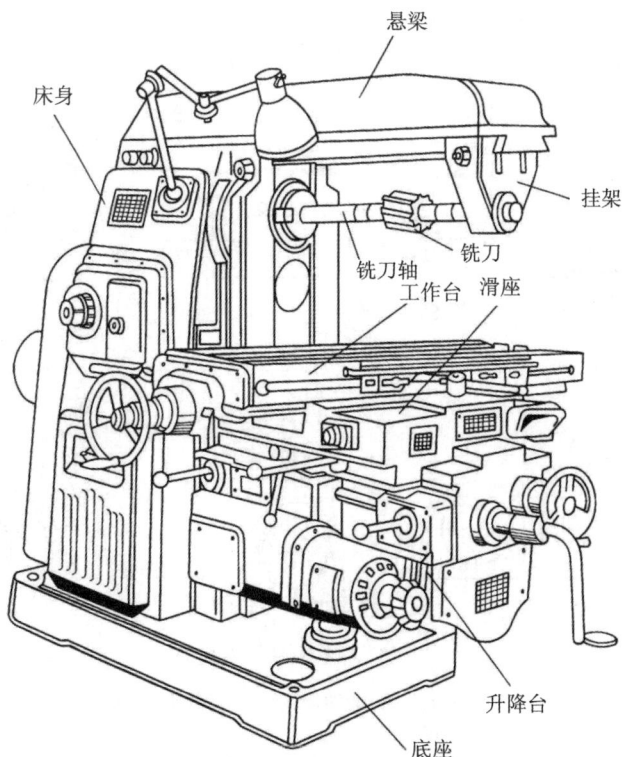

图1-40　卧式升降台铣床

（2）立式铣床。立式铣床（如图1-41所示）的主要组成部分与卧式铣床基本相同，除主轴所处位置不同外，它没有横梁、挂架和转台。

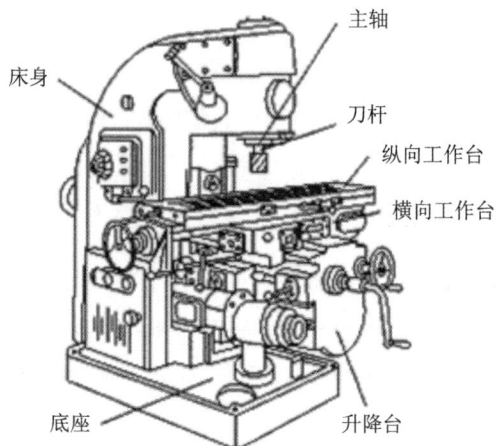

图 1-41　立式铣床

## 2. 铣床夹具

如图 1-42 所示，铣床常用的工件安装方法有平口钳安装、压板螺栓安装、V 形铁安装和分度头安装等。分度头多用于安装有分度要求的工件，既可同时使用分度头卡盘（或顶尖）与尾座顶尖安装轴类工件，也可只使用分度头卡盘安装工件。由于分度头的主轴可以在垂直平面内扳转，因此可利用分度头把工件安装成水平、垂直及倾斜位置。当零件的生产批量较大时，可采用专用夹具安装工件，这样既能提高生产效率，又能保证产品质量。

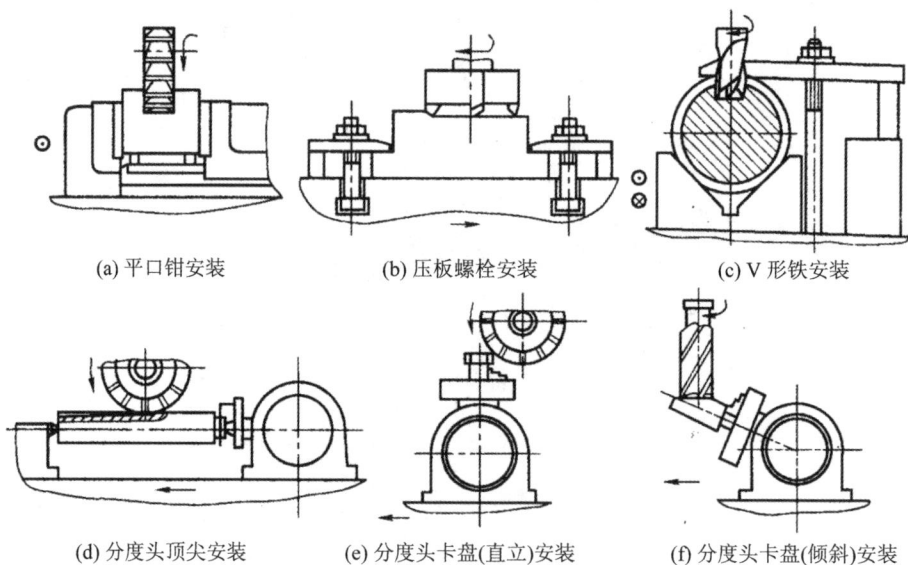

(a) 平口钳安装　　　(b) 压板螺栓安装　　　(c) V 形铁安装

(d) 分度头顶尖安装　　(e) 分度头卡盘(直立)安装　　(f) 分度头卡盘(倾斜)安装

图 1-42　铣床常用的工件安装方法

## 3. 铣刀

铣刀实质上是一种由几把单刃刀具组成的多刃刀具。常用的铣刀刀齿材料有高速钢和硬质合金两种。铣刀的分类方法很多，根据铣刀安装方法的不同，铣刀可分为带孔铣刀和带柄铣刀两大类。带孔铣刀如图 1-43 所示，多用于卧式铣床；带柄铣刀如图 1-44 所示，多用于立式铣床，有时也可用于卧式铣床。

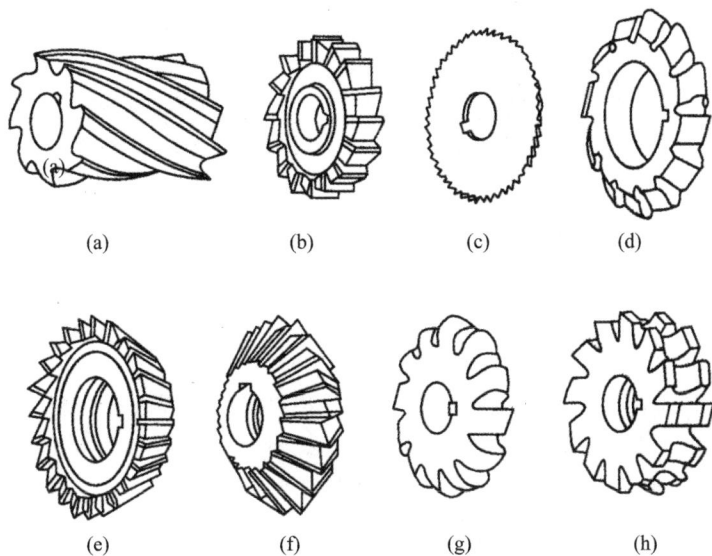

图 1-43　带孔铣刀

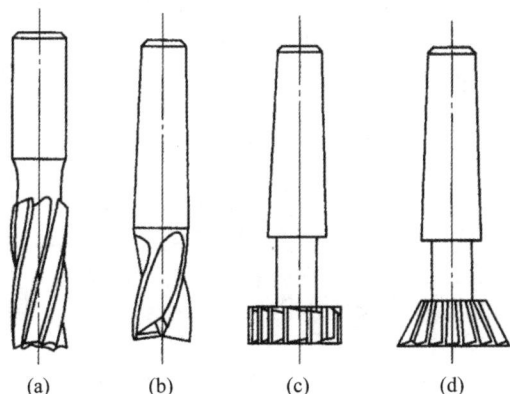

图 1-44　带柄铣刀

**4. 铣削的基本工艺**

铣削加工主要是加工各种平面、沟槽、台阶等，但沟槽、台阶也相当于平面的组合，因而以平面铣削为例分析铣削加工的方式。平面加工既可以用周铣法，也可以用端铣法。

1）周铣法

周铣法是指用铣刀的圆周刀齿加工平面（包括成形面）的方法，用圆柱铣刀、盘铣刀、立铣刀、成形铣刀等进行的加工，都属于周铣法。周铣法有逆铣法和顺铣法两种。

如图 1-45(a)所示，在切削部位刀齿的旋转方向与工件的进给方向相反的铣削为逆铣。逆铣时，每个刀齿的切削厚度是从零增大到最大值。因此，刀齿在开始切削时，要在工件表面上挤压滑移一段距离后，才真正切入工件，从而增加了表面层的硬化程度，不但加速了后刀面的磨损，而且也影响了工件的表面粗糙度。此外，切削力会使工件向上抬起，有可能产生振动。

如图 1-45(b)所示，顺铣时，每个刀齿的切削厚度是由最大减小到零，如果工件表面有硬皮，则易打刀。切削力的方向使工件紧压在工作台上，所以加工比较平稳。

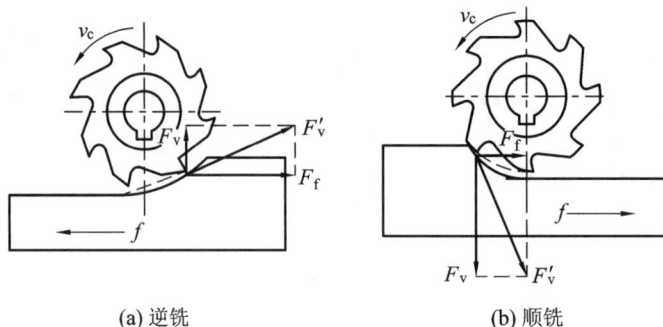

(a) 逆铣　　　　　　　(b) 顺铣
图 1-45　逆铣和顺铣

　　因此，从保证工件夹持稳固、提高刀具耐用度和减小工件表面粗糙度等方面考虑，以采用顺铣法为宜。但是，工作台进给丝杠与固定螺母之间一般都存在间隙（如图 1-46 所示），间隙在进给方向的前方。顺铣时，水平切削分力 $F_f$ 与工件的进给方向是相同的，忽大忽小的水平切削分力 $F_f$ 会使工件连同工作台和丝杠一起向前窜动，造成进给量突然增大，甚至引起打刀。而逆铣时，水平切削分力 $F_f$ 与进给方向相反，铣削过程中工作台丝杠始终压向螺母，不会因为间隙的存在而引起工件窜动。目前，一般铣床上没有消除工作台丝杠与螺母间隙的机构，所以在生产中仍多采用逆铣法。另外，加工表面硬度较高的工件（如铸件毛坯表面），也应当采用逆铣法。

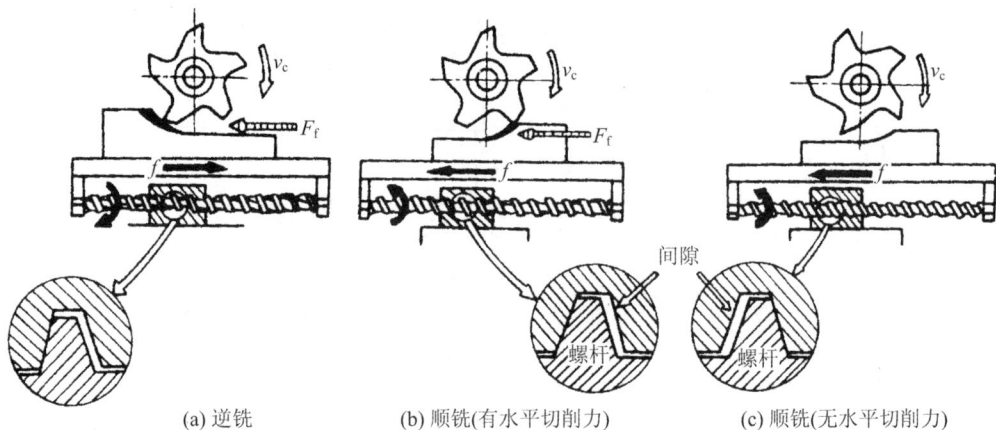

(a) 逆铣　　　　(b) 顺铣(有水平切削力)　　　　(c) 顺铣(无水平切削力)
图 1-46　逆铣和顺铣时丝杠螺母间隙

　　2）端铣法

　　端铣与周铣不同的是，周铣铣刀切削刃形成已加工表面，而端铣铣刀只有刀尖才形成已加工表面，端面切削刃是副切削刃，主要的切削工作由分布在外表面上的主切削刃完成。

　　3）周铣法与端铣法的比较

　　（1）端铣的加工质量比周铣好。周铣时，同时参加工作的刀齿一般只有 1～2 个，而端铣时同时参加工作的刀齿多，切削力变化小，因此，端铣的切削过程比周铣平稳；端铣刀的刀齿切入和切出工件时，虽然切削厚度较小，但不像周铣时切削厚度变为零，从而改善了刀具后刀面与工件的摩擦状况，提高了刀具耐用度，并可减小表面粗糙度；端铣时还可以利用修光刀齿修光已加工表面，因此，端铣可达到较小的表面粗糙度。

（2）端铣的生产率比周铣高。端铣刀一般直接安装在铣床的主轴端部，悬伸长度较小，刀具系统的刚性好，而圆柱铣刀安装在细长的刀轴上，刀具系统的刚性远不如端铣刀；端铣刀可以方便地镶装硬质合金刀片，而圆柱铣刀多采用高速钢制造。所以，端铣时可以采用高速铣削，大大地提高了生产率，同时还可以提高已加工表面的质量。

（3）周铣的适应性好于端铣。周铣便于使用各种结构形式的铣刀铣削斜面、成形表面、台阶面、各种沟槽和切断等。

**5．铣削加工应用**

铣削可以分为粗铣和精铣，对有色金属还可以采用高速铣削，以进一步提高加工质量。铣平面的尺寸公差等级一般可达 IT9～IT7，表面粗糙度 $Ra$ 值为 $6.3～1.6\ \mu m$。铣削常见的工艺方法包括铣平面、铣斜面、铣沟槽、铣成形面等，如图 1-47～图 1-49 所示。

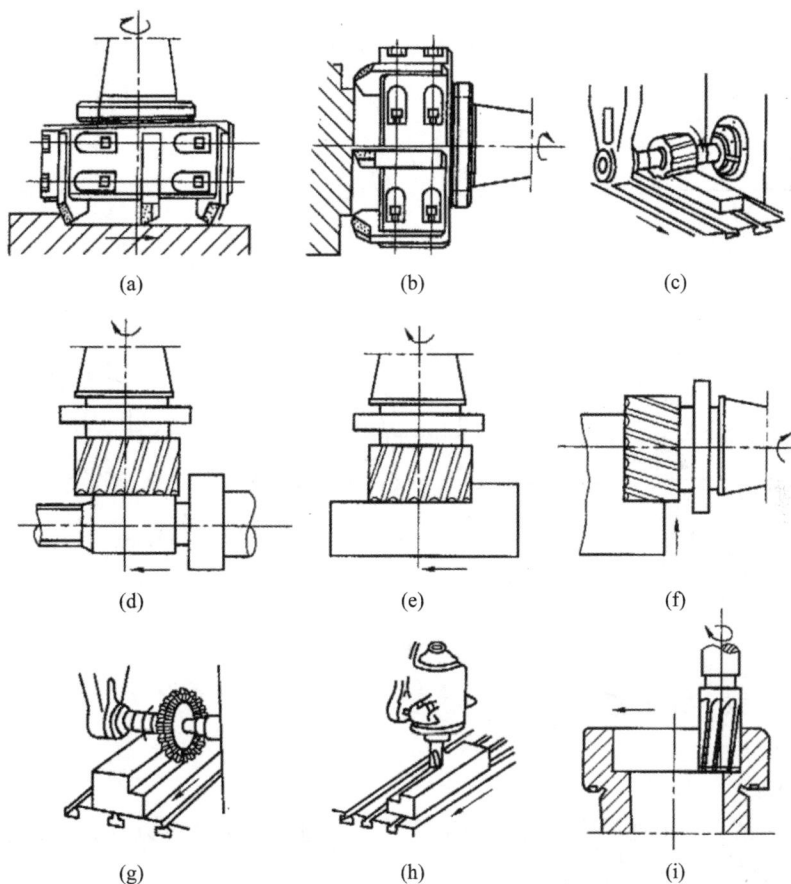

（a）　　　　　　　（b）　　　　　　　（c）

（d）　　　　　　　（e）　　　　　　　（f）

（g）　　　　　　　（h）　　　　　　　（i）

图 1-47　铣平面

**6．铣削的工艺特点**

（1）生产率高。

（2）铣刀刀齿散热条件好。

（3）铣削过程不平稳。

（4）铣床结构复杂，铣刀的制造和刃磨较为困难，铣削加工成本较高。

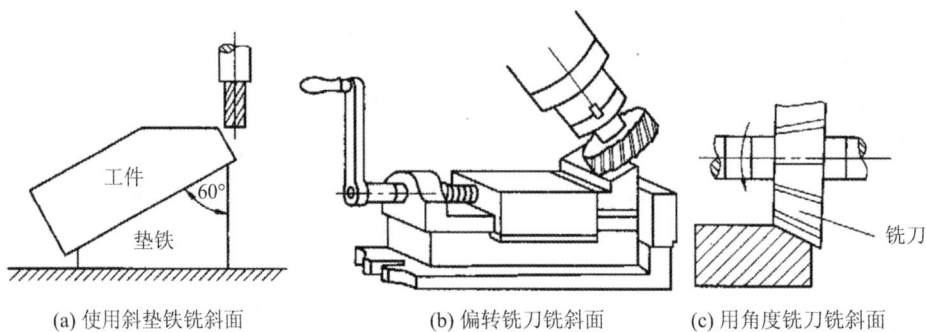

(a) 使用斜垫铁铣斜面     (b) 偏转铣刀铣斜面     (c) 用角度铣刀铣斜面

图 1-48 铣斜面

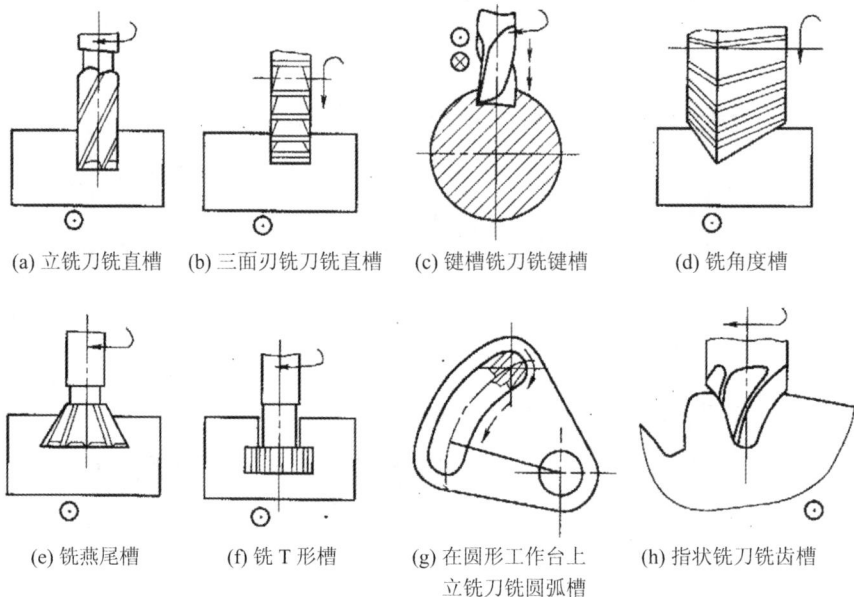

(a) 立铣刀铣直槽   (b) 三面刃铣刀铣直槽   (c) 键槽铣刀铣键槽   (d) 铣角度槽

(e) 铣燕尾槽    (f) 铣 T 形槽    (g) 在圆形工作台上    (h) 指状铣刀铣齿槽
立铣刀铣圆弧槽

图 1-49 铣沟槽

# 四、钻、扩、铰、镗工艺

## 1. 钻孔

钻孔是用钻头在工件的实体部位加工孔的工艺过程。钻孔可以在钻床、车床或镗床上进行，也可以在铣床上进行。

回转体零件上的孔多在车床上加工。在车床上对回转体进行钻孔时，工件旋转为主运动，钻头纵向进给；其他形状零件在钻床上钻孔时，钻头旋转（主运动）并作轴向移动（进给运动）。钻孔的尺寸公差等级为 IT10 以下，表面粗糙度 $Ra$ 值为 $50\sim12.5~\mu m$，作为孔的粗加工或要求不高的孔的终加工。

### 1）钻床

钻床上可以完成的工作很多，如钻孔、扩孔、铰孔、攻螺纹、锪孔和锪凸台等，如图 1-50 所示。

(a) 钻孔　　(b) 扩孔　　(c) 铰孔　　(d) 攻螺纹

(e) 锪锥孔　　(f) 锪柱孔　　(g) 反锪沉孔　　(h) 锪凸台

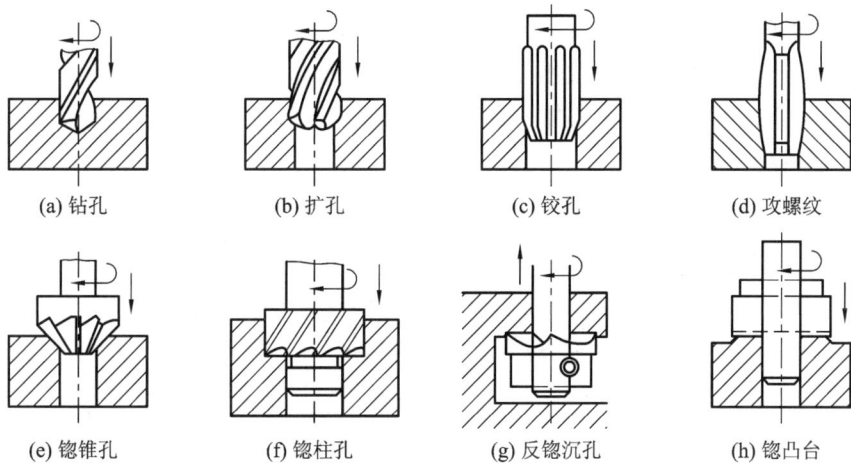

图 1-50　钻床工艺

钻床的种类很多，常用的有台式钻床、立式钻床和摇臂钻床等，如图 1-51～图 1-53 所示。

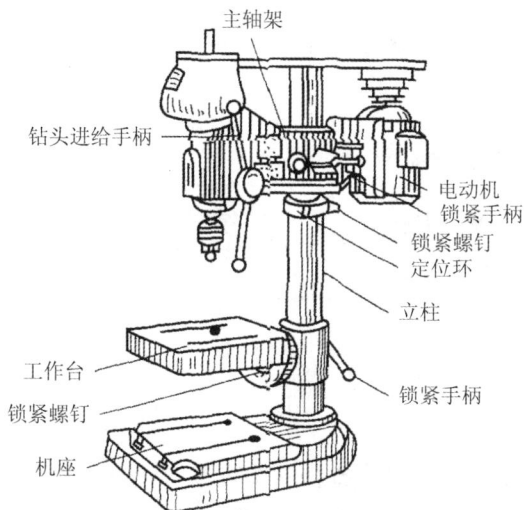

图 1-51　Z4012 台式钻床

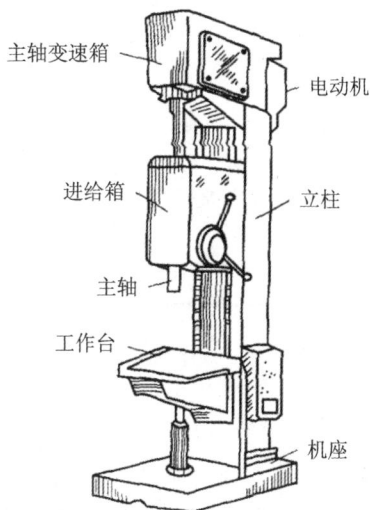

主轴架
钻头进给手柄
电动机
锁紧手柄
锁紧螺钉
定位环
立柱
工作台
锁紧螺钉
机座
锁紧手柄

图 1-52　Z5125 立式钻床

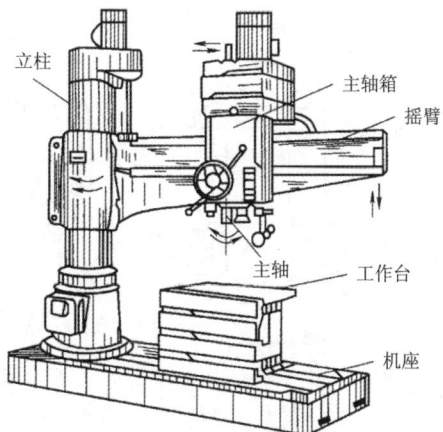

主轴变速箱
电动机
进给箱
立柱
主轴
工作台
机座

图 1-53　Z3050 摇臂钻床

立柱
主轴箱
摇臂
主轴
工作台
机座

2）钻孔用的刀具

钻孔加工刀具有麻花钻、中心钻、锪钻和深孔钻等，其中应用最广泛的是麻花钻。麻花钻特别适合于直径 30 mm 以下实体工件的孔的粗加工，有时也可以用于扩孔。麻花钻的构造如图 1-54 所示。

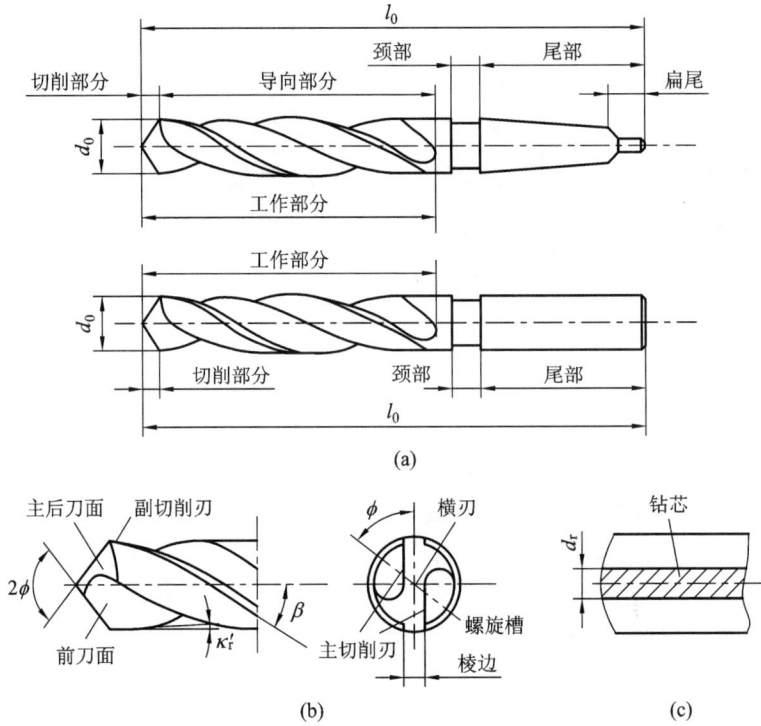

(a)

(b)    (c)

图 1-54  麻花钻的构造

3）钻孔用的附件

麻花钻头按尾部形状的不同，有不同的安装方法。锥柄钻头可以直接装入机床主轴的锥孔内。当钻头的锥柄小于机床主轴锥孔时，则需用如图 1-55 所示的变锥套。由于变锥套要用于各种规格麻花钻的安装，所以套筒一般需用数只。柱柄钻头通常要用如图 1-56 所示的钻夹头进行安装。

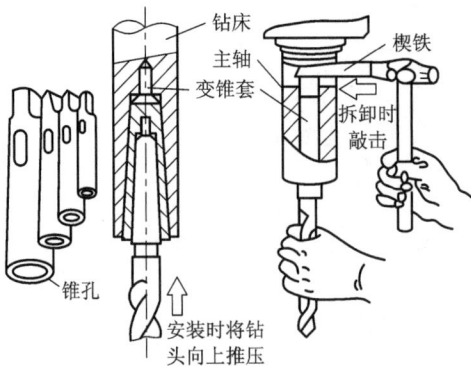

图 1-55  用变锥套安装与拆卸钻头

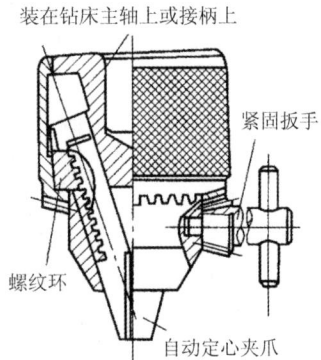

图 1-56  钻夹头

安装工件的夹具有手虎钳、平口钳、V 形铁、压板装置、三爪卡盘(加分度盘)、钻模等，如图 1-57 所示。

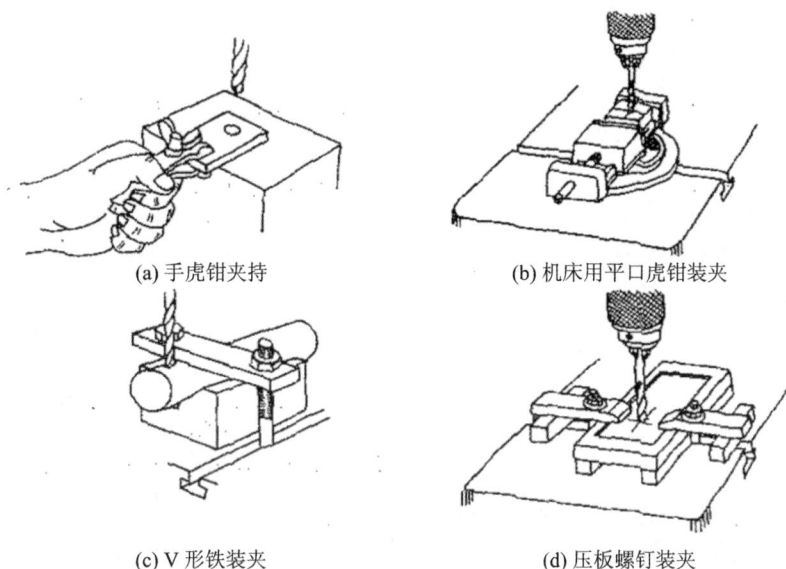

(a) 手虎钳夹持　　　　　　　　　　(b) 机床用平口虎钳装夹

(c) V 形铁装夹　　　　　　　　　　(d) 压板螺钉装夹

图 1-57　工件的夹持方法

4) 钻孔的工艺特点

(1) 容易产生引偏。引偏是指加工时由于钻头弯曲而引起孔径扩大、孔不圆或孔轴线偏移、不直的现象。在钻床上钻孔易引起孔的轴线偏移和不直；在车床上钻孔易引起孔径扩大(如图 1-58 所示)。

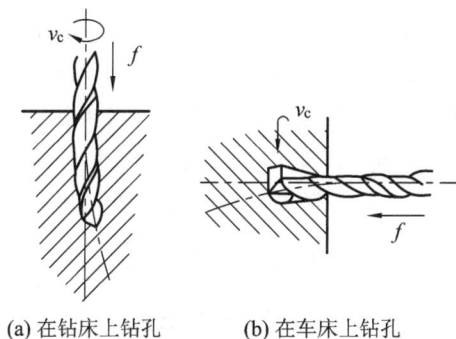

(a) 在钻床上钻孔　　　　(b) 在车床上钻孔

图 1-58　钻孔引偏

(2) 排屑困难。钻孔的切屑较宽，容屑槽尺寸又受到限制，因此在排屑过程中切屑在孔内被迫卷成螺旋状，流出时与孔壁发生剧烈摩擦，会挤压、拉毛和刮伤已加工表面，降低已加工表面质量；有时切屑还会阻塞在钻头的容屑槽中，甚至会卡死或折断钻头。

(3) 切削温度高、刀具磨损快。钻孔时产生的切削热多，加之钻削为半封闭切削，切屑不易排出，切削热不易传出，切削液难以注入到切削区，切屑、刀具和工件之间的摩擦很大，致使切削区温度很高，刀具磨损加快，限制了钻削用量和生产效率的提高。

### 2. 扩孔

扩孔是用扩孔钻进一步扩大工件上已有孔的孔径并提高孔质量的加工方法。扩孔加工一般尺寸公差等级可达 IT10～IT9，表面粗糙度 $Ra$ 值为 $6.3～3.2\ \mu m$。对精度要求不太高的孔，扩孔可作为终加工；对精度要求高的孔，扩孔常作为铰孔前的预加工。由于是在已有孔上扩孔加工，因此切削量小，进给量大，生产率较高。扩孔可在钻床、车床或镗床上进行。扩孔钻(如图 1-59 所示)直径范围为 $10～80\ mm$，与麻花钻相比，扩孔钻切削刃不必自外圆延续到中心，切削部分无横刃，避免了由横刃所引起的一些不良影响，切削时轴向力较小，改善了切削条件。扩孔钻的刀齿数(一般为 3～4 个)和棱边比麻花钻多，排屑槽浅，扩孔钻的强度和刚度较高，工作时导向性好，切削平稳，扩孔加工的质量比钻孔高。扩孔对孔的形状误差有一定的校正能力，大大提高了切削效率和加工质量，是孔的一种半精加工方法。

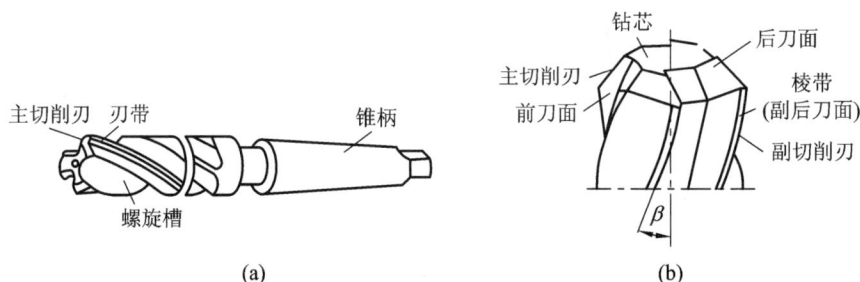

图 1-59 扩孔钻

### 3. 铰孔

铰孔是用铰刀对孔进行最后精加工。铰孔的尺寸公差等级可达 IT9～IT7，表面粗糙度 $Ra$ 值可达 $1.6～0.4\ \mu m$。铰孔的方式有机铰和手铰两种。与扩孔相比，铰孔除了具有扩孔的优点之外，铰刀的结构和切削条件也比扩孔钻更为优越。铰刀(如图 1-60 所示)一般有 6～12 个切削刃，制造精度高；铰刀具有校准部分，其作用是校准孔径、修光孔壁；铰刀容屑槽小，芯部直径大，刚度好。铰孔时的加工余量小(粗铰为 $0.15～0.25\ mm$，精铰为 $0.05～0.15\ mm$)、切削力小、切削速度低($v_c=1.5～10\ m/min$)，产生的切削热较少，因此工件的受力变形和受热变形小，可避免积屑瘤的不利影响，使得铰孔质量比较高。

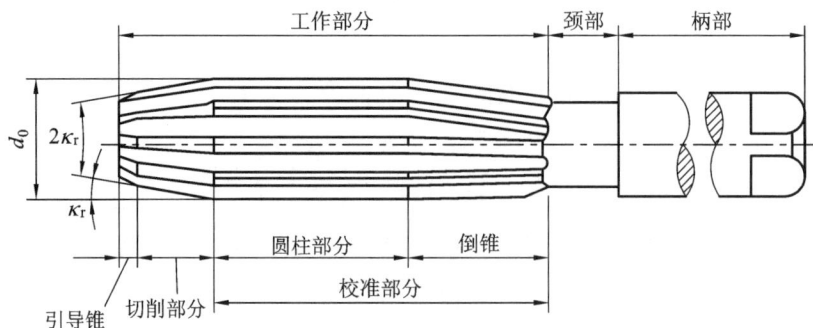

图 1-60 铰刀的结构

钻头、扩孔钻和铰刀都是标准刀具。对于中等尺寸以下较精密的标准孔，在单件、小批乃至大批量、大量生产中均可采用"钻—扩—铰"这种典型加工方案进行加工。但是，钻、扩、铰只能保证孔本身的精度，而不易保证孔与孔之间的尺寸精度及位置精度。为此，可以利用钻模进行加工，或者采用镗孔。

**4．镗削加工**

镗削是在机座、箱体、支架等大型工件或形状复杂的工件上加工孔及孔系的基本方法。镗削可以在镗床、车床及钻床上进行。

1）镗床

镗床按结构和用途不同分为卧式镗床、坐标镗床、金刚镗床等。其中卧式镗床应用最广泛，其结构如图 1-61 所示。

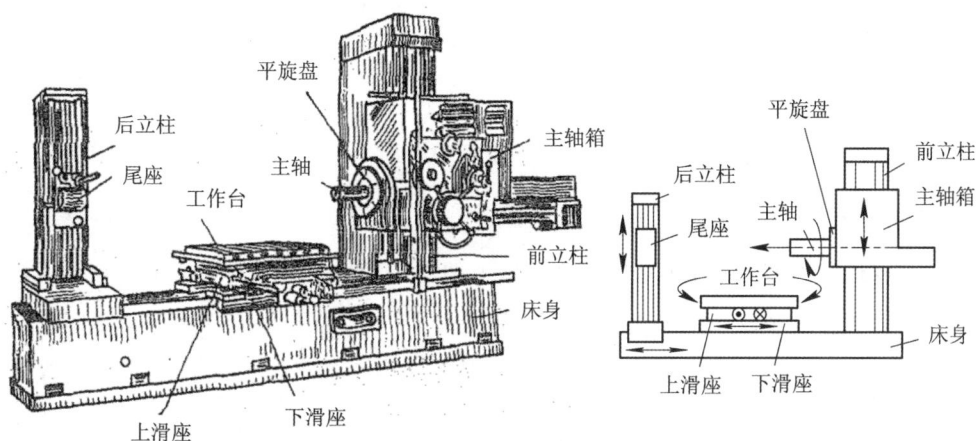

图 1-61 卧式镗床

2）镗刀

镗刀分为单刃镗刀和浮动式镗刀，如图 1-62 所示，其中图 1-62(a)为不通孔镗刀，刀头倾斜安装；图 1-62(b)为通孔镗刀，刀头垂直安装；图 1-62(c)为双刃浮动式镗刀，它的刀片不需固定在镗刀杆上，而是插在镗杆的槽中并能沿径向自由滑动，依靠作用在两个切削刃上的径向力自动平衡其位置。

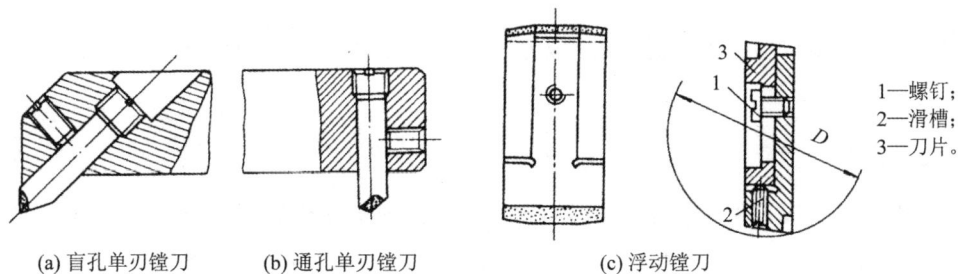

(a) 盲孔单刃镗刀　　(b) 通孔单刃镗刀　　(c) 浮动镗刀

图 1-62 镗刀

3）镗削加工应用

在卧式镗床上可以利用不同的刀具和附件进行镗孔加工，还可以钻孔、车端面、铣平面或车螺纹等，如图 1-63 所示。

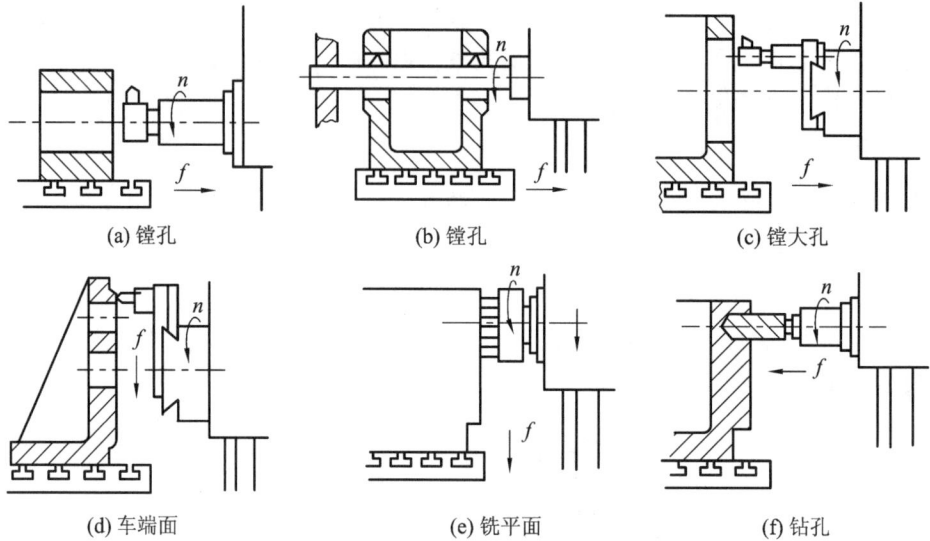

(a) 镗孔  (b) 镗孔  (c) 镗大孔

(d) 车端面  (e) 铣平面  (f) 钻孔

图 1-63　卧式镗床的主要工作

4）镗孔的工艺特点

镗孔主要用于在机座、箱体、支架等大型工件或形状复杂的工件上加工孔及孔径较大、尺寸精度和位置精度要求高的孔系。镗孔不像钻孔、扩孔、铰孔需要许多尺寸不同的刀具，一把镗刀可以加工出不同尺寸的孔，而且可以保证孔中心线的准确位置及相互位置精度。因为镗孔的尺寸精度要依靠调整刀具位置来保证，所以镗孔对工人操作技术水平要求高、依赖性大，生产率低。在成批生产中通常采用专用镗床，孔与孔之间的位置精度靠镗模的精度来保证。一般镗孔的尺寸公差等级为 IT8～IT7，表面粗糙度 $Ra$ 值为 $1.6\sim0.8\ \mu m$；精细镗时，尺寸公差等级可达 IT7～IT6，表面粗糙度 $Ra$ 值为 $0.8\sim0.2\ \mu m$。

## 五、刨、插、拉削加工

### 1. 刨削加工

在刨床上用刨刀加工工件的过程称为刨削。刨削的主运动为直线运动，进给运动为间歇性进给。

1）刨床

刨削类机床一般指牛头刨床、龙门刨床等。牛头刨床如图 1-64 所示，主要由床身、滑枕、刀架、工作台、横梁、底座等部分组成。滑枕主要用来带动刨刀作直线往复运动，其前端装有刀架。滑枕往复运动的快慢、行程的长短和位置均可根据加工位置进行调整。刀架（如图 1-65 所示）用于夹持刨刀。刀座上装有抬刀板，刨刀随刀夹安装在抬刀板上，在刨刀的返回行程中，刨刀随抬刀板绕 $A$ 轴向上抬起，以减少刨刀与工件的摩擦。工作台可沿横梁作水平方向移动，实现间歇进给运动。

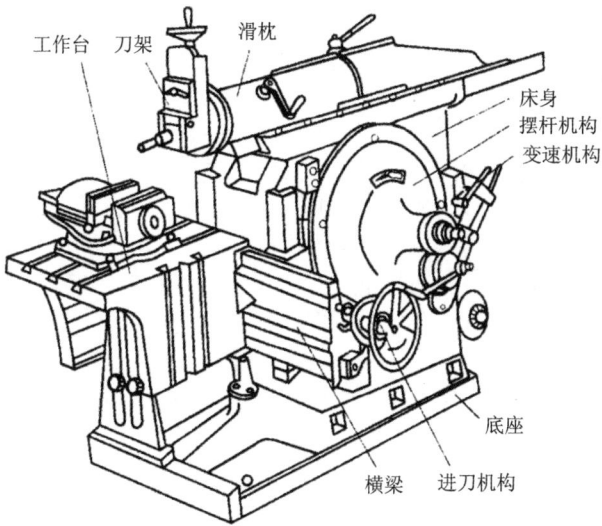

图 1-64　B6065 牛头刨床

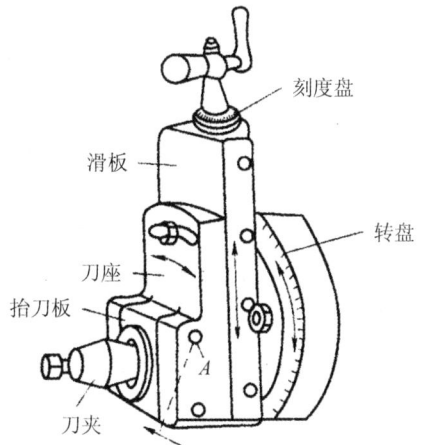

图 1-65　牛头刨床刀架

　　龙门刨床因有一个"龙门"式框架而得名，如图 1-66 所示。在龙门刨床上刨削时，工件随工作台作往复直线运动是主运动，刨刀作间歇的进给运动。龙门刨床主要用于加工大型零件上的大平面或长而窄的平面，也常用于同时加工多个中小型零件的平面。

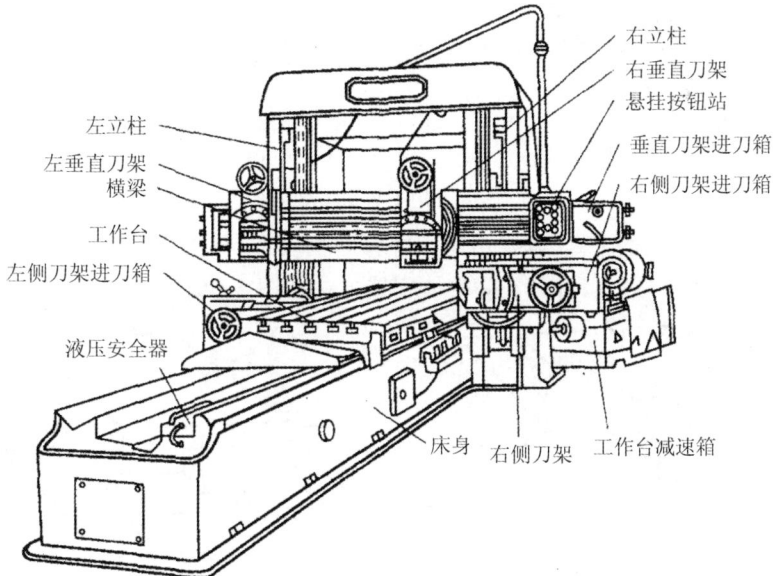

图 1-66　龙门刨床

2）刨刀

　　刨刀的形状与车刀相似（如图 1-67 所示），只是因为刨刀在切入工件时要承受很大的冲击力，所以刨刀刀杆截面较粗大，而且为避免刀尖扎入工件采用弯杆刨刀。

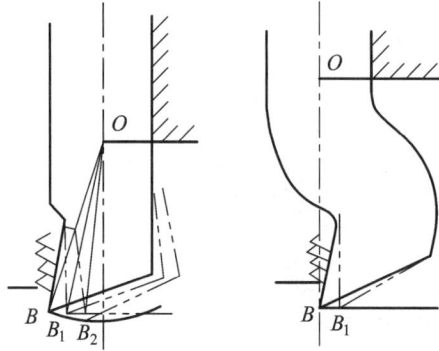

图 1-67　刨刀

**3）工件安装方法**

在刨床上安装工件的方法有平口钳安装、压板螺栓安装和专用夹具安装等。如图 1-68(a)所示是用平口钳配合划针按划线找正工件的位置。如果工件的基准面是已加工表面，则装夹时，可用手锤轻轻敲击工件，使工件与垫铁贴紧，如图 1-68(b)所示。

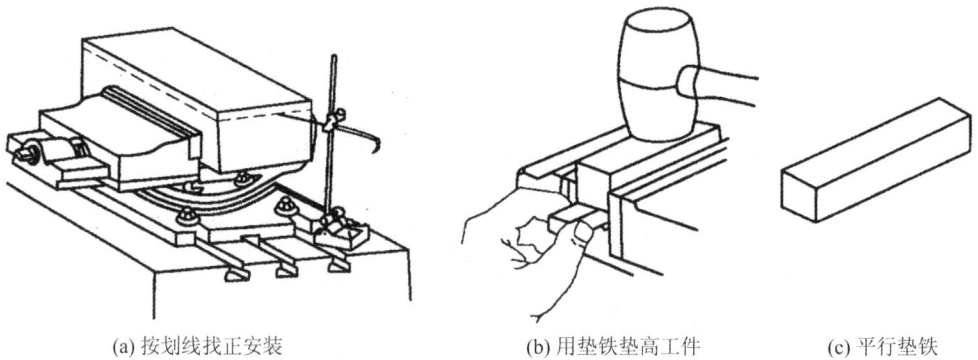

(a) 按划线找正安装　　　　(b) 用垫铁垫高工件　　　　(c) 平行垫铁

图 1-68　用平口钳安装工件

有些工件较大或形状特殊，需要用压板螺钉和挡块（或称挡铁）把工件直接固定在工作台上进行刨削。安装时先把工件找正，具体安装方法如图 1-69 所示。

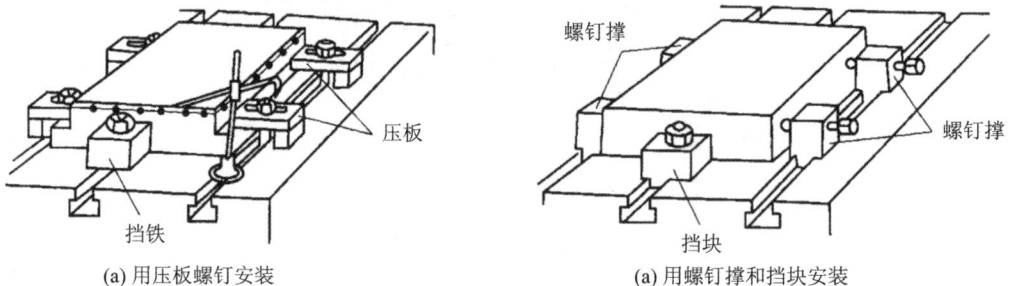

(a) 用压板螺钉安装　　　　(a) 用螺钉撑和挡块安装

图 1-69　用压板螺栓安装工件

**4）刨削加工应用**

刨削主要用来加工平面（包括水平面、垂直面和斜面），也广泛地用于加工直槽、燕尾槽和 T 形槽等。如果进行适当的调整和增加某些附件，还可以用来加工齿条、齿轮、花键和母线为直线的成形面等。刨削的主要应用如图 1-70 所示。

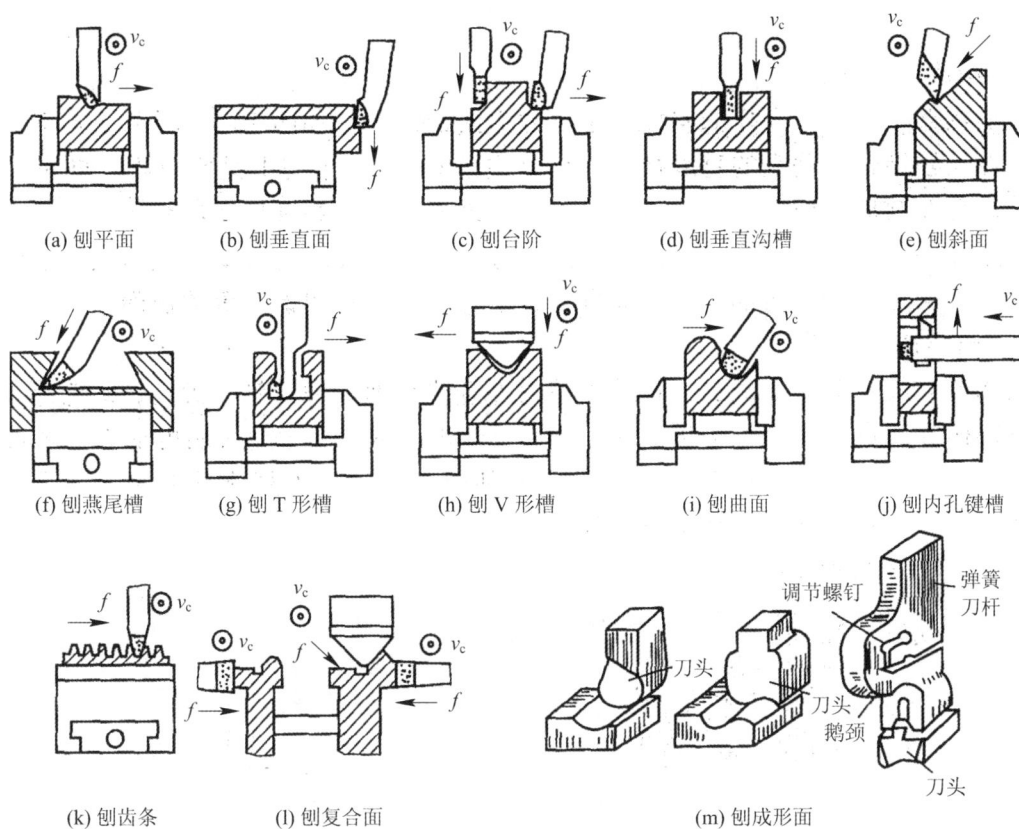

(a) 刨平面　　(b) 刨垂直面　　(c) 刨台阶　　(d) 刨垂直沟槽　　(e) 刨斜面

(f) 刨燕尾槽　　(g) 刨 T 形槽　　(h) 刨 V 形槽　　(i) 刨曲面　　(j) 刨内孔键槽

(k) 刨齿条　　(l) 刨复合面　　(m) 刨成形面

图 1 - 70　刨削的主要应用

5) 刨削加工的特点

（1）成本低。刨床结构简单，方便调整操作。

（2）适应性广。刨削可以适应多种表面的加工，易于保证各表面之间的位置精度。

（3）生产率较低。刨削回程时不切削，加工不连续，辅助时间较长。同时，刨刀在切入、切出时产生较大的冲击、振动，反向时受惯性力的影响，限制了切削速度的提高。

（4）加工质量较低。精刨平面的尺寸公差等级一般可达 IT9～IT8，表面粗糙度 $Ra$ 值为 6.3～1.6 $\mu$m。但是刨削的直线度较高，可达 0.04～0.08 mm/m。

**2. 插削加工**

插床又称立式牛头刨床（如图 1 - 71 所示），它的结构原理与牛头刨床相同，只是在结构形式上略有区别。

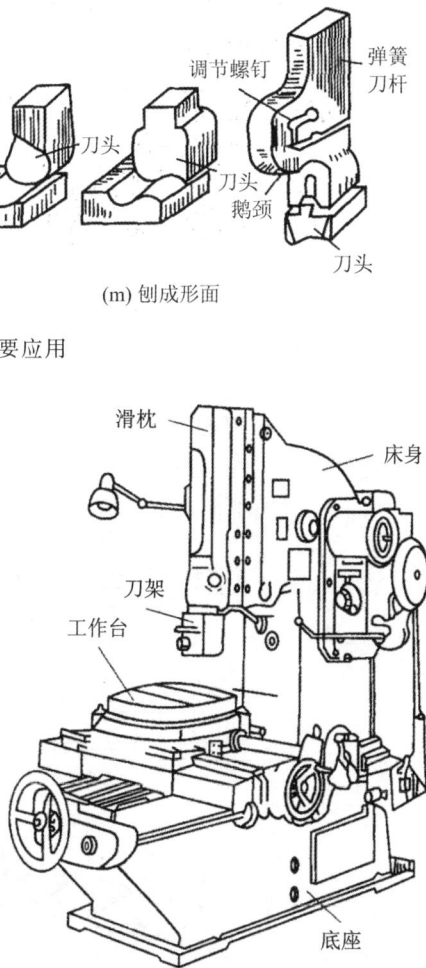

图 1 - 71　B5020 插床

插削主要应用于加工各种零件内外直线形面，如带轮、齿轮、蜗轮等零件上的键槽、花键槽等，也可以加工多边形孔。插床上多用三爪自定心卡盘、四爪单动卡盘和插床分度头等安装工件，也可用平口钳和压板螺栓安装工件。插削的表面粗糙度 $Ra$ 值为 $6.3 \sim 1.6 \mu m$。插削生产率低，一般用于工具车间、机修车间和单件、小批量生产中。

**3. 拉削加工**

拉削加工是在拉床上用拉刀加工工件的内表面或外表面的工艺方法。拉削时，拉刀的直线移动是主运动。拉削无进给运动，其进给运动是靠拉刀的每齿升高来实现的，所以拉削可以看作是按高低顺序排列的多把刨刀进行刨削的过程。

1）拉床

拉床是用拉刀进行加工的机床，常用的拉床按照加工表面可分为内表面拉床和外表面拉床，按照结构和布局可分为立式拉床、卧式拉床和连续式拉床等。如图 1-72 所示为卧式内拉床的示意图。拉床的运动很简单，整台拉床只有一个直线运动作主运动，没有进给运动。

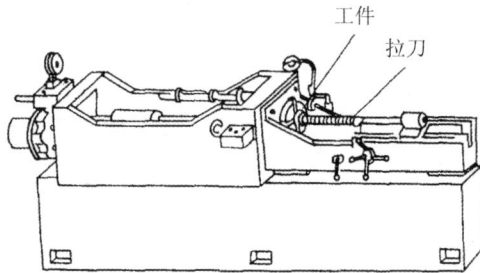

图 1-72　卧式内拉床

2）拉刀

拉刀是一种多刃的专用工具，结构复杂，逐齿一次从工件上切下很薄的金属层，使工件表面达到较高的精度和较小的粗糙度值。一把拉刀只能加工一种形状和尺寸规格的表面，根据工件的加工面及截面形状不同拉刀有各种形式，如图 1-73 所示。

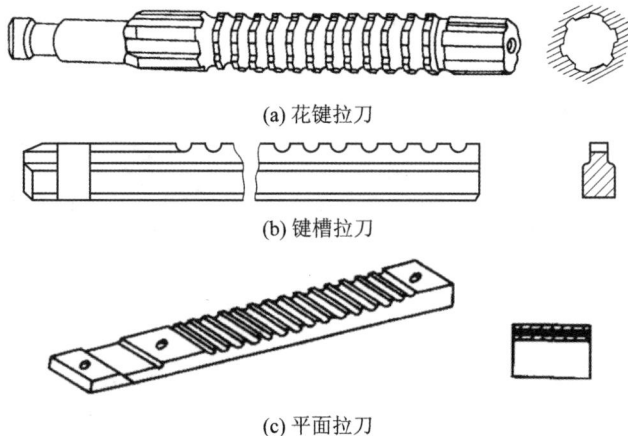

(a) 花键拉刀

(b) 键槽拉刀

(c) 平面拉刀

图 1-73　拉刀

圆孔拉刀结构如图 1-74 所示。拉孔时，工件通常不夹持，但必须有经过半精加工的预孔，以便拉刀穿过。

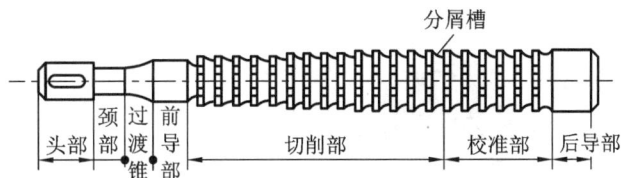

图 1 - 74　圆孔拉刀

拉削还可用于大批、大量生产加工要求较高且面积不太大的平面。平面拉刀如图 1 - 73(c)所示，当拉削面积较大时，为减小拉削力，也可采用渐进式拉刀进行加工(如图 1 - 75 所示)。

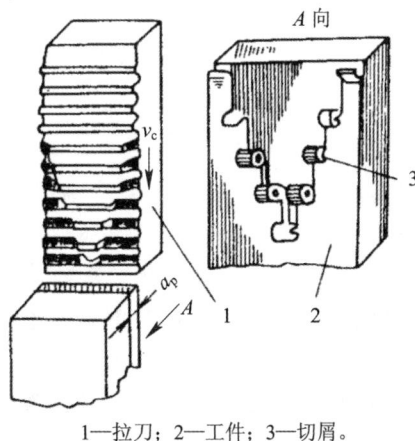

1—拉刀；2—工件；3—切屑。

图 1 - 75　渐进式拉刀拉削平面

3)拉削的工艺特点

(1)生产率高。拉削一次行程能够完成粗加工、半精加工、精加工，大大缩短了基本工艺时间和辅助时间。

(2)拉刀耐用度高。拉削速度低，每齿切削厚度很小，切削力小，切削热也少，刀具磨损慢，耐用度高。

(3)加工精度高、表面粗糙度值较小。拉削的尺寸公差等级一般可达 IT8～IT7，表面粗糙度 $Ra$ 值为 $0.8～0.4~\mu m$。

(4)拉床结构和操作比较简单。拉床只有一个主运动(拉刀的直线运动)，进给运动是由拉刀的后一个刀齿高出前一个刀齿(齿升量 $S_z$)来完成的，结构简单，操作方便。

(5)加工范围广。内拉削可以加工圆孔、方孔、多边形孔、花键孔等形状复杂的通孔；外拉削可以加工多种形状的沟槽，如键槽、T 形槽、燕尾槽和涡轮盘上的榫槽、平面、成形面、外齿轮和叶片的榫头等。

(6)拉刀价格昂贵。由于拉刀的结构和形状复杂，精度和表面质量要求较高，故制造成本高，所以拉削适合大批量生产。

## 六、磨削加工

磨削是用磨具(砂轮、砂带、油石等)对工件进行加工的方法。磨削可达到很高的加工精度和很低的表面粗糙度。磨削既能加工一般金属材料，又能加工难以切削的各种硬材料，如淬火钢。

### 1. 磨具

磨具是用结合剂或黏结剂将许多细微、坚硬和形状不规则的磨料、磨粒按一定要求黏结而成的切削工具。磨具有砂轮、油石、磨头、砂瓦、砂布、砂纸、砂带、研磨膏等。最常用的磨具是砂轮(如图 1 - 76 所示)。砂轮的特性主要由磨料、粒度、结合剂、硬度、组织及形状尺寸等因素决定。

(1)磨料。目前常用的磨料有刚玉类($Al_2O_3$)、碳化硅类(SiC)和高硬磨料类三种。刚

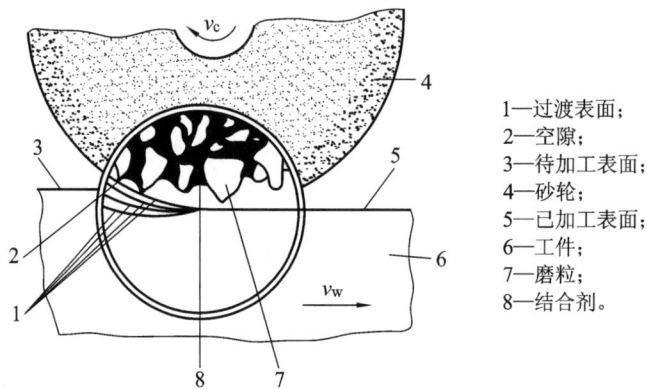

1—过渡表面；
2—空隙；
3—待加工表面；
4—砂轮；
5—已加工表面；
6—工件；
7—磨粒；
8—结合剂。

图1-76 砂轮及磨削示意图

玉类磨料包括棕刚玉（A）和白刚玉（WA）；碳化硅类磨料包括黑碳化硅（C）和绿碳化硅（GC）；高硬磨料类包括人造金刚石（SD）和立方氮化硼（CBN）等。

（2）粒度。粒度是指磨料颗粒的尺寸，其大小用粒度号表示。国标规定了磨粒和微粉两种粒度表示方法。磨粒的粒度号数用每一英寸筛网长度上的网眼数目表示，微粉的粒度号用颗粒中尺寸最大颗粒的直径表示。粗磨选用较粗的磨料（粒度号较小），精磨选用较细的磨料（粒度号较大），微粉多用于精磨、研磨、珩磨等精密加工和超精密加工。

（3）结合剂。结合剂是磨具中用以黏结磨料的物质。常用的结合剂有陶瓷结合剂（V）、树脂结合剂（B）、橡胶结合剂（R）和金属结合剂（M）等。

（4）硬度。磨具的硬度是指磨具工作时在外力作用下磨料颗粒脱落的难易程度。磨具的硬度反映结合剂固结磨粒的牢固程度，磨粒难脱落叫硬度高，反之叫硬度低。国标中对磨具硬度规定了从软到硬16个级别，标号为D、E、F（超软），G、H、J（软），K、L（中软），M、N（中），P、Q、R（中硬），S、T（硬），Y（超硬）。

（5）组织。磨具的组织指磨具中磨粒、结合剂、气孔三者体积的比例关系，以磨粒率（磨粒占磨具体积的百分率）表示磨具的组织号。磨料所占的体积比例越大，砂轮的组织越紧密；反之，组织越疏松。国标中规定了0～14从紧密到疏松的15个等级组织号。

（6）形状与尺寸。常用的砂轮形状包括平形砂轮、斜边砂轮、筒形砂轮、杯形砂轮、碟形砂轮、薄片砂轮等。砂轮尺寸主要包括外径、厚度、孔径等信息。

（7）砂轮标记。砂轮标记的书写顺序是：形状代号、尺寸、磨料、粒度号、硬度、组织号、结合剂和允许的最高线速度。例如，砂轮的标记为

| P | 400×40×127 | WA | 60 | L | 5 | V | 35 |
|---|---|---|---|---|---|---|---|
| ↓ | ↓ | ↓ | ↓ | ↓ | ↓ | ↓ | ↓ |
| 平形砂轮 | 外径×厚度×孔径 | 磨料 | 粒度号 | 硬度 | 组织号 | 结合剂 | 最高工作线速度（m/s） |

**2. 磨床及工件装夹**

磨床按用途不同可分为外圆磨床、内圆磨床、平面磨床、无心磨床、工具磨床、螺纹磨床、齿轮磨床以及各种专用磨床等。这些磨床的共同特点是主运动均为砂轮的转动。

（1）外圆磨床。外圆磨床用于磨削外圆柱面、外圆锥面和轴肩端面等，它分为普通外圆

磨床和万能外圆磨床(如图 1 - 77 所示)。

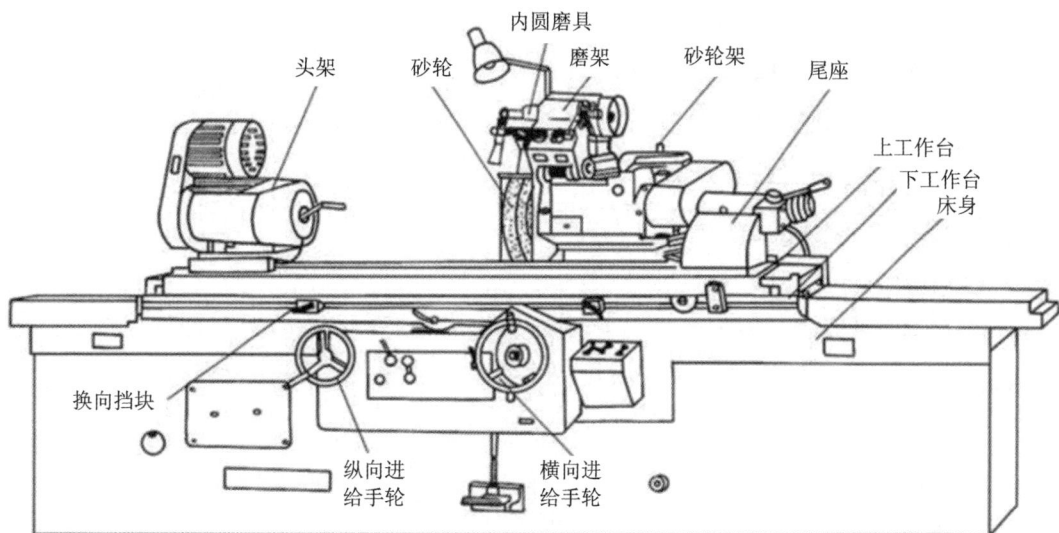

图 1 - 77 万能外圆磨床

万能外圆磨床与普通外圆磨床的主要区别是:万能外圆磨床增设了内圆磨头,且砂轮架和工件头架的下面均装有转盘,能围绕自身的铅垂轴线扳转一定角度。

外圆磨床上安装工件的方法与车削类似,有顶尖安装、卡盘安装和心轴安装等。

(2)内圆磨床。内圆磨床用于磨削内圆柱面、内圆锥面及孔内端面等,如图 1 - 78 所示为 M2110 内圆磨床。

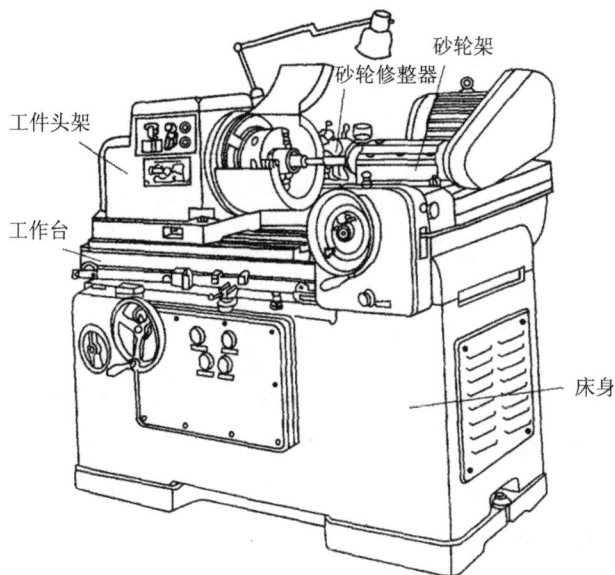

图 1 - 78 M2110 内圆磨床

(3)平面磨床。平面磨床用于磨削平面。如图 1 - 79 所示为 M7120D 平面磨床,对于平面磨床来说,常采用电磁吸盘工作台吸住工件。

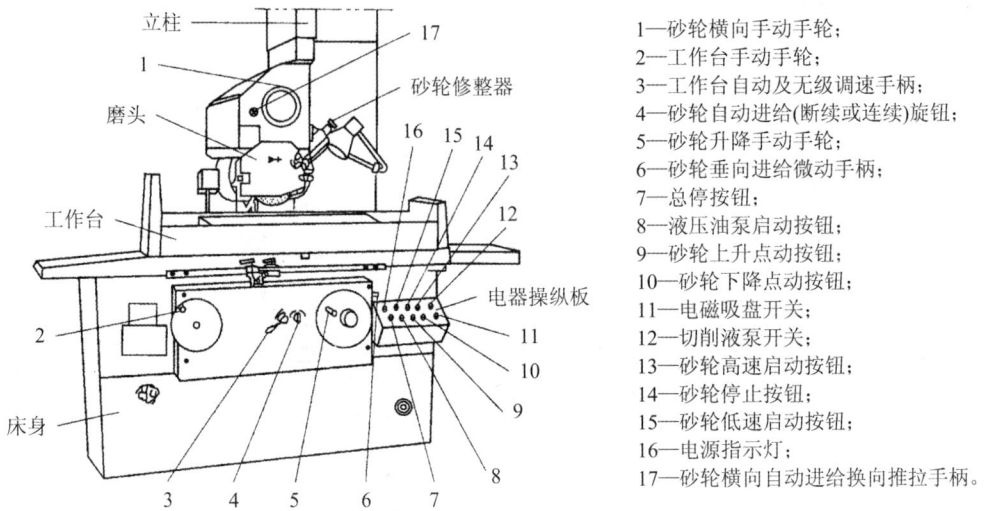

1—砂轮横向手动手轮；
2—工作台手动手轮；
3—工作台自动及无级调速手柄；
4—砂轮自动进给(断续或连续)旋钮；
5—砂轮升降手动手轮；
6—砂轮垂向进给微动手柄；
7—总停按钮；
8—液压油泵启动按钮；
9—砂轮上升点动按钮；
10—砂轮下降点动按钮；
11—电磁吸盘开关；
12—切削液泵开关；
13—砂轮高速启动按钮；
14—砂轮停止按钮；
15—砂轮低速启动按钮；
16—电源指示灯；
17—砂轮横向自动进给换向推拉手柄。

图 1-79  M7120D 平面磨床

### 3. 磨削基本工艺

磨削所用砂轮表面上的每个磨粒，可以近似地看成一个微小刀齿，突出的磨粒尖棱，可以认为是微小的切削刃。因此，砂轮可以看作是具有极多微小刀齿的铣刀。由于砂轮磨粒的几何形状差异很大，在砂轮表面上排列极不规则，间距和高低均为随机分布，因此磨削时各个磨粒表现出来的磨削作用有很大的不同，如图 1-80 所示。

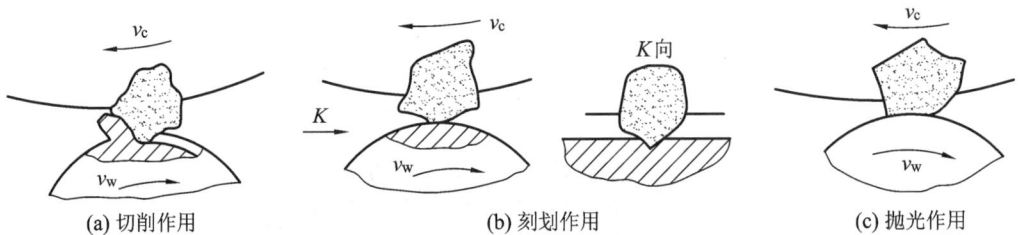

(a) 切削作用        (b) 刻划作用        (c) 抛光作用

图 1-80  磨粒的磨削作用

砂轮上比较凸出的和比较锋利的磨粒起切削作用，如图 1-80(a)所示；砂轮上凸出高度较小或较钝的磨粒起刻划作用，如图 1-80(b)所示；砂轮上磨钝的或比较凹下的磨粒既不切削也不刻划工件，而只是与工件表面产生滑擦，起摩擦抛光作用，如图 1-80(c)所示。磨削过程实际上是无数磨粒对工件表面进行错综复杂的切削、刻划和滑擦的综合过程。一般地说，粗磨时以切削作用为主；精磨时既有切削作用，也有摩擦抛光作用；超精磨和镜面磨削时摩擦抛光作用更为明显。

### 4. 磨削加工应用

磨削常用于零件的内外圆柱面、内外圆锥面、平面及成形表面(如花键、螺纹、齿轮齿形等)的精加工(如图 1-81 所示)。

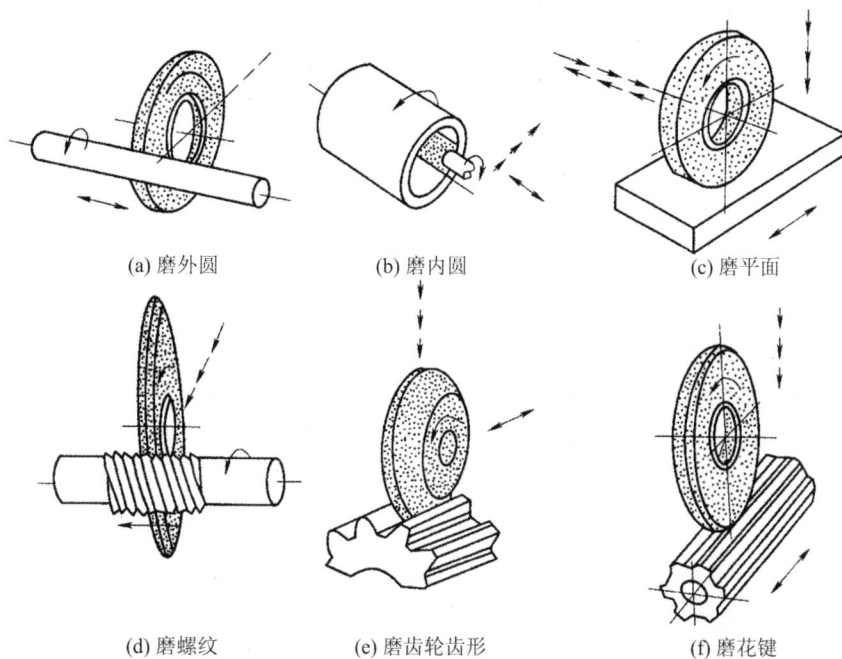

(a) 磨外圆　　　　　　(b) 磨内圆　　　　　　(c) 磨平面

(d) 磨螺纹　　　　　(e) 磨齿轮齿形　　　　　(f) 磨花键

图 1-81　磨削应用

1）外圆面的磨削

外圆面磨削既可在外圆磨床上进行，也可在无心磨床上进行。随着砂轮粒度号和切削用量不同，普通磨削分为粗磨和精磨。粗磨的尺寸公差等级可达 IT8～IT7，表面粗糙度 $Ra$ 值为 0.8～0.4 $\mu m$；精磨的尺寸公差等级可达 IT6～IT5，表面粗糙度 $Ra$ 值为 0.4～0.2 $\mu m$。

在外圆磨床上磨削外圆的常用方法有纵磨法、横磨法、混合磨法和深磨法（如图 1-82 所示）。

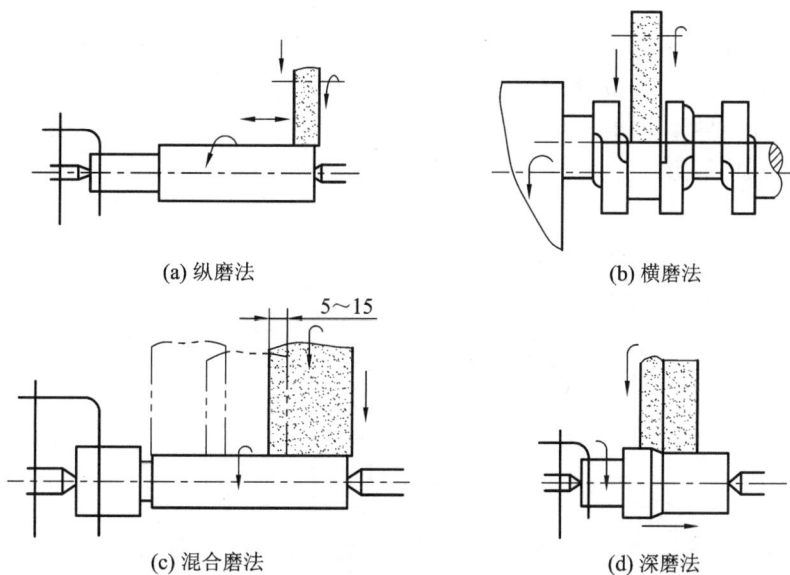

(a) 纵磨法　　　　　　　　　　　　(b) 横磨法

(c) 混合磨法　　　　　　　　　　　(d) 深磨法

图 1-82　在外圆磨床上磨外圆

（1）纵磨法。应用纵磨法磨削时，砂轮的高速旋转为主运动，工件旋转并随磨床工作台一起作的往复直线运动分别为圆周进给运动和纵向进给运动，工件每转一周的纵向进给量为砂轮宽度的三分之二，致使磨痕互相重叠。每当工件一次往复行程终了时，砂轮作周期性的横向进给（背吃刀量）。每次磨削的深度很小，经多次横向进给磨去全部磨削余量。

纵磨法由于背吃刀量小，所以磨削力小，产生的磨削热少，散热条件较好；还可以利用最后几次无背吃刀量的光磨行程进行精磨，因此加工精度和表面质量较高。此外，纵磨法具有较大的适应性，可以用一个砂轮加工不同长度的工件。但是，其生产率较低，故广泛适用于单件、小批生产及精磨，且特别适用于细长轴的磨削。

（2）横磨法。横磨法又称切入法，磨削时砂轮的高速旋转为主运动，工件不作纵向往复移动，而由砂轮以慢速作连续的横向进给，直至磨去全部磨削余量。

横磨法生产率高，但由于砂轮和工件接触面积大，磨削力大，发热量多，磨削温度高，散热条件差，工件容易产生热变形和烧伤现象，且因背向力 $F_p$ 大，工件易产生弯曲变形。由于无纵向进给运动，磨痕明显，因此工件表面粗糙度 $Ra$ 值较纵磨法大。横磨法一般用于成批及大量生产中，磨削刚性较好、精度要求较低、长度较短的外圆以及两端都有台阶的轴颈与成形表面，尤其是工件上的成形表面，只要将砂轮修整成形，就可以直接磨出。

（3）混合磨法。混合磨法是先用横磨法将工件表面分段进行粗磨，相邻两段间有 $5\sim15$ mm 的搭接，工件上留有 $0.01\sim0.03$ mm 的余量，然后用纵磨法进行精磨的加工方法。混合磨法综合了横磨法和纵磨法的优点，既提高了加工效率，又保证了加工精度。

（4）深磨法。应用深磨法磨削时采用较小的纵向进给量（一般取 $1\sim2$ mm/r）、较大的背吃刀量（一般为 0.3 mm 左右），在一次行程中磨去全部余量。磨削用的砂轮前端修磨成锥形或阶梯形，直径大的圆柱部分起精磨和修光作用，锥形和其余阶梯面起粗磨或半精磨作用。深磨法的生产率约比纵磨法高一倍，但修整砂轮较复杂，只适用于大批量生产刚度大并允许砂轮越出加工面两端较大距离的工件。

无心外圆磨削是一种生产率很高的精加工方法，其工作原理如图 1-83 所示。磨削时工件放在两个砂轮之间，下方用托板托住，不用顶尖支持，所以称为无心磨。为使工件作轴向移动，导轮轴线相对于工件轴线倾斜一个角度 $\alpha$（$10°\sim50°$），工件从两个砂轮间通过后，即完成外圆磨削。导轮倾斜 $\alpha$ 角后，为了使工件表面与导轮表面保持直线接触，应当将导轮母线修整成双曲线形。

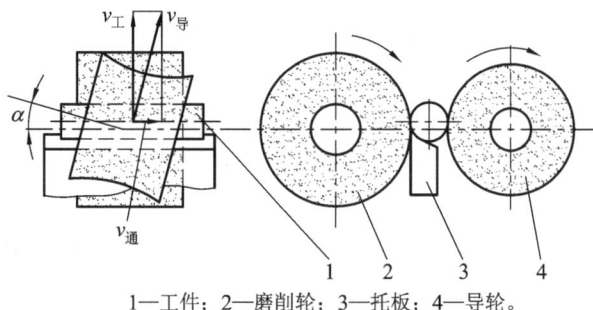

1—工件；2—磨削轮；3—托板；4—导轮。

图 1-83  无心外圆磨削示意图

无心外圆磨削安装比较方便，不需用夹具，操作技术要求不高，可连续进行磨削，易于实现自动化，生产率高，工件直线性好，尺寸稳定。但是无心外圆磨削要求工件外圆面在圆周上必须是连续的,若圆柱面上有键槽或小平面,导轮将无法带动工件连续旋转,故不能磨削。这种方法适用于成批、大量生产的光滑销、轴类零件的磨削。

2)孔的磨削

磨孔是孔的精加工方法之一,可达到的尺寸公差等级为 IT8~IT6,表面粗糙度 $Ra$ 值为 $1.6 \sim 0.4\ \mu m$。磨孔可以在内圆磨床或万能外圆磨床上进行。磨内圆(孔)常用四爪单动卡盘找正安装工件(如图 1-84 所示)。

磨内圆与磨外圆相比,表面粗糙度值较大、生产率较低。因此,作为孔的精加工,成批生产中常用铰孔,大量生产中常用拉孔。由于磨孔具有万能性,不需要成套的刀具,故在单件、小批生产中应用较多。特别是对于淬硬的工件,磨孔仍是孔精加工的主要方法。

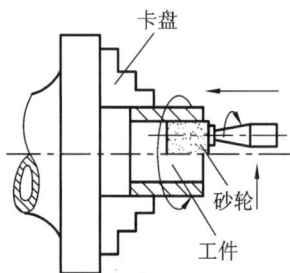

图 1-84 内圆磨削示意图

3)平面的磨削

根据磨削时砂轮与工件表面的不同,平面的磨削方式可分为两种,即圆周磨削和端面磨削,如图 1-85 所示。

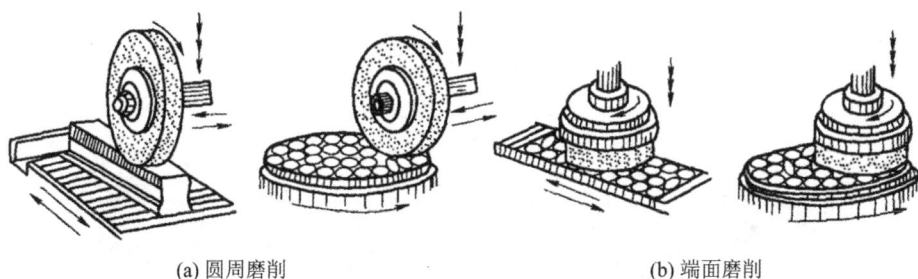

(a) 圆周磨削         (b) 端面磨削

图 1-85 磨平面的方法

平面磨削常作为刨削或铣削后的精加工,特别是用于磨削淬硬工件,以及具有平行表面的零件(如滚动轴承环、活塞环等)。

**5. 磨削的工艺特点**

(1)精度高、表面粗糙度值小。

(2)砂轮有自锐作用。

(3)磨削温度高。

(4)磨削的背向力大。

(5)可加工高硬度材料。

(6)应用广泛。

# 七、精密加工方法

**1. 研磨**

研磨是一种常见的光整加工方法。研磨时把研磨剂放在研具与工件之间,在一定压力作用下研具与工件作复杂的相对运动,通过研磨剂的微量切削及化学作用去除工件表面的微小余量，从而达到很高的精度和很小的表面粗糙度。研磨方法分手工研磨和机械研磨两种。如图1-86所示为手工研磨外圆表面的示意图。机械研磨在专用研磨机床上进行，如图1-87所示为研磨小工件外圆用的研磨机示意图。

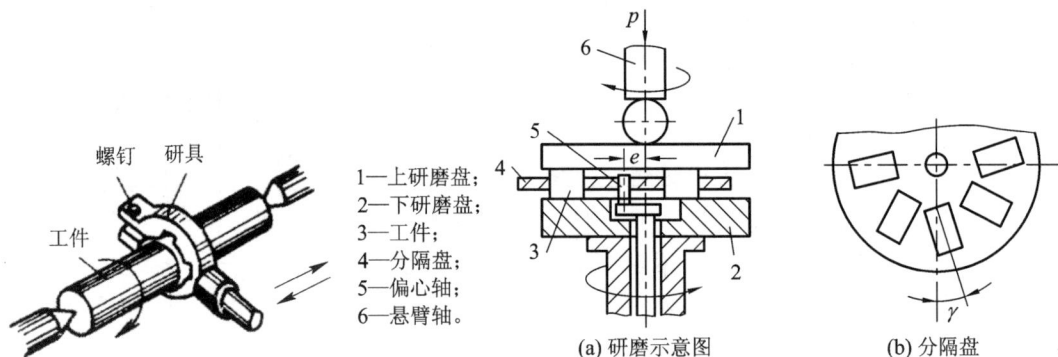

图1-86  手工研磨外圆

1—上研磨盘；
2—下研磨盘；
3—工件；
4—分隔盘；
5—偏心轴；
6—悬臂轴。

(a) 研磨示意图    (b) 分隔盘

图1-87  研磨机工作示意图

研磨孔是孔的光整加工方法，需要在精镗、精铰或精磨后进行。在车床上研磨套类零件孔如图1-88所示，使用可调式研磨棒作研具。

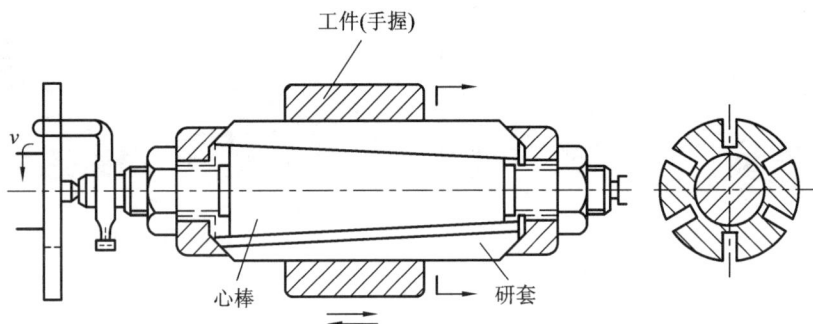

图1-88  研磨孔

研磨具有如下特点：

(1) 加工简单，不需要复杂设备，成本低，但手工研磨的生产率低，劳动强度大。

(2) 可以达到高的尺寸精度、形状精度和小的表面粗糙度值，但不能提高工件各表面间的位置精度。研磨前的工件应进行精车或精磨。研磨可以获得IT5或更高的尺寸公差等级，表面粗糙度 $Ra$ 值为 $0.1\sim0.008$ $\mu m$。

(3) 生产率较低，研磨余量一般不超过 $0.01\sim0.03$ mm。

(4) 研磨剂易于飞溅，污染环境。

研磨应用很广，除了加工外圆面外，还可以加工孔、平面、螺纹表面、齿轮齿面等，既适合于大批、大量生产，又适合于单件、小批量生产。在现代工业中，常采用研磨作为精密零件的最终加工。在机械制造业中，用研磨精加工精密块规、量规、齿轮、钢球、喷油嘴等精密零件；在光学仪器制造业中，用研磨精加工镜头、棱镜、光学平镜等仪器零件；在电子工业中，用研磨精加工石英晶体、半导体晶体、陶瓷元件等。

### 2. 珩磨

珩磨需在磨削或精镗的基础上进行。珩磨后孔的尺寸公差等级可达 IT6～IT5，表面粗糙度 $Ra$ 值为 $0.2～0.025\ \mu m$，孔的形状精度也相应提高。珩磨是利用装有油石的珩磨头（如图 1-89 所示）来加工孔的，加工时可视工件大小将其安装在机床的工作台或夹具中。

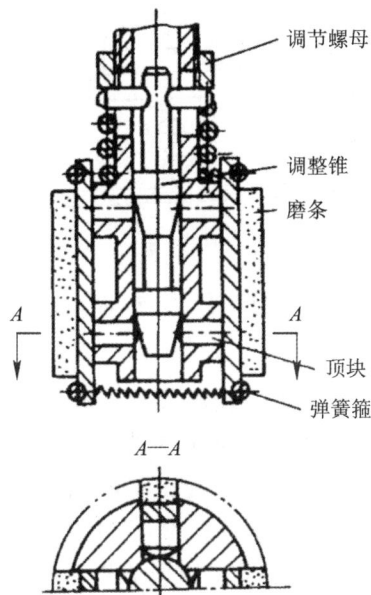

图 1-89　珩磨头

珩磨具有生产率高、能使孔达到较高的表面加工质量、珩磨表面耐磨等优点，但一般不用于加工塑性较大的有色金属，以免堵塞磨条。

珩磨主要用于孔的精密加工，加工范围广，能加工直径为 5～500 mm 或更大的孔，并且能加工深孔。珩磨还可以加工外圆面、平面、球面和齿面等。在大批量生产中，珩磨孔多在专用的机床上进行；在单件、小批量生产中，可在改装的立式钻床或卧式车床上进行。珩磨孔广泛用于大批量生产中，加工飞机、拖拉机发动机的气缸、缸套、连杆和液压装置的油缸筒等。

### 3. 超级光磨

超级光磨也称超精研，是用细粒度、低硬度的油石（粒度为 W20 或更细的刚玉或碳化硅磨料），以较低的压力（5～20 MPa），在复杂的相对运动下，对工件表面进行光整加工的方法。如图 1-90 所示为外圆面的超级光磨示意图。

超级光磨的设备简单，操作方便，生产率很高，对工人的技术水平要求不高。超级光磨的加工余量极小（约 0.005～0.02 mm），表面质量好，超级光磨后表面粗糙度 $Ra$ 值为 $0.1～0.008\ \mu m$，表面耐磨性较好，但不能提高工件的尺寸精度及几何形状精度，这两种精度必须由前一道工序保证。

超级光磨的应用也很广泛，如汽车、内燃机零件，轴承、精密量具等的小粗糙度表面，常用超级光磨作精加工。超级光磨不仅能加工轴类零件内外圆柱面，而且还能加工圆锥面、孔、平面及球面等。

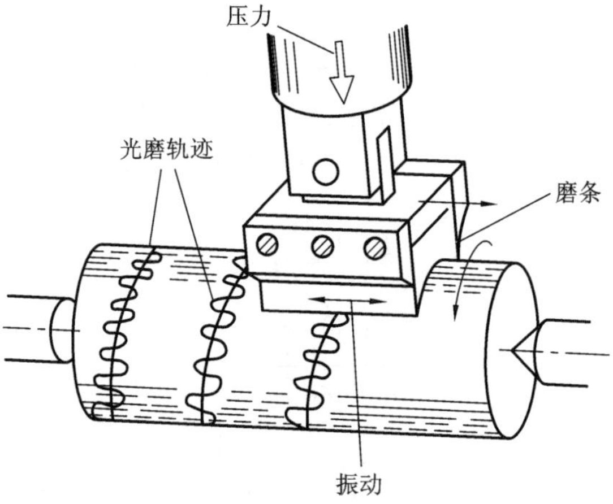

图 1-90　超级光磨

### 4. 抛光

抛光是把抛光膏涂在用帆布、毛毡、橡胶或皮革等叠制而成的抛光轮上，利用抛光轮的高速旋转对工件进行微弱切削，从而降低工件表面粗糙度、提高光亮度的一种精密加工方法。抛光不用特殊设备，工具和加工方法比较简单，成本低，但多为手工操作，劳动条件较差；抛光仅能获得光亮的表面，不能提高精度，对降低粗糙度效果也不佳。

抛光主要用于零件表面的装饰加工及电镀前的预加工。抛光零件表面的类型不限，可以加工外圆、孔、平面及各种成形面等。为了保证电镀产品的质量，电镀前必须抛光；一些不锈钢、塑料、玻璃等制品为得到好的外观质量也要进行抛光。

综上所述，研磨、珩磨、超级光磨和抛光虽都属于精密加工，但它们对工件表面质量的改善程度却不相同。抛光仅能提高工件表面的光亮程度，而不能改善工件表面粗糙度；超级光磨仅能减小工件的表面粗糙度，而不能提高其尺寸和形状精度；研磨和珩磨则不但可以减小工件表面的粗糙度，而且可以在一定程度上提高其尺寸和形状精度。从应用范围来看，研磨、超级光磨和抛光可以用来加工多种表面，而珩磨则主要用于孔的加工；从所用工具和设备来看，抛光最简单，研磨和超级光磨稍复杂，而珩磨则较为复杂；从生产效率来看，抛光和超级光磨最高，珩磨次之，研磨最低。

## 八、螺纹加工

螺纹是零件上常见的成形表面之一，它有多种形式，按用途不同可分为连接螺纹和传动螺纹。螺纹和其他类型的表面一样有一定的尺寸精度、形位精度和表面质量的要求。由于螺纹的用途和使用要求不同，技术要求也有所不同。对于连接螺纹和无传动精度要求的传动螺纹，一般只要求中径和顶径（外螺纹的大径，内螺纹的小径）的精度。对于有传动精度要求或用于读数的螺纹，除要求中径和顶径的精度外，还要求螺距和牙型角的精度。为了保证传动或读数精度及耐磨性，对螺纹表面的粗糙度和硬度等也有较高的要求。

常用的螺纹加工方法有攻螺纹、套螺纹、车螺纹、铣螺纹、磨螺纹和滚压螺纹等，可以在车床、钻床、螺纹车床、螺纹磨床等机床上利用不同的工具进行加工。

### 1. 攻螺纹

使用丝锥来加工内螺纹的操作称为攻螺纹(又称攻丝)。攻螺纹的加工精度为7H,表面粗糙度 $Ra$ 值为 $6.3\sim3.2~\mu m$。攻螺纹可以在钻床上进行,单件、小批生产主要用手工操作。

丝锥一般成组使用,用碳素工具钢或高速钢制造,结构如图 1-91 所示。攻螺纹时用于夹持丝锥的工具称为铰杠,如图 1-92 所示。铰杠的规格应与丝锥大小相适应。

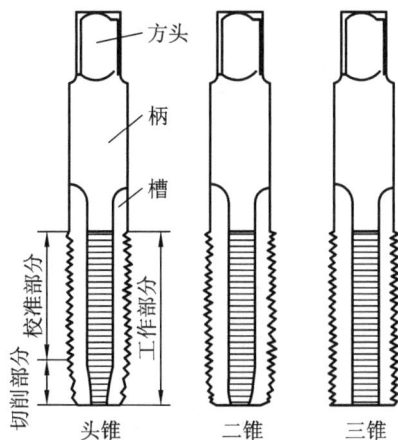

图 1-91　丝锥的结构　　　　　　　　　　　图 1-92　铰杠

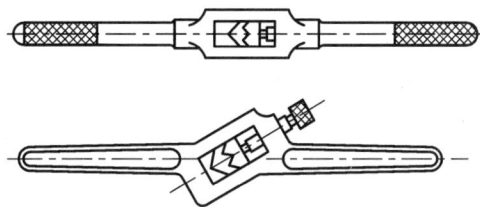

攻螺纹时两手用力要均匀。每攻入 $1/2\sim1$ 圈后应将丝锥反转 $1/4\sim1/2$ 圈,进行断屑和排屑。攻不通孔时应做好记号,以防丝锥触及孔底,如图 1-93 所示。

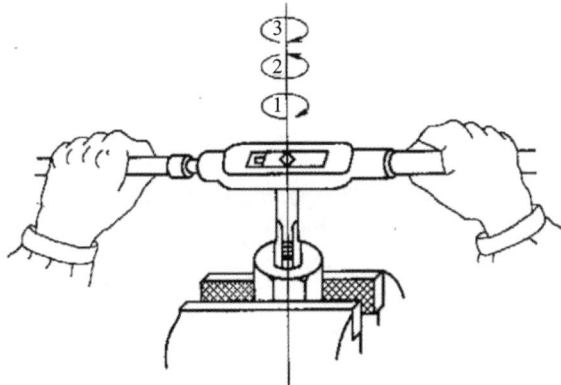

图 1-93　攻螺纹

### 2. 套螺纹

用板牙加工外螺纹的方法称为套螺纹。套螺纹加工的质量较低,加工精度为7h,表面粗糙度 $Ra$ 值为 $6.3\sim3.2~\mu m$。

板牙一般由合金工具钢制成。常用的圆板牙如图 1-94(a)、(b)所示,有固定式和可调式两种。板牙架是用来夹持圆板牙的工具,手工套螺纹所使用的板牙架如图 1-94(c)所示。

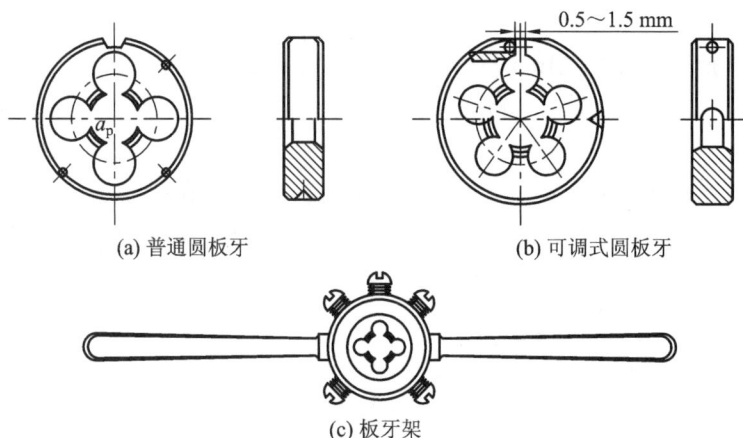

(a) 普通圆板牙      (b) 可调式圆板牙

(c) 板牙架

图 1-94 套螺纹工具

开始操作时，板牙端面应与圆杆轴线保持垂直。板牙每转 1/2～1 圈后应倒转 1/4～1/2 圈以折断切屑，然后再接着切削，如图 1-95 所示。

攻螺纹和套螺纹是应用较广的螺纹加工方法，主要用来加工精度要求不高、直径较小的三角螺纹，常用于加工 M16 以下的普通螺纹，最大一般不超过 M50。对于小尺寸的内螺纹，攻螺纹几乎是唯一有效的加工方法。单件和小批生产时，攻螺纹可用手用丝锥由钳工在虎钳

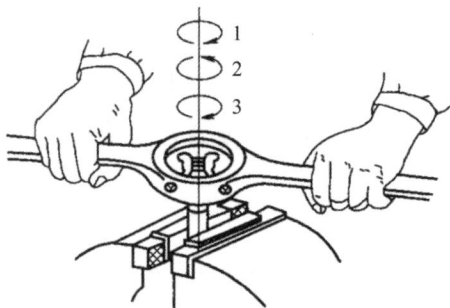

图 1-95 套螺纹

上进行，或在车床、钻床上进行；大批量生产时，攻螺纹常用机用丝锥在车床、钻床或攻丝机上进行。

**3. 车螺纹**

车螺纹是加工螺纹的基本方法。其加工原理是工件每转一转，车刀在进给方向上移动一个导程的距离。车削螺纹可在各类卧式车床或专门的螺纹车床上进行。车螺纹刀具简单，生产率低，主要用于单件、小批量生产，最高精度可达 IT6～IT4 级，表面粗糙度 $Ra$ 值为 3.2～0.4 $\mu$m。

车削螺纹所用刀具包括单齿螺纹车刀（如图 1-96 所示）和螺纹梳刀（如图 1-97 所示）。

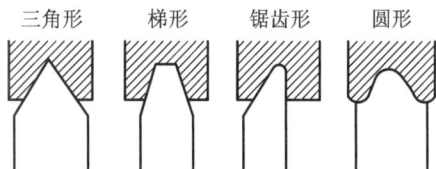

三角形　梯形　锯齿形　圆形

图 1-96 单齿螺纹车刀

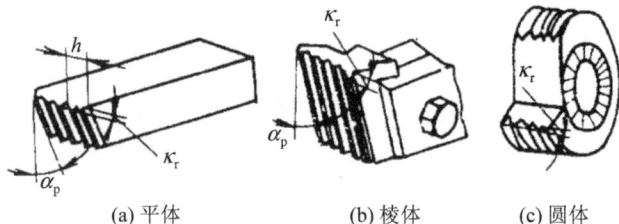

(a) 平体      (b) 棱体      (c) 圆体

图 1-97 螺纹梳刀

#### 4. 铣螺纹

铣螺纹比车螺纹生产率高,但加工的螺纹精度低,被广泛应用于成批、大量生产中。铣螺纹一般在专门的螺纹铣床上进行。铣螺纹包括盘形铣刀铣螺纹(如图 1-98 所示)、梳形铣刀铣螺纹(如图 1-99 所示)和旋风铣刀铣螺纹(如图 1-100 所示)。

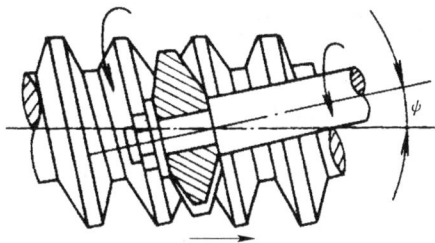

图 1-98　盘形铣刀铣螺纹　　　图 1-99　梳形铣刀铣螺纹　图 1-100　旋风铣刀铣螺纹

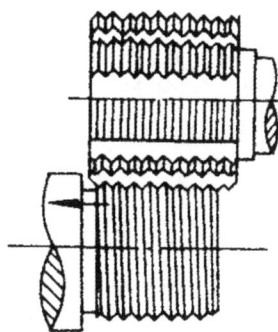

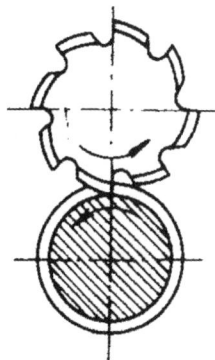

#### 5. 磨螺纹

磨螺纹是高精度的螺纹加工方法,常用于淬硬螺纹的精加工,如精密螺杆、丝锥、滚丝轮、螺纹量规等。磨螺纹一般在螺纹磨床上进行,磨前需用车、铣等方法进行粗加工;对小尺寸的精密螺纹,也可不经粗加工直接磨出。磨削螺纹可以分为单片砂轮磨削(如图 1-101 所示)和多线砂轮磨削两种(如图 1-102 所示)。

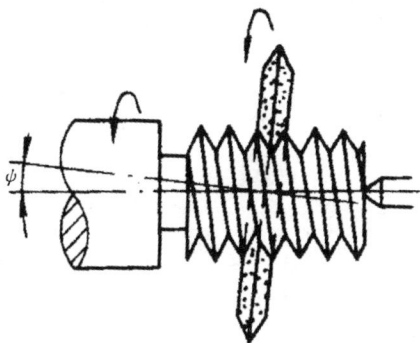

图 1-101　单片砂轮磨削　　　　　　　图 1-102　多线砂轮磨削

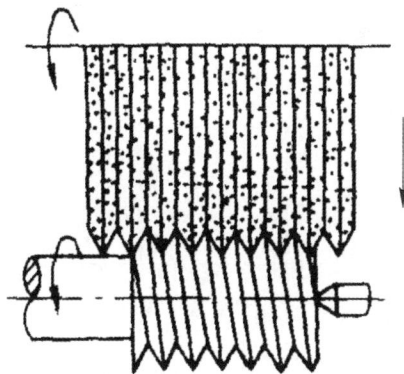

#### 6. 滚压螺纹

滚压螺纹是在室温下,用压力使工件表面产生塑性变形而形成螺纹的一种无切屑加工方法。滚压螺纹通常包含搓板滚压(如图 1-103 所示)和滚轮滚压(如图 1-104 所示)。

两种滚压螺纹的方法中,滚轮滚压的生产率低于搓板滚压,但精度高于搓板滚压,加工表面粗糙度低。而滚压螺纹与切削螺纹相比生产率高、螺纹强度和硬度高、加工表面粗糙度低、材料利用率高、加工费用低、机床结构简单。

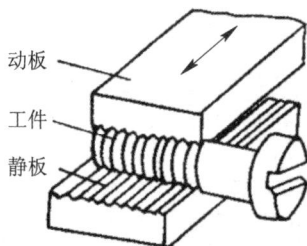

图 1－103　搓板滚压　　　　　　　　图 1－104　滚轮滚压

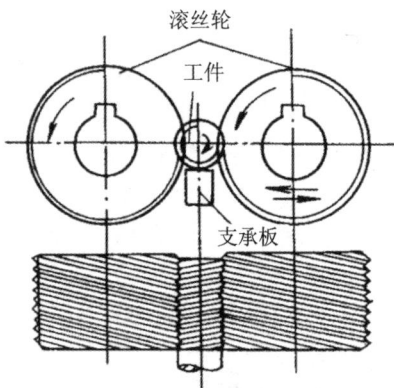

### 7. 螺纹加工的方法选择

选择螺纹的加工方法时，要考虑的因素主要有工件形状、螺纹牙型、螺纹的尺寸和精度、工件材料、热处理以及生产类型等，详见表 1－3，供选用时参考。

**表 1－3　螺纹的加工方法及其应用**

| 加工方法 | | 经济尺寸公差等级 | 加工表面粗糙度 $Ra/\mu m$ | 适用范围 |
|---|---|---|---|---|
| 攻　螺　纹 | | IT7～IT6 | 6.3～1.6 | 适用于各种批量生产中，加工各类零件上的螺孔。螺孔直径小于 M16 的常用手动加工；螺孔直径大于 M16 或大批量生产用机床加工 |
| 套　螺　纹 | | IT9～IT8 | 6.3～3.2 | 适用于各种批量生产中，加工各类零件上的外螺纹 |
| 车削螺纹 | | IT8～IT4 | 3.2～0.4 | 适用于单件、小批生产中，加工轴、盘、套类零件与轴线同心的内、外螺纹以及传动丝杠和蜗杆等 |
| 铣削螺纹 | | IT9～IT6 | 6.3～3.2 | 适用于大批、大量生产中，传动丝杠和蜗杆的粗加工和半精加工，亦可加工普通螺纹 |
| 滚压螺纹 | 搓丝 | IT8～IT6 | 1.6～0.8 | 适用于大批、大量生产中，加工塑性材料的外螺纹，亦可加工传动丝杠 |
| | 滚丝 | IT6～IT4 | 1.6～0.2 | |
| 磨削螺纹 | | IT6～IT4 | 0.4～0.2 | 适用于各种批量的高精度、淬硬或不淬硬的外螺纹及直径大于 30 mm 的内螺纹 |

## 九、齿轮齿形加工

目前齿轮齿形轮廓曲线有渐开线、摆线和圆弧线形等，其中渐开线形齿轮具有加工和安装方便、强度高、传动平稳等优点，应用最广。国家标准 GB/T 10095.1—2022 规定，齿轮及齿轮副分为 11 个精度等级，精度由高至低依次为 1、2、…、11 级。齿轮精度等级的选择应考虑齿轮传动的用途、使用要求、工作条件以及其他技术要求。在满足使用要求的前提下，应尽量选择较低精度等级。

齿形加工是齿轮加工的核心和关键。用切削加工的方法加工齿轮齿形，按加工原理可分为成形法加工和展成法（范成法）加工两种形式。

**1. 铣齿**

铣齿属于成形法加工，是用成形齿轮铣刀在铣床上进行齿轮齿形加工，如图 1-105 所示。铣齿时，若模数 $m \leqslant 8$，可用盘状齿轮铣刀在卧式铣床上加工；若模数 $m > 8$，可用指状齿轮铣刀在立式铣床或专用铣床上加工。铣齿时铣刀装在刀杆上旋转作主运动，工件紧固在心轴上，心轴安装在分度头和尾座顶尖之间随工作台作直线进给运动。每铣完一个齿槽，工件退回，用分度头对工件进行分度，然后再铣下一个齿槽，直至加工出整个齿轮。

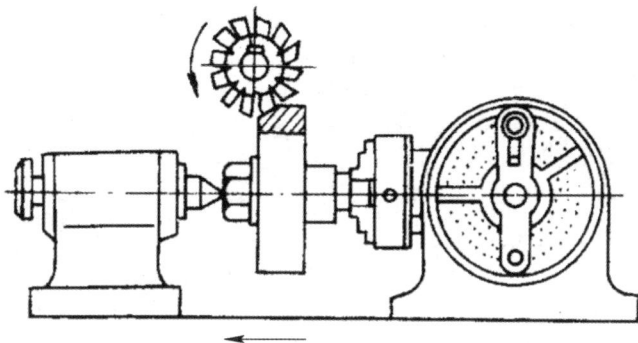

图 1-105　铣齿

铣齿的工艺特点如下：

（1）成本较低。成形齿轮铣刀同其他齿轮刀具相比结构简单，在普通的铣床上即可完成铣齿工作，因此铣齿的设备和刀具的费用较低。

（2）生产率低。铣齿过程不是连续的，每铣一个齿槽，都要重复消耗切入、切出、退刀和分度等辅助时间。

（3）加工精度低。由于压力角相同、模数相同而齿数不同的齿轮的渐开线的形状是不一样的，所以为方便起见，实际生产中把同一模数的齿轮按齿数划分成若干组，同一组只用一个刀号的铣刀加工。由此，各刀号铣刀加工范围内的齿轮除齿数最小的以外，加工其他齿数的齿轮只能获得近似的齿形，产生齿形误差。另外，铣床所用分度头是通用附件，分度精度不高，所以铣齿的加工精度较低。铣齿的加工精度可达 IT9 级，齿面粗糙度 $Ra$ 值为 $6.3 \sim 3.2\ \mu m$。

铣齿不但可以加工直齿、斜齿和人字齿圆柱齿轮，还可以加工齿条、锥齿轮及蜗轮等，但仅适用于单件、小批生产或维修工作中加工精度不高的低速齿轮。

**2. 滚齿**

滚齿是利用齿轮滚刀（如图 1-106 所示）在滚齿机（如图 1-107 所示）上加工齿轮的轮齿，其滚切原理是齿轮滚刀和工件的运动相当于一对交错轴螺旋齿轮相啮合（如图 1-108 所示）。

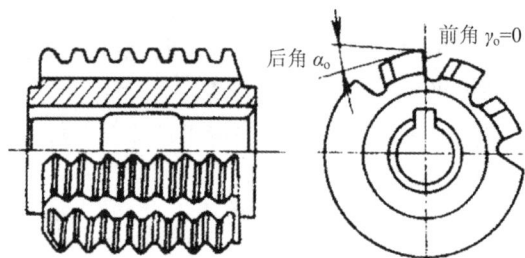

图 1-106　齿轮滚刀

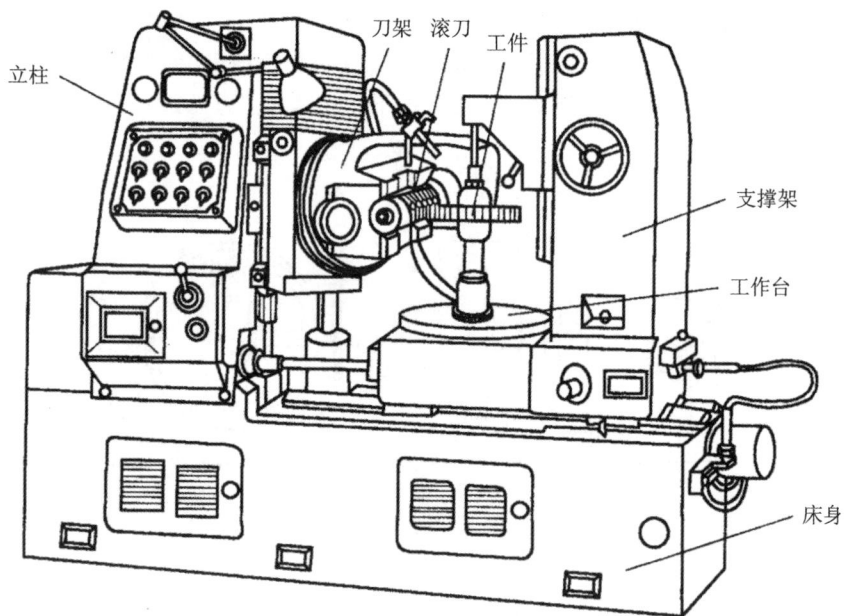

图 1-107　滚齿机

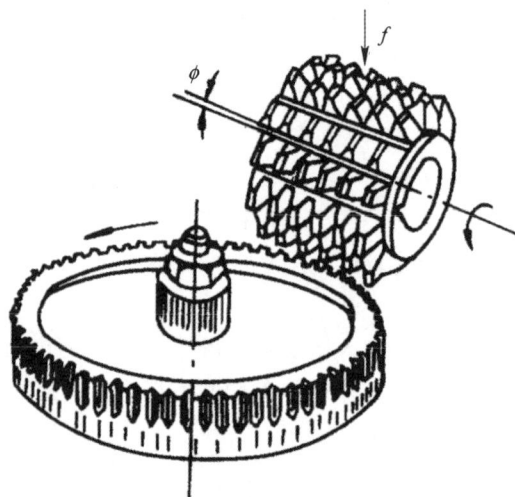

图 1-108　滚齿运动

滚切齿轮的主运动是滚刀的旋转运动，进给运动包括：

（1）分齿运动。滚刀与齿坯之间强制保持一对螺旋齿轮啮合关系的运动即为分齿运动，由滚齿机的传动系统来实现，滚刀刀齿的切削刃包络形成齿轮的齿廓，并且连续地进行分度。

（2）垂直进给运动。为切出整个齿宽，滚刀需要沿工件的轴向作进给移动，即为垂直进给运动。

滚齿有如下特点：

（1）滚刀的通用性好。一把滚刀可以加工与其模数、压力角相同而齿数不同的齿轮。

（2）齿形精度及分度精度高。滚齿的精度一般可达 IT8～IT7 级，用精密滚齿可以达到 IT6 级精度，表面粗糙度 $Ra$ 值为 $3.2～1.6\ \mu m$。

（3）生产率高。滚齿的整个切削过程是连续的，效率高。

（4）设备和刀具费用高。滚齿机为专用齿轮加工机床，其调整费时。滚刀较齿轮铣刀的制造、刃磨要困难。

滚齿应用范围较广，可加工直齿、斜齿圆柱齿轮和蜗轮等，但不能加工内齿轮和相距太近的多联齿轮。

**3．插齿**

插齿是在插齿机（如图 1-109 所示）上用插齿刀加工齿形的过程。其原理是插齿刀和工件的运动相当于一对圆柱齿轮传动。完成插齿所需要的切削运动如图 1-110 所示。

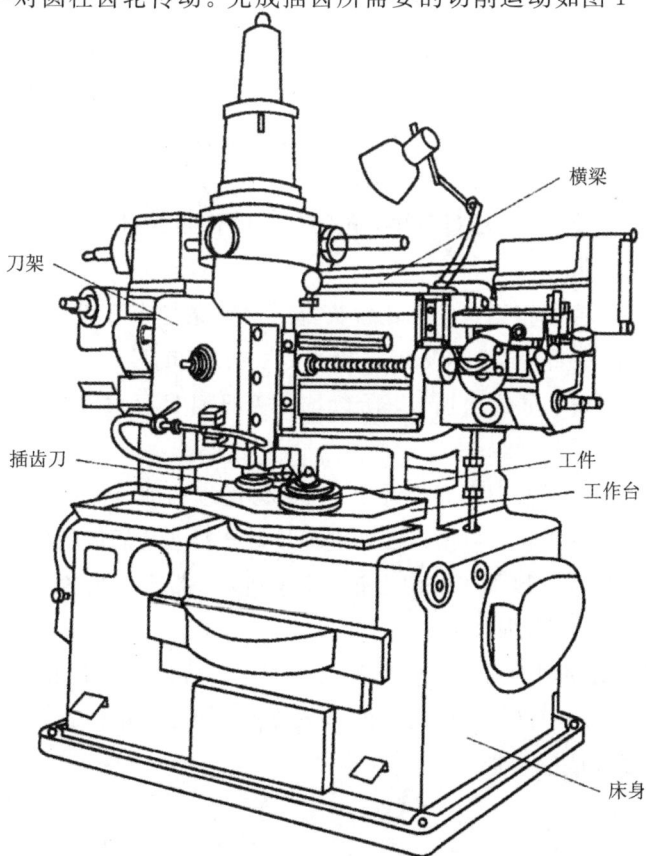

图 1-109　插齿机

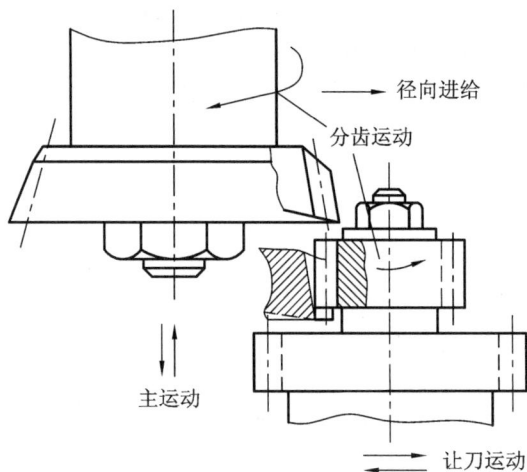

图 1-110　插齿

插齿的主运动为插齿刀的上下往复直线运动，其中向下为切削行程，向上的返回行程是空行程。插齿的进给运动包括：

（1）分齿运动。插齿刀和齿坯之间被强制形成的啮合运动，保持一对圆柱传动齿轮的速比关系。

（2）径向进给运动。在分齿的同时插齿刀要逐渐向工件中心移动的运动，以切出全齿高。

（3）让刀运动。为了避免在返回行程中插齿刀的后刀面与工件的齿面发生摩擦，插齿刀返回时，齿坯沿径向让开一段距离，在切削行程开始前，齿坯恢复原位。

插齿与滚齿、铣齿相比，有如下特点：

（1）齿面粗糙度小。在插齿的过程中，包络齿形的切线数量比较多，所以插齿的齿面粗糙度小，一般可达 1.6 μm。

（2）插齿和滚齿的精度相当，且都比铣齿高。一般条件下，插齿和滚齿能保证 IT8～IT7 级精度，若采用精密插齿或滚齿，可以达到 IT6 级精度。

（3）插齿和滚齿同属于展成法加工，所以选择刀具时只要求刀具的模数和压力角与被切齿轮一致，与齿数无关（齿数 $z \geqslant 17$）。

（4）插齿的生产率低于滚齿而高于铣齿。滚齿为连续切削，插齿有返回空行程，而且插齿机和插齿刀的刚性比较差，所以滚齿的切削速度高于插齿，插齿的生产率低于滚齿。

插齿多用于加工滚齿难以加工的内齿轮、多联齿轮、带台阶齿轮、扇形齿轮、齿条及人字齿轮、端面齿盘等，但不能加工蜗轮。

尽管插齿和滚齿所使用的刀具和机床比铣齿复杂，成本高，但由于加工质量高、生产率高，在成批和大量生产中仍可收到很好的经济效益。即使在单件、小批生产中，为了保证加工质量也常采用插齿或滚齿加工。

**4. 剃齿**

剃齿是用剃齿刀在剃齿机上进行的，是齿轮精加工的方法，用来加工已经经过滚齿或插齿但未经淬火的直齿和斜齿圆柱齿轮。剃齿是利用一对交错轴斜齿轮啮合原理，在剃齿机上"自由啮合"的展成加工方法。剃齿刀(如图 1 - 111 所示)的形状类似于一个斜齿圆柱齿轮。剃削直齿圆柱齿轮的原理和方法如图 1 - 112 所示。

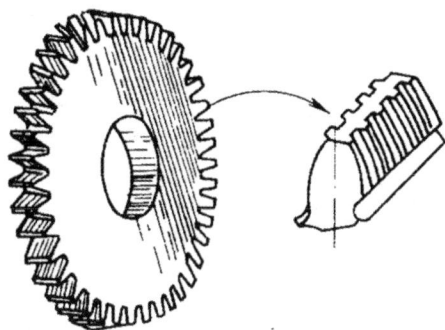

图 1 - 111　剃齿刀

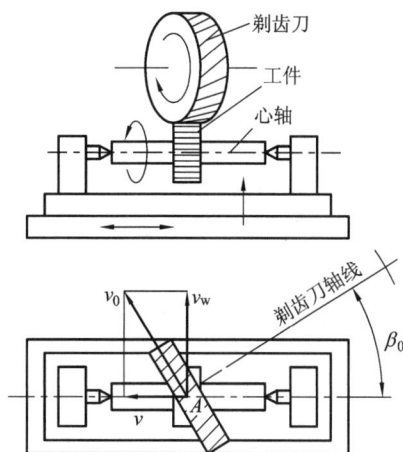

图 1 - 112　剃齿原理

　　剃齿主要用来对调质或淬火前的直、斜齿圆柱齿轮进行精加工。剃齿的精度取决于剃齿刀的精度。剃齿精度可达 IT7～IT6 级,齿面粗糙度 $Ra$ 值为 $0.8～0.2~\mu m$。

　　剃齿生产率高,剃齿机结构简单,操作方便,但剃齿刀制造较困难,剃齿不便于加工双联或多联齿轮的小齿轮等,使剃齿的应用受到一定限制。

　　剃齿通常用于大批、大量生产中的齿轮齿形精加工,在汽车、拖拉机及机床制造等行业中应用很广泛。

　　**5. 珩齿**

　　珩齿是用珩磨轮在珩齿机上进行齿形精加工的方法,其原理和方法与剃齿相同。珩磨轮是将金刚砂或白刚玉磨料与环氧树脂等材料合成后浇铸或热压在钢制轮坯上的斜齿轮(如图 1 - 113 所示)。

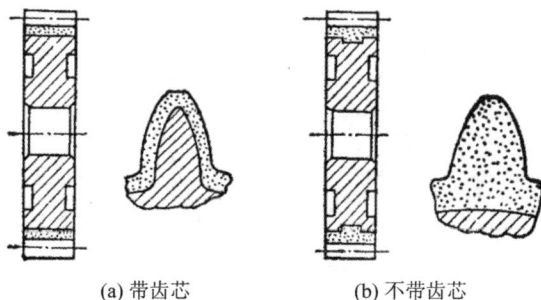

(a) 带齿芯　　　　　　(b) 不带齿芯

图 1 - 113　珩磨轮

　　珩齿生产率很高,适用于消除淬火后的氧化皮和由轻微磕碰而产生的齿面毛刺与压痕,可有效地降低表面粗糙度,对齿形精度改善不大。珩齿后的表面粗糙度 $Ra$ 值为 $0.4～0.2~\mu m$。

### 6. 磨齿

磨齿是用砂轮在磨齿机上对齿轮进行精加工的方法，既可以加工未淬硬的轮齿，又可以加工淬硬的轮齿。按加工原理，磨齿分为成形法磨齿和展成法磨齿。

（1）成形法磨齿。成形法磨齿加工方法与用齿轮铣刀铣齿相似（如图 1－114 所示），每磨完一个齿后，进行分度，再磨下一个齿。

成形法磨齿可在花键磨床或工具磨床上进行，设备费用较低。此法生产率较高，比展成法磨齿高近 10 倍。但加工精度只能达到 IT6 级。

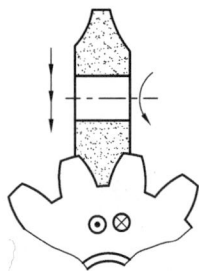

图 1－114　成形法磨齿

（2）展成法磨齿。展成法磨齿有锥形砂轮磨齿（如图 1－115 所示）和双碟形砂轮磨齿（如图 1－116 所示）两种。

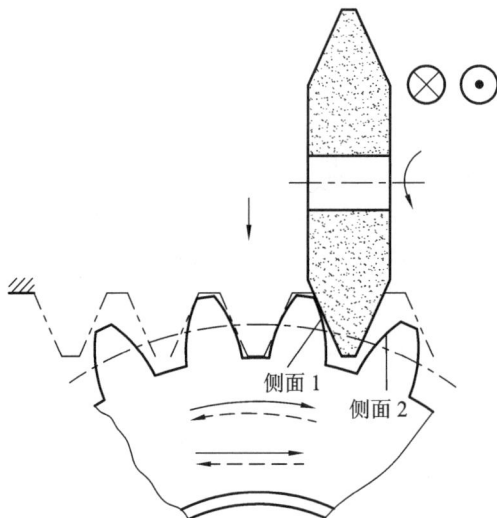

图 1－115　锥形砂轮磨齿

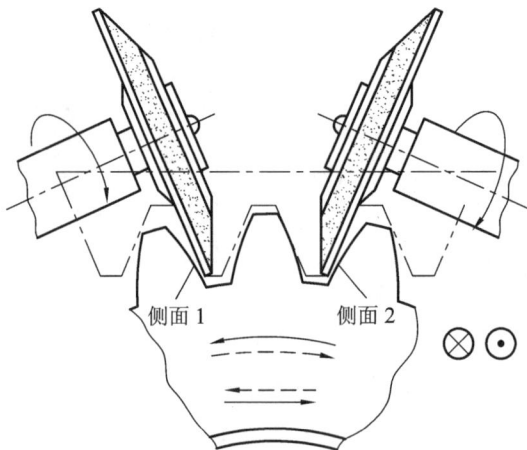

图 1－116　双碟形砂轮磨齿

展成法磨齿的齿面是由齿根至齿顶逐渐磨出，不像成形法磨齿一次成形，故生产率低于成形法磨齿，但加工精度高，一般可达 IT4 级，表面粗糙度 $Ra$ 值为 $0.4\sim0.2\ \mu m$。所以实际生产中它是齿面要求淬火的高精度齿轮常采用的一种加工方法。

选择齿轮齿形加工方法时，要考虑齿轮精度、齿轮结构、热处理以及生产类型等，详见表 1-4，供选用时参考。

**表 1-4　齿轮齿形的加工方案及其应用**

| 齿形加工方案 | 精度等级 | 齿面粗糙度 $Ra/\mu m$ | 适 用 范 围 |
|---|---|---|---|
| 铣齿 | IT9 级以下 | $6.3\sim3.2$ | 单件、小批生产或用于修配低速机械的传动齿轮 |
| 滚齿 | IT8～IT7 | $3.2\sim1.6$ | 各种批量生产中的直齿和螺旋齿轮及蜗轮 |
| 插齿 | | $1.6$ | 各种批量生产的直齿轮、内齿轮和双联齿轮，大批量生产的小型齿条 |
| 滚（或插）齿—淬火—珩齿 | | $0.8\sim0.4$ | 各种批量生产的表面淬火的齿轮 |
| 滚齿—剃齿 | IT7～IT6 | $0.8\sim0.4$ | 各种批量生产的不淬火齿轮的精加工 |
| 滚齿—剃齿—淬火—珩齿 | | $0.4\sim0.2$ | 各种批量生产的淬火齿轮的精加工 |
| 滚（插）齿—磨齿 | IT6～IT3 | $0.4\sim0.2$ | 淬硬后的高精度齿轮的精加工 |
| 滚（插）齿—淬火—磨齿 | | | |

## 第三节　常见表面加工方案选择

生活中使用的机械零件无论多么复杂都是由外圆面、孔、平面、成形表面等简单的几何表面组成的。零件表面的加工过程，就是获得符合要求的零件表面的过程。将各种加工方法进行取舍，并按一定顺序组合起来，依次对表面进行由粗到精的加工，逐步达到规定的技术要求，这种组合称为加工方案。常见表面加工方案的选择原则是在保证加工质量的前提下，使生产成本最低。因此，选择各表面的加工方法时，一般应遵循下述基本原则：

（1）首先选定它的最终加工方法，然后再逐一选定各前道工序的加工方法。

（2）按各种加工方法的应用特点选择各表面的加工方法，保证所选择的加工方法的经济精度、表面粗糙度与加工表面的精度要求、表面粗糙度要求相适应。

（3）所选择的加工方法要保证加工表面的形状精度要求和位置精度要求。

（4）所选择的加工方法要与零件材料的切削加工性相适应。

（5）所选择的加工方法要与生产类型相适应。

（6）所选择的加工方法要结合本企业的实际生产条件。

# 一、外圆面的加工

## 1. 外圆面的技术要求

外圆面是指零件的外部回转表面，如轴类、套筒类、盘类等零件的主要表面，同时也可能是这些零件的辅助表面。外圆面的技术要求包括：

（1）尺寸精度：包括外圆面直径和长度的尺寸精度。

（2）形状精度：包括外圆面的圆度、圆柱度和轴线的直线度等。

（3）位置精度：包括与其他外圆面(或孔)之间的同轴度、径向圆跳动和与端面的垂直度等。

（4）表面质量：主要是指表面粗糙度，也包括有些零件要求的表面层硬度、残余应力的大小及方向和金相组织等。

## 2. 外圆面的几种加工方案

外圆面的加工方法主要有车削、磨削、研磨、超级光磨和抛光等。表 1-5 为外圆面常用的几种加工方案。

**表 1-5  外圆面的加工方案及其应用**

| 加 工 方 案 | 经济尺寸公差等级 | 加工表面粗糙度 $Ra/\mu m$ | 适 用 范 围 |
|---|---|---|---|
| 粗车 | IT12～IT11 | 50～12.5 | 适用于淬火钢以外的各种常用金属、塑料件 |
| 粗车—半精车 | IT10～IT8 | 6.3～3.2 | |
| 粗车—半精车—精车 | IT8～IT7 | 1.6～0.8 | |
| 粗车—半精车—精车—滚压(或抛光) | IT7～IT6 | 0.2～0.025 | |
| 粗车—半精车—磨削 | IT7～IT6 | 0.8～0.4 | 主要用于淬火钢，也可用于未淬火钢，但不易加工有色金属 |
| 粗车—半精车—粗磨—精磨 | IT6～IT5 | 0.4～0.1 | |
| 粗车—半精车—粗磨—精磨—超级光磨 | IT6～IT5 | 0.1～0.012 | |
| 粗车—半精车—精车—精细车 | IT6～IT5 | 0.4～0.025 | 主要用于要求较高的有色金属的加工 |
| 粗车—半精车—精车—精磨—超精磨 | IT5 以上 | <0.025 | 极高精度要求的钢或铸铁的外圆面的加工 |
| 粗车—半精车—精车—精磨—研磨 | IT5 以上 | <0.1 | |

# 二、孔的加工

## 1. 孔的技术要求

孔是箱体、支架、套筒、环、盘类零件上的重要表面，如轴承孔、定位孔等，也可能是

这些零件的辅助表面,如紧固孔(如螺钉孔等)、油孔、气孔和减重孔等,也是机械加工中经常遇到的表面。孔的技术要求包括:

(1)尺寸精度:包括孔径和长度的尺寸精度。

(2)形状精度:包括孔的圆度、圆柱度及轴线的直线度。

(3)位置精度:包括孔与孔或孔与外圆面的同轴度,孔与孔或孔与其他表面之间的尺寸精度、平行度、垂直度等。

(4)表面质量:包括表面粗糙度、表层加工硬化、金相组织等。

**2.孔的几种加工方案**

孔的加工方法有钻孔、扩孔、铰孔、镗孔、拉孔、磨孔、研磨孔、珩磨孔等,可以在车床、钻床、镗床、拉床或磨床上进行。各种难加工材料的孔,可选用特种加工机床加工。常用的孔加工方案见表1-6。

**表1-6　在实体材料上加工孔的方案及其应用**

| 加 工 方 案 | 经济尺寸公差等级 | 加工表面粗糙度 $Ra/\mu m$ | 适 用 范 围 |
|---|---|---|---|
| 钻孔 | IT12～IT11 | 50～12.5 | 低精度的螺栓孔等,或为扩孔、镗孔做准备 |
| 钻孔—扩孔 | IT10～IT9 | 6.3～3.2 | 精度要求不高的未淬火孔(孔径小于30 mm) |
| 钻孔—粗镗 | IT10～IT9 | 6.3～3.2 | 直径较大的孔,如箱体、机架、缸筒类零件的未淬火孔(孔径大于30 mm) |
| 钻孔—粗镗—精镗 | IT8～IT7 | 1.6～0.8 | |
| 钻孔—扩孔—机铰 | IT8～IT7 | 1.6～0.8 | 孔径较小的孔,如孔径小于20 mm的未淬火孔 |
| 钻孔—扩孔—机铰—手铰 | IT7～IT6 | 0.4～0.2 | |
| 钻孔—扩孔—拉孔 | IT8～IT7 | 0.8～0.4 | 孔径大于8 mm的未淬火孔,适用于成批大量生产 |
| 钻孔—镗孔—磨孔 | IT7～IT6 | 0.4～0.2 | 适用于钢、铸铁等直径较大的孔 |
| 钻孔—粗镗—精镗—珩磨 | IT7～IT6 | 0.1～0.005 | 直径较大的孔,如气缸、液压缸孔 |
| 钻孔—{扩孔—铰孔 / 镗孔—磨孔}—研磨 | IT7～IT6 | 0.2～0.008 | 高精度孔,如阀孔 |

## 三、平面的加工

**1.平面的技术要求**

平面是箱体、滑轨、机架、床身、工作台及回转体等类零件的主要表面。平面的技术要求主要有:

（1）几何形状精度：如平面度、直线度。

（2）位置精度：如平行度、垂直度等。

（3）表面质量：如表面粗糙度、表面加工硬化、残余应力及金相组织等。

平面本身无尺寸精度，但平面与平面或与其他表面间一般有尺寸精度和位置精度要求。

**2．平面的几种加工方案**

平面的加工方法有车削、刨削、铣削、拉削、磨削、研磨和刮研。常用的平面加工方案如表 1 - 7 所示。

表 1 - 7　平面的加工方案及其应用

| 加 工 方 案 | 经济尺寸公差等级 | 加工表面粗糙度 $Ra/\mu m$ | 适 用 范 围 |
|---|---|---|---|
| 粗车、粗刨或粗铣 | IT13～IT11 | 50～12.5 | 未淬火钢等材料，低精度平面、非接触平面或为精加工做准备 |
| 粗车—半精车—精车 | IT9～IT7 | 1.6～0.8 | 轴类、套类、盘类等零件未淬硬的、中等精度的端面 |
| 粗车—半精车—磨削 | IT7～IT6 | 0.8～0.2 | 轴类、套类、盘类等零件淬硬的、高等精度的端面 |
| 粗刨—精刨 | IT9～IT7 | 6.3～1.6 | 单件小批生产中等精度的未淬硬平面，或成批生产加工的狭长平面 |
| 粗铣—精铣 | IT9～IT7 | 6.3～1.6 | 成批生产中等精度的未淬硬平面 |
| 粗刨（或粗铣）—精刨（或精铣）—磨削 | IT7～IT6 | 0.8～0.2 | 精度要求较高的淬硬平面或不淬硬平面 |
| 粗刨（或粗铣）—精刨（或精铣）—刮研 | IT6～IT5 | 0.8～0.1 | 单件、小批生产精度要求较高的未淬硬平面，或成批生产加工的狭长未淬硬平面 |
| 粗铣—拉削 | IT8～IT6 | 0.8～0.2 | 大量生产，较小的平面 |
| 粗铣—精铣—磨削—研磨 | IT5～IT3 | 0.1～0.008 | 高精度平面 |

# 四、成形面的加工

成形面是指除简单几何表面以外的复杂的成形表面，如凸轮成形面、汽轮机叶片、手柄、螺纹及齿形等。

**1．成形面的技术要求**

与其他表面类似，成形面的技术要求也包括尺寸精度、形状精度、位置精度及表面质量等方面。但成形面往往是为了实现特定功能而专门设计的，因此其表面形状的要求是十分重要的。加工时，刀具的切削刃形状和切削运动应首先满足表面形状的要求。

### 2．成形面的加工方法

成形面的加工方法一般有车削、铣削、刨削、拉削和磨削等。这些加工方法可归纳为如下两种基本方式：

（1）用成形刀具加工。采用成形刀具加工是指用切削刃的形状与工件轮廓形状完全相同的刀具直接加工出成形面。例如，用成形车刀车成形面（如图 1 - 117 所示），用成形刨刀刨成形面，用成形铣刀铣成形面等。

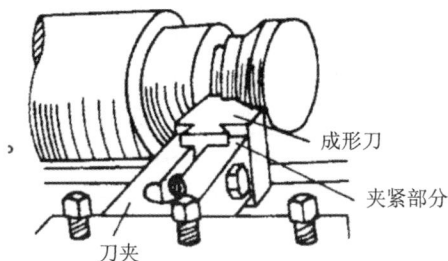

图 1 - 117 成形车刀车成形面

（2）利用刀具和工件作特定的相对运动加工。利用靠模装置（如图 1 - 118 所示）、液压仿形装置、数控装置或手动控制刀具与工件之间作特定的相对运动，从而形成切削。

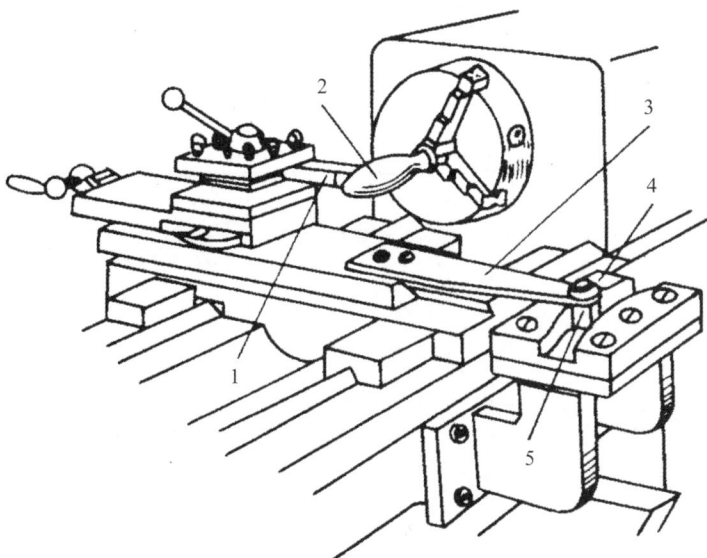

1—车刀；2—工件；3—连接板；4—靠模；5—滑块。

图 1 - 118 靠模法车成形面

成形面的加工方法应根据零件的尺寸、形状及生产类型来选择。

## 习 题

1. 试说明车削时的切削用量三要素，并简述粗、精加工时切削用量的选择原则。

2．简述车刀前角、后角、主偏角、副偏角和刃倾角的作用及选择原则。

3．刀具切削部分材料应具备哪些基本性能？常用的刀具材料有哪些？

4．积屑瘤是如何形成的？它对切削加工有哪些影响？生产中最有效的控制积屑瘤的手段是什么？

5．切削液的主要作用是什么？常根据哪些主要因素选用切削液？

6．加工要求精度高、表面粗糙度小的紫铜或铝合金轴外圆时，应选用哪种加工方法？为什么？

7．外圆粗车、半精车和精车的作用、加工质量和技术措施有何不同？

8．在车床上钻孔和在钻床上钻孔产生的"引偏"，对所加工的孔有何不同影响？

9．内圆磨削的精度和生产率为什么低于外圆磨削？内圆磨削的表面粗糙度 $Ra$ 值为什么也略大于外圆磨削？

10．用周铣法铣平面，从理论上分析，顺铣比逆铣有哪些优点？实际生产中，目前多采用哪种铣削方式？为什么？

11．成形面的加工一般有哪几种方式？各有何特点？

12．成形法和展成法的齿形加工原理有何不同？

13．为什么插齿和滚齿的加工精度和生产率比铣齿高？滚齿和插齿的加工质量有什么差别？

14．哪种磨齿方法生产率高？哪种磨齿方法的加工质量好？为什么？

# 第二章

# 机械制造工艺的基本概念

生产是制造业的关键环节，而工艺又是生产的灵魂。无论设计方案多么完美，加工工具多么先进，技术工人水平多么高超，都需要在特定的生产条件下，采用合理的工艺过程，将工件加工出来，并保证加工质量、保证产量、降低加工成本、保证企业效益。因此，研究机械制造工艺其实就是研究组成机械加工工艺系统的机床、刀具、夹具、工件这四个要素相互配合时可能出现的各种问题，实现系统的工艺最佳化方案。

## 第一节　工艺过程的组成

在制造机器时将原材料转变为成品的全过程称为生产过程。生产过程中，不仅包括直接与加工过程相关的毛坯的制造、零件的加工与热处理、部件和整机的装配等主要过程，还包括原材料和成品的运输与保管、生产准备工作、磨刀、设备维修、机器的检验调试以及油漆和包装等辅助过程。其中，直接与加工过程相关的过程决定着整个生产的成败。机器的生产过程中直接改变生产对象的形状、尺寸、相对位置和性质等使其成为成品或半成品的过程称为工艺过程。以文件的形式确定下来的工艺过程称为工艺规程。

工艺过程又可具体地分为铸造、锻造、冲压、焊接、机械加工、热处理、电镀、装配等工艺过程。其中，由原材料经浇铸、锻造、冲压或焊接而成为铸件、锻件、冲压件或焊接件的过程，分别称为铸造、锻造、冲压或焊接工艺过程；经机械加工方法，改变铸、锻件毛坯或钢材的形状、尺寸、表面质量，使其成为合格零件的过程，称为机械加工工艺过程；在热处理车间，通过各种热处理方法，直接改变机器零件的半成品的材料性质的过程，称为热处理工艺过程；最后，将合格的机器零件和外购件、标准件装配成组件、部件和机器的过程，则称为装配工艺过程。

无论是哪一种工艺过程，都是按一定的顺序逐步进行的。工艺过程的要素是组成工艺过程的各个工序，而根据时间和空间的不同工序又可进一步细分为工步、走刀或者安装、工位。

## 一、工序

一个或一组工人，在一个工作地（通常是指一台加工设备），对同一个或同时几个工件所连续完成的那一部分工艺过程被称为工序，它是组成工艺过程的基本单元。工作地、工人、工件与连续作业构成了工序的四个要素，若其中任一要素发生变更，则构成了另一道工序。例如一个工人在一台车床上完成车外圆、车端面、车螺纹、切断；一组工人刮研一台机床的导轨；一组工人对一批零件去毛刺，每条都属于一道工序。

根据生产规模不同、加工条件不同，同一零件的工序内容可繁可简。如图 2-1 所示的阶梯轴按照不同的生产规模可以安排成表 2-1 或表 2-2 两种加工方式。如果批量较小，大、小外圆及其倒角在同一台车床上完成，则工序四要素不变，所以划分为一道工序。若批量较大，则用定距对刀法分别在两个工序中完成，即一批工件先全部车完大外圆，再依次车小外圆，若不在同一台车

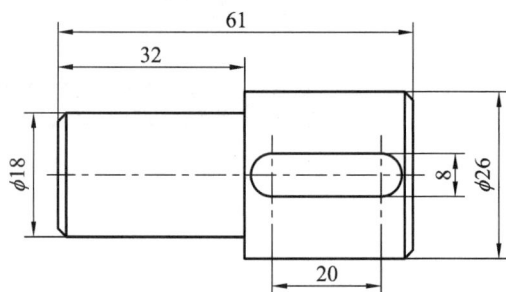

图 2-1　阶梯轴零件

床上加工，显然是两个工序，而即使是在同一台车床上加工，加工完所有工件的大外圆后需要重新对刀以加工小外圆，大、小外圆加工不是连续的，亦属于两个工序。此外，去毛刺工序应考虑由钳工专门完成，以免占用铣床工时，工作地点变了，所以这也是另外的工序。

表 2-1　单件、小批生产的工艺过程

| 序号 | 工序名称 | 工序内容 | 设备 |
| --- | --- | --- | --- |
| 1 | 车 | 车一端外圆与端面、打中心孔并倒角，径向尺寸至 26 mm；掉头车另一端外圆及端面并倒角，径向尺寸至 18 mm，轴向尺寸至 32 mm，轴向总长至 61 mm | 车床 |
| 2 | 铣 | 铣键槽、去毛刺 | 铣床 |

表 2-2　大批量生产的工艺过程

| 序号 | 工序名称 | 工序内容 | 设备 |
| --- | --- | --- | --- |
| 1 | 铣 | 铣端面、打中心孔，轴向尺寸至 61 mm | 铣端面打中心孔机床，夹具 SJ-1802 |
| 2 | 车 1 | 车大端外圆并倒角，径向尺寸至 26 mm | CA6140 |
| 3 | 车 2 | 车小端外圆并倒角，径向尺寸至 18 mm，轴向尺寸至 32 mm | CA6140（另一台） |
| 4 | 铣 | 铣键槽 | X6132 |
| 5 | 钳 | 去毛刺 | 钳工台 |

## 二、工步

在加工表面（或装配时的连接表面）不变、加工（或装配）工具不变的情况下，所连续完成的那一部分工序被称为工步。一道工序中，可能需要加工若干个表面只用一把刀具，也可能虽只加工一个表面，但却要用若干把不同刀具，这些情况都分属不同工步。如表 2-1

所示，工序 1 中，由于加工表面和刀具依次都在改变，所以这个工序包括七个工步；工序 2 中，去毛刺工作由钳工在铣键槽后用手工连续完成，所以去毛刺工作属于与铣键槽同一工序的另一工步。

为了提高生产效率，常常将几个工步合并，即采用几把刀具或一把复合刀具同时加工一个或几个表面可算作一个工步，称为复合工步。如图 2-2(a)中车外圆和钻孔同时进行，算作同一个工步；图 2-2(b)中四个孔大小相等，又分布在同一圆周上，因此可以组成复合工步，写成：钻 $4\times\phi15$ mm。

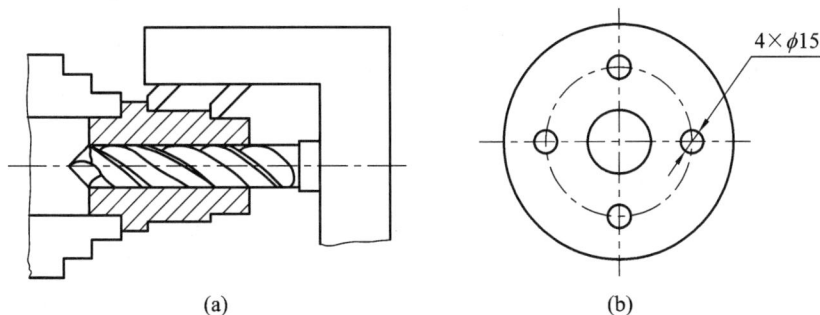

图 2-2　复合工步

## 三、走刀

在一个工步中，切削工具从被加工表面上每切去一层金属所进行的工作叫作走刀，也叫行程。当一个工步中工件表面上需要切去的金属太厚，不可能或不宜一次切下时，就需要分几次走刀来进行加工。如图 2-3 所示，将棒料加工成阶梯轴，第二工步车右端外圆就分两次走刀。此外，螺纹表面的车削和磨削加工也属于多次走刀。走刀是构成工艺过程的最小单元。

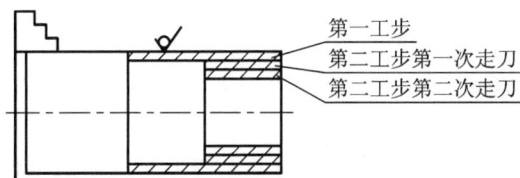

图 2-3　棒料车削加工成阶梯轴的多次走刀

## 四、安装

同一工序中，工件在机床或夹具中每定位和夹紧一次，称为一次安装。在某一工序中，有时需要对零件进行多次安装才能加工完成，如表 2-1 中的工序 1 就需要二次安装。在一道工序内，工件可能安装数次，安装次数越多，装夹误差越大，辅助时间也越长，因此在满足加工要求的情况下，安装次数应越少越好。

## 五、工位

为了完成一定的工序内容，一次装夹工件后，工件(或装配单元)与夹具或设备的可动部分一起相对刀具或设备的固定部分所占据的某一个位置称为工位。

在某一工序中，为了减少工件的安装次数，从而缩短工时，提高效率，往往采用多工位夹具、回转工作台或在多轴机床上加工，不须重新装夹工件而能改变工件位置，以加工不同表面。如图 2-4 所示，在具有回转工作台的多轴立式钻床上，由工位Ⅱ、Ⅲ、Ⅳ分别对工件进行钻孔、扩孔、铰孔加工，工位Ⅰ装卸工件，此工序是一次安装四个工位。

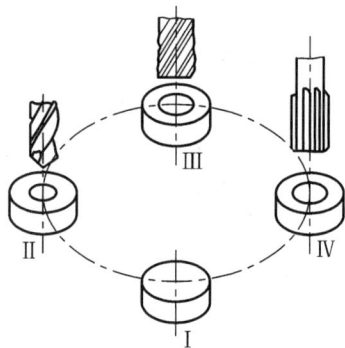

图 2-4　四工位多轴立式钻床的回转工作台

## 第二节　生产纲领和生产类型

### 一、生产纲领

产品零件在计划期内(一般按年度)应当生产的产量和进度计划就是该产品的生产纲领。生产纲领中除了预计的生产数量外，还应计入一定的备品和废品的数量。某产品中某个零件的生产纲领可按下式计算：

$$N_零 = N \times n(1 + \alpha + \beta)$$

式中：$N_零$ 为零件在计划内的产量；$N$ 为产品在计划内的产量；$n$ 为每个产品中该零件的数量；$\alpha$ 为备品率；$\beta$ 为平均废品率。

### 二、生产类型

机器零件的生产纲领确定之后，就要根据车间具体情况按一定期限分批投产，每批投产的零件数称为批量。

根据产品的大小、特征、生产纲领、批量及其投入生产的连续性，传统上可分为三种不同的生产类型：

(1) 单件、小批量生产：每一产品只做一个或数个，且一年中重复次数较少，一个工作地要进行多品种和多工序的作业。重型机器、大型船舶的制造和新产品的试制属于这种生产类型。

(2) 中批中量生产：产品按照一定批量，周期地成批投入生产，一个工作地顺序分批地完成不同工件的某些工序。通用机床(一般的车、铣、刨、钻、磨床)的制造往往属于这种生产类型。

(3) 大批、大量生产：产品连续不断地生产出来。每一个工作地用重复的工序制造产品(大量生产)，或以同样方式按期分批更换产品(大批生产)。汽车、家用电器、轴承、标准件、自行车等的制造属于这种生产类型。

表 2-3 为各种生产类型的划分依据。

表 2-3　生产类型与生产纲领的关系

| 生产类型 | 重型机械 | 中型机械 | 小型机械 |
|---|---|---|---|
| 单件生产 | <5 | <20 | <100 |
| 小批生产 | 5～100 | 20～200 | 100～500 |
| 中批中量生产 | — | 200～500 | 500～5000 |
| 大批生产 | — | 500～5000 | 5000～50 000 |
| 大量生产 | — | >5000 | >50 000 |

　　生产类型取决于生产纲领，但生产类型也和产品的大小和复杂程度有关。若生产类型不同，则无论是在生产组织、生产管理、车间机床布置，还是在毛坯制造方法、机床种类、工具、加工或装配方法及工人技术要求等方面均有所不同。为此，制定机器零件的机械加工工艺过程和机器产品的装配工艺过程，以及在选用机床设备和设计工艺装备时，都必须考虑不同生产类型的特点，以取得最大的经济效益。

　　表 2-4 为各种生产类型工艺过程的特点。

表 2-4　各种生产类型工艺过程的特点

| 工艺特点 | 单件生产 | 批量生产 | 大量生产 |
|---|---|---|---|
| 毛坯情况 | 锻件自由锻造，铸件木模手工造型，毛坯精度低 | 锻件部分采用模锻，铸件部分用金属模，毛坯精度中等 | 广泛采用模锻，金属机器模造型等高效方法生产毛坯，毛坯精度高 |
| 机床设备及其布置形式 | 通用机床，机群式布置，也可用数控机床 | 部分通用机床，部分专用机床，机床按零件类别分工段布置 | 广泛采用自动机床、专用机床，按流水线、自动线排列设备 |
| 工艺装置 | 通用刀具、量具和夹具，或组合夹具，找正后装夹工件 | 广泛采用夹具，部分靠找正装夹工件，较多采用专用量具和刀具 | 高效专用夹具，多用专用刀具、专用量具及自动检测装置 |
| 对工人的技术要求 | 需要技术熟练 | 中等 | 对调整工人的技术水平要求高，对操作工人技术水平要求低 |
| 工艺文件 | 仅要工艺过程卡 | 工艺过程卡，关键零件有工序卡 | 详细的工艺文件，工艺过程卡、工序卡、调整卡等 |
| 生产率 | 较低 | 中等 | 高 |
| 加工成本 | 较高 | 中等 | 低 |

　　由于大批、大量生产广泛采用高效的专用机床和自动机床，按流水线排列或采用自动线进行生产，因而可以大大地降低产品成本，提高产品在市场上的竞争能力。但是，上述适用于大批、大量生产的生产线，都具有很大的"刚性"（指专用性），很难改变原来的生产对

象，来适应新产品的生产需要。

随着科学技术的飞速发展，功能更完善、效能更高的新产品不断涌现。同时，随着人们生活水平的不断提高，消费者对产品性能、品种的要求愈来愈高，产品升级换代越加频繁，从而导致产品能获得较高利润的"有效寿命"愈来愈短，这就要求机械制造业找到既能高效生产又能快速转产的"柔性"制造方法。由于计算机技术、信息技术在机械加工领域中获得愈来愈广泛的应用，为机械产品多品种、变批量的生产开拓了广阔的前景，使制造企业能对市场需求做出快速反应。

## 第三节 基准的概念及分类

零件总是由若干表面组成，各表面之间有一定的尺寸和相互位置要求。基准就是零件上用来确定其他点、线、面所依据的那些点、线、面。基准按其作用的不同可分为设计基准和工艺基准两大类。

### 一、设计基准

零件图上用以确定其他点、线、面的基准，被称为设计基准。设计基准是零件图上尺寸标注的起始点，一个零件在零件图上可以有一个基准，也可以有多个基准，而且一般来说基准关系是可逆的。如图 2-1 所示的阶梯轴，$\phi18$ 和 $\phi26$ 两个轴径尺寸的设计基准是轴的中心线；如图 2-5(a)所示的齿轮，外圆和分度圆的设计基准是齿轮内孔的中心线，而表面 $A$、$B$ 的设计基准是表面 $C$；如图 2-5(b)所示的车床主轴箱，其主轴孔的设计基准是箱体的底面 $M$ 及小侧面 $N$。

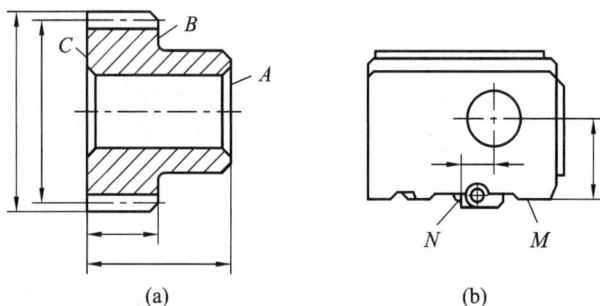

(a)                    (b)

图 2-5 设计基准

### 二、工艺基准

零件在工艺过程中所采用的基准，称为工艺基准。工艺基准又包括工序基准、定位基准、测量基准和装配基准。

#### 1. 工序基准

在工序图上，用来确定本工序所加工表面加工后的尺寸、形状、位置的基准，称为工序基准。工序基准往往是对刀的基准，直接决定着本工序精度的高低。如图 2-6(a)所示的工件，$A$ 为加工表面，$H$ 为工序尺寸，外圆母线 $B$ 为本工序的工序基准；在如图 $2-6(b)$ 所示的小轴中，键槽的工序基准既有凸肩面 $A$ 和外圆母线 $B$，又有外圆表面的轴向对称面 $D$；如图 $2-6(c)$ 所示的工件，加工表面为 $\phi D$ 的孔，要求其中心线与 $A$ 面垂直，并与 $C$ 面和 $B$ 面保持距离尺寸为 $L_1$ 和 $L_2$，因此表面 $A$、$B$、$C$ 均为本工序的工序基准。

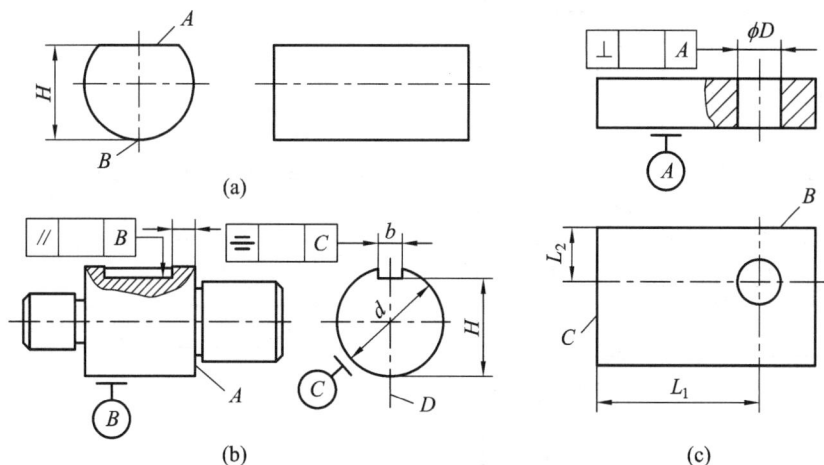

图 2-6　工序基准

### 2. 定位基准

工件加工时使工件在机床或夹具上占有正确位置所采用的基准，称为定位基准。关于定位的概念我们将在第三章中详细阐述，这里只明确一点：由于定位是在加工前进行，所以与加工哪个尺寸无关，因此定位基准只跟定位方法有关，一旦定位方案确定，工件的定位基准也就确定了，只要不重新安装工件，定位基准就不会变化。如图 $2-7(a)$ 所示为零件在平面磨床上磨顶面，将工件放在磁力工作台上定位，则与平面磨床磁力工作台相接触的表面为这道工序的定位基准；如图 $2-7(b)$ 所示为齿坯拉孔加工工序，被加工内孔在拉削时的位置是由齿坯拉孔前的内孔中心线确定的，故拉孔前的内孔中心线为拉孔工序的定位基准；如图 $2-7(c)$ 所示的零件在加工内孔时，其位置是由与夹具上定位元件 1、2 相接触的底面 $A$ 和侧面 $B$ 确定的，故 $A$、$B$ 面为该工序的定位基准。

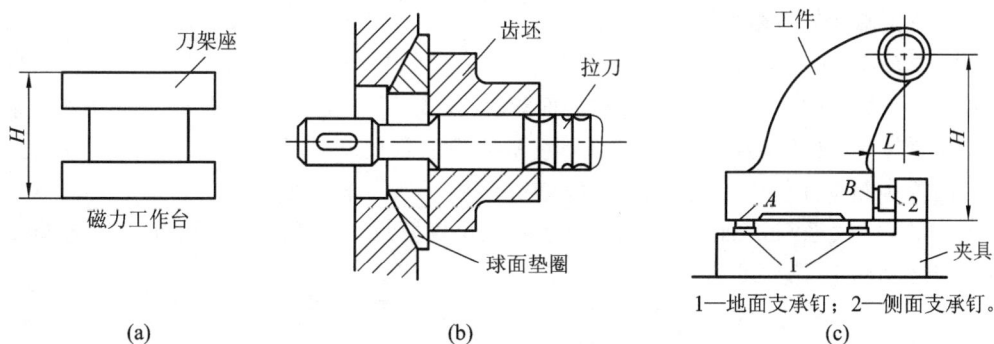

图 2-7　定位基准

### 3. 测量基准

测量时用来确定被测量零件在度量工具上位置的基准，称为测量基准。如图 $2-8(a)$ 所示为根据不同工序要求测量已加工平面位置时所使用的两个不同的测量基准：一个测量基准为小圆的上母线，另一个测量基准则为大圆的下母线。如图 2-8(b)所示为床头箱体零件，通过百分表测量加工后主轴孔的轴线对底面 M 的平行度，所以 M 面为测量基准。

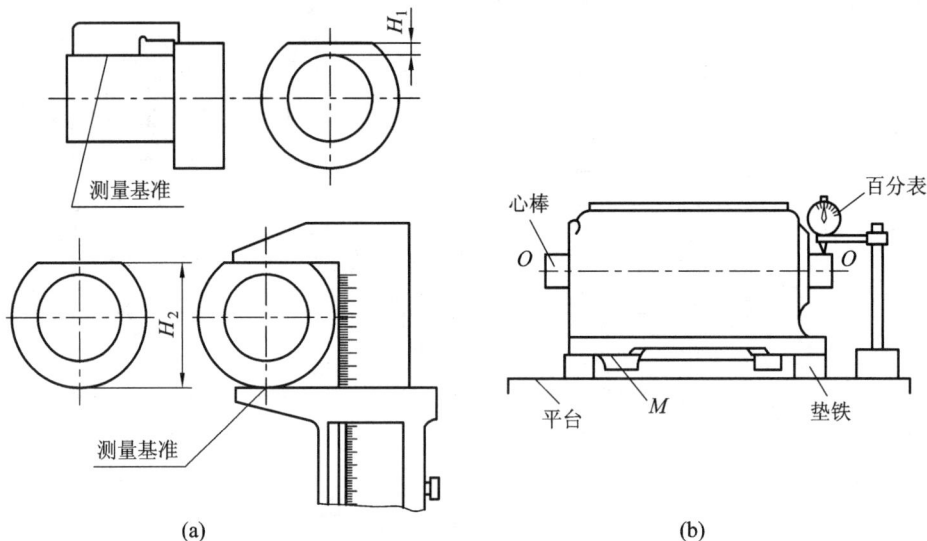

(a)                                                (b)

图 2-8　测量基准

### 4. 装配基准

装配时用来确定零件或部件在机器上位置的基准，称为装配基准。如图 2-9(a)所示，齿轮是以其内孔及一端面装配到与其配合的轴上，故齿轮内孔 A 及端面 B 即为装配基准。如图 2-8(b)所示的主轴箱部件，装配时是以其底面 M 及小侧面 N 与床身的相应面接触，来确定主轴箱在车床上的相对位置，故 M 面及 N 面为主轴箱部件的装配基准。

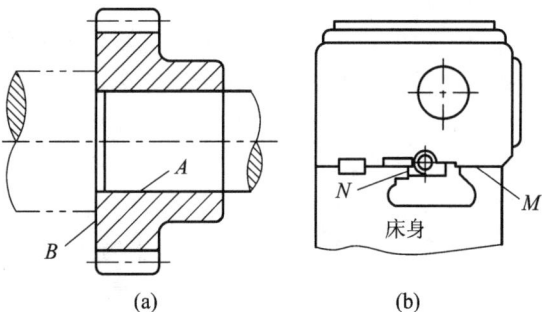

(a)            (b)

图 2-9　装配基准

关于基准概念，需要强调以下两点：

（1）作为基准的点、线、面，在工件上不一定存在，例如孔的中心线，槽的对称平面等。若选定了定位基准，则定位基准必须由某些具体表面来体现。如轴类零件的中心孔，它所体现的定位基准是中心线，可以通过轴两个端面上的微小圆锥孔的中心连线来表达，装夹时用双顶尖来体现。

（2）除尺寸关系需要确定基准外，对于相互位置要求，如平行度、垂直度等，各类基准的概念与之相同。

## 第四节　误差与加工误差不等式

在加工过程中，由于一些因素的影响会造成误差，这些误差反映到工件上就会使工件的加工质量出现波动。工件加工过程中形成误差的原因一般有三个方面：

（1）与工件在夹具中装夹有关的加工误差，称为工件装夹误差，以 $\delta_{装夹}$ 表示。其中包括工件在夹具中由于定位不准确所造成的加工误差——定位误差 $\delta_{定位}$，以及在工件夹紧时由于工件和夹具变形所造成的加工误差——夹紧误差 $\delta_{夹紧}$。

（2）与工件和刀具相对位置及切削成形运动有关的加工误差，称为对定误差，以 $\delta_{对定}$ 表示。其中包括与工件相对刀具位置有关的加工误差——对刀误差 $\delta_{对刀}$ 和与夹具相对成形运动位置有关的加工误差——夹具位置误差 $\delta_{夹位}$。

（3）与加工过程中一些因素有关的加工误差，称为过程误差，以 $\delta_{过程}$ 表示。其中包括由工艺系统的受力变形、热变形及磨损等因素所造成的加工误差。

为了得到合格零件，必须使上述各项误差之和小于或等于零件的相应公差 $T$，即

$$\delta_{装夹}+\delta_{对定}+\delta_{过程}\leqslant T$$

此式称为加工误差的不等式。

由于这三类误差出现在加工过程的不同阶段，$\delta_{装夹}$ 和 $\delta_{对定}$ 出现在加工前的装夹方法和加工方法的规划设计阶段，而 $\delta_{过程}$ 出现在加工过程中，所以在设计或选用夹具时，需要仔细分析计算 $\delta_{装夹}$ 和 $\delta_{对定}$，并从全局出发对 $\delta_{装夹}$ 和 $\delta_{对定}$ 的值予以控制，从而既使工件的装夹方便可靠，夹具的制造与调整更容易，又给 $\delta_{过程}$ 留有余地。通常初步计算时，可粗略先按三项误差平均分配，各不超过公差的三分之一考虑，即

$$\delta_{装夹}\leqslant\frac{T}{3},\ \delta_{对定}\leqslant\frac{T}{3}$$

并给过程误差 $\delta_{过程}$ 留有三分之一的误差允许值。此原则又被称为加工误差的三分之一原则。

前两项误差与夹具的设计和使用调整有关，若这种单项分配不能满足不等式要求，也可综合考虑，即按

$$\delta_{装夹}+\delta_{对定}\leqslant\frac{2T}{3}$$

进行计算。这样，可根据具体情况，在 $\delta_{装夹}$ 和 $\delta_{对定}$ 之间进行调整，或采取其他措施使不等式得到满足。

## 习　题

1.什么是生产过程、工艺过程、工序？

2.生产类型有哪几种？汽车、电视机、金属切削机床、大型轧钢机的生产各属于哪种生产类型？各有何特征？

3.加工过程中，工序、工步、走刀、安装、工位之间的相互关系是什么？

4.何谓基准？根据作用的不同，基准分为哪几种？

5.什么是误差分析的三分之一原则？如何使用三分之一原则？

# 第三章

# 工 件 的 装 夹

为了在工件的某一部位上加工出符合规定技术要求的表面，或使一批零件的表面加工精度一致，在机械加工前，必须使工件在机床上或夹具中占据某一正确的位置，通常把这个过程称为工件的"定位"。当工件定位后，由于在加工中受到切削力、重力等作用，还应采用一定的机构，将工件固定在先前确定的位置上保持不变，这个过程称为工件的"夹紧"。工件从"定位"到"夹紧"的整个过程，统称为"装夹"，也称为"安装"。从装夹的定义来看，应该是先定位后夹紧的装夹方式，但有时也会出现定位和夹紧同时进行的情况，如用三爪卡盘装夹工件时，卡爪在夹紧工件的同时，也实现了对工件的定位。

工件装夹情况的好坏，是机械加工中的一个重要问题，不仅直接影响加工精度、工件安装的快慢，还影响生产率的高低。显然，工件装夹情况也与工件的加工成本有关，因此必须对与"安装"有关的问题进行深入研究。

## 一、装夹方法

在各种不同的机床上加工零件时，可能有各种不同的安装方式，可将其归纳为以下三种。

### 1. 直接装夹

直接装夹是利用机床上的装夹面对工件直接定位，工件的定位基准面只要靠紧在机床的装夹面上并密切贴合，不需找正即可完成定位，此后只需夹紧工件使其在整个加工过程中不脱离这一位置，就能得到工件相对刀具及成形运动的正确位置。如图 3-1 所示即为直接装夹方法的示例。图 3-1(a)中工件的加工面 A 要求与工件的底面 B 平行，装夹时将工件的定位基准面 B 靠紧在磁力工作台上即可，夹紧力为磁力工作台所提供的吸牢力；图 3-1(b)中工件为一夹具底座，加工面 A 要求与底面 B 垂直并与底部已装好导向键的侧面平行，装夹时除将底面靠紧在工作台面上之外，还需使导向键侧面与工作台上的 T 形槽侧面靠紧；图 3-1(c)中工件上的孔 A 只要求与工件定位基准面 B 垂直，装夹时将工件的定位基准面紧靠在钻床工作台面上即可。

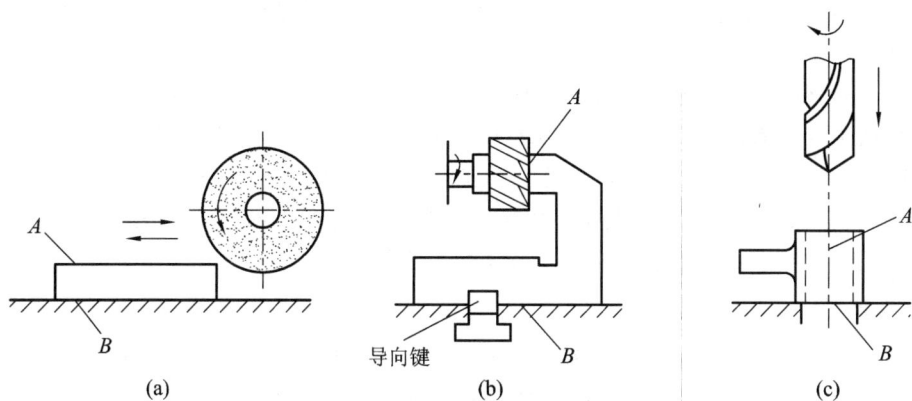

图 3-1　直接装夹

直接装夹的方式不用找正，不需额外工具，简单方便，操作容易，且精度有保证，既适用于单件、小批量生产，又适用于大批、大量生产；但是由于机床上可利用的装夹面不多，所以能直接装夹的零件种类很少，如果工件可以直接装夹，一定要充分利用。

**2. 找正装夹**

当机床上没有可供直接装夹的装夹面时，操作者利用工具和手段找到工件应该有的正确位置，称作找正装夹。而根据找正的方法不同，找正装夹又可以分为直接找正和划线找正两种方式。

1）直接找正

所谓直接找正，即操作者利用千分表或划针盘上的划针等工具，以目测法一边校验一边找正工件位置，直至找到工件在机床上的应有位置。例如，如图 3-2(a)所示，在车床上加工一个与外圆表面具有偏心量为 $e$ 的内孔，可采用四爪卡盘和百分表调整工件的位置，使其外圆表面轴线与主轴回转轴线恰好相距偏心量 $e$，然后再夹紧加工；如图 3-2(b)所示，在立式铣床上铣削加工与侧面平行的燕尾槽时，也可通过百分表调整好工件应具有的正确位置再夹紧工件加工。

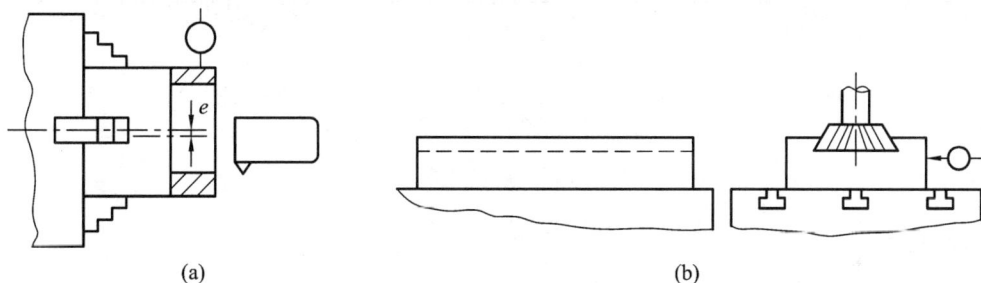

图 3-2　找正装夹

2）划线找正

有些重、大、复杂的工件，往往直接找正比较困难，则可预先在待加工处划线，然后装上机床，按所划的线进行找正定位。显然，此法要多一道划线工序，定位精度也不高，一般仅 0.2～0.3 mm。由于划的线本身有一定宽度，在划线时尚有划线误差，校正工件位置时还有观察误差。因此，该法多用于生产批量较小，毛坯精度要求较低，以及大型工件等不宜使用夹具的粗加工中。

无论是直接找正还是划线找正，其缺点都是费时多，生产率低，且要凭经验操作，装夹精度的高低与操作者的水平直接相关，对操作者技术要求高，故仅用于单件、小批量生产中（如工具车间、修理车间等）。此外，对工件的定位精度要求较高时，例如误差小于 0.01～0.005 mm，若采用找正装夹，由于找正装夹本身存在的误差而难以达到加工要求，就需使用精密量具，由较高水平的操作者来找正定位。

**3. 夹具装夹**

夹具装夹是为了加工某个或某种零件时，克服找正装夹的缺点而采用夹具进行装夹的方式。通过夹具将工件的正确加工位置直接标识出来，操作者只需像直接装夹一样将工件的定位基准直接与夹具上定位元件的定位面紧靠并紧密贴合（如图 3-3 所示），无须找正就能确定工件的正确位置。所以在加工一批工件时，不必再逐个找正定位，就能保证加工的技术要求，既省事又省工，是先进的定位方法。由于夹具装夹易于保证加工精度、缩短辅助时间、提高生产效率、减轻工人劳动强度和降低对工人的技术水平要求，因此在成批和大量生产中广泛使用。

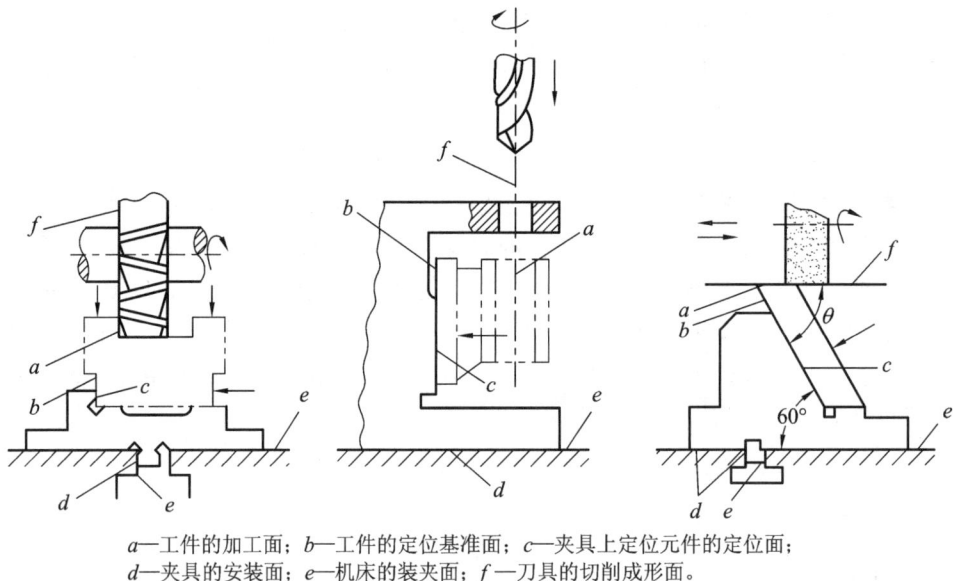

$a$—工件的加工面；$b$—工件的定位基准面；$c$—夹具上定位元件的定位面；
$d$—夹具的安装面；$e$—机床的装夹面；$f$—刀具的切削成形面。

图 3-3　夹具装夹

## 二、装夹误差

装夹误差包括定位误差和夹紧误差。在第二章第四节中提到，为了得到合格零件，必须满足三分之一原则，即

$$\delta_{装夹} = \delta_{定位} + \delta_{夹紧} \leqslant \frac{T}{3}$$

如果在设计夹具时对夹紧力进行了严谨的计算，则 $\delta_{夹紧}$ 也可以忽略不计，于是有

$$\delta_{定位} \leqslant \frac{T}{3}$$

该不等式是衡量定位方案是否合理的重要标准，是选择定位元件的最终依据。

| 第二节 | 工件的定位原理 |

## 第二节　工件的定位原理

工件在机床上的定位包括工件在夹具上的定位和夹具在机床上的定位两个方面。对于直接装夹和找正装夹等无须夹具的装夹方式来说，工件是直接装夹在机床上的，而对于夹具装夹来说，需要先将夹具像工件一样安装在机床上，再将工件安装在夹具上。本节只讨论工件在机床或者夹具上的定位问题，至于夹具在机床上的定位，其原理与工件在夹具上的定位相同。

### 一、定位的定义

空间中的刚体在不受约束时处于自由状态，则该刚体有六个自由度，如图 3-4 所示，它们分别是沿 $x$、$y$、$z$ 轴方向的平动，记为 $\vec{x}$、$\vec{y}$、$\vec{z}$，绕 $x$、$y$、$z$ 轴方向的转动，记为 $\hat{x}$、$\hat{y}$、$\hat{z}$。

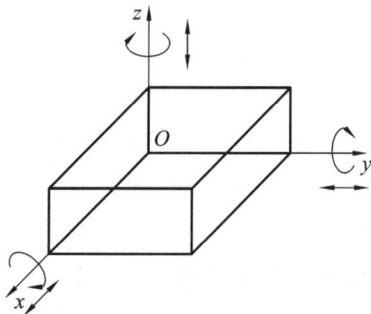

图 3-4　刚体在空间中的六个自由度

工件在没有受到任何限制之前，与空间自由状态的刚体相同，工件在六个方向上的位置是任意的、不确定的。对一批工件来说，它们的位置是不一致的，因此如果要使加工出的零件形状和尺寸一致，工件在各个方向上的位置就必须确定下来。而如果该位置可使刀具相对于工件的运动轨迹确定，从而加工出一批合格的工件，则该位置即为正确位置。所谓定位，就是指工件在机床或夹具中占据正确位置。因此，如果要定位工件，就必须采取约束措施消除工件的自由度，使工件处于唯一的正确位置。

### 二、六点定位原理

要消除或限制工件在某一方向上的自由度，可以通过在该方向上分布一个支承点来实现。当工件表面与该支承点接触时，工件在该表面法线方向上的位置被支承点唯一确定了，即工件该方向上的自由度被限制了，例如图 3-5(a) 中，支承点 6 就限制了工件 $\vec{x}$ 自由度。所谓限制，并不是让工件不可移动，而是通过支承点将工件应该在的位置标定出来，工件要想定位成功，就必须将表面与支承点接触从而完成定位。由于支承点的位置不变，如果工件在该支承点限制的方向上发生位移，则工件的表面一定会脱离与支承点的接触，则说明该方向上工件定位失效。

要使工件在空间中的位置唯一确定，就需要限制工件所有六个自由度。根据上面的分析，理论上需要六个支承点即可实现。通过六个支承点的合理分布来限制工件的六个自由度，使其在空间中的位置唯一确定，这就是"六点定位原理"。

如图 3−5(b)所示，在分析长方体工件的定位时，在其底面布置 3 个不共线的支承点 1、2、3 可以限制 $\vec{z}$、$\hat{x}$、$\hat{y}$ 三个自由度；在侧面布置两个支承点 4、5 可以限制 $\vec{y}$、$\hat{z}$ 两个自由度；在端面布置一个支承点 6 可以限制 $\vec{x}$ 一个自由度，这样就完全限制了长方体工件的六个自由度。图 3−5(a)是图 3−5(b)定位方案的具体表现形式。

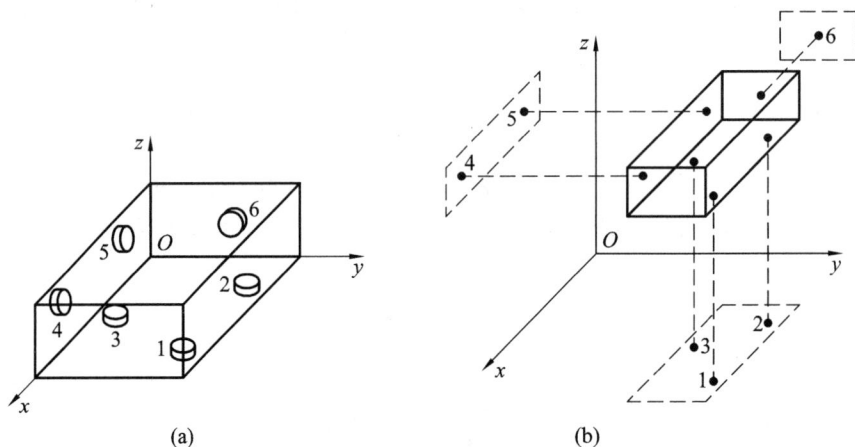

图 3−5　长方体工件的六点定位

运用六点定位原理时，应注意以下几点：

(1) 各支承点所限制的自由度不是割裂的，即并非每个支承点限制一个自由度，而是根据工件的形状和尺寸，各支承点通过成组的形式合理分布来限制工件相应数量的自由度，每组内的支承点之间没有具体分工。一般一个支承点就可以限制一个平动自由度，而对于转动自由度来说，则需要两个点联合限制，同时这两个点还会限制一个平动自由度，所以两个点作为一组可以限制一个平动和一个转动两个自由度。如图 3−5(b)中支承点 4、5 就可以限制 $\vec{y}$、$\hat{z}$ 两个自由度，其中无须再细分到底是支承点 4 限制了 $\vec{y}$ 还是支承点 5 限制了 $\hat{y}$；同样地，图 3−5(b)中 1、2、3 三个支承点作为一组可以限制 $\vec{z}$、$\hat{x}$、$\hat{y}$ 三个自由度，而支承点 1、2、3 之间无须再具体划分哪个支承点限制了 $\vec{z}$，哪个支承点限制了 $\hat{x}$ 及 $\hat{y}$。

(2) 在理论分析时，支承点不是几何上的点的概念，而应被看作是面积很小的小平面，因此，对于平动自由度来说，支承点所限制的是接触面的法线方向的自由度，如图 3−5(a)中支承点 6 限制的就是 $\vec{x}$；对于转动自由度来说，支承点所限制的是以垂直于两点连线且平行于接触面方向为轴的转动方向，如图 3−5(a)中支承点 4 和 5 限制的转动自由度就是 $\hat{z}$。

(3) 定位支承点限制工件自由度的必要条件是定位支承点与工件表面始终保持接触，若两者脱离，则意味着失去定位作用。

（4）定位具有可重复性，如果工件在某个方向上被成功定位，那么将工件拆下后重新定位，工件在该方向上位置与之前一定是相同的，如果不同，则说明该方向上工件未成功定位。因此，可以通过重复性来检验工件的定位情况。

（5）如果要达到定位效果，支承点的布置要合理。仍以图 3-5(b) 为例，1、2、3 三个支承点如果共线，则只相当于两个支承点的作用，只能限制两个自由度。

（6）坐标系是为了方便描述自由度而设立的，可以根据零件的空间位置和形状人为设定，但一经设定在一次定位过程中就不能更改。例如图 3-5(a) 中，如果将坐标系 $x$ 轴和 $y$ 轴交换，则支承点 1、2、3 所限制的自由度仍然是 $\vec{z}$、$\hat{x}$、$\hat{y}$，而支承点 4、5 所限制的自由度就变成了 $\vec{x}$、$\hat{z}$，支承点 6 所限制的自由度就变成了 $\vec{y}$。

（7）分析定位支承点的定位作用时，并不考虑力的影响，即支承点只是标定出正确位置，工件定位能否成功，取决于工件表面是否与支承点接触。而使工件在外力作用下不能运动是夹紧的任务，即若工件在外力作用下不能运动，则工件被夹紧，这时并不意味着工件的所有自由度都被限制。以车床上三爪卡盘夹紧一根轴的外圆为例，此时，轴绕着轴心线旋转的方向并没有被定位。事实上，松开卡盘，把轴卸下再装上并夹紧，轴外圆面上前后两次被夹紧的部位一般是不相同的，那么根据定位的重复性原则，可知轴绕轴心线旋转的方向没有被定位。所以，定位和夹紧是两个概念，绝不能混淆。

实际应用中，根据零件形状的不同，支承点的布置方式也不同。如图 3-6(a) 所示，要限制该轴类零件的六个自由度，可以按照以下方式布置支承点：沿工件一条母线上布置两个支承点 1 和 3，可限制 $\vec{z}$ 和 $\hat{y}$ 两个自由度；在与前一条母线圆周方向成 90° 的另外一条母线上布置两个支承点 4 和 5，可限制 $\vec{y}$ 和 $\hat{z}$ 两个自由度；在底面上布置支承点 6，可以限制 $\vec{x}$ 自由度；在键槽内布置一个支承点 2（注意，支承点 2 不能布置在圆周上），则可以限制 $\hat{x}$ 自由度。这样，通过六个点的合理分布，该轴类零件的自由度都被限制了。

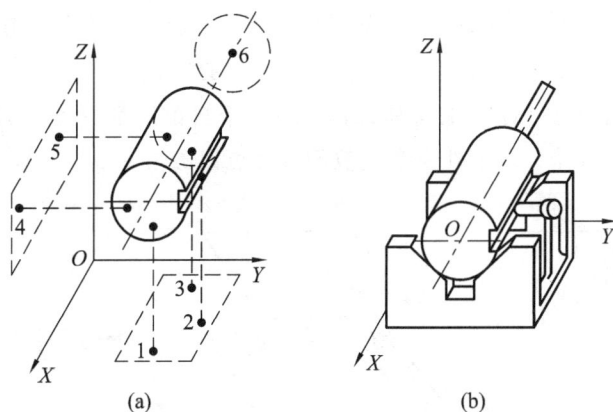

图 3-6　圆柱体工件的六点定位

## 三、定位时的几类状况

六点定位原理表明，限制工件全部六个自由度，需要六个支承点，若工件的自由度没有都被限制，或者支承点的个数多于或少于六个，则会出现以下几种情况。

### 1. 完全定位

工件在机床上或夹具中定位，若六个自由度都被限制，则称为完全定位。

图 3-5 和图 3-6 所示工件都是完全定位。图 3-7 是盘类零件的完全定位。图 3-7(b)中支承点 1、2、3 与工件底面接触，限制工件 $\vec{x}$、$\vec{y}$、$\hat{z}$ 三个自由度；圆盘内孔中非同一母线且非同一直径端点的两个支承点 4 和 5 限制工件 $\hat{z}$ 和 $\hat{y}$ 两个自由度；支承点 6 与键槽内壁接触限制 $\hat{x}$ 自由度，实现完全定位。图 3-7(c)是图 3-7(b)定位方案的具体表现形式。

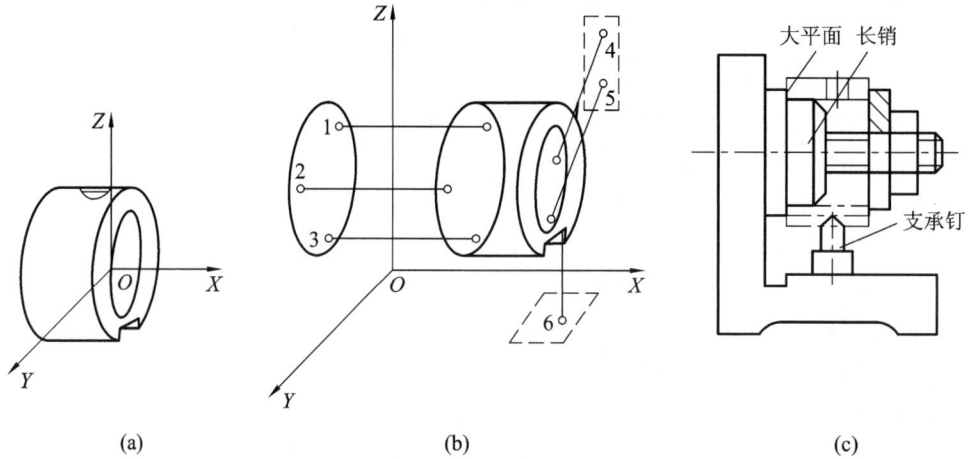

图 3-7　盘类工件的完全定位

一般来说，完全定位的工件都符合加工中的装夹要求，但如果追求每个工件都完全定位则可能会导致夹具复杂从而造成浪费。因此，工件是否需要完全定位应根据加工要求来设计。如图 3-8 所示，在长方体工件上加工一个 $\phi D$ 的孔，要求孔中心线对底面满足垂直度且孔中心满足尺寸 $A$ 和尺寸 $B$，孔底满足尺寸 $E$。由于尺寸 $E$ 的存在，工件的 $\vec{z}$ 自由度必须被限制；而由于垂直度要求，工件 $\hat{x}$ 和 $\hat{y}$ 自由度必须被限制；由于尺寸 $A$ 和尺寸 $B$ 的存在，$\vec{x}$、$\vec{y}$ 和 $\hat{z}$ 自由度必须被限制，所以该工件六个自由度都应被限制，即该工件需要完全定位才能满足加工要求。该工件完全定位的方案可以参考图 3-8(b)。

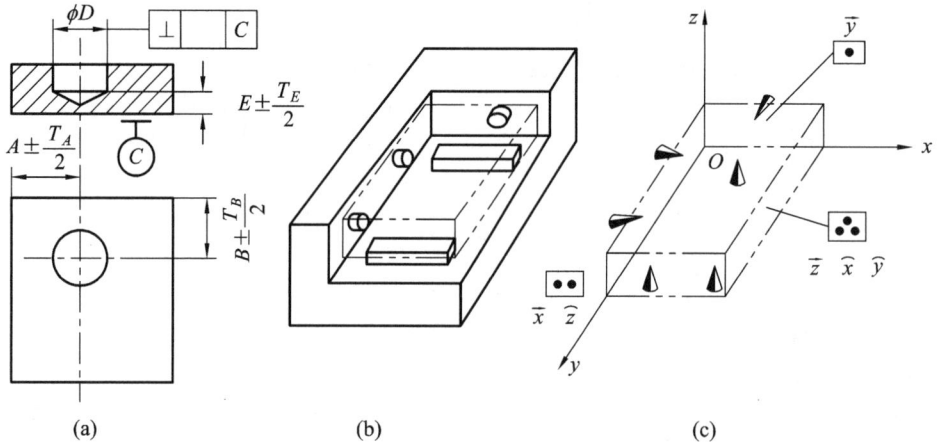

图 3-8　长方体工件钻孔工序及工件定位分析

## 2. 不完全定位

工件在加工中并非都需要完全定位，究竟应限制哪几个自由度，需由具体加工要求确定。工件在机床上或夹具中定位时，若六个自由度没有被全部限制且不影响工件加工的，称为不完全定位，也叫部分定位。按工件加工前的结构特点和工序加工要求，不完全定位又可分成如下两种情况：

（1）由于工件加工前的结构特点，无法限制也没有必要限制某些方面的自由度。

如图 3-9 所示，在球面上钻孔、在套筒上铣一平面及在圆盘周边铣一个槽等，都没有必要，也不可能限制绕它们自身回转轴线的自由度。这方面的自由度未被限制，并不影响一批工件在加工中位置的一致性。此外，在光轴上车一段轴颈或阶梯轴等也无须限制自身回转轴线的自由度。

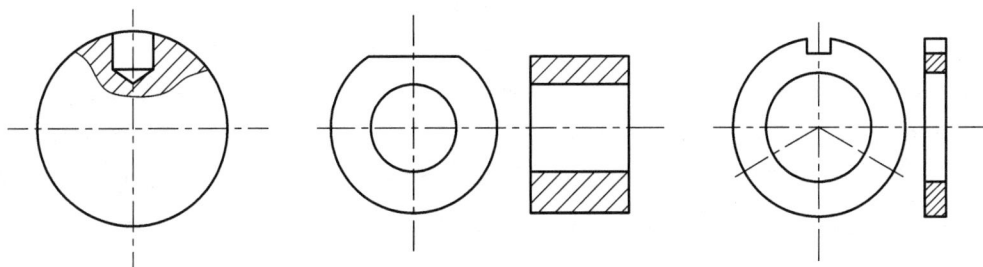

图 3-9　不必限制绕自身回转轴线旋转自由度的几个实例

（2）由于工序的加工精度要求，工件在定位时允许某些自由度不被限制。

以图 3-10 为例，图 3-10(a)为在工件上铣键槽，沿三个轴的移动和转动方向上都有尺寸要求，加工时必须限制所有六个自由度，即要"完全定位"；图 3-10(b)为在工件上铣台阶面，在 $Y$ 轴方向上无尺寸要求，故只需限制五个自由度，而不限制工件沿 $Y$ 轴的移动自由度 $\vec{y}$，对工件的精度无影响。这种定位方式就是"不完全定位"；图 3-10(c)为对工件铣上平面，只需保证 $Z$ 轴方向的高度尺寸，因此只要在底平面上限制三个自由度 $\vec{z}$、$\hat{x}$、$\hat{y}$ 就已足够，亦为"不完全定位"，显然，在此情况下，不完全定位是合理的定位方式。

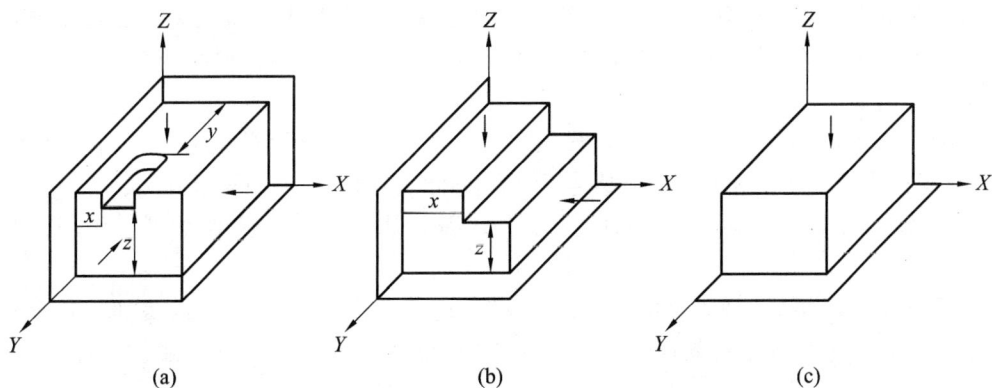

图 3-10　工件应限制自由度的确定

需要强调的是，有时为了使定位元件帮助承受切削力、夹紧力或为了保证一批工件的进给长度一致，常常对无位置尺寸要求的自由度也加以限制。例如在图 3-11 中，虽然从定位分析上看,球体上通铣平面只需限制 1 个自由度[见图 3 - 11(a)],但是在决定定位方案的时候,往往会考虑限制两个自由度[见图 3 - 11(b)]或限制三个自由度[见图 3 - 11(c)]。在这种情况下,对没有位置尺寸要求的自由度也加以限制,不仅是允许的,而且是必要的。

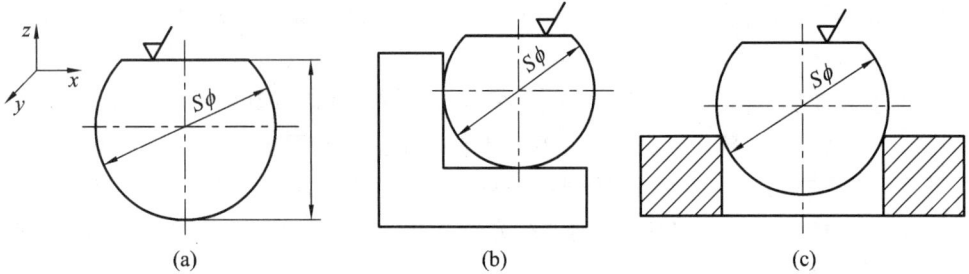

图 3 - 11  球体通铣平面定位方案

另外,如图 3 - 12(a)所示,在立式铣床上用角度铣刀加工燕尾槽时,$\vec{x}$ 可以不被限制,但在夹具设计和使用时,为了承受切削力和便于控制刀具行程,仍在夹具体上设置一个如图 3 - 12(b)所示的挡销 $A$。这里需说明,增加一个挡销 $A$ 之后,虽从形式上来看工件已实现了完全定位,但从工件的定位原理分析,仍属于不完全定位,此时该挡销的主要作用并不是定位。

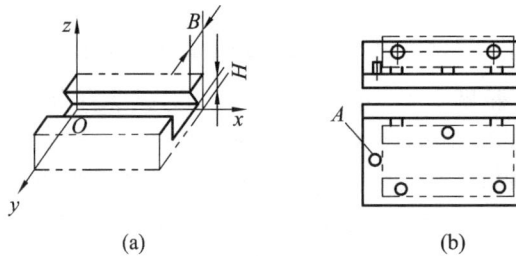

图 3 - 12  燕尾槽加工时的定位情况

### 3. 欠定位

工件在机床上或夹具中定位时,如果工件的定位支承点数少于应限制的自由度数,必然导致达不到所要求的加工精度,这种工件定位点不足的情况,称为"欠定位",欠定位在实际生产中是不允许的。

如图 3 - 13 所示,在一个长方体工件上加工一个台阶面,该面宽度为 $B$,距底面高度为 $A$,且与底面平行,应限制除 $\vec{y}$ 外的其他五个自由度,但图 3 - 13(a)只限制 $\vec{x}$、$\vec{y}$、$\vec{z}$ 三个自由度,缺少对 $\hat{x}$、$\hat{z}$ 的限制,则不能保证尺寸 $B$ 及构成 $B$ 的两个平面的平行度,属于欠定位。

实际应用中,如果遇到欠定位,需要将缺失的自由度限制补齐才能满足加工要求。必须增加如图 3 - 13(b)所示的侧面两个支承点,从而增加限制 $\hat{x}$、$\hat{z}$ 两个自由度才行。

### 4. 重复定位

工件在机床上或夹具中定位,若某一个自由度同时被两个或更多的定位支承点重复限制,则称为重复定位,也叫过定位。

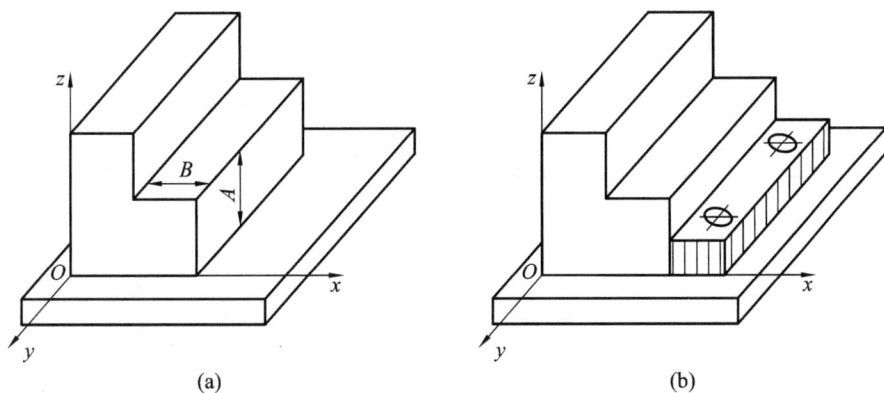

图 3-13 欠定位的出现及消除措施

在立式铣床上用端铣刀加工长方体工件的上平面，将工件底面放置在三个支承点上，此时相当于三个定位支承点限制了三个自由度，如图 3-14(a)所示。若将工件放置在四个支承点上[见图 3-14(b)]，就会造成重复定位。

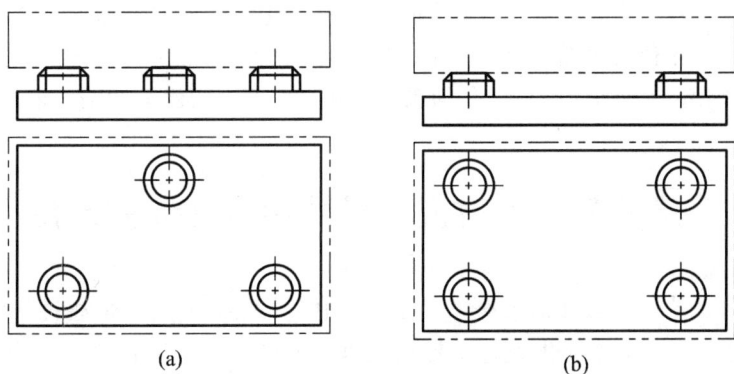

图 3-14 铣床上加工长方体工件上平面的定位方法

重复定位的结果是使工件定位不确定，从而在夹紧后使工件或定位元件产生变形。

在如图 3-15(a)所示的加工连杆大孔的定位方案中，长圆柱销限制 $\vec{x}$、$\vec{y}$、$\hat{x}$、$\hat{y}$ 四个自由度，支承板限制 $\vec{z}$、$\hat{x}$、$\hat{y}$ 三个自由度，其中 $\hat{x}$、$\hat{y}$ 被两个定位元件重复限制，产生重复定位。如果工件定位孔与端面垂直度误差较大，且孔与销之间的间隙又很小，则过定位可能导致两种情况：第一种情况，若长圆柱销刚度好，定位后工件歪斜，端面只有一点接触，夹紧过程必然造成工件变形，如图 3-15(b)所示；第二种情况，若长圆柱销刚度不好，工件夹紧后长圆柱销将歪斜，不但损坏定位元件，工件也可能变形，如图 3-15(c)所示。以上两种情况都会引起加工孔的位置误差，使连杆两孔的轴线不平行。

从理论上来说，重复定位是不合理的定位方式，但在生产实践中，经常可以看到重复定位的应用。例如，在精加工工序中常以一个精确平面代替三个支承点来支承已加工过的平面，一个平面相当于无数个点的总和，但是当此平面的平面度很好时，工件接触上去也只能有一个位置，此时平面就相当于三个支承点的作用了。这样做的好处是定位后系统刚度好，可以减少切削时的振动，对精加工是有利的。

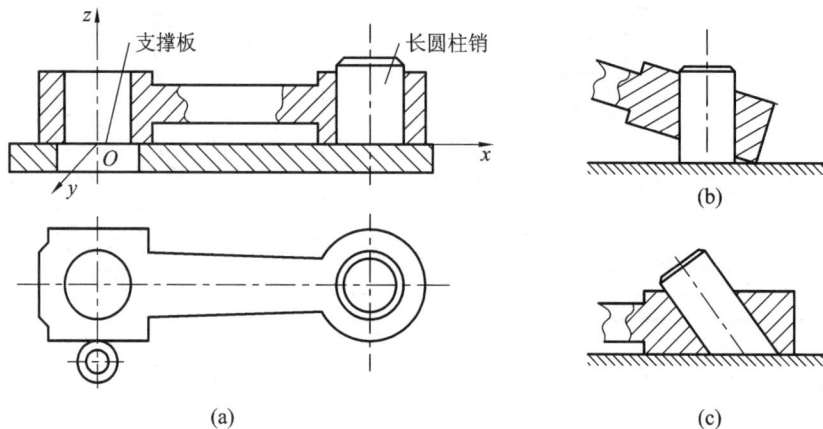

图 3-15 连杆的过定位

因此，是否允许重复定位应根据工件的不同情况进行分析。一般来说，当以工件上形状精度和位置精度很低的毛坯表面作为定位面时，为防止工件定位不确定，是不允许出现重复定位的；当有必要采用重复定位方案时，必须提高工件定位表面以及夹具定位元件表面的形状精度和相互位置精度，使重复限制自由度的支承点在工件安装后不发生互相干涉，或者采取相应措施，消除因过定位而引起的不良后果，以保证加工要求。

## 第三节　定位方式及定位元件的选择

定位支承点是由定位元件抽象而来。在夹具中，定位支承点总是通过具体的定位元件来体现。至于定位元件具体转化为几个定位支承点，需结合定位元件的结构、工件定位基准的形态以及接触面的状况进行分析。

工件的接触面有时直接就是定位基准，接触面可能有各种形式，如平面、外圆、内孔、成形面等，有时甚至是一条线或者一个点。对此，在设计定位方案时，应根据被加工零件的工序要求，合理分布定位支承点，选用正确的定位方式和恰当的定位元件，有时还需要考虑各定位基准之间组合形成的组合表面的定位。

### 一、工件以平面定位

工件以平面定位是常用的定位方式之一，如箱体、床身、支架等零件的加工大都采用平面定位。

#### 1. 定位方式

当接触面为平面时，通常情况下定位基准与接触面重合。此时，常见的定位方式有三种：

（1）大平面。大平面相当于三个不共线的支承点，可限制一个平动自由度和两个转动自由度共三个自由度，如图 3-5(a)中 1、2、3 三点所示。

（2）窄平面。窄平面相当于两个支承点，可限制一个平动自由度和一个转动自由度共两个自由度，如图 3-5(a)中 4、5 两点所示。

（3）小平面。小平面相当于 1 个支承点，可限制一个平动自由度，如图 3-5(a)中 6 点所示。

**2. 定位元件**

以平面定位时，所用的定位元件(即支承件)可分为"主要支承"和"辅助支承"，前者用来限制工件的自由度，即是真正具有独立定位作用的定位元件；后者则是用来增加工件的支承刚性，它不起限制工件自由度的作用。

*1) 主要支承*

主要支承在工件定位时起主要的支承定位作用，有固定支承、可调支承、自位支承等各种形式。

（1）固定支承。在夹具中定位支承点的位置固定不变的定位元件，叫作固定支承。这种支承装上夹具后，一般不再拆卸或调节，它分为支承钉和支承板两种。

① 支承钉。支承钉多用作工件平面定位的三点支承或侧面支承，其结构形式有平头(A型)、圆头(B型)和网纹顶面(C型)三种，如图 3-16 所示。

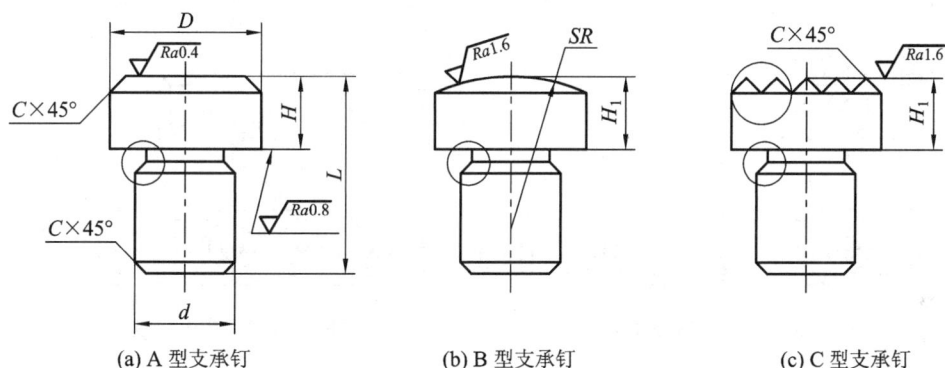

(a) A 型支承钉　　　(b) B 型支承钉　　　(c) C 型支承钉

图 3-16　固定支承中的支承钉

平头支承钉常用于定位平面已加工过的、较光滑的工件；圆头支承钉与定位平面为点接触，可保证接触点位置的相对稳定，但它易磨损，在工件较重时，会使定位面产生压陷，在工件夹紧后产生较大的安装误差，夹具装配时也不易保证几个支承圆头保持在一个水平面上，所以圆头支承钉主要用于未经过机械加工的平面定位；网纹顶面支承钉的突出优点是与定位面之间的摩擦力较大，可阻碍工件移动，但槽中易积屑，常用于粗糙表面的侧面定位。

② 支承板。支承板多用于工件上已加工平面的定位。一般说来，支承钉用于较小平面，支承板用于较大平面。有时虽然支承面不大，但是很难用支承钉布置成合适的支承三角形，从而难以保证工件稳定，往往也要用支承板。如图 3-17(a)所示，当工件刚度不足，夹紧力和切削力又不能恰好作用在支承点上时，也适宜用支承板定位。在如图 3-17(b)所示的薄板上钻孔也是一例，此时若用支承钉定位会使工件变形。

支承板的结构如图 3-18 所示，A 型支承板结构简单，制造方便，但埋头螺钉处清理切屑较困难，所以常用于工件侧平面定位，B 型支承板可克服这一缺点。为使支承板装配牢固，可加定位销。为保持几块支承板的支承位置在同一平面上，在装配后应将几块支承板的顶部统磨一下。

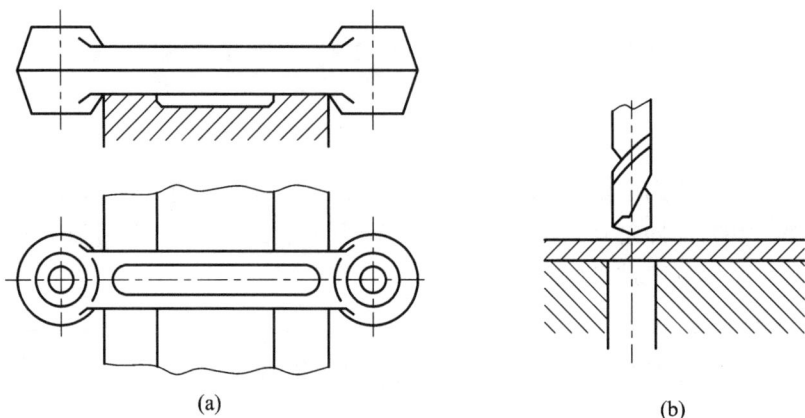

图 3-17  不宜用支承钉定位的情况

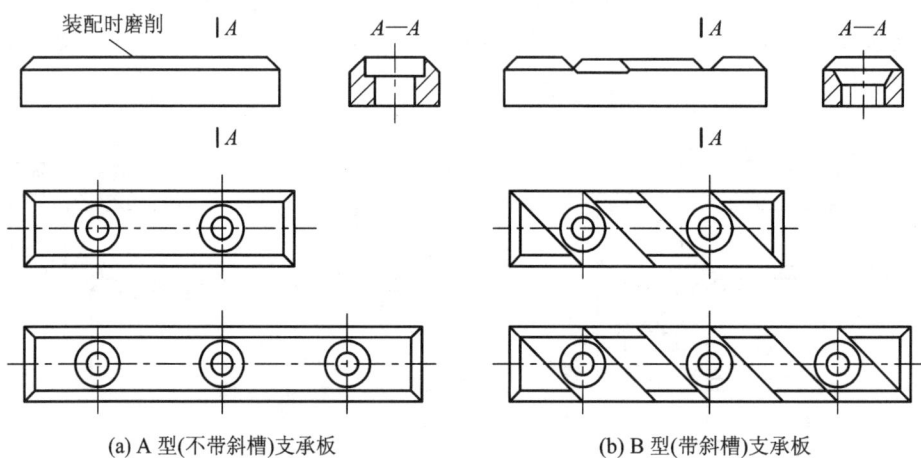

(a) A 型(不带斜槽)支承板          (b) B 型(带斜槽)支承板

图 3-18  固定支承中的支承板

（2）可调支承。在夹具中定位支承点的位置可调节的定位元件，称为可调支承。可调支承主要用于工件上未经机械加工的定位面，当工件毛坯尺寸有较大变化时，每更换一批毛坯，就要调节一次。如图 3-19 所示为可调支承的基本形式，图 3-19(a)～图 3-19(c)表

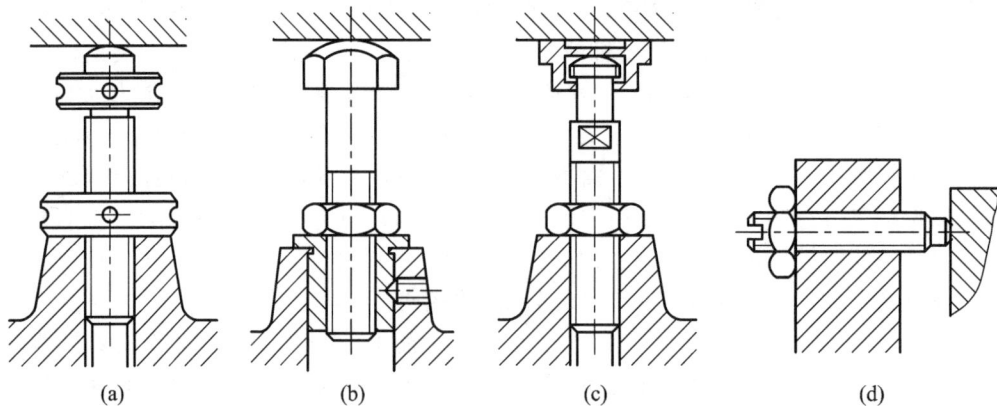

(a)          (b)          (c)          (d)

图 3-19  可调支承的各种形式

示水平面可调支承，图 3 - 19(d)表示竖直面可调支承。支承高度调节以后，要注意锁紧。在其他需要将支承钉的位置作一定调整的场合，也能用可调支承。

（3）自位支承。自位支承又称浮动支承，它与工件接触的几个工作点能随工件定位面形状自行浮动地支承。常见的自位支承有三接触点式［见图 3 - 20(a)、(c)、(d)］、双接触点式［见图 3 - 20(b)］两种。当压下其中一个接触点时，则其余的点上升，直至全部点与工件定位表面接触为止，故虽然与工件表面是两点或者三点接触，但实质上只起到一个支承点的作用，相当于一个定位点，即限制一个自由度。由于增加了与工件接触点数目，自位支承能减少工件的变形。通常自位支承用在刚度不足的毛坯平面或不连续表面的定位中，此时虽然增加了接触点，但可避免发生过定位。自位支承的缺点是支承的稳定性较差，必要时应锁紧。

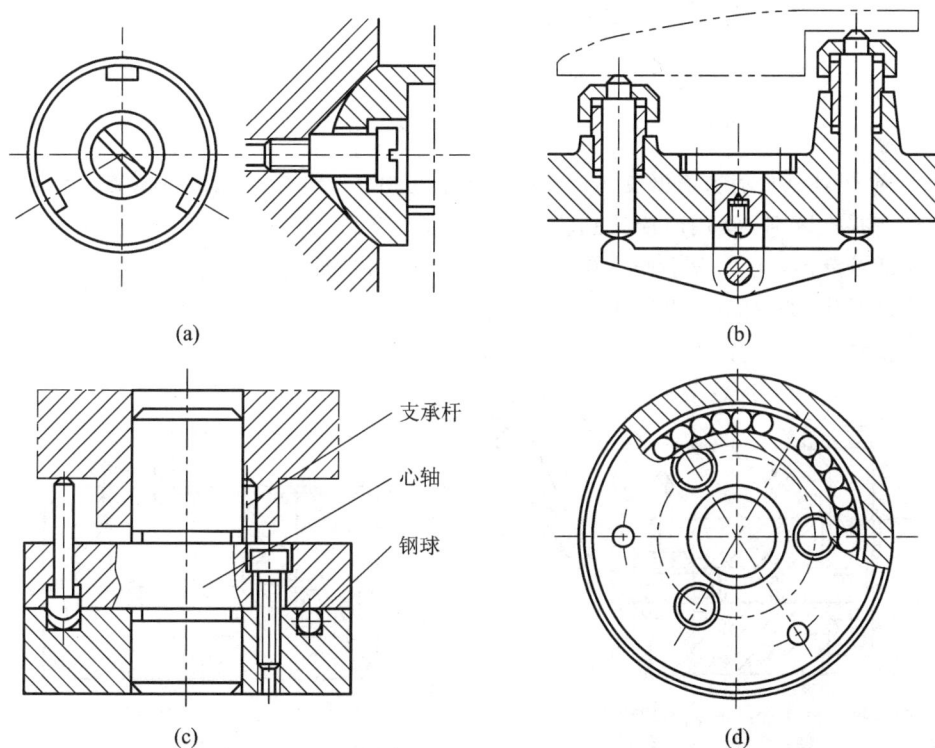

(a)　　　　　　　　　　　　　　(b)

支承杆

心轴

钢球

(c)　　　　　　　　　　　　　　(d)

图 3 - 20　自位支承的各种形式

2）辅助支承

若工件刚度较差，在按照六点定位原则进行定位并夹紧后，仍可能在切削力的作用下发生变形或振动，这就需要在主要支承外另加辅助支承。如图 3 - 21(a)所示为阶梯型零件的加工，当以 V 形块定位时，必须在工件左部底面增加辅助支承，以提高安装刚度和稳定性。

辅助支承不应限制工件的自由度，或破坏工件原来已经限制的自由度，因此辅助支承的高度必须按定位元件所决定的工件定位表面位置来调节，一般每个工件加工前均要调节一次。为此，当每一个工件加工完毕后，一定要将所有辅助支承退回到和新装上去的工件不相接触的位置。

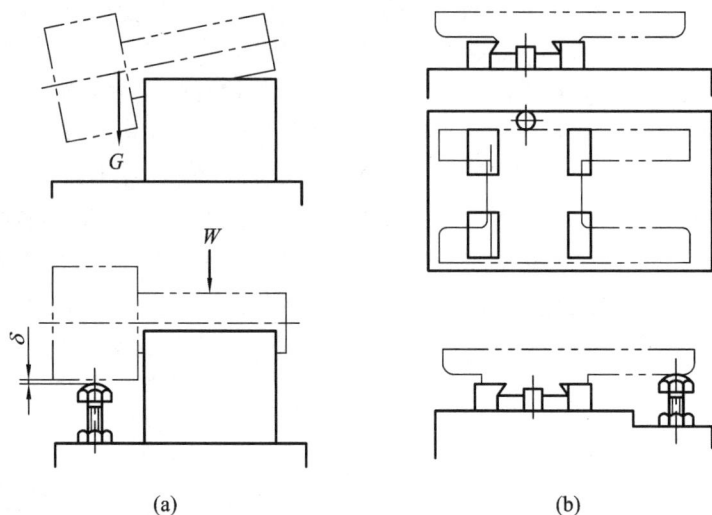

图 3-21　辅助支承的作用

图 3-21(b)中所示的辅助支承，虽在结构上与图 3-19 中所示的可调支承相同，但在作用上却有很大区别，选用时应特别注意以免混淆。螺钉、螺母式辅助支承虽结构简单，但使用操作却较麻烦，且用扳手操作易用力过度破坏工件的原有定位。

为方便操作，常用到自引式或者升托式辅助支承，如图 3-22 所示。两种辅助支承均可承受工件重量及加工时的切削分力，而其中的升托式辅助支承还可承受更大的载荷。

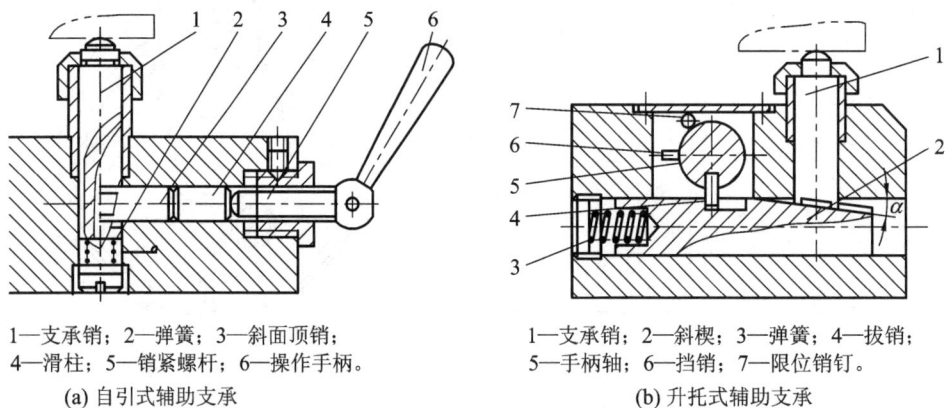

1—支承销；2—弹簧；3—斜面顶销；
4—滑柱；5—销紧螺杆；6—操作手柄。
(a) 自引式辅助支承

1—支承销；2—斜楔；3—弹簧；4—拔销；
5—手柄轴；6—挡销；7—限位销钉。
(b) 升托式辅助支承

图 3-22　自引式和升托式辅助支承

## 二、工件以内孔定位

各类套筒、盘类、杠杆、拨叉等零件，常以内孔定位，这里的内孔特指圆孔。

### 1. 定位方式

内孔定位时，接触面为内孔孔壁。此时，定位基准可能是内孔中心轴线，也可能是接触处的母线。因此，所涉及的定位方式有以下几种：

(1) 以内孔中心轴线为定位基准的长接触：当工件的定位基准是内孔中心轴线时，沿两条圆母线布置支承点，每条圆母线上布置两个支承点总共四个支承点，限制两个平动自由度和两个转动自由度共四个自由度，如图 3 - 23 所示。

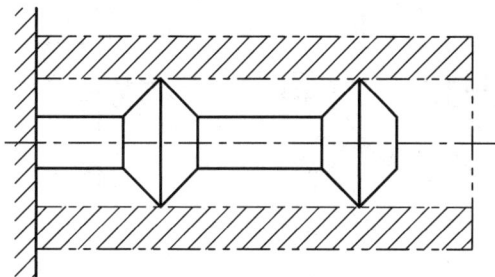

图 3 - 23 内孔长接触时支承点分布示意图

（2）以内孔中心轴线为定位基准的短接触：当工件的定位基准是内孔中心轴线时，沿一条圆母线上布置两个支承点，总共限制两个平动自由度，如图 3 - 24 所示。

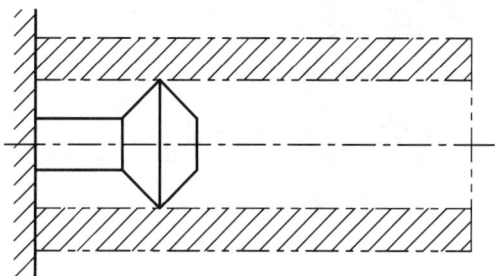

图 3 - 24 内孔短接触时支承点分布示意图

（3）以接触母线为定位基准：当以接触母线作为定位基准时，也分为长接触和短接触。短接触相当于一个支承点，限制工件一个平动自由度；长接触相当于两个支承点，限制工件一个平动自由度和一个转动自由度共两个自由度。

**2．定位元件**

内孔定位时，常用的定位元件有定位销、刚性心轴、小锥度心轴等。

1）定位销

如图 3 - 25 所示为常用定位销的结构。图 3 - 25(a)～图 3 - 25(c)均为固定式定位销，可直接以过盈配合压入夹具体，图 3 - 25(d)为可换式定位销，便于在大量生产中因定位销磨损而及时更换，故在夹具体中压有衬套，定位销装在衬套内，并用螺母夹紧，其配合精度略差些。图 3 - 25(c)中的定位销带有台肩，可使工件端面定位而避免夹具体磨损。定位销大部分做成大倒角，便于工件套上。

各种类型定位销对以内孔定位的工件的自由度限制，应视其与工件定位孔的接触长度而定。一般长定位销的长径比大于 1.2，相当于以内孔中心轴线为定位基准的长接触，限制四个自由度；短定位销的长径比小于 0.5，相当于以内孔中心轴线为定位基准的短接触，限制两个自由度。

此外，还有一些其他类型的定位销。如图 3 - 26 所示的是锥面定位销，当用其锥面定位时，相当于小平面和短定位销的组合定位，起到三个定位支承点的作用，限制三个平动自由度。

(a)　　　　　　　(b)　　　　　　　(c)

(d)

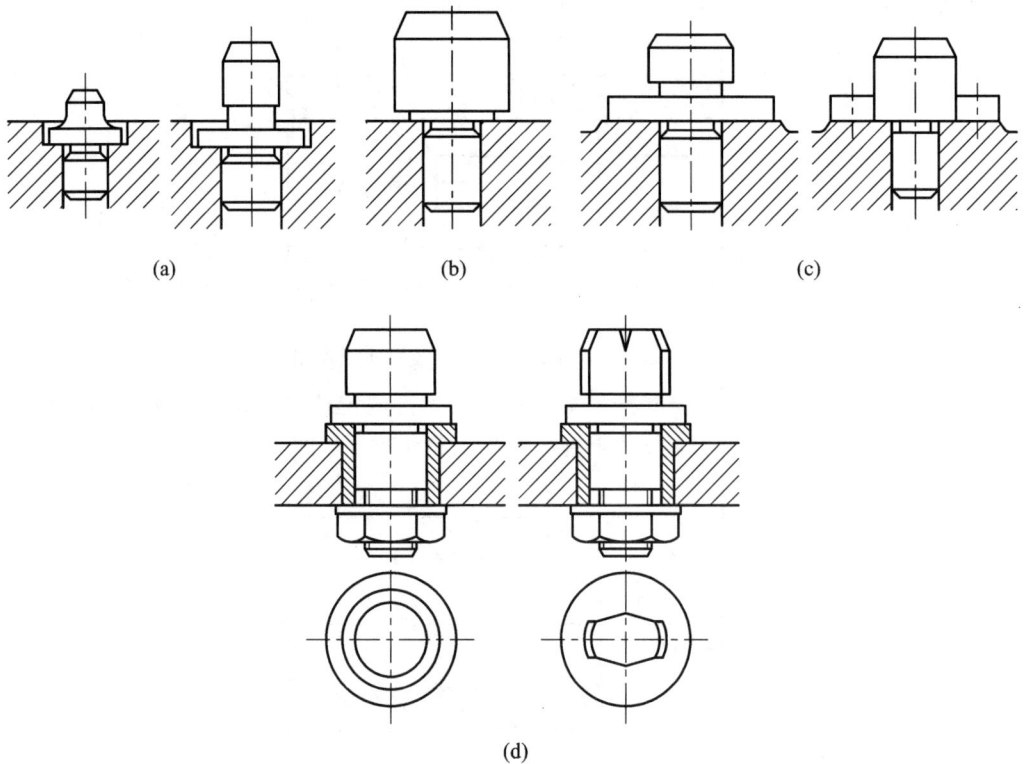

图 3 - 25　常用定位销的结构

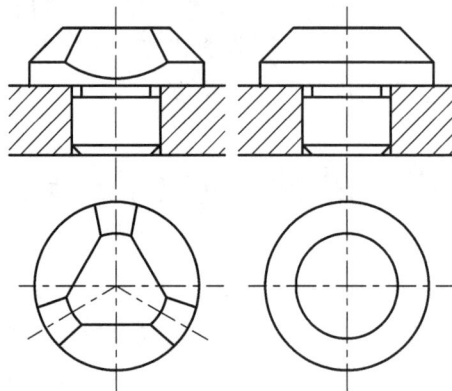

图 3 - 26　锥面定位销

　　为适应工件以两个圆孔表面组合定位的需要，需在两个定位销中采用一个削边定位销。如图 3 - 27 所示为常用削边定位销的结构，分别用于孔径 $D \leqslant 3$ mm、3 mm$< D \leqslant 50$ mm 及 $D > 50$ mm 的工件内孔定位。工件与削边销接触处为定位基准，长的削边销限制两个自由度，而短的削边销限制一个自由度。

　　2）刚性心轴

　　刚性心轴常用于薄壁的套类零件。根据工件形状和用途不同，刚性心轴有多种结构形式，如图 3 - 28 所示。刚性心轴的定位作用相当于长销，限制四个自由度，如果是带端面台阶的刚性心轴，则可连同轴向自由度一起限制五个自由度。

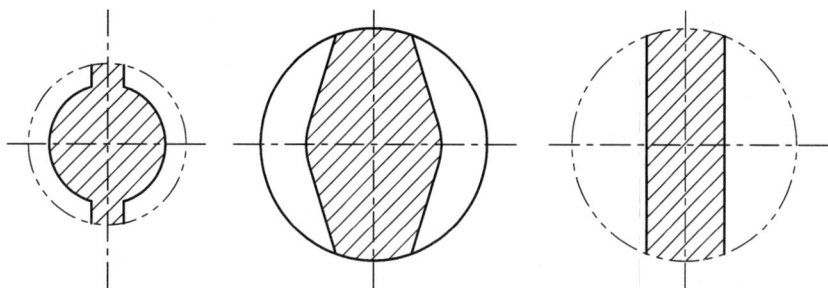

图 3-27 削边销的结构

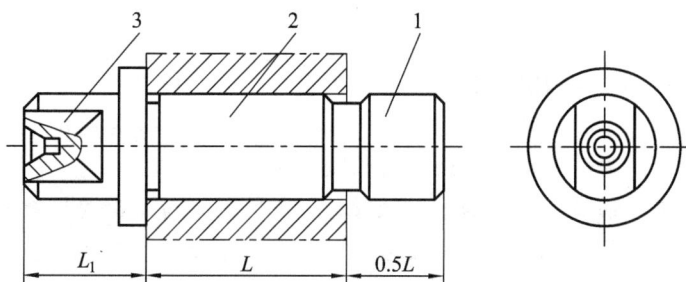

(a) 带凸肩过盈配合心轴

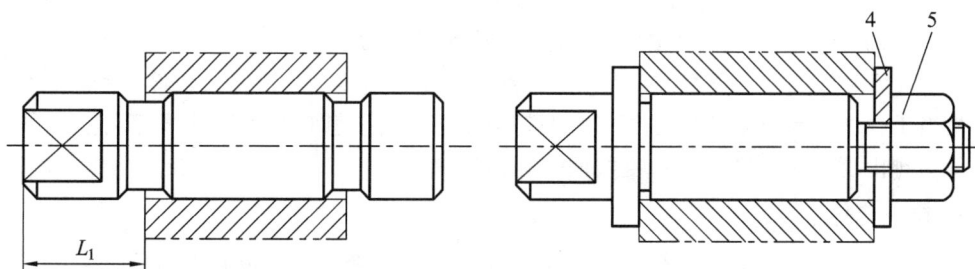

(b) 无凸肩过盈配合心轴　　　　(c) 带凸肩螺母夹紧的间隙配合心轴

1—导向部分；2—定位部分；3—传动部分；4—开口垫圈；5—螺母。

图 3-28 刚性心轴的多种结构

3）小锥度心轴

如图 3-29 所示是小锥度心轴(锥度为 1/5000～1/1000)，安装时将工件轻轻打入，依靠锥面将工件对中并由孔的弹性变形产生摩擦。小锥度心轴虽有锥度，但锥度较小，使得工件在其上定位时，轴向方向的位置由于安装打入的力度不同而并不确定，所以小锥度心轴跟刚性心轴一样，限制四个自由度，其优点是可以消除工件和定位元件中的间隙，定心精度较高，常用在车削或磨削中加工外圆要求同轴度高的盘类零件。定位时，工件楔紧在小锥度心轴的锥面上，由于孔表面的局部弹性变形，工件与小锥度心轴在长度 $L_k$ 上产生过盈配合，从而保证工件定位后不致倾斜。此外，加工时也靠楔紧产生的过盈部分带动工件，而不需另外进行夹紧。

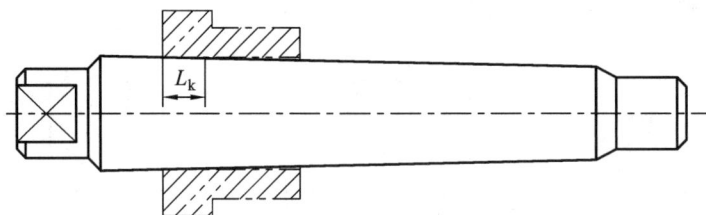

图 3 - 29  小锥度心轴

## 三、工件以外圆定位

轴类零件通常以外圆柱面定位，盘类零件在某些时候也会借助外圆面来定位。

**1. 定位方式**

与内孔定位类似，外圆定位的接触面为外圆柱面，定位基准可能是圆柱中心轴线，也可能是接触处的母线。因此，外圆定位也分为以圆柱中心轴线为定位基准的长接触和短接触，以及以接触母线为定位基准的长接触和短接触。

（1）以圆柱中心轴线为定位基准的长接触：工件的定位基准是圆柱中心轴线时，长接触是沿两条圆母线布置支承点，每条圆母线上布置两个支承点共四个支承点，限制两个平动自由度和两个转动自由度共四个自由度。

（2）以圆柱中心轴线为定位基准的短接触：工件的定位基准是圆柱中心轴线时，短接触是沿一条圆母线上布置两个支承点，总共限制两个平动自由度。

（3）以接触母线为定位基准：当接触母线作为定位基准时，也分为长接触和短接触。短接触相当于一个支承点，限制工件一个平动自由度；长接触相当于两个支承点，限制工件一个平动自由度和一个转动自由度共两个自由度。

**2. 定位元件**

在工件装夹中，常用于外圆表面的定位元件有定位套、支承板和 V 形块等。此外，自动定心机构（如三爪卡盘、弹簧夹头等）也具有外圆定位功能。

1）定位套

如图 3 - 30 所示为定位套的主要类型，使用定位套定位的工件，定位基准是圆柱中心轴线。如图 3 - 30（a）所示为短定位套和长定位套，它们分别限制两个和四个自由度；如图 3 - 30（b）所示为锥面定位套，它和锥面定位销一样限制三个自由度；如图 3 - 30（c）所示为

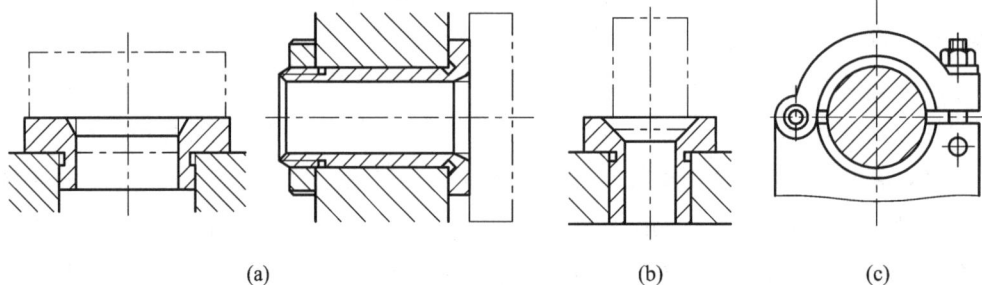

(a)  (b)  (c)

图 3 - 30  定位套的主要类型

便于装取工件的半圆定位套,其限制自由度数需视其与工件定位表面接触长短而定。

2)支承板

支承板除了可以用于对平面进行定位,也可以用于对工件外圆进行定位。支承板对工件外圆表面定位时,定位基准是接触处的母线,因此支承板定位时限制自由度数的多少由支承板与工件母线接触的长短而定。如图 3-31(a)所示,当支承板与母线接触较短时,支承板对工件限制了一个自由度;如图 3-31(b)所示,当支承板与母线接触较长时,则限制了两个自由度。

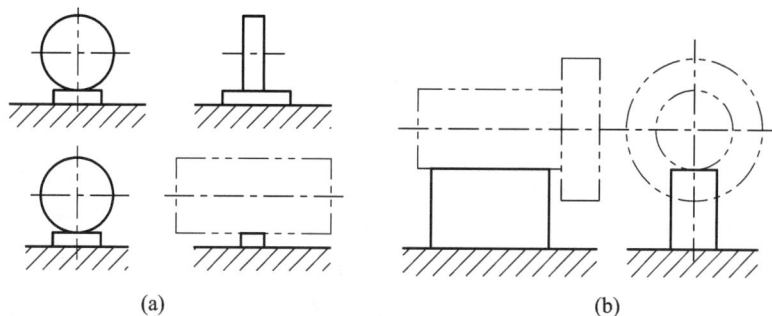

(a)                                    (b)

图 3-31　支承板用于工件外圆表面定位

3)V 形块

V 形块从形态上来看是两个支承板成一定角度摆放而成的。使用 V 形块定位的工件,定位基准是圆柱中心轴线。常见的 V 形块结构如图 3-32 所示,其中长 V 形块(由两个短 V 形块分开放置组成)用于较长外圆表面的定位,限制四个自由度,短 V 形块只限制两个自由度。由两个高度不等的短 V 形块组成的定位元件,还可实现对阶梯外圆表面的定位。V 形块对工件外圆的定位还可起对中作用,即通过与工件外圆两侧母线的接触,使工件上的外圆轴心线对中在 V 形块两支承面的对称面上。

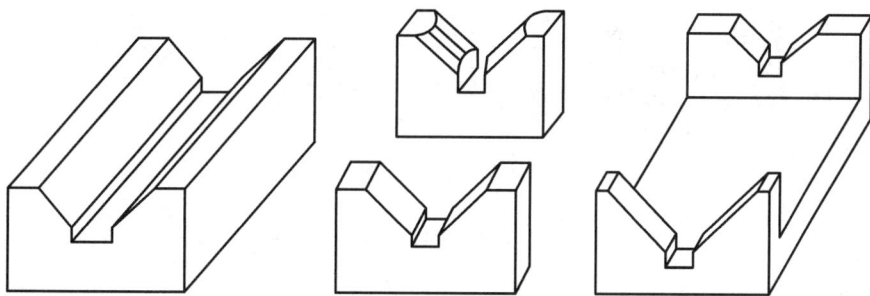

图 3-32　V 形块的结构

# 四、其他定位方式与定位元件

除上述定位元件外,根据零件形状和特点,还有以下一些常见的定位元件。

## 1. 锥面定位元件

当接触面是锥面时,就需要用到锥面定位元件。用锥面定位时,定位基准是圆锥中心轴线，工件的锥度要与定位元件的锥度相匹配。当工件锥面与定位元件的锥面接触时，无论是孔还是外表面(如图3-33所示)，工件轴向自由度都会被限制。

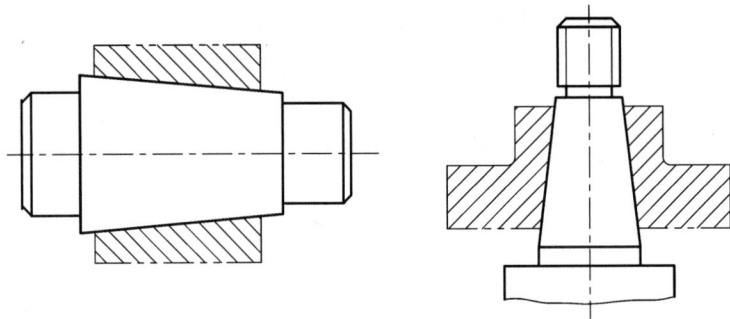

图3-33 锥面的外圆及内孔定位

顶尖也是锥面定位的一种，用顶尖定位锥面要求工件本身带有小锥孔。由于锥孔较浅，顶尖与锥孔的接触较短，因此单个顶尖无法限制工件的转动自由度。如图3-34(a)所示为轴类零件以顶尖孔在顶尖上定位的情况，左端固定顶尖限制了三个自由度，右端的可移动顶尖则限制了两个自由度。为了提高工件轴向定位精度，可采用如图3-34(b)所示的固定顶尖套和活动顶尖的结构，此时左端的活动顶尖只限制两个自由度，沿轴线方向的自由度则由固定顶尖套的端面限制。

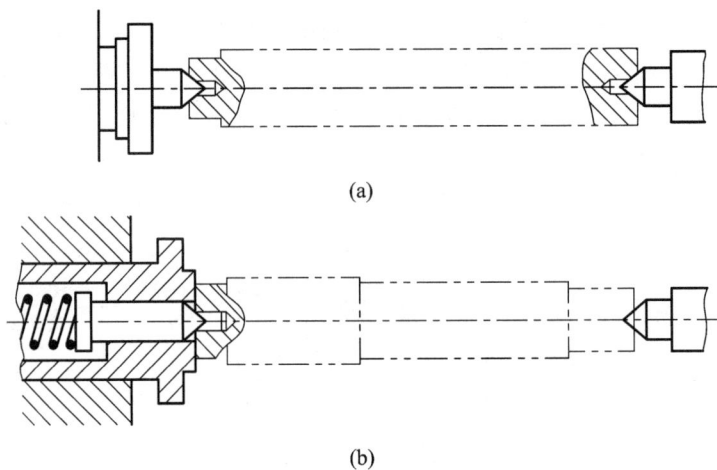

(a)

(b)

图3-34 轴类零件利用顶尖定位

**2. 自动定心元件**

常见的自动定心元件包括定位外圆的三爪卡盘、弹簧夹头等，定位内孔的三爪内卡盘、弹簧心轴等，这类定位元件用于定位基准是圆柱(内孔)中心轴线的零件。此类元件自带夹紧功能，因此也称作定心对中夹紧机构。此类元件按其与接触面接触长短区分限制自由度的数量，长接触限制四个自由度，而短接触只限制两个自由度。除此之外，还有些工件也有对称面及定心要求，也需要用自动定心元件，关于此类元件的具体特征将在后面夹紧机构中详细阐述。

### 3. 组合表面定位

实际工程中，工件往往以几个表面同时定位，例如箱体类工件以三个相互垂直的平面或一面两孔组合定位，杆类零件以两个平行孔、平行外圆表面的组合定位，套类、盘类或连杆类工件以平面和内孔或外圆表面组合定位，阶梯轴类工件以两个外圆表面组合定位……这些都称为"工件以组合表面定位"。组合表面定位选择定位元件时，除了要满足每个表面的定位要求，还要协调好各个表面定位时可能产生的各种冲突。

## 第四节　定位误差的产生和计算

根据前文可知，当工件放置在定位元件上定位时，在被限制自由度的方向上，其位置理论上来说是唯一确定的。但是，当一批同种工件逐个放置在定位元件上定位时，由于一些因素的影响，实际每个工件的位置可能有差别，从而影响工件的加工精度。也就是说，即使定位方案一样，定位的结果也会有区别，产生的误差也有差别。因此，在设计夹具过程中选择和确定工件的定位方案时，除了要根据定位原理选用相应的定位元件外，还必须对选定的工件定位方案能否满足工序的加工精度要求作出判断，为此就需对可能产生的定位误差进行分析和计算。

### 一、定位误差的概念及产生原因

如图 3-35(a) 所示，在套筒形工件上钻一个通孔，要求保证的工序尺寸为 $H_{-T_H}^{\ 0}$，加工时所使用的钻床夹具如图 3-35(b) 所示。被加工孔的工序基准为工件外圆 $d_{-T_d}^{\ 0}$ 的下母

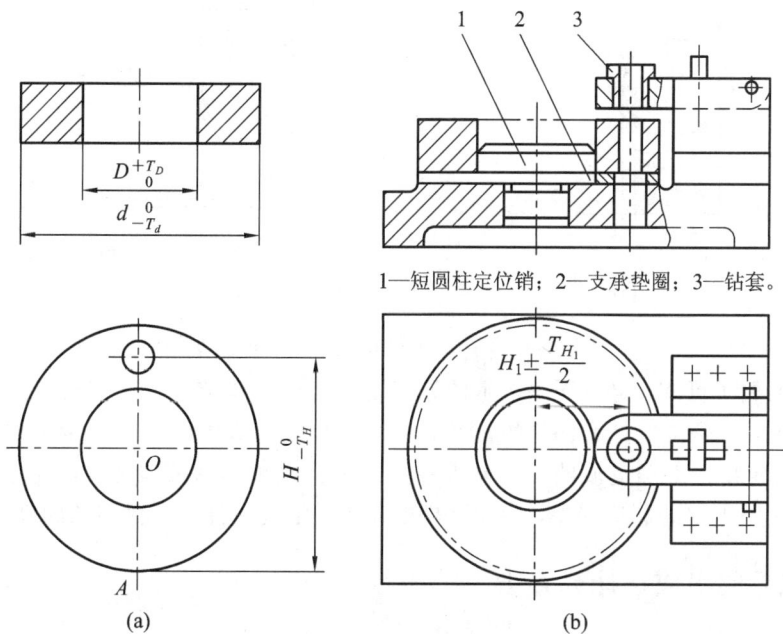

1—短圆柱定位销；2—支承垫圈；3—钻套。

图 3-35　钻孔工序图及钻孔定位方案

线 $A$，工件以内孔 $D^{+T_D}_{0}$ 与短圆柱定位销 1 配合，定位基准为内孔中心线 $O$。工件端面与支承垫圈 2 接触，限制工件的三个自由度，工件内孔与短圆柱定位销配合，限制两个自由度。

由于定位基准是孔中心 $O$，因此理论上定位完成后定位销的中心应当与孔的中心重合。实际上，若被加工的这一批工件的内孔、外圆及夹具上的定位销均无制造误差，且工件内孔与定位销又无配合间隙，则这一批被加工工件的内孔中心、外圆中心均与定位销中心重合。此时每个工件的内孔中心线和外圆下母线的位置也均无变动，加工后这一批工件的工序尺寸 $H$ 是完全相同的。

图 3-36 表示的是，当夹具上定位销尺寸按 $d_{1-T_{d_1}}^{0}$、工件内孔及外圆尺寸分别按 $D^{+T_D}_{0}$ 及 $d^{0}_{-T_d}$ 制造，且定位销与工件内孔的最小配合间隙为 $\Delta_{\min}$ 时，一批工件定位基准 $O$ 和工序基准 $A$ 相对定位基准理想位置 $O'$ 的最大变动量。其中图 3-36(a) 中的 $O_1$、$O_2$、$O_3$ 及 $O_4$ 为定位基准 $O$ 最大位置变动的几个极端位置，图 3-36(b) 中的 $A_1$ 及 $A_2$ 表示在定位基准 $O$ 没有位置变动时工序基准 $A$ 的两个极端位置。可以看到，由于夹具中钻套中心与定位销中心距离是不变的，即钻孔中心的绝对位置不变，但是当内孔中心与定位销中心不重合或者外圆大小变化时，钻出的通孔的中心相对于工序基准 $A$ 的距离与理想距离并不相等。实际上工件的内孔、外圆及定位销的直径必然存在制造误差，且工件内孔与定位销也不可能是无间隙配合，故一批工件的内孔中心线及外圆下母线均在一定范围内变动，加工后这一批工件的工序尺寸 $H$ 也必然是不相同的。这种尺寸的波动会在一定范围内变动，变动范围会有个最大值，这个最大值可以反映出一批工件中每个工件的工序尺寸与理想工序尺寸之间的误差边界，即反映出该工序基准相对于理想位置的变动量，变动量越大，误差越大。

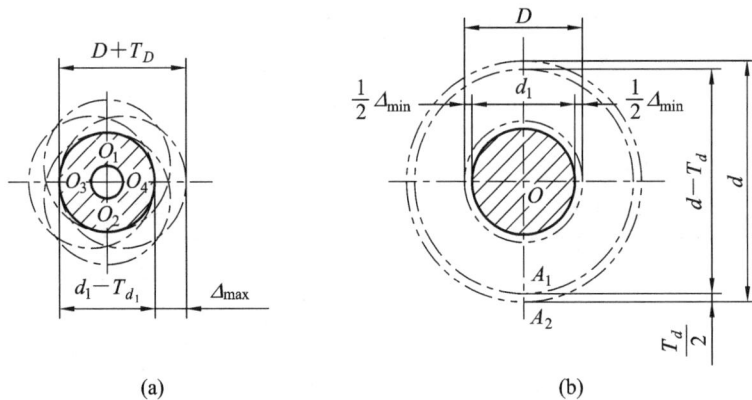

图 3-36   定位基准 $O$ 和工序基准 $A$ 的变动范围

从上面的例子可知，定位误差产生的原因是定位的不准确，虽然完成了定位并限制了必要的自由度，但是位置是有偏差的，而这个偏差的最大值可以用来衡量定位的不准确程度。这种由于定位不准确造成的工序基准在加工方向上的最大变动量，就是定位误差。定位误差的产生与工件的制造误差、定位元件的误差、定位元件与工件间的间隙等因素相关。

## 二、定位误差的组成及计算方法

从上述例子及定位误差的定义可知，造成定位误差的因素可以分为两类：一类是由于定位基准的变动影响工序基准的位置，另一类是定位基准位置准确时，由于工件的某些尺寸变化影响工序基准的位置。根据这两种不同的产生原因，定位误差可以分为基准位置误差和基准不重合误差。

**1. 基准位置误差**

由于定位不准确造成的定位基准在加工方向上的最大变动量，就是基准位置误差。从定义可知，基准位置误差的大小取决于工件定位基准所在位置的准确性。由于定位方案确定时，定位基准的位置是不变的，因此定位基准的位置准不准确仅与定位元件和工件的配合关系有关，与工序基准无关，即基准位置误差只与定位方案有关，与工序无关。仍以图3-36(a)为例，作为定位基准的孔中心 $O$ 与定位销中心不重合时，基准位置误差就产生了，与工序基准在哪无关。所以说基准位置误差是定位方案本身带来的，没法通过调整工序基准的位置来消除。产生基准位置误差的因素有三个：

（1）工件与定位元件间的配合间隙。如图3-36(a)所示，由于内孔与定位销之间存在间隙，所以作为定位基准的内孔中心会产生变动，间隙越大，变动的幅度就越大，如果消除间隙，则这种变动消失。在内孔-定位销定位和外圆-定位套定位时，常常会考虑间隙的情况，其他定位方式则通常不考虑间隙的情况。

（2）工件的制造误差。如图3-37所示，工件在V形块上定位，当工件的直径变化时，工件的定位基准轴心在竖直方向上的位置也会发生变化。由于工件的制造误差不可避免，所以其造成的基准位置误差也广泛存于各种定位方案中。

（3）定位元件的制造误差。当用调整法加工一批工件时，一般来说是不会更换定位元件的，所以即使定位元件有误差，对每个工件的影响是相同的。但是，定位元件的选择只能按照标准进行，即可以知道定位元件的加工精度，却并不知道所选中的定位元件的精确尺寸是多少，所以当计算定位误差时，需要将定位元件的制造误差作为一个因素加以考虑。如图3-38所示，将定位套用于定位外圆，外圆母线与定位套内壁接触，当定位套大小变化时，外圆的定位基准轴心会发生变化，也就产生了基准位置误差。定位元件制造误差对基准位置误差的影响是否考虑，通常根据加工要求和元件的精度来综合判断。

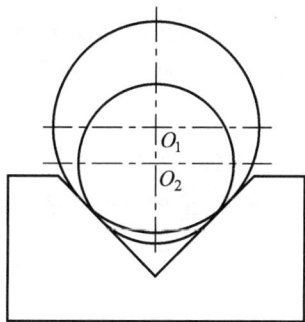

图3-37　工件尺寸对定位基准的影响　　　　图3-38　定位套尺寸对定位基准的影响

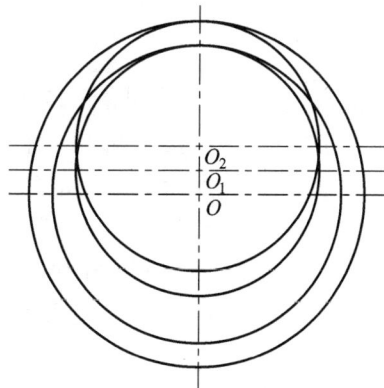

**2. 基准不重合误差**

当定位基准的位置准确时，也有可能产生定位误差。仍以图3-36(b)为例，当定位销中心与内孔中心重合时，基准位置误差为0，但是由于外圆误差的存在，最终导致工序基准

$A$ 的位置不确定。究其原因，是由于定位基准为孔中心 $O$，而工序基准为 $A$，两者不重合导致的。这种由于定位基准和工序基准不重合导致的工序基准在加工方向上的最大变动量，就是基准不重合误差。基准不重合误差并非定位方案本身特征造成，因此可以通过技术手段消除。例如图 3-39 所示零件，底面 3 与侧面 4 已加工好，仅需加工平面 1、2，均用底面及侧面定位。在工序一加工平面 2 时，由于定位基准与工序基准重合，均为底面 3，其工序尺寸 $H\pm\Delta H$ 不受任何其他尺寸影响，故定位误差 $\varepsilon_A = 0$。在工序二加工平面 1 时，定位基准仍为底面 3，工序基准变为平面 2，而平面 2 在工序一加工时留下了 $\pm\Delta H$ 的误差，因此工序尺寸 $A\pm\Delta A$ 的工序基准平面 2 就存在变动空间，也就产生了定位误差 $\varepsilon_B$，$\varepsilon_B$ 为基准不重合误差。

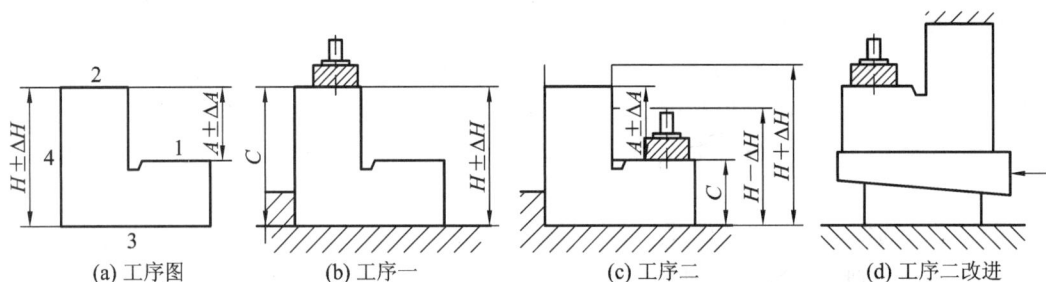

图 3-39 基准不重合误差的出现

所以，从提高定位精度出发，应尽量使定位基准与加工表面的工序基准重合。图 3-39(d)为改进工序二的定位方法，使定位基准与工序基准重合，定位精度就提高了。但也应看到，工序二的改进方案使得夹具结构更复杂，工件安装不便，降低了工件加工时的稳定性、可靠性，有可能产生更大的误差。所以应综合考虑，生产中有时候对于基准不重合的定位方案也是允许选用的。

**3. 定位误差的计算方法**

通过上述分析，定位误差的计算方法可以分为直接计算法和合成计算法。

1) 直接计算法

直接计算法就是根据定位误差的定义直接计算工序尺寸的定位误差，即计算出工序基准在加工方向上的最大变动量。因此，直接计算法可以分解为以下四个步骤：

（1）确定加工方向。工序尺寸的走向即为加工方向。

（2）确定工序基准。工序尺寸的一端为待加工表面，另一端即为工序基准。

（3）找出极限位置。工序基准在加工方向上的两个极限位置是通过改变各种相关变量来确定的。相关变量包括工件的制造误差、定位元件的制造误差、定位元件与工件间的间隙等。

（4）计算直线距离。定位误差的大小等于两个极限位置在加工方向上的直线距离。该距离可以通过几何参数计算。

2) 合成计算法

合成计算法是根据定位误差的组成分别计算基准位置误差和基准不重合误差并求二者的代数和。合成计算法可以分解为以下三个步骤：

（1）计算基准位置误差。定位基准在加工方向上极限位置的直线距离即为基准位置误差。每种定位方案的基准位置误差不变，可以直接套用公式。

（2）计算基准不重合误差。计算时，需将影响定位基准位置的因素排除，只考虑工序基准相对于定位基准的变化。

（3）计算二者的代数和。由公式 $\delta_{定位}=\delta_{位置}\pm\delta_{不重}$ 得到定位误差。公式中，当影响定位误差的相关变量变动趋势一致时，如果 $\delta_{位置}$ 和 $\delta_{不重}$ 的变动方向相同取"＋"，变动方向相反取"－"。

## 三、典型表面定位误差的计算

### 1. 平面定位时的定位误差

平面作定位基准时，基准位置误差主要由平面度来决定。如果以未加工过的毛坯件的平面作定位基准，由于每个工件表面的凹凸情况不一致，会出现如图 3-40 所示的平面高度不同的状况，则此时以该平面为定位基准的基准位置误差 $\delta_{位置}$ 为 $\Delta H$。相反，若该平面为已加工过的表面，则可认为该平面平面度较高，每个工件的高度变化较小，所以以该平面为定位基准的基准位置误差 $\delta_{位置}$ 为 0。

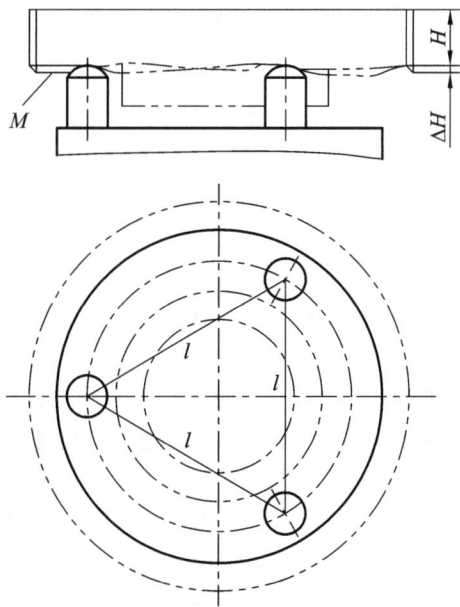

图 3-40　平面定位时的定位误差

平面作定位基准时，基准不重合误差需要根据工序基准的位置来确定。为减小定位误差，当定位平面确定后，工序基准尽量选择该平面就可以避免产生基准不重合误差。

### 2. 内孔定位时的定位误差

内孔定位时，若定位基准为孔壁接触母线，由于不存在间隙，基准位置误差为 0。所以这里主要讨论定位基准为内孔中心的情况，涉及的定位元件包括定位销、刚性心轴和小锥度心轴等。而根据定位元件与内孔的配合情况，又可以将定位方式分为间隙配合和无间隙配合，前者以定位销和刚性心轴为主，后者则通过小锥度心轴实现。

1) 定位孔与定位销(刚性心轴)间隙配合

如图 3-41(a)所示，工件内孔尺寸为 $D_{\ 0}^{+T_D}$，所用定位销的尺寸为 $d_{1\ -T_{d_1}}^{\quad 0}$，工件外径尺寸为 $d_{\ -T_d}^{\ 0}$，由于是间隙配合，所以 $D-d_1 \geqslant 0$ 成立，现分别计算工序尺寸 $H_1$、$H_2$、$H_3$ 的定位误差。

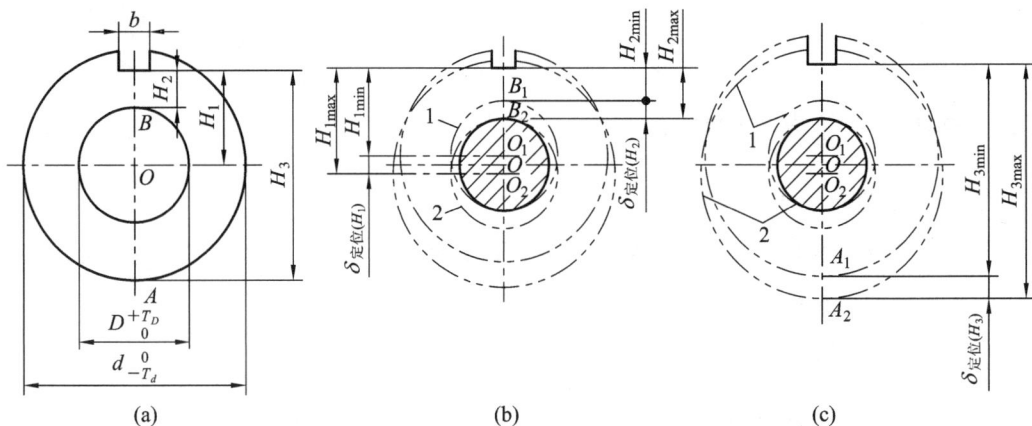

图 3-41 内孔定位间隙配合时的工序图及定位误差分析

该工件的定位基准为孔中心，对于工序尺寸 $H_1$ 来说，定位基准和工序基准重合，所以不存在基准不重合误差，换句话说，$H_1$ 的定位误差即为定位孔与定位销(刚性心轴)间隙配合时的基准位置误差。如图 3-41(b)所示，利用直接计算法计算定位误差，步骤如下：

(1) 加工方向为竖直方向。

(2) $H_1$ 的工序基准为 $O$ 点，所以 $H_1$ 的定位误差等于 $O$ 点在竖直方向上的最大变动量。

(3) 画出 $O$ 点的上下两个极限位置。当 $O$ 点处于最上极限位置 $O_1$ 时，孔的位置在图 3-41(b)中 1 处，必然是孔的下母线与定位销的下母线接触，且内孔必然为最大尺寸 $D+T_D$，定位销必然为最小尺寸 $d_1-T_{d_1}$；当 $O$ 点处于最下极限位置 $O_2$ 时，孔的位置在图 3-41(b)中的 2 处，必然是孔的上母线与定位销的上母线接触，且内孔必然为最大尺寸 $D+T_D$，定位销必然为最小尺寸 $d_1-T_{d_1}$。外圆大小不影响极限位置，因此不予考虑。

(4) 计算 $O_1$ 和 $O_2$ 在竖直方向上的直线距离即为 $H_1$ 的定位误差。通过几何关系可知

$$\delta_{H_1}=O_1O_2=T_D+T_{d_1}+(D-d_1)=\delta_{位置}$$

上式中，$T_D$ 为工件内孔的公差；$T_{d_1}$ 为定位销的公差，$D-d_1$ 为内孔和定位销之间的间隙，所以该结果证明了基准位置误差的影响因素包括工件的制造误差、定位元件的误差以及定位元件与工件间的间隙。

利用同样的方法计算 $H_2$ 和 $H_3$ 的定位误差，分别如图 3-41(b)、(c)所示，可得

$$\delta_{H_2}=O_1O_2=T_D+T_{d_1}+(D-d_1)$$

$$\delta_{H_3}=O_1O_2=T_D+T_{d_1}+(D-d_1)+\frac{T_d}{2}$$

由于 $H_2$ 和 $H_3$ 的工序基准与定位基准不重合，因此应该存在基准不重合误差。但计算发现 $H_2$ 的定位误差与基准位置误差相同，证明 $H_2$ 的定位基准和工序基准虽然不重合，

基准不重合误差却为 0；而 $H_3$ 相对于基准位置误差多出一项 $\dfrac{T_d}{2}$，说明 $H_3$ 的基准不重合误差 $\delta_{不重}=\dfrac{T_d}{2}$，由外圆的公差引起。

2）定位孔与定位销（刚性心轴）过盈配合

定位孔与定位销过盈配合时，由于间隙消失，孔中心必然与定位销中心重合，所以基准位置误差 $\delta_{位置}=0$，计算出的定位误差必然是基准不重合误差。采用小锥度心轴和自动定心装置定位都是无间隙定位，故定位误差的分析计算可视为过盈配合。

需要注意的是，公差配合中过渡配合的概念在此处并不存在，定位孔和定位销的公差带如果有重叠，需将重叠部分消除后作为间隙配合来计算定位误差。

**3. 外圆定位时的定位误差**

外圆定位时，若定位基准为外圆面上的接触母线，可使用支承板定位，由于不存在间隙，基准位置误差为 0，定位误差都来源于基准不重合误差。而当定位基准为外圆中心时，涉及的定位元件包括定位套和 V 形块。

1）外圆定位套定位

外圆定位套定位与之前的内孔定位销定位类似，只不过定位元件变成了定位套，而工件变成了里面的圆柱。外圆定位套定位也分为两种形式，当定位套与外圆为过盈配合时，外圆中心与定位套中心重合，则基准位置误差为 0。当定位套与外圆为间隙配合时，如图 3-42 所示，定位套的尺寸为 $D_0^{T_D}$，工件外圆尺寸为 $d_1{}_{-T_{d_1}}^{\ 0}$，$D-d_1\geqslant0$ 成立。当工件的定位基准 $O$ 点处于最上极限位置 $O_1$ 时，必然是定位套的上母线与工件的上母线接触，且定位套尺寸必然为最大值 $D+T_D$，工件外圆尺寸必然为最小值 $d_1-T_{d_1}$；当 $O$ 点处于最下极限位置 $O_2$ 时，必然是定位套的下母线与工件的下母线接触，且定位套尺寸必然为最大值 $D+T_D$，工件外圆尺寸必然为最小值 $d_1-T_{d_1}$。所以通过几何关系计算可知定位套与工件间隙配合时基准位置误差为

$$\delta_{位置}=O_1O_2=T_D+T_{d_1}+(D-d_1)$$

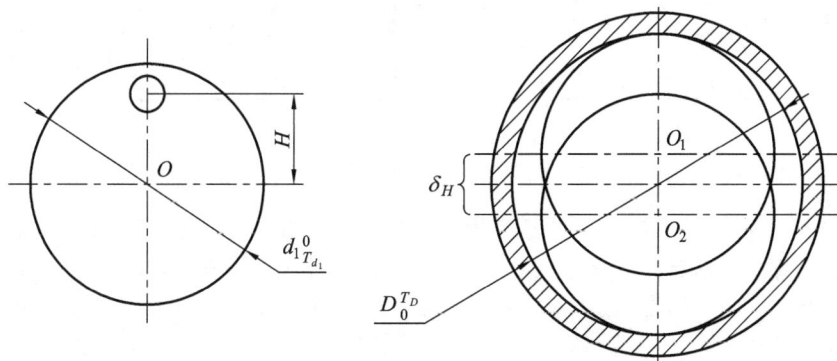

图 3-42 定位套定位间隙配合时的工序图及定位误差分析

该结论与内孔定位销定位结论相似，区别在于这里的 $T_D$ 为定位套的公差；$T_{d_1}$ 为工件外圆的公差，$D-d_1$ 为定位套和工件外圆之间的间隙。

2）外圆 V 形块定位

使用 V 形块对外圆进行定位时，如果 V 形块制造误差忽略不计，则 V 形块具有对中作用，使工件上的外圆中心线对中在 V 形块两支承面的对称面上，如图 3 - 43(b)所示，因此其水平方向的基准位置误差为 0。而对于竖直方向来说，即使 V 形块制造误差忽略不计且 V 形块两个支承面与工件表面紧紧贴合，由于工件外圆存在制造误差，会使得作为定位基准的外圆中心在竖直方向上发生变化，从而造成定位误差。

如图 3 - 43 所示为在一轴类零件上铣键槽，采用 V 形块定位，要求键槽与外圆中心线对称并保证工序尺寸为 $H_1$、$H_2$ 或 $H_3$，现分析计算各工序尺寸的定位误差。

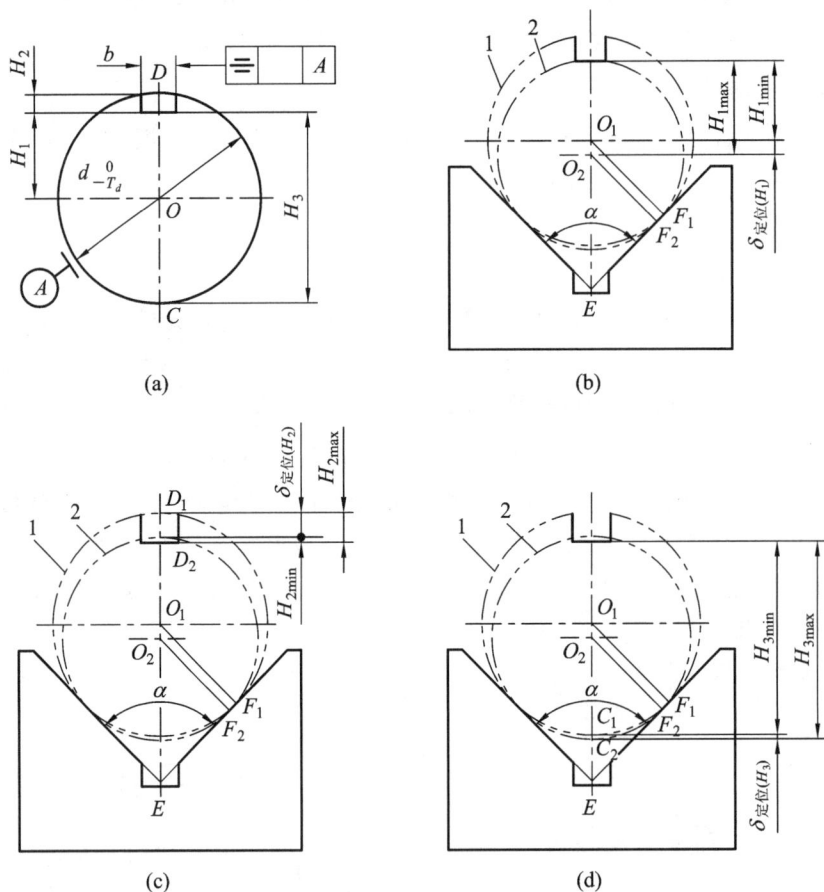

图 3 - 43　V 形块定位时的工序图及定位误差分析

使用 V 形块定位时工件的定位基准为外圆中心，因此对于工序尺寸 $H_1$ 来说，定位基准和工序基准重合，不存在基准不重合误差，换句话说，$H_1$ 的定位误差即为外圆 V 形块定位的基准位置误差。如图 3 - 43(b)所示，利用直接计算法计算定位误差，步骤如下：

（1）加工方向为竖直方向。

（2）$H_1$ 的工序基准为 $O$ 点，所以 $H_1$ 的定位误差等于 $O$ 点在竖直方向上的最大变动量。

（3）画出 $O$ 点的上下两个极限位置。当 $O$ 点处于最上极限位置 $O_1$ 时，外圆的位置在

图 3-43(b)中的 1 处，必然是外圆为最大尺寸 $d$；当 $O$ 点处于最下极限位置 $O_2$ 时，外圆的位置在图 3-43(b)中的 2 处，必然是外圆为最小尺寸 $d-T_d$。

（4）计算 $O_1$ 和 $O_2$ 在竖直方向上的直线距离即为 $H_1$ 的定位误差。通过几何关系可知

$$\delta_{H_1}=O_1O_2=O_1E-O_2E=\frac{\dfrac{d}{2}}{\sin\dfrac{\alpha}{2}}-\frac{\dfrac{d-T_d}{2}}{\sin\dfrac{\alpha}{2}}=\frac{T_d}{2\sin\dfrac{\alpha}{2}}=\delta_{位置}$$

利用同样的方法计算 $H_2$ 和 $H_3$ 的定位误差，分别如图 3-43(c)、图 3-43(d)所示，可得：

$$\delta_{H_2}=D_1D_2=O_1E+\frac{d}{2}-\left(O_2E+\frac{d-T_d}{2}\right)=\frac{\dfrac{d}{2}}{\sin\dfrac{\alpha}{2}}+\frac{d}{2}-\left(\frac{\dfrac{d-T_d}{2}}{\sin\dfrac{\alpha}{2}}+\frac{d-T_d}{2}\right)=\frac{T_d}{2\sin\dfrac{\alpha}{2}}+\frac{T_d}{2}$$

$$\delta_{H_3}=C_1C_2=O_1E-\frac{d}{2}-\left(O_2E-\frac{d-T_d}{2}\right)=\frac{\dfrac{d}{2}}{\sin\dfrac{\alpha}{2}}-\frac{d}{2}-\left(\frac{\dfrac{d-T_d}{2}}{\sin\dfrac{\alpha}{2}}-\frac{d-T_d}{2}\right)=\frac{T_d}{2\sin\dfrac{\alpha}{2}}-\frac{T_d}{2}$$

观察 $H_2$ 和 $H_3$ 的定位误差可知，$H_2$ 和 $H_3$ 的基准位置误差跟 $H_1$ 相同，基准不重合误差的大小也都是 $\dfrac{T_d}{2}$，但中间符号不同；三个工序尺寸中 $H_3$ 的定位误差最小，说明有时基准不重合反而可以减小定位误差；三个尺寸的定位误差大小都与外圆的公差和 V 形块的角度有关，其中外圆公差越小，定位误差越小，进一步说明减小工件制造误差可以减小定位误差，而 V 形块角度越大，定位误差越小，但稳定性变差，因此标准 V 形块的夹角大多设计成 90°或 120°。

**4. 锥面定位时的定位误差**

锥面定位由于工件定位表面与定位元件之间没有配合间隙，故锥面径向的基准位置误差为零。但若一批工件的圆锥面直径尺寸及锥角不同，则这批工件的定位将产生沿工件轴线方向的定位误差，如图 3-44 所示。

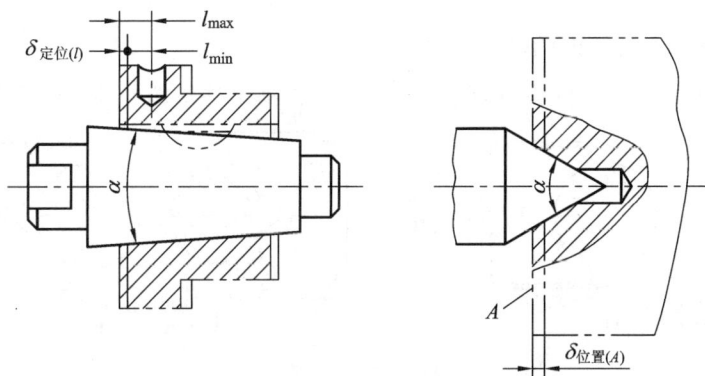

图 3-44 锥面定位时的定位误差

## 四、组合表面定位

工件以组合表面定位时,由于几个定位表面间的相互位置总是具有一定的误差,若将所有支承元件都做成固定的,工件将不能正确地定位,甚至无法定位。因而,在组合表面定位时,必须将其中的一个(或几个)支承做成浮动的,或虽是固定的,但能补偿其定位面间的误差。下面对常见的几种组合表面定位方法及所用元件加以说明。

### 1. 以轴心线平行的两孔定位

工件以两孔定位的方式,在生产中普遍用于各种板状、壳体、杠杆类零件,例如机床主轴箱、发动机缸体都用此法定位加工。如图 3-45(a)所示为用箱体的两孔及平面定位,若以两个圆柱销作定位元件,常会产生过定位现象,即当左销套上工件孔后,右销很难同时套上而产生定位干涉。通常将右边定位销换成如图 3-45(b)所示的削边销,就可在连心线方向上获得间隙补偿,使工件两孔与两销顺利安装,并且使定位较准确,即此时的削边销只限制工件的一个转动自由度,解决了由过定位产生的干涉问题。

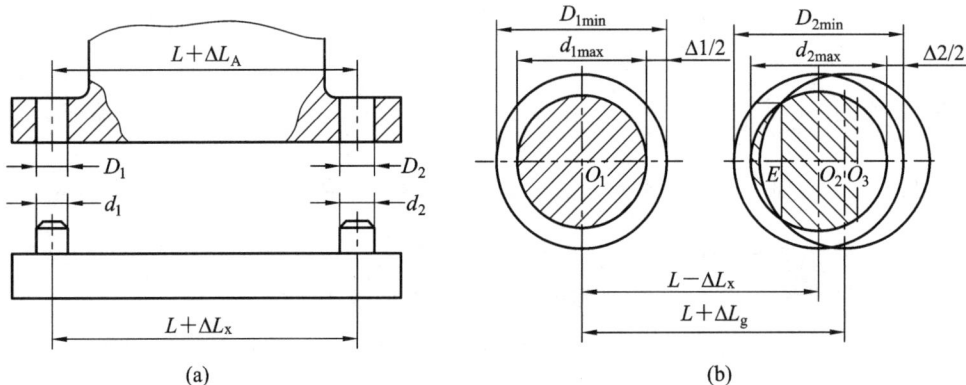

图 3-45 工件以两孔定位

削边销的宽度计算应考虑到图纸规定公差范围内的任一工件,还要分析可能出现定位干涉的极限情况,从而保证所有工件都能够装在夹具的两定位销上。可按几何关系对定位销削边后宽度的大小进行计算,但实际生产中,更多的是按工件孔的基本尺寸直接选定削边销宽度。

### 2. 以轴心线平行的两外圆表面定位

如图 3-46 所示,若工件在垂直平面定位后,再将工件左端外圆用圆孔或 V 形块定位,

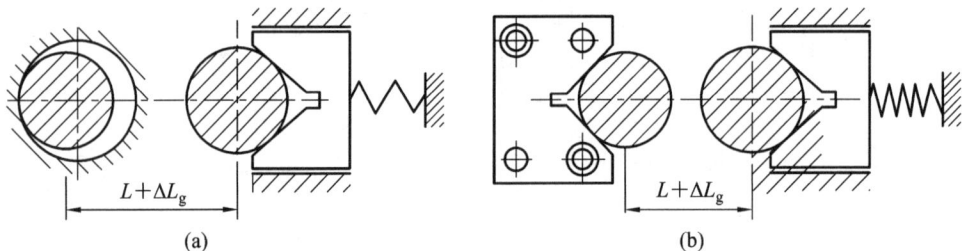

图 3-46 以两外圆表面定位

则工件右端外圆所用的 V 形块一定要做成浮动结构，这时右端 V 形块只起限制一个自由度的作用，否则就会过定位。

### 3. 以一个孔和一个平行于孔中心线的平面定位

如图 3 - 47(a)、(b)所示，两个零件均需以大孔及底面定位，加工两个小孔。可以有两种定位方案，视其加工尺寸要求而定。根据基准重合原则，图 3 - 47(a)中零件应选用图 3 - 47(c)的方案，即平面用支承板定位，孔用削边销定位，且削边方向应平行于定位平面，以补偿孔中心线与底面距离的尺寸误差；图 3 - 47(b)中零件则宜采用图3 - 47(d)的方案，即孔用圆销定位，而平面下方则加入楔形块使定位平面升降，以补偿工件孔与平面距离的尺寸误差。

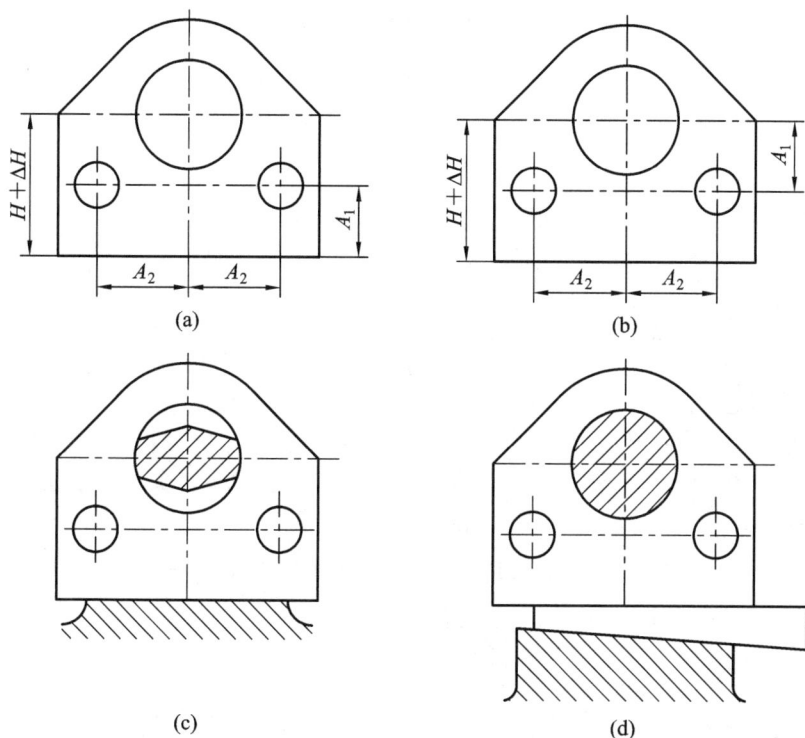

图 3 - 47　以一孔和一平面定位

## 五、减小定位误差的措施

通过前面的分析可知，影响定位误差的因素包括工件的制造精度、定位元件的结构、工件与定位元件的配合精度以及工序基准的选择等。其中，工件和定位元件的制造精度及配合精度影响基准位置误差，而工序基准和定位基准的选择影响基准不重合误差。因此，要减小定位误差，就要从这几个因素着手。

### 1. 消除重复定位

当定位面精度不高时，重复定位会造成定位不准确，因此需要消除重复定位。消除重复定位的方法有以下两种：

1) 改变定位元件结构

如图 3-48 所示，大平面和长销组合会重复限制 $\hat{y}$ 和 $\hat{z}$ 两个自由度，如果长销与平面垂直度不高，则会造成很大的误差。因此可以按图 3-49(a)所示将大平面改为小平面，或者按图 3-49(b)所示将长销改为短销，消除重复定位，提高定位精度，也可图 3-49(c)所示，在长销和大平面之间加入浮动支承，消除重复限制的自由度，而且还可提高稳定性。

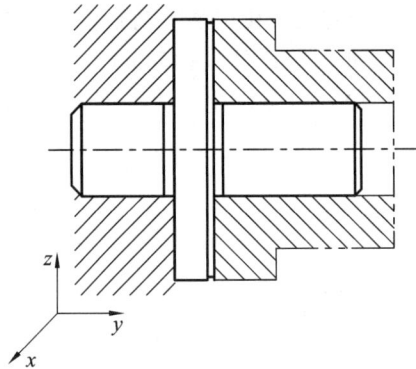

图 3-48 长销＋大平面定位

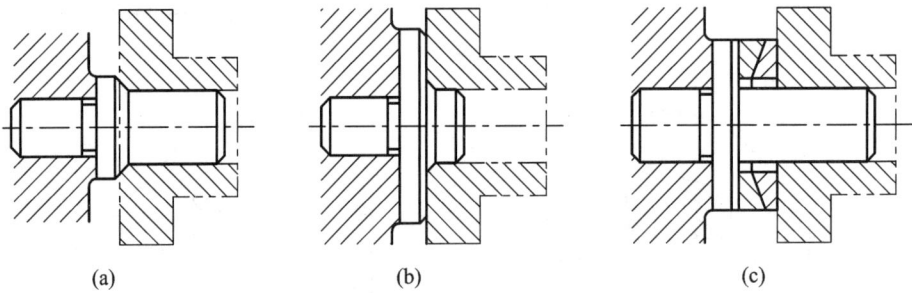

图 3-49 消除长销＋大平面定位中重复定位的几种方案

又如图 3-50 所示轴承座加工时的定位方案，两个圆柱销重复限制了 $\hat{x}$ 自由度，将短

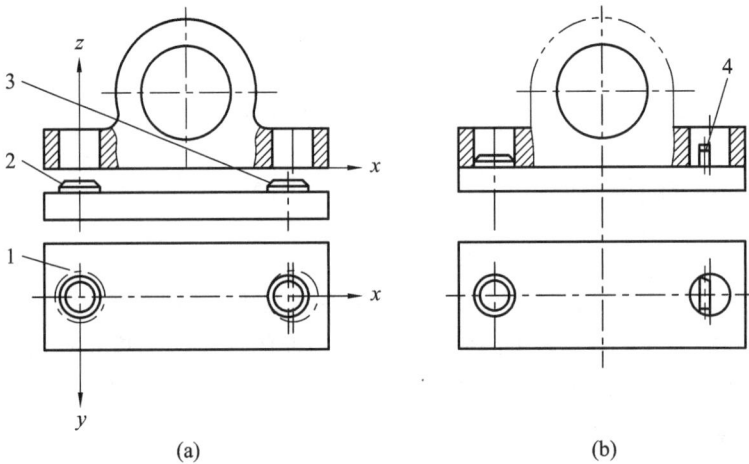

1—支承板；2、3—短圆柱销；4—削边销。

图 3-50 轴承座加工的定位方案

圆柱销 3 改为削边销 4，使右侧定位销失去限制 $\vec{x}$ 自由度的作用，从而保证所有工件都能套在两个定位销上。

2）撤销重复定位的元件

如图 3-51 所示轴承座上盖加工时的定位方案，V 形块 1 限制了 $\vec{z}$ 和 $\vec{x}$ 两个自由度，支承钉 2 和 3 限制了 $\vec{y}$ 和 $\vec{z}$ 两个自由度，所以 $\vec{z}$ 自由度被重复限制，若定位元件相对位置精度不高，则会出现图 3-51(a)的情况。这时，可将支承钉 2、3 撤销一个或将其中的一个改为只起支承作用不限制任何自由度的辅助支承，如图 3-51(b)所示。

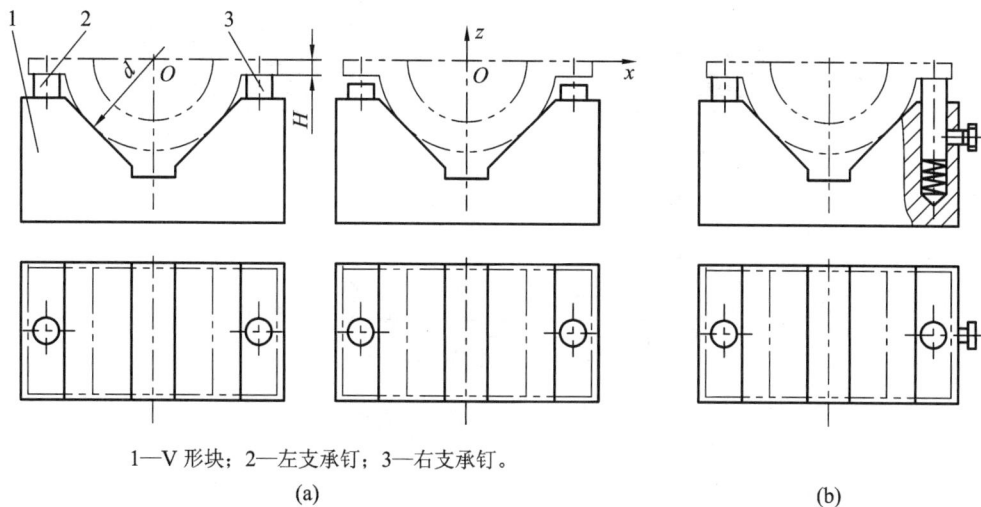

1—V 形块；2—左支承钉；3—右支承钉。

(a)　　　　　　　　　(b)

图 3-51　轴承座上盖的定位方案分析

**2. 选择定位误差小的定位元件**

当一个工件可以用多种定位方式定位时，选择间隙小、尺寸波动影响小的定位元件可以减小定位误差。例如内孔定位时，尽量选择与定位孔尺寸相似的定位销或者小锥度心轴可以减小间隙，从而减小基准位置误差。有时还可以通过选择一些可调支承来减小定位误差，如图 3-49(c)所示，可以通过在大平面和长销之间加浮动支承来减小定位误差。再比如锥面定位时，虽然锥面可以消除间隙提高定位误差，但是轴向误差会增大。为此可将固定的圆锥心轴（顶尖）或套筒改为活动的，并与一固定平面支承组合定位（见图 3-52），从而提高工件的轴向定位精度。

**3. 合理布置定位元件的位置**

有些情况下，虽然定位方案无法改变，但是通过改变定位元件的位置，也能达到减小定位误差的效果。如图 3-40 所示，对以平面组合定位的工件，若定位基准面是未经加工的毛坯表面，为提高一批工件的定位精度，应尽量将与第一定位基准接触的三个支承钉或与第二定位基准接触的两个支承钉之间的距离拉开（如增大图 3-40 中的尺寸 $l$）。这样不仅可增加工件定位时的稳定性，还可减小定位基准的位置误差。同理，对一面、两孔组合定位，平面、外圆与内孔组合定位，以及外圆与外圆组合定位等，也可通过尽可能增大有关定位元件之间的距离来减小工件定位基准的位置误差，如图 3-53 所示的两个定位销中心距和图 3-54 所示的两个短 V 形块之间的距离 $L$ 等。

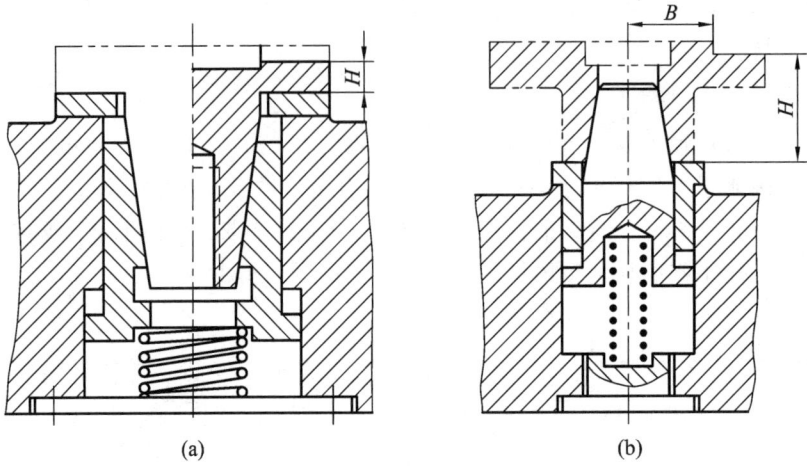

(a)                                    (b)

图 3-52　平面与活动锥面组合定位

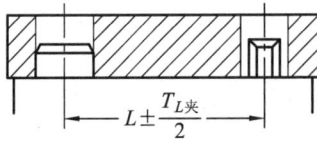

图 3-53　两定位销组合定位

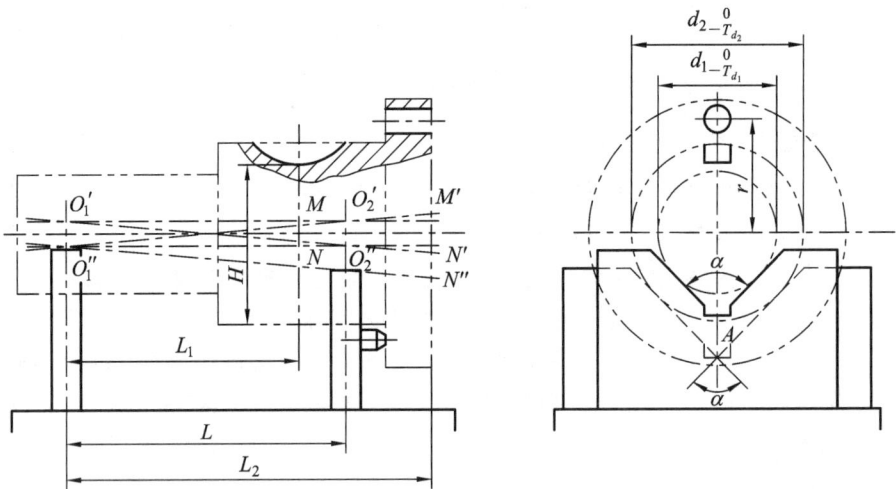

图 3-54　两 V 形块组合定位

### 4. 正确选取工件上的第一、第二和第三定位基准

　　通过各种类型的表面组合定位的分析可知，第一定位基准的位置误差最小，第二和第三定位基准的位置误差则较大。为此，设计夹具选取定位基准时，应以直接与工件加工精度有关的基准为第一定位基准。如图 3-55 所示，在法兰套上钻一小孔，若要求孔与法兰套端面平行，则应选此端面 $B$ 为第一定位基准；若要求孔与法兰套内孔垂直，则应选内孔中心线 $A$ 为第一定位基准。

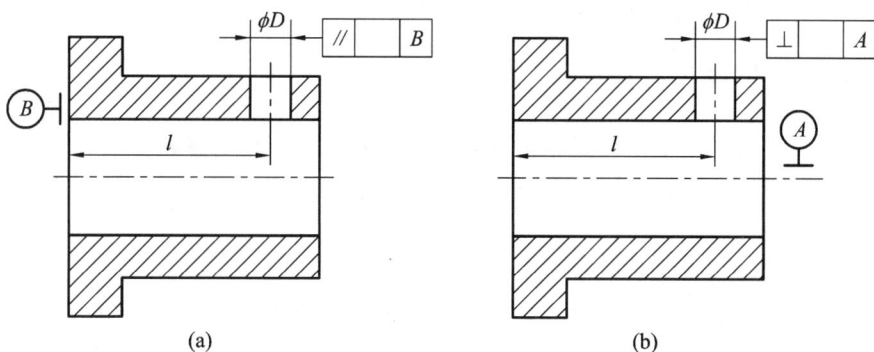

图 3-55 法兰套加工时第一定位基准的选择

#### 5. 消除或减少基准不重合误差

在设计夹具时，为了消除或减少基准不重合误差，应尽可能选择该工序的工序基准为定位基准。如图 3-56(a)所示的工件，为保证钻孔的工序尺寸 $H$，在定位时消除基准不重合误差，可采用如图 3-56(b)所示的定位方案。

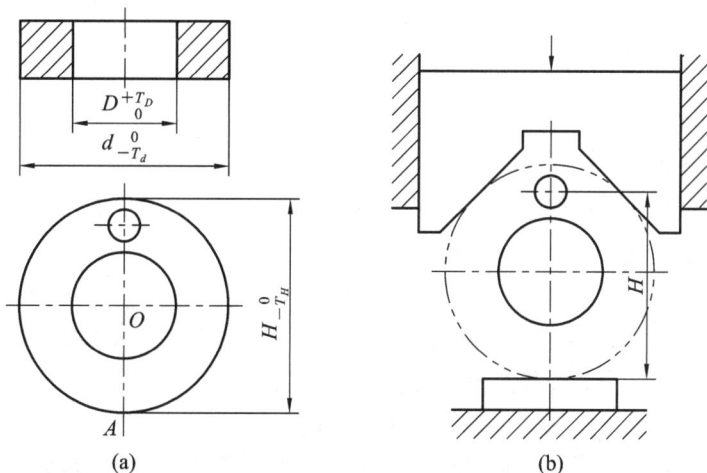

图 3-56 消除基准不重合误差的方法

## 第五节 工件的夹紧

工件定位后，在随后的加工过程中还要受切削力、惯性力及工件自重等影响，使工件产生位移或振动，破坏已有的正确定位，所以必须用夹紧机构将工件固定在定位元件上。工件定位后，对工件施加作用力使工件在加工过程中保持正确的加工位置，叫作夹紧。根据定位和夹紧的定义，夹紧是在定位完成后进行的，所以应该先定位后夹紧，实际生产中也是按照这个步骤进行，有些需要定心对中的零件，则需要定位和夹紧同时进行。

需要强调的是，定位的作用是使工件处在正确位置，而使工件在外力作用下保持在定位的位置不能运动，是夹紧的任务，但此时并不意味着工件的所有自由度都被限制。所以，定位和夹紧是两个概念，绝不能混淆。

## 一、夹紧机构的组成及设计要求

工件在机床上或夹具中定位后还需进行夹紧。采用直接装夹或找正装夹，工件由机床上的附件（如各种夹紧卡盘、虎钳等）或螺钉压板等进行夹紧，而采用夹具装夹，则需通过夹具中相应的夹紧机构夹紧工件。

夹具中的夹紧装置一般由以下三个部分组成：

（1）动力源。动力源即产生原始作用力的部分。如用人的体力对工件进行夹紧，称为手动夹紧；若采用气动、液动、电动以及机床的运动等动力装置来代替人力进行夹紧，则称为机动夹紧。

（2）夹紧元件。夹紧元件是直接与工件接触，接受并施加作用力，使该作用力变为夹紧力的部分。

（3）中间递力机构。中间递力机构把来自人力或动力装置的力传递给夹紧元件，再由夹紧元件直接与工件受压面接触，最终完成夹紧任务。

根据动力源的不同和工件夹紧的实际需要，一般中间递力机构在传递夹紧力的过程中可起到如下作用：

（1）改变夹紧力的方向；

（2）改变夹紧力的大小；

（3）具有一定的自锁性能，以保证夹紧的可靠性（这一点对手动夹紧尤为重要）；

（4）提供必要的夹紧行程。

## 二、夹具的设计要求

夹紧机构的设计和选用是否正确合理，对于保证加工精度、提高生产效率、减轻工人劳动强度有很大影响。为此，对夹紧装置提出如下基本要求：

（1）夹紧力应有助于定位，而不应破坏定位；

（2）夹紧力的大小应能保证加工过程中工件不发生位置变动和振动，并能在一定范围内调节；

（3）工件在夹紧后的变形和受压表面的损伤不应超出允许的范围；

（4）应有足够的夹紧行程；

（5）手动夹紧要有自锁性能；

（6）结构简单紧凑、动作灵活，制造、操作、维护方便，省力、安全并有足够的强度和刚度。

## 三、夹紧力的确定原则

要确定夹紧力，就需要确定夹紧力的三要素：方向、作用点、大小。

### 1. 夹紧力的方向

（1）夹紧力的方向应垂直于主要定位基准面。一般来说，工件的主要定位基准面的面积较大、精度较高，限制的自由度多，夹紧力垂直作用于此面上，有利于保证工件的准确定位。

如图 3-57(a)所示，在角形支座工件上镗一个与 $A$ 面有垂直度要求的孔，根据基准重合的原则，应选择 $A$ 面为主要定位基准，因而夹紧力应垂直于 $A$ 面而不是 $B$ 面。只有这样，不论 $A$、$B$ 面之间的垂直度误差有多大，$A$ 面始终靠紧支承面，故易于保证垂直度要求。若要求所镗之孔平行于 $B$ 面，则夹紧力的方向应垂直于 $B$ 面[见图 3-57(b)]。

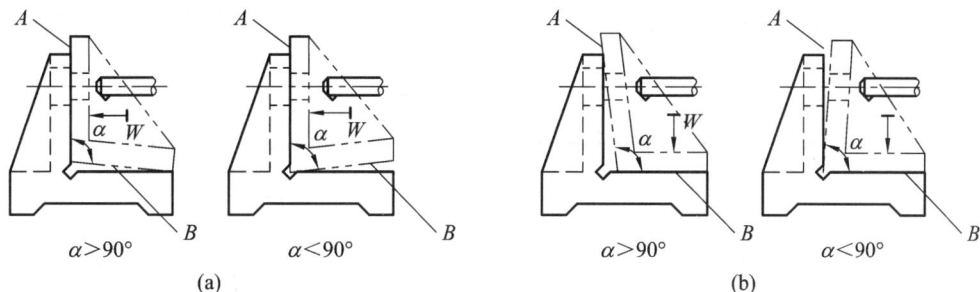

图 3-57 夹紧力应垂直于主要定位面

（2）夹紧力的方向应有利于减小夹紧力。减小夹紧力可减轻工人劳动强度，提高劳动效率，同时使机构轻便、紧凑，工件变形小。因此，夹紧力 $W$ 的方向最好与切削力 $F$、工件重力 $G$ 的方向重合，这时所需夹紧力最小。

如图 3-58 所示为钻床上钻孔的情况，图 3-58(a)情形较为理想；图 3-58(e)情形下，$F$、$G$ 都与 $W$ 反向（此情形可在钻削工件定位面上的孔时遇到），此时所需夹紧力 $W$ 比图 3-58(a)情形大得多；图 3-58(d)情形下，$F$、$G$ 都与 $W$ 方向垂直，为避免工件加工移位，应使夹紧后产生的摩擦力大于 $F+G$，故这时所需夹紧力最大。

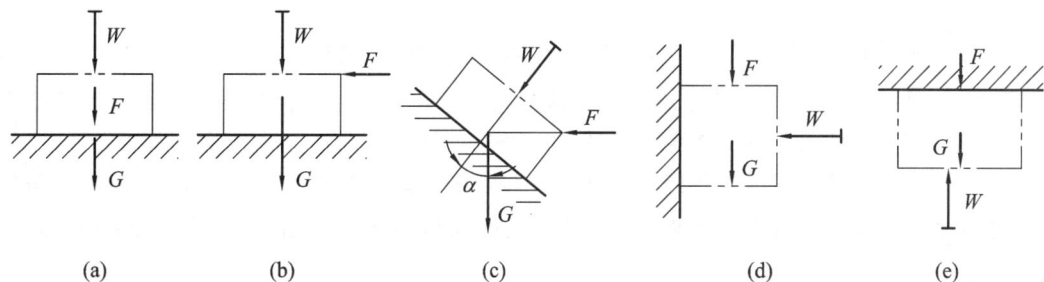

图 3-58 工件装夹时夹紧力的方向及大小分析

从以上分析可知：夹紧力大小直接与夹紧方向有关，在考虑夹紧方向时，只要满足夹紧要求，夹紧力越小越好。

**2. 夹紧力的作用点**

夹紧力的作用点是指夹紧元件与工件相接触的一小块面积。选择夹紧力作用点的位置和数目时，应考虑工件定位稳定可靠，防止夹紧变形，确保工序的加工精度。

（1）夹紧力的作用点应能保持工件定位稳定，不致引起工件产生位移或偏转。如图 3-59(a)所示，夹紧力虽垂直于主要定位基准面，但作用点却在支承范围以外，夹紧力与支反力构成力矩。工件将产生偏转使定位基准与支承元件脱离，从而破坏原有定位。为此，应将夹紧力作用在如图 3-59(b)所示的稳定区域内。图 3-60 是一些比较典型的夹紧力作用点设置不合理导致定位被破坏的情况。

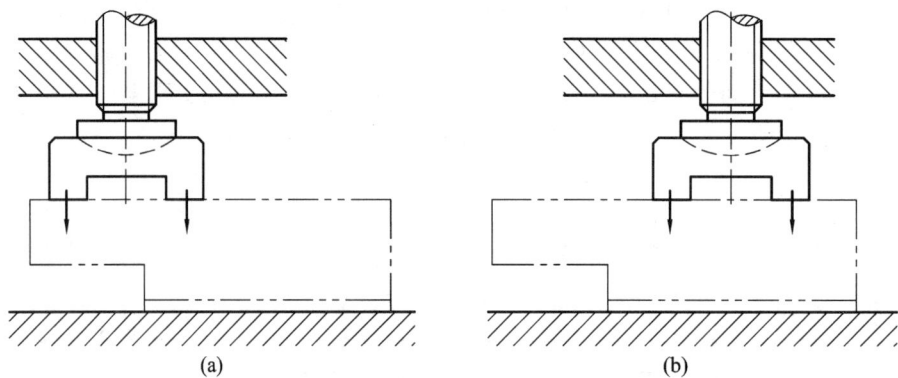

图 3-59 夹紧力作用点对稳定性的影响

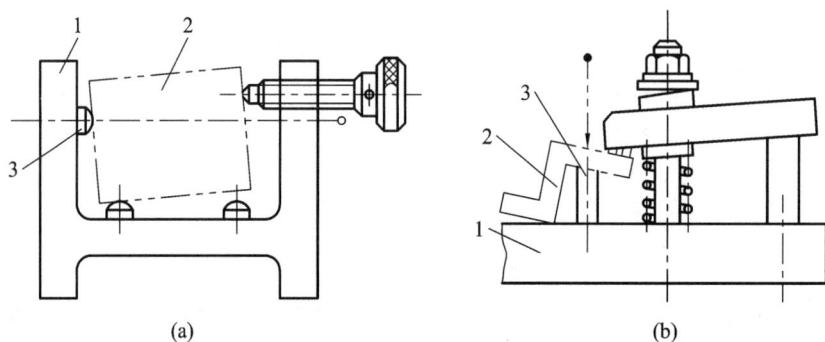

1—底板；2—工件；3—支承钉。

图 3-60 夹紧力作用点选择不合理导致的定位破坏

（2）夹紧力的作用点应使被夹紧工件的夹紧变形尽可能小。设计夹具时，为尽量减小工件的夹紧变形，可采用增大工件受力面积和合理布置夹紧点位置等措施。如图 3-61(a)所示，当三爪卡盘装夹薄壁工件时，工件会出现变形，可采用如图 3-61(b)所示的特制螺母从轴向进行夹紧，亦可以采用如图 3-62(a)所示的具有较大弧面的卡爪进行夹紧，防止

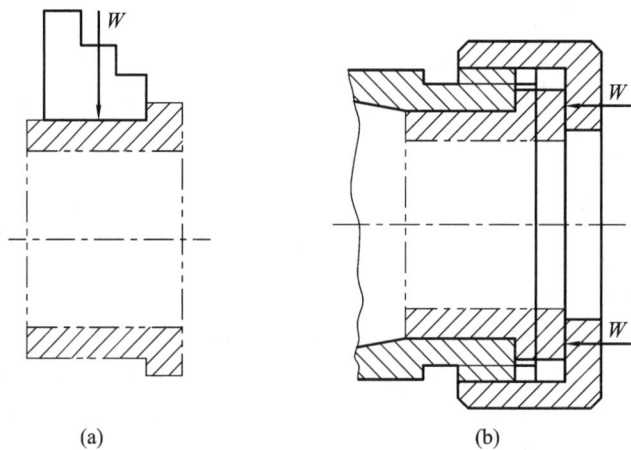

图 3-61 薄壁工件装夹时夹紧力的作用点

薄壁套筒的受力变形；如图 3-62(b)所示为将作用点由中间的单点改成两旁的两点进行夹紧，变形情况大大改善，夹紧也较可靠；如图 3-62(c)所示为用球面支承代替固定支承夹压工件，以减小夹紧变形。

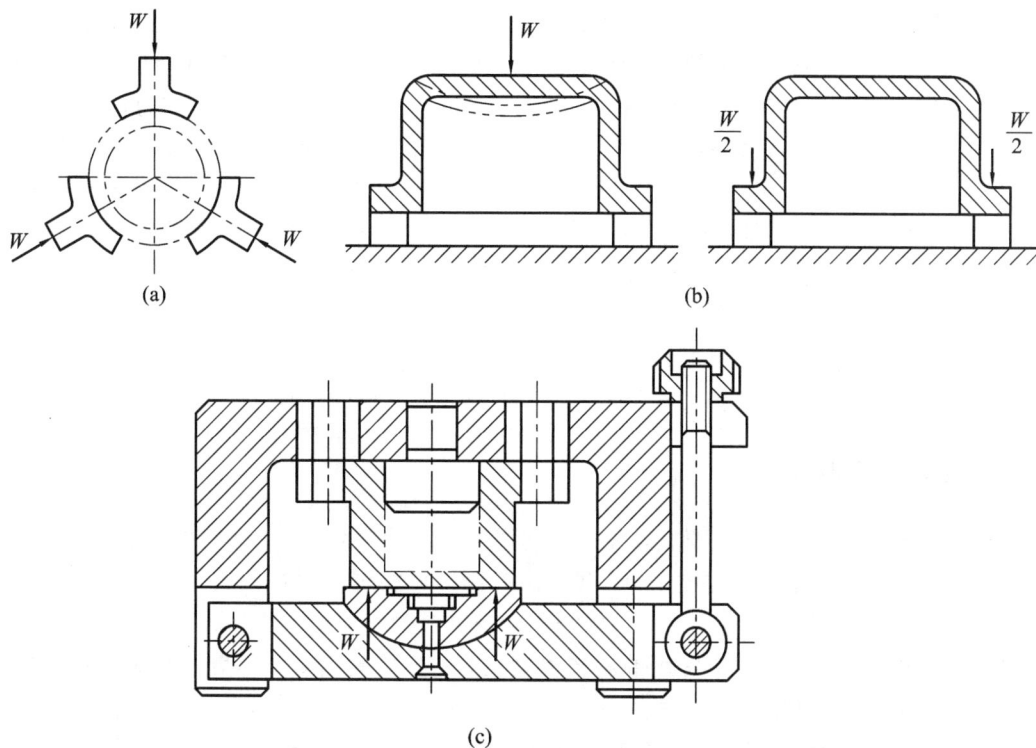

图 3-62　减小夹紧变形的各种方法

（3）夹紧力的作用点应尽量靠近切削部位，以提高夹紧的可靠性，若切削部位刚性不足，可采用辅助支承。如图 3-63(a)所示为滚齿时齿坯的装夹简图，若压板 1 及垫板 2 的直径过小，则夹紧力离切削部位较远，从而降低工件夹紧的可靠性，滚切时易产生振动。如图 3-63(b)所示，为提高工件夹紧的可靠性和工件加工部位的刚度，可在靠近工件加工部

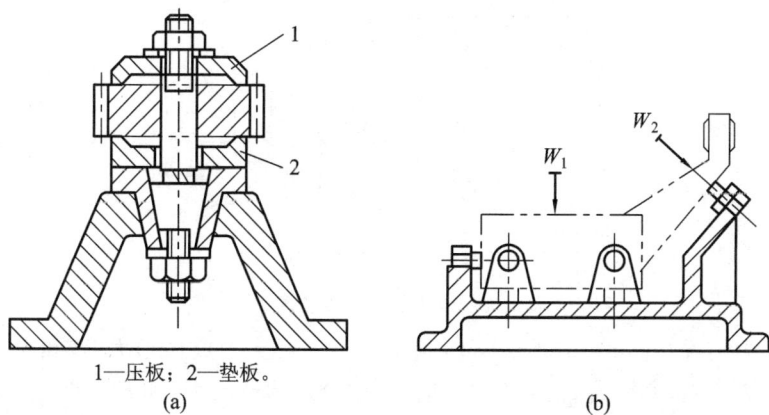

1—压板；2—垫板。

图 3-63　夹紧力靠近切削部位

位另加一个辅助支承和相应的夹紧点。

### 3. 夹紧力大小的估算

为保证工件定位的稳定及选择合适的夹紧机构，就必须知道适当的夹紧力的大小，过大过小的夹紧力都会造成不良后果。手动夹紧时，夹紧力可由人力控制，一般不需算出确切数值，必要时才对螺钉压板的尺寸作强度和刚度校核。设计机动(如气动、液压、电力等)夹紧装置时，则应计算夹紧力大小，以便决定动力部件的尺寸(如气缸、活塞的直径等)。

计算夹紧力时，通常将夹具和工件看作一个刚性系统，以简化计算，根据工件在切削力、夹紧力(大工件还应考虑重力、运动速度较大的工件还应考虑惯性力)作用下处于外力平衡，列出平衡方程式，即可算出理论夹紧力 $W$，再乘以安全系数 $K$，作为所需的实际夹紧力 $W_0$，$K$ 值在粗加工时取 2.5～3，精加工时取 1.5～2，即

$$W_0 = KW$$

夹紧力三要素的确定是一个综合性问题，必须全面考虑工件的结构特点、工艺方法、定位元件的结构和布置等多种因素，才能最后确定并具体设计出较为理想的夹紧机构。

## 四、几种典型夹紧机构

夹紧机构的种类很多，主要区别在于中间递力机构的传力方式。如斜楔、螺旋、偏心等机构都是利用摩擦的原理进行传力和自锁，而铰链等机构则是通过机械结构传递力。对于一个夹具来说，往往不只存在一种夹紧机构，多种夹紧机构的结合才能更好地夹紧工件。这里我们主要介绍实际生产中常用的斜楔夹紧机构、螺旋夹紧机构、偏心夹紧机构、铰链夹紧机构、定心对中夹紧机构和联动夹紧机构。

### 1. 斜楔夹紧机构

斜楔夹紧机构是夹紧机构中最基本的形式之一，螺旋夹紧机构、偏心夹紧机构等均是斜楔夹紧机构的变型。

如图 3-64 所示为斜楔夹紧的钻夹具，其中斜楔体为夹紧元件。以外力 $Q$ 将斜角为 $\alpha$ 的斜楔推入工件和夹具体后，斜楔体会对工件产生正压力 $W$，该正压力即为夹紧力。由于夹紧后斜楔体静止，因此斜楔体处于力的平衡状态。

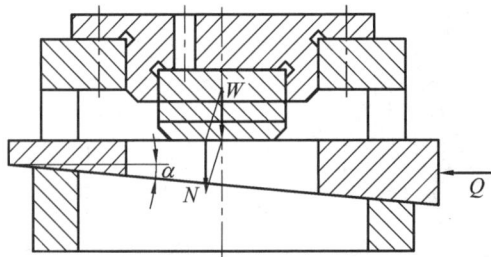

图 3-64　斜楔钻夹具

斜楔体受力情况如图 3-65 所示，斜楔受到工件对它的反作用力 $W$ 和摩擦力 $F_{\mu 2}$，夹具体的反作用力 $N$ 和摩擦力 $F_{\mu 1}$，设 $N$ 和 $F_{\mu 1}$ 的合力为 $N'$，$W$ 和 $F_{\mu 2}$ 的合力为 $W'$，则 $N$ 和 $N'$ 的夹角为夹具体与斜楔之间的摩擦角 $\varphi_1$，$W$ 与 $W'$ 的夹角即为工件与斜楔之间的摩擦角 $\varphi_2$。

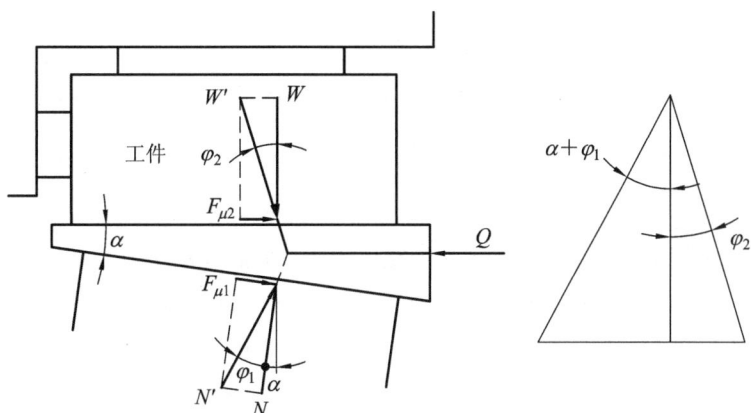

图 3-65　斜楔受力示意图

根据 $W'$、$N'$ 和 $Q$ 的关系，可以列出静力学方程组

$$\begin{cases} Q - N'\sin(\alpha + \varphi_1) - W'\sin\varphi_2 = 0 \\ N'\cos(\alpha + \varphi_1) - W'\cos\varphi_2 = 0 \\ W = W'\cos\varphi_2 = N'\cos(\alpha + \varphi_1) \end{cases}$$

解该方程组可得

$$W = \frac{Q}{\tan(\alpha + \varphi_1) + \tan\varphi_2}$$

当斜楔角 $\alpha$ 比较小时，且 $\varphi_1 = \varphi_2 = \varphi$，则上式可简化为

$$W \approx \frac{Q}{\tan\alpha + \tan 2\varphi}$$

斜楔机构除了夹紧力的大小是一个重要参数外，斜楔的自锁性、增力比、夹紧行程等都是重要指标。

（1）自锁性。对于斜楔夹紧机构来说，如果要求具有自锁性能，即当外加的作用力 $Q$ 一旦消失或撤除后，夹紧机构在纯摩擦力的作用下仍保持夹紧状态而不松开。对斜楔夹紧机构而言，这时摩擦力的方向应与斜楔企图松开退出的方向相反。如图 3-66 所示，当外力撤除后，斜楔只受工件给它的反作用力 $W'$ 和夹具体给它的反作用力 $N'$，此时若斜楔满足自锁要求，则必须是

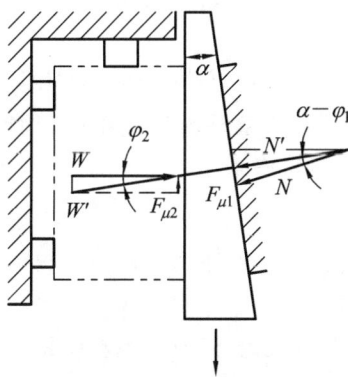

图 3-66　斜楔自锁时受力分析

$$F_{\mu_2} \geqslant N'\sin(\alpha - \varphi_1)$$

其中，$F_{\mu_2} = W\tan\varphi_2$，而 $W = N'\cos(\alpha - \varphi_1)$。所以

$$W\tan\varphi_2 \geqslant W\tan(\alpha - \varphi_1)$$

故

$$\varphi_1 + \varphi_2 \geqslant \alpha$$

由此可见，满足斜楔自锁条件的斜楔角应小于斜楔与工件之间的摩擦角 $\varphi_2$ 和斜楔与夹具体之间的摩擦角 $\varphi_1$ 之和。因此对于自锁性来说，$\alpha$ 角越小越好。在实际应用中，通常取 $\alpha = 6°$ 即可满足一般情况下的自锁要求，此时 $\tan6° \approx 0.1 = 1/10$，这也是为什么很多用到斜楔处楔角为 $1:10$ 的原因。

（2）增力比。从夹紧力计算公式可知，增力比 $i_p$ 可按如下式子计算：

$$i_p = \frac{W}{Q} = \frac{1}{\tan(\alpha + \varphi_1) + \tan\varphi_2}$$

可见，增力比的大小与斜楔角 $\alpha$ 和摩擦角有关，斜楔角 $\alpha$ 和摩擦角越小，增力比越大，由于斜楔角 $\alpha$ 和摩擦角的减小都有限制，故增力效果较差。因此，斜楔常作为增力机构用于以气动或液压作为动力源的夹紧装置中。

（3）夹紧行程。斜楔的夹紧行程与斜楔角 $\alpha$ 有关。当 $\alpha$ 越小，自锁性越好，但夹紧行程也越小。因此，在斜楔长度一定时，增加夹紧行程和斜楔的自锁性能是相矛盾的。在设计斜楔夹紧机构选取楔角时，应综合考虑自锁、扩力和行程三方面问题。当要求具有较大的夹紧行程，且机构又要求自锁时，可采用双升角的斜楔。如图 3-67 所示的夹紧，其前端大升角 $\alpha_0$ 仅用于加大夹紧行程，后端小升角 $\alpha$ 则用于夹紧和自锁。

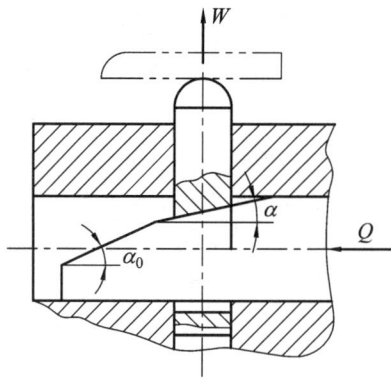

图 3-67 双升角斜楔夹紧机构

（4）适用范围。由于手动的斜楔夹紧机构在夹紧工件时既费时又费力，效率很低，故实际上斜楔夹紧机构多在机动夹紧装置中采用。

**2. 螺旋夹紧机构**

利用螺杆直接夹紧工件，或者利用螺杆与其他元件组成复合夹紧机构夹紧工件，是应用较广泛的一种夹紧方式。

螺旋夹紧机构中所用的螺杆，实际上相当于把斜楔绕在圆柱体上，因此其作用原理与斜楔是相同的。不过这里是通过转动螺杆，使相当于绕在圆柱体上的斜楔高度发生变化来夹紧工件。因此，螺旋夹紧机构的夹紧力计算与斜楔相似，将绕在圆柱体上的斜楔沿螺杆

中径展开，其螺旋升角即为楔角，螺母相当于夹具体。

如图 3-68 所示是最简单的螺旋夹紧机构，直接用螺杆压紧工件表面。

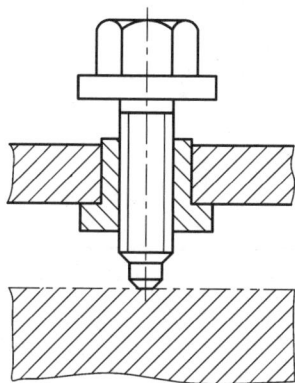

图 3-68　螺旋夹紧机构

螺杆直接接触工件，容易使工件受损或移动，一般只用于毛坯和粗加工零件的夹紧。如图 3-69 所示为常用的压板式螺旋夹紧机构，其螺钉头部常装有摆动压板，可防止螺杆压紧时带动工件转动和损伤工件表面，螺杆上部装有手柄，夹紧时不需要扳手，操作方便。

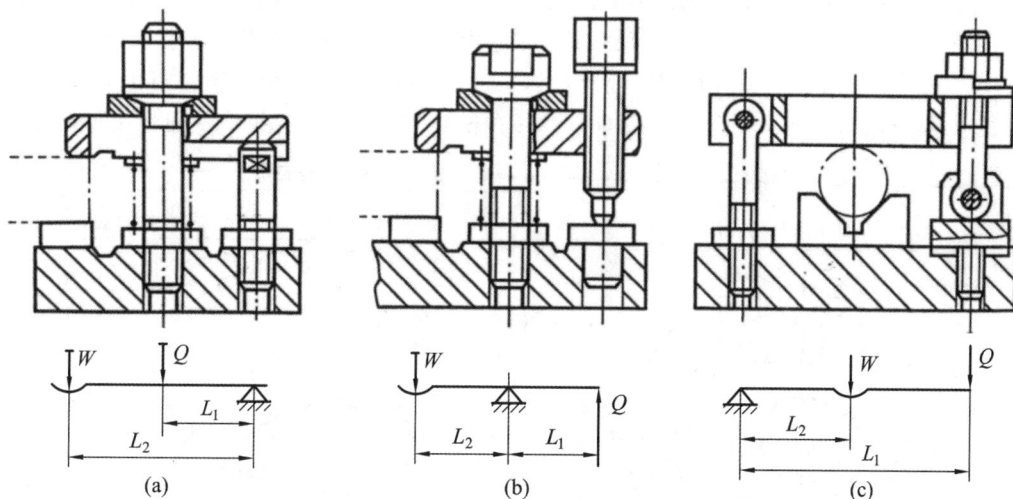

图 3-69　螺旋压板组合夹紧机构

由于螺旋夹紧机构具有结构简单、制造容易、夹紧可靠、扩力比大和夹紧行程不受限制等特点，所以在手动夹紧装置中被广泛使用，其缺点是夹紧动作慢、效率低，装卸工件的辅助时间相对较长。

**3. 偏心夹紧机构**

偏心夹紧是一种快速的夹紧机构，其利用偏心轮回转时回转半径变大而产生夹紧作用。常用的偏心夹紧机构有圆偏心和曲线偏心两种，可做成平面凸轮或端面凸轮的形状。圆偏心结构简单，制造方便，比曲线偏心应用广泛。

如图 3-70 所示为圆偏心夹紧机构。力作用于手柄 2，使偏心轮 3 绕小轴 4 转动，偏心轮的圆柱面压在垫板 1 上，在垫板的反作用力作用下，小轴被向上推动，使压板左端向下压紧工件。

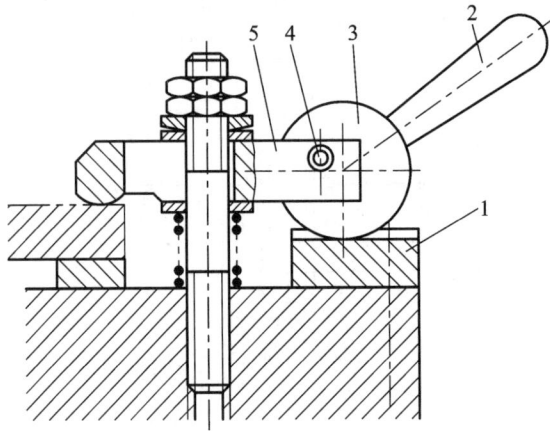

1—垫板；2—手柄；3—偏心轮；4—小轴；5—压板。

图 3 - 70　圆偏心夹紧机构

　　圆偏心夹紧实际上是斜楔夹紧的一种变型，与平面斜楔夹紧相比，主要区别是圆偏心夹紧机构的工作表面上各夹紧点的升角是一个变数。如图 3 - 71 所示偏心轮，其几何中心为 $O_1$，直径为 $d$，回转中心为 $O$，偏心距为 $e$。由图可知，该偏心圆系由半径为 $r_0$ 的偏心基圆和两个套在其上的弧形楔 $mnn'$ 所构成。若将操控手柄装在上半部，就可以用下半部的弧形楔来工作。当偏心圆顺时针绕 $O$ 回转时，其回转中心至偏心圆上压紧点的距离（即回转半径 $r$）不断增大，相当于此弧形楔向前楔紧在偏心基圆与工件之间，从而将工件压紧。

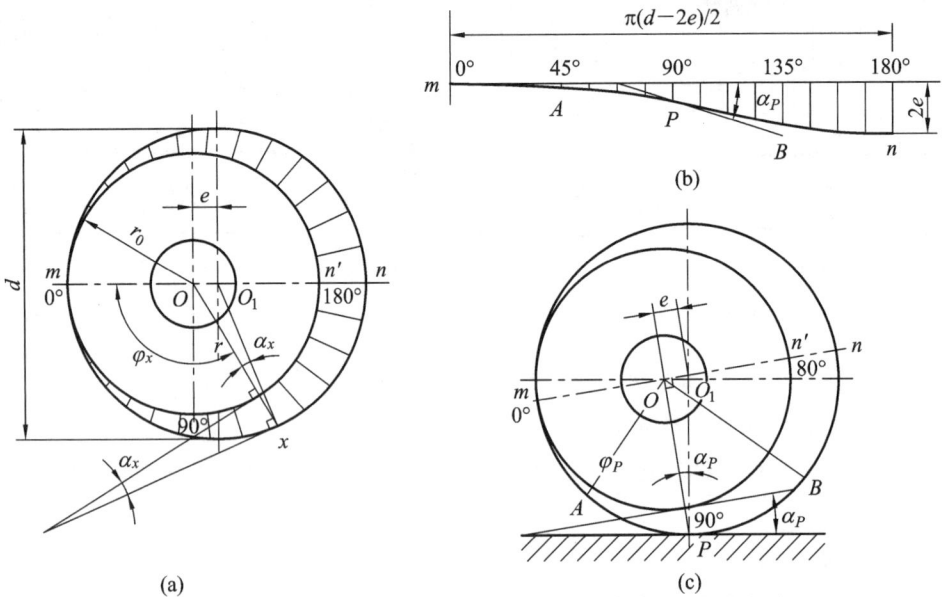

图 3 - 71　圆偏心的夹紧原理

　　偏心圆工作表面上任意夹紧点 $x$ 的升角 $\alpha_x$ 是指工件受压表面与过接触点 $x$ 的回转半径 $r$ 的法线之间的夹角。由图 3 - 71(a)可知，$\alpha_x$ 亦是 $O$ 点和 $O_1$ 点与夹紧点 $x$ 连线之间的夹角。若以偏心基圆周长的一半为横坐标，相应的半径差 $r-r_0$ 为纵坐标，将弧形楔展开即可得到如图 3-71(b)所示的曲线楔。曲线 $mPn$ 上任意点 $x$ 的切线和水平线间的夹角即为该夹紧点的升角 $\alpha_x$。由图中曲线可知，随着偏心圆工作时转角 $\varphi_x$ 的增大，升角 $\alpha_x$ 也将由小变大再变小，其中必有一个最大的升角 $\alpha_{max}$。图 3-71(c)中 $Pn$ 段圆弧为常用的工作弧段。

在图 3-71(a)所示的 $\triangle OxO_1$ 中

$$\frac{\sin\alpha_x}{e}=\frac{\sin(180°-\varphi_x)}{d/2}$$

故

$$\sin\alpha_x=\frac{2e}{d}\sin\varphi_x$$

当 $\varphi_x=90°$ 时

$$\alpha_{max}=\arcsin\left(\frac{2e}{d}\right)=\alpha_P$$

当 $\varphi_x=0°$ 和 $180°$ 时

$$\alpha_{min}=0$$

即最大斜楔角出现在偏心轮转过 90° 时。

此外，设计圆偏心时，要考虑以下各个问题：

(1) 偏心夹紧的自锁条件。偏心夹紧必须保证自锁，否则就不能使用。由于偏心圆上各夹紧点的升角不同，故夹紧力也不相同，它随 $\varphi$ 角的变化而变化。又由于偏心夹紧属于斜楔夹紧的变型，所以斜楔的自锁条件在偏心夹紧中也成立。因此为了使偏心夹紧机构全程自锁，要求转轴的摩擦角 $\varphi_1$ 和工件与偏心轮之间的摩擦角 $\varphi_2$ 之和大于最大的斜楔角，即

$$\varphi_1+\varphi_2\geqslant\alpha_{max}$$

若回转销直径较小，转轴处摩擦力不大，$\varphi_1$ 可忽略不计，则

$$\varphi_2\geqslant\alpha_{max}$$

当 $\alpha_{max}$ 较小时

$$\alpha_{max}=\arcsin\left(\frac{2e}{d}\right)\approx\arctan\left(\frac{2e}{d}\right)=\alpha_P$$

则

$$\frac{2e}{d}\leqslant\tan\varphi_2=\mu_2$$

$\mu_2$ 一般取 $0.1\sim0.15$，则

$$\frac{d}{e}\geqslant14\sim20$$

故对于钢铁零件的钢铁偏心轮夹紧，一般认为满足偏心轮 $\frac{d}{e}\geqslant14\sim20$ 的条件时，机构就能自锁。$\frac{d}{e}$ 的值叫作偏心轮的偏心特性，表示偏心轮工作的可靠性，此值越大，自锁性能越好，但结构尺寸也越大。

(2) 偏心夹紧的夹紧力。偏心夹紧的夹紧力可按斜楔夹紧原理进行计算，具体计算可参见有关设计手册，需要指出的是，偏心夹紧的夹紧力远较螺旋夹紧力小，行程也受限制，

故偏心夹紧只能应用在切削力小、无振动、工件尺寸公差不大的情况。

（3）偏心轮的夹紧行程。设计偏心夹紧时，首先应考虑足够大的行程，行程太小，工件放不进去，行程过大则工件夹不紧。在确定夹紧行程后，再选择偏心距 $e$（常取 $1.7\sim 7\ mm$），按自锁条件确定外径 $d$，最后进行夹紧力验算和设计具体结构。

为了装卸方便，常使偏心轮的结构只保留工作表面部分，而将其余部分去掉。

偏心夹紧的优点是快速、简单、制造方便；缺点是夹紧力和夹紧行程较小，自锁能力差，结构不抗振，通常用于夹紧行程及切削负荷较小且平稳的场合。

**4. 铰链夹紧机构**

铰链夹紧机构是一种通过多杆机构传递力并改变力的方向的夹紧机构。如图 3-72 所示是几种常见的铰链夹紧机构。

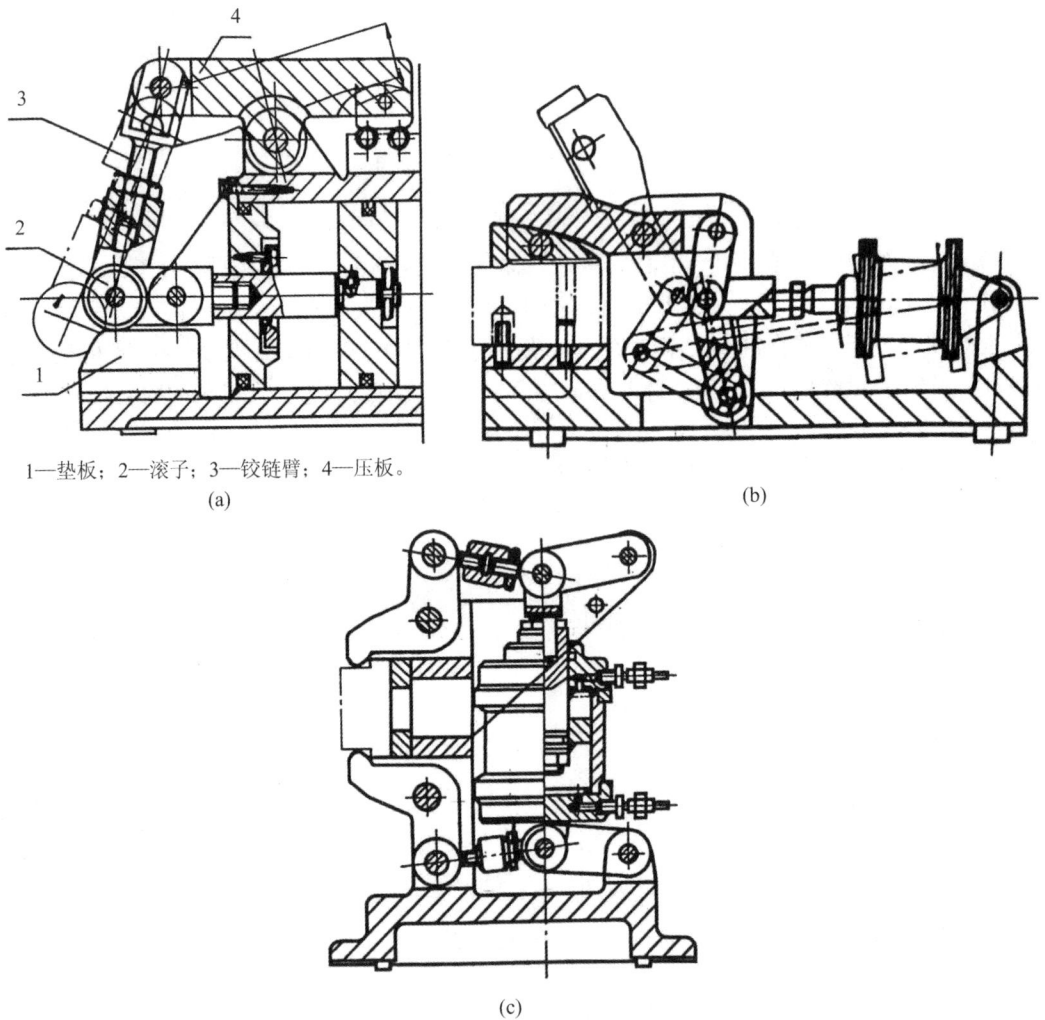

1—垫板；2—滚子；3—铰链臂；4—压板。

(a)　(b)　(c)

图 3-72　几种铰链夹紧机构

铰链夹紧机构的结构简单、扩力比大且摩擦损失小，特别适用于多点或多件夹紧，但其缺点是自锁性差，所以常用于机动夹紧，尤其是在气动或液压夹具中广泛应用。

**5. 定心对中夹紧机构**

在之前介绍定位元件时，介绍过自动定心元件。定心对中夹紧机构是一种特殊的夹紧机构，在这种夹紧机构上，与工件定位基准面相接触的元件既是定位元件，又是夹紧元件。定心对中夹紧机构实现定位的同时也实现了夹紧，消除了一批工件定位基准面的制造误差对定位基准位置的影响。

在机械加工中，很多加工表面是以其中心线或对称面作为工序基准的，如加工与外圆同轴的内孔或加工与两侧面对称的通槽等工件时，若采用定心对中夹紧机构装夹加工，可以使基准位置误差为零，确保该工序的加工精度。又如，在加工主轴箱体时，为保证主轴孔有均匀的余量，以主轴毛坯孔为定位基准进行第一道工序精基准面的加工所采用的定心夹紧心轴，也属于定心对中夹紧机构。根据工作原理不同，定心对中夹紧机构主要分为以下两类。

1）利用定位夹紧元件的等速移动或转动原理实现定心对中夹紧的机构

图3-73(a)所示为螺旋式定心对中夹紧机构。螺杆1两端分别为旋向相反的左、右旋

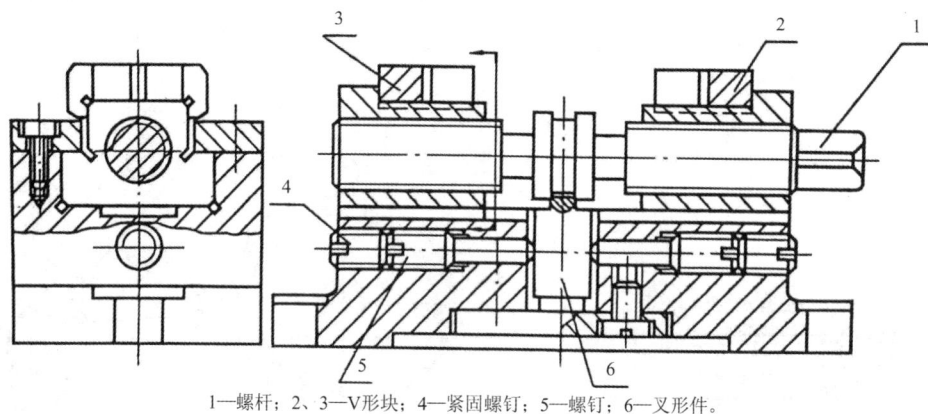

1—螺杆；2、3—V形块；4—紧固螺钉；5—螺钉；6—叉形件。
(a) 螺旋式定心对中夹紧机构

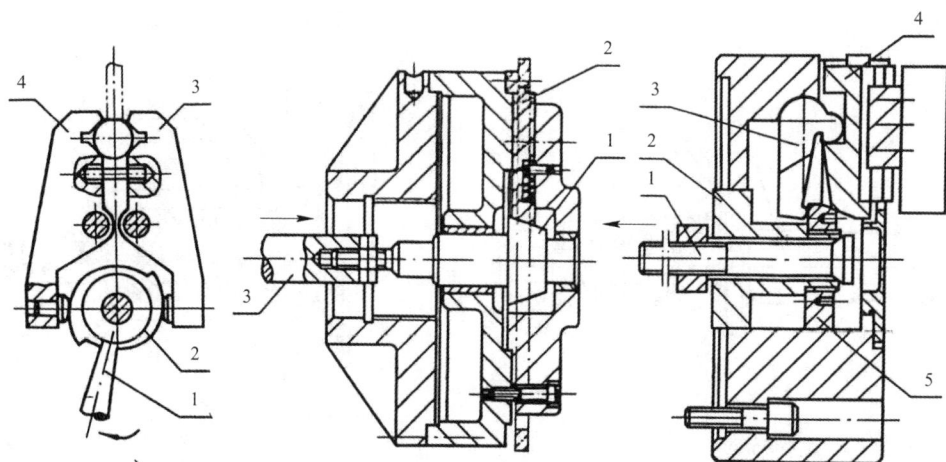

1—手柄；2—双面凸轮；
3、4—卡爪。
(b) 偏心式对中夹紧机构

1—锥体；2—卡爪；3—推杆。
(c) 斜面定心夹紧机构

1—拉杆；2—滑块；3—钩形杠杆；
4—卡爪；5—螺母。
(d) 杠杆定心夹紧机构

图3-73　利用定位夹紧元件的等速移动或转动原理实现定心对中夹紧的机构

螺纹，当旋转螺杆 1 时，通过左、右螺纹带动两个 V 形块 2 和 3 同时移向中心而起定心对中夹紧作用。螺杆 1 中间的沟槽卡在叉形零件 6 上，叉形零件 6 的位置可以通过螺钉 5 进行调整，以保证工件所需要的中心位置，调整完后用紧固螺钉 4 固定。

图 3－73(b)所示为偏心式定心对中夹紧机构。转动手柄 1，双面凸轮 2 推动卡爪 3、4 从两面同时夹紧工件，从而起到定心对中作用。凸轮 2 的转轴位置固定，左右凸轮曲线对称。

图 3－73(c)所示为斜面定心对中夹紧机构。工作时油缸或气缸通过推杆 3 推动锥体 1 向右移动，使三个卡爪 2 同时伸出，对工件内孔进行定心夹紧。

图 3－73(d)所示为杠杆定心对中夹紧机构。原始作用力 $Q$ 作用于拉杆 1，拉杆 1 带动滑动块 2 左移，通过三个钩形杠杆同时收拢三个卡爪 4，对工件进行定心夹紧。当拉杆 1 带动滑块 2 右移时，靠滑块 2 上螺母 5 的三个斜面使卡爪 4 张开。

2）利用定位夹紧元件均匀弹性变形实现定心夹紧的机构

如图 3－74 所示为这一类定心对中夹紧机构的典型结构，其中图 3－74(a)所示为弹簧卡头，图 3－74(b)所示为膜片卡盘，图 3－74(c)所示为碟形簧片夹具，图 3－74(d)所示为液性塑料夹紧。

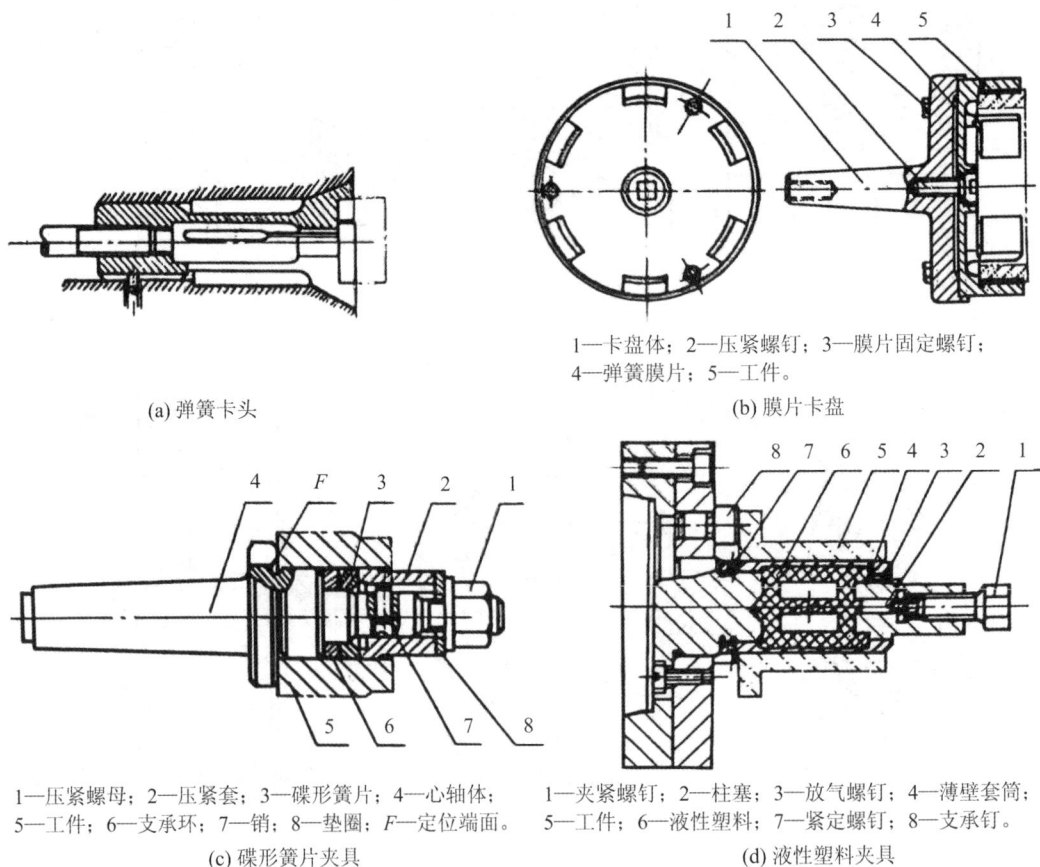

1—卡盘体；2—压紧螺钉；3—膜片固定螺钉；
4—弹簧膜片；5—工件。

(a) 弹簧卡头        (b) 膜片卡盘

1—压紧螺母；2—压紧套；3—碟形簧片；4—心轴体；
5—工件；6—支承环；7—销；8—垫圈；$F$—定位端面。

1—夹紧螺钉；2—柱塞；3—放气螺钉；4—薄壁套筒；
5—工件；6—液性塑料；7—紧定螺钉；8—支承钉。

(c) 碟形簧片夹具        (d) 液性塑料夹具

图 3－74 利用定位夹紧元件均匀弹性变形实现定心夹紧的机构

**6．联动夹紧机构**

联动夹紧机构形式多样，可以是对一个工件施加多个力，也可以是施加一个力夹紧多个工件，亦可以是施加一个动作，同时实现夹紧和其他动作。因此，联动夹紧不是一个结构形式，而是一种装夹方式。联动夹紧机构的结构是多样的，可以包含前面介绍的任何一种或几种夹紧机构。

1）一件多力联动夹紧

一件多力是指用一个原始作用力，通过一定的机构将该力分散到数个点上对一个或一组工件进行夹紧。如图 3-75 所示是几种一件多力联动夹紧机构，其中部件 1 用于将力分散。

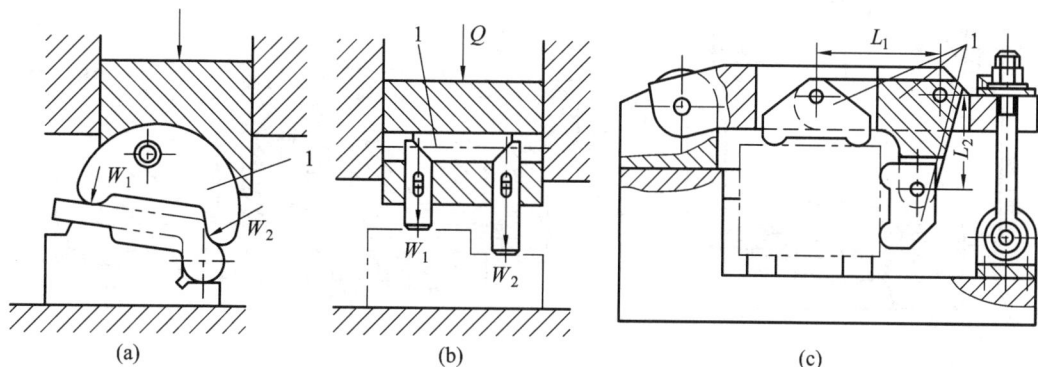

图 3-75　几种一件多力联动夹紧机构

2）一力多件联动夹紧

一力多件是指用一个原始作用力，通过一定的机构对数个相同或不同的工件进行夹紧。一力多件夹紧机构多用于夹紧小型工件，在铣床夹具中用得最广。根据夹紧力的方向和作用情况，一力多件联动夹紧机构可分为平行式、对向式、复合式、连续式多种形式。

图 3-76(a)所示为平行式一力多件联动夹紧装置，通过中间浮动压块元件将力均匀传导到工件上；图 3-76(b)所示是另一种平行式一力多件联动夹紧机构，与图 3-76(a)所示机构不同的是其中间的浮动元件是通过流体介质(如液性塑料)实现的；图 3-76(c)所示为对向式一力多件联动夹紧装置，适合同时加工两件对称工件；图 3-76(d)所示为复合式一力多件联动夹紧装置；图 3-76(e)所示为连续式一力多件联动夹紧装置，图示这类连续式一力多件联动夹紧装置属于没有浮动元件的，分析定位时需将所有工件看成整体来分析。

3）多动作联动夹紧

图 3-77(a)所示为夹紧与移动压板联动的机构。工件定位后，逆时针扳动手柄，先是由拨销 4 拨动压板上的螺钉 2 使压板 1 进到夹紧部位。继续扳动手柄，拨销与螺钉 2 脱开，由偏心轮 5 顶起压板右端夹紧工件。松开时，由拨销 4 拨动螺钉 3 而将压板退出工件。

图 3-77(b)所示为夹紧与锁紧辅助支承联动的机构。工件定位后，辅助支承 1 在弹簧作用下与工件接触。转动螺母 3 推动压板 2，压板 2 在压紧工件的同时，通过锁销 4 将辅助支承 1 锁紧。

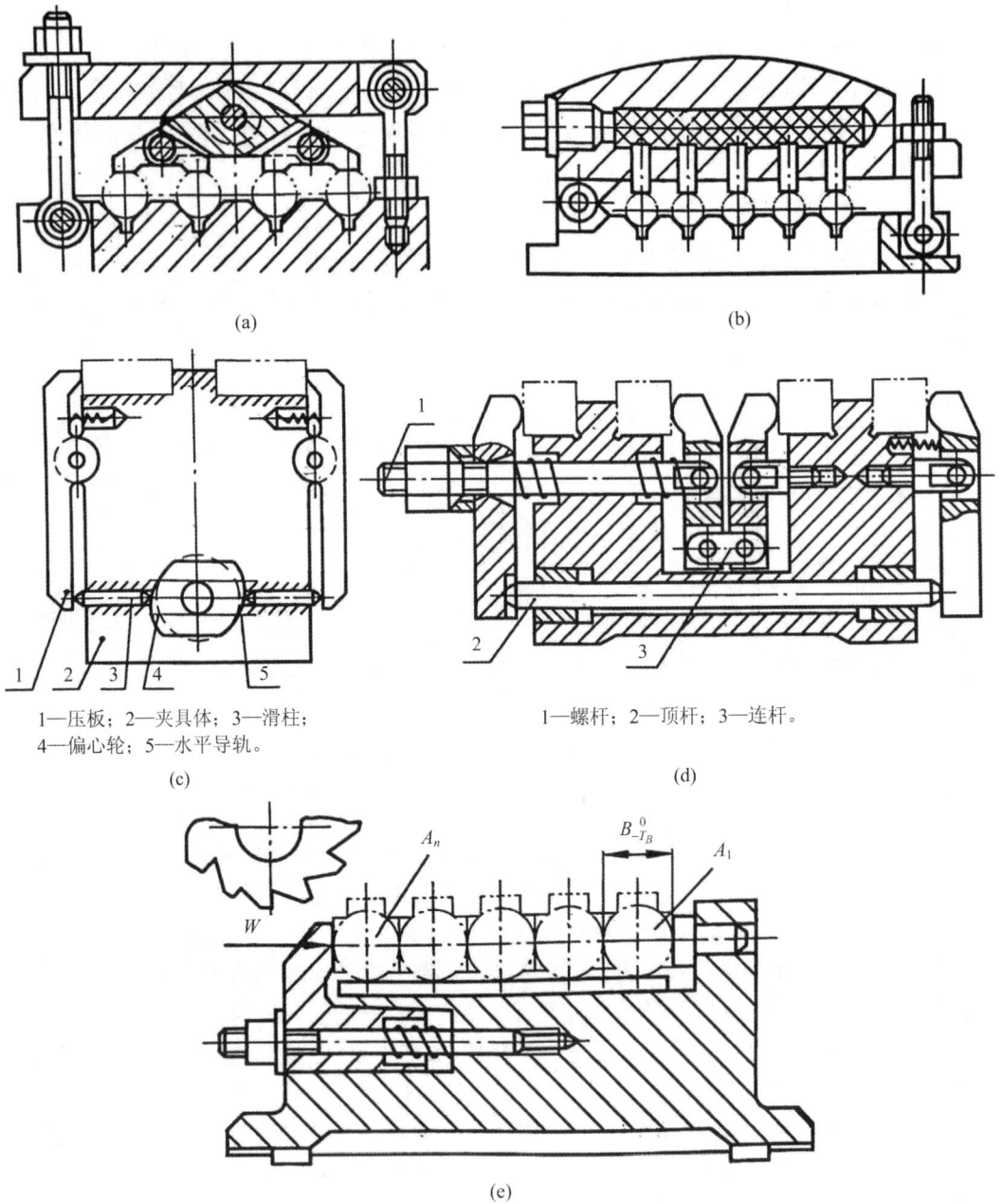

(a)

(b)

1—压板；2—夹具体；3—滑柱；
4—偏心轮；5—水平导轨。

(c)

1—螺杆；2—顶杆；3—连杆。

(d)

(e)

图 3-76　一力多件联动夹紧机构的几种形式

图 3-77(c)所示为先定位后夹紧的联动机构。当压力油进入油缸 1 的左腔时，在活塞杆 2 向右移动过程中，先是左端的螺钉 3 离开拨杆 5 的短头，推杆 7 在弹簧 4 的作用下向上抬起，并以其斜面推动活块 9 使工件靠在 V 形定位块 12 上。然后，活塞杆 2 继续向右移动，其上斜面通过滚子 6、推杆 8 顶起压板 10 压紧工件。当活塞杆向左移动时，压板 10 在弹簧 11 的作用下松开工件，然后螺钉 3 拉转拨杆 5，压下推杆 7，在斜面作用下带动活块 9 松开工件，此时即可取下工件。

1—压板；2、3—螺钉；4—拨销；5—偏心轮。
(a)

1—辅助支承；2—压板；3—螺母；4—锁销。
(b)

1—油缸；2—活塞杆；3—螺钉；4—弹簧；5—拨杆；6—滚子；
7、8—推杆；9—活块；10—压板；11—弹簧；12—V形块。
(c)

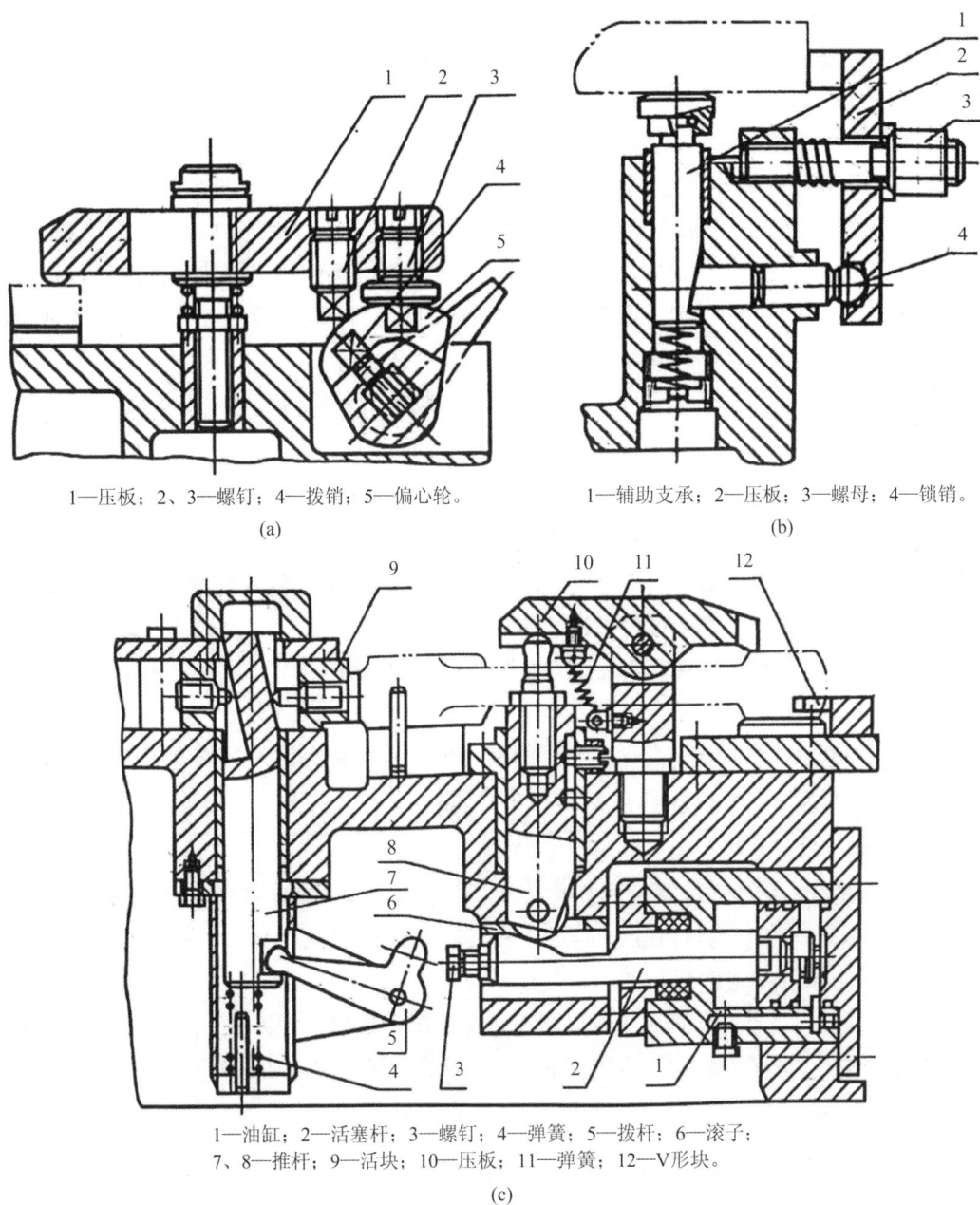

图 3-77　几种多动作联动夹紧机构

　　设计联动夹紧机构应注意进行运动分析和受力分析，以确保设计意图的实现。此外，还应注意避免机构过分复杂，致使效率低，动作不够可靠。

## 五、夹紧动力装置的介绍

　　手动夹紧机构在使用时比较费时费力，为了改善劳动条件和提高生产率，在大批量生产中均采用气动、液压、真空、电磁等动力夹紧装置。

**1. 气动夹紧**

气动夹紧是使用压缩空气为动力的一种夹紧传动装置，多由工厂内压缩空气站集中供气。

压缩空气由管路传来后，一般经总开关通过空气除水滤清器，去除水分和杂质后经润滑器使空气与雾化的润滑油混合，再经调压阀、单向阀、分配阀进入夹具的工作腔。

调压阀是将压缩空气调到一定压力以保证夹紧力稳定的元件；单向阀的工作使空气只沿单向通过，防止夹具工作腔内压缩空气回流；分配阀由手柄操纵，其功能是可按需要改变空气流向以夹紧或松开工件。管路中应安装压力继电器，与机床电动机联锁，如遇管路气压骤降，即停止机床运转，确保安全。

在气动夹紧时，气缸是主要元件，气缸尺寸主要根据夹紧力确定。

**2. 液压夹紧**

液压夹紧用高压油产生动力，工作原理及结构与气动夹紧相似。其共同的优点是：操作简单省力、动作迅速，使辅助时间大为减少。而液压夹紧特有的一些优点是：

(1) 压力高，液压夹紧产生压力比气动夹紧高十几倍，故油缸比气缸尺寸小得多，由于压力大，通常不需增力机构，可使夹具结构简单紧凑。

(2) 油液不可压缩，故夹紧刚性大，工作平稳，夹紧可靠。

(3) 噪声小，劳动条件好。

当机床没有液压系统时，若设置专用的液压夹紧系统将会使夹具成本提高。如果工厂有压缩空气站集中供气，则可使用气-液压组合夹紧。

**3. 气-液压组合夹紧**

气-液压组合夹紧的能量来源为压缩空气。其工作原理是利用压缩空气使油缸活塞杆以低压快速移动，达到所需行程后，再产生较高油压夹紧工件。工作过程可分为三个环节：快速预压、高压夹紧、工件松开。

由于夹紧压力高，工作油缸可做得很小，安装在夹具中灵活方便；压缩空气用量比单用气动夹紧时要少，又不需专门高压供油系统，较受使用单位欢迎。

**4. 真空夹紧**

真空夹紧是利用封闭腔内真空的吸力来夹紧工件，实质上是利用大气压力来夹紧工件。

夹具体上装有橡皮密封圈，工件放在夹具上后，与夹具体之间形成封闭腔，再通过孔道用真空泵抽出腔内空气，达到一定真空度后，工件就被大气压力均匀地压紧在夹具体上。

真空夹紧特别适用于夹紧由铝、铜及其合金、塑料等非导磁材料制成的薄板类工件，或刚度较差的大型薄板零件(如飞机上的整体壁板等)。

**5. 电磁夹紧**

电磁夹紧一般作为机床附件的通用夹具，如平面磨床上的磁力吸盘等。由于电磁夹紧力不大，电磁夹紧只适用于切削力较小的场合，尤其在磨削加工中用得较多。

# 习　题

1. 机械加工中，工件的安装方法有哪几类？各适用于什么场合？

2. 定位和夹紧的关系是什么？如果一个工件不能动了，是否证明它所有的自由度都被限制了？

3. 使用六点定位原理时需要注意什么？

4. 举例说明部分定位、欠定位、重复定位之间的区别。

5. 试分析图 3-78 所示各种装夹方式中，各定位元件所限制的自由度。

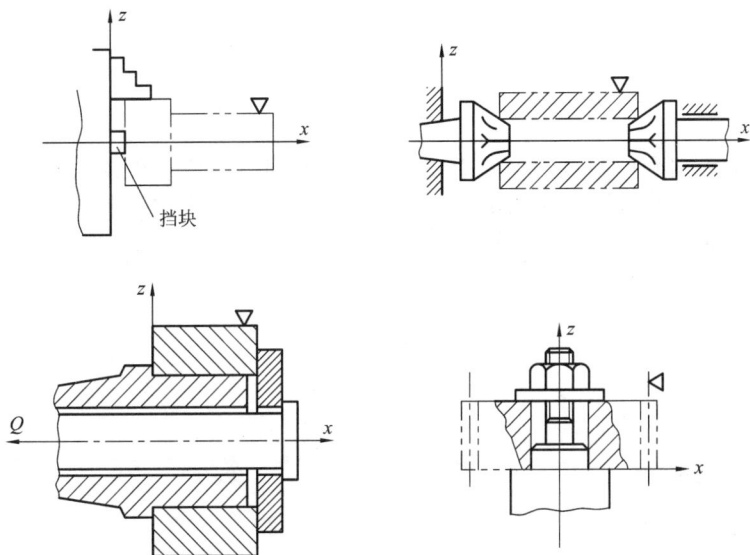

图 3-78　不同的装夹方式

6. 平面定位的定位元件有哪些？它们分别限制哪些自由度？

7. 内孔定位的定位元件有哪些？它们分别限制哪些自由度？

8. 外圆定位的定位元件有哪些？它们分别限制哪些自由度？

9. 工件定位情况如图 3-79 所示，V 形块的夹角 $\alpha=90°$，工件外圆尺寸为 $\phi80_{-0.2}^{\ 0}$。试分析该定位方案能否满足要求？若达不到要求，应如何改进？

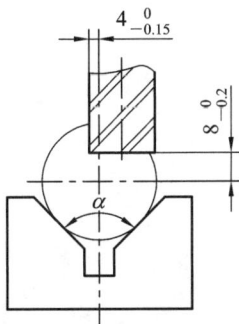

图 3-79　V 形块定位工件外圆

10. 如图 3-80 所示，工件由半 V 形块定位，侧面已加工，已知轴的尺寸为 $d_{-T_d}^{T_d}$，试分析 $B$ 的对称公差 $T_B$ 应满足何种条件。

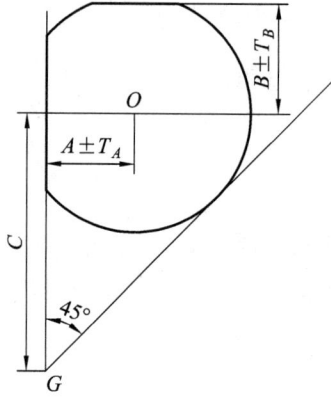

图 3-80　工件定位情况

11. 夹紧力方向和作用点的确定需要遵循哪些原则？分别举例说明。

12. 试推导斜楔夹紧的夹紧力公式。

13. 常用的夹紧机构有哪些？它们的优缺点和适用范围是什么？

# 第四章

# 机械加工精度

对任何一台机器或仪器，为了保证它们的使用性能，必然要对其组成零件提出许多方面的质量要求。加工精度就是质量要求的一个方面，此外还有强度、刚度、表面硬度、表面粗糙度等方面的质量要求。加工精度是衡量机器零件加工质量的重要指标，它将直接影响整台机器的工作性能和使用寿命。随着科学技术的发展，人们对机器性能的要求不断提高，保证机器零件具有更高的精度显得尤为重要。因此，深入了解和研究影响加工精度的因素及其规律，采取相应的工艺措施，以确保零件的加工精度，是机械制造工程学的重要课题之一。

## 第一节 概　　述

### 一、加工精度

#### 1. 加工精度的概念

加工精度是指零件加工后的实际几何参数（尺寸、形状和位置）对理想几何参数的符合程度。加工精度包括尺寸精度、形状精度和位置精度三个方面。

（1）尺寸精度：加工后零件表面本身或表面之间的实际尺寸与理想尺寸之间的符合程度。这里所提出的理想尺寸是指零件图上标注的有关尺寸的平均值。

（2）形状精度：加工后零件各表面的实际形状与理想形状之间的符合程度。这里所提出的表面理想形状是指绝对准确的表面形状，如平面、圆柱面、球面、螺旋面等。

（3）位置精度：加工后零件表面之间的实际位置与表面之间理想位置的符合程度。这里所提出的表面之间理想位置是指绝对准确的表面之间位置，如两平面平行、两平面垂直、两圆柱面同轴等。

零件在零件图上对其尺寸、形状和有关表面间的位置都必须以一定形式标注出能满足该零件使用性能的允许误差或偏差，这就是公差。习惯上是以公差值的大小或公差等级表示对零件的机械加工精度要求。对一个零件来说，公差值或公差等级越小，表示对它的机械加工精度要求越高。在机械加工中，所获得的每个零件的实际尺寸、形状和有关表面之间的位置，都必须在零件图上所规定的有关公差范围之内。可靠地保证零件图纸所要求的精度是机械加工最基本的任务之一。

**2. 机械加工的经济精度**

机械加工中，首先应使加工精度满足产品的要求，但加工精度并不是越高越好，因为加工精度高是以加工成本高为代价的，因此在满足产品要求的前提下，应降低加工成本，这就引出一个重要的概念——经济加工精度。

经济加工精度是指在正常加工条件下（采用符合质量标准的设备、工艺装备和标准技术等级的工人，合理的加工时间）所能保证的加工精度。相应的粗糙度称为经济表面粗糙度。各种加工方法的经济精度是确定机械加工工艺路线时，选择经济上合理的工艺方案的主要依据。

各种加工方法的加工误差和加工成本之间的关系，大致上呈如图 4-1 所示的负指数函数曲线形式，当加工误差为 $\Delta_2$ 时，再提高一点加工精度（即减少加工误差），则成本将大幅度上升；当加工误差达到 $\Delta_3$ 后，加工误差即使大幅度增加，成本降低却很少。因此，加工误差为 $\Delta_1 \sim \Delta_2$ 之间和 $\Delta_3 \sim \Delta_4$ 之间的精度不宜采用，而只有在加工误差相当于 $\Delta_2 \sim \Delta_3$ 这样大小的加工精度范围，才属于经济精度范围。这里，大致上将相当于 $\Delta_2$ 和 $\Delta_3$ 的平均数的误差值 $\Delta_0$ 所对应的精度，作为平均经济精度。

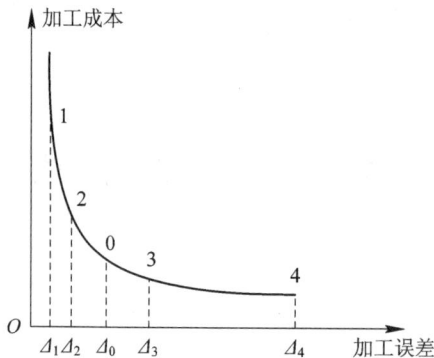

图 4-1   加工误差与加工成本之间的关系

必须指出，经济精度的概念是有局限性的，它只表明某种加工方法在其经济精度范围内是可供选择的方法之一。此外，经济精度数据不是一成不变的，随着科学技术的进步，机械加工方法的加工精度和生产率不断提高，加工成本不断降低，新的加工方法亦在不断出现，这些因素都会促成传统经济精度数据的改变。

## 二、加工误差

**1. 加工误差和原始误差**

加工误差是指零件加工后的实际几何参数对理想几何参数的偏离程度。无论是用试切法加工一个零件，还是用调整法加工一批零件，加工后都会发现有很多零件在尺寸、形状和位置方面与理想零件有所不同，它们之间的差别分别称为尺寸误差、形状误差和位置误差。

零件加工后产生的加工误差，主要是由机床、夹具、刀具、量具和工件所组成的工艺系统产生。在完成零件加工的任何一道工序的加工过程中都有很多误差因素，这些造成零件加工误差的因素称为原始误差。

在零件加工中，造成加工误差的主要原始误差可划分为如下两个方面。

（1）工艺系统的原有误差：即在零件未进行正式切削加工以前，加工方法本身存在加工原理误差或由机床、夹具、刀具、量具和工件所组成的工艺系统本身就存在着某些误差因素，它们将在不同程度上以不同形式反映到被加工的零件上，造成加工误差。工艺系统的原始误差主要有加工原理误差、机床误差、夹具和刀具误差、工件误差、测量误差，以及定位和安装调整误差等。

（2）加工过程中的其他因素：即在加工过程中，零件在力、热和磨损等因素的影响下，将破坏工艺系统的原有精度，使工艺系统有关组成部分产生附加的原始误差，从而进一步造成加工误差。加工过程中造成原始误差的其他因素，主要有工艺系统的受力变形、工艺系统热变形、工艺系统磨损和工艺系统残余应力等。

**2. 误差敏感方向**

切削加工过程中，各种原始误差会使刀具和工件间的正确几何关系遭到破坏，引起加工误差。通常，各种原始误差的大小和方向是各不相同的，而加工误差必须在工序尺寸方向度量。因此，不同的原始误差对加工精度有不同的影响，加工误差可看作各种原始误差在工序尺寸方向上的综合效应，这就引入一个重要概念——误差敏感方向。下面以外圆车削为例来进行说明。

如图 4-2 所示。车削时工件的回转轴心是 $O$，刀尖正确位置在 $A$，设某一瞬间由于各种原始误差的影响，使刀尖位移到 $A'$。$AA'$ 即为原始误差 $\delta$，它与 $OA$ 间夹角为 $\phi$，由此引起工件加工后的半径由 $R_0 = OA$ 变为 $R_0 = OA'$，故半径上（即工序尺寸方向上）的加工误差为

$$\Delta R = OA' - OA = \sqrt{\delta^2 + R_0^2 - 2R_0\delta\cos(180 - \phi)} - R_0 \approx \delta\cos\phi + \frac{\delta^2}{2R_0}$$

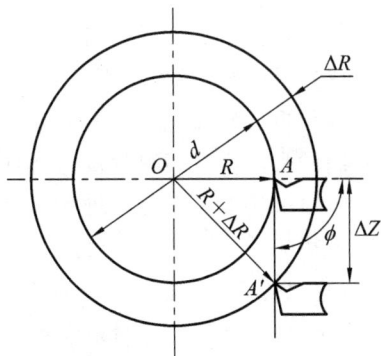

图 4-2 误差敏感方向

可以看出，当原始误差的方向恰为加工表面法线方向时（$\phi = 0$），引起的加工误差 $\Delta R = \delta$ 最大；当原始误差的方向恰为加工表面的切线方向时，引起的加工误差最小，通常可以忽略。为便于分析原始误差对加工精度的影响程度，把对加工精度影响最大的方向（即引起的加工误差最大的方向）称为误差敏感方向，而把对加工精度影响最小的方向（即引起的加工误差最小的方向）称为误差不敏感方向。在实际加工中，误差敏感方向是指加工表面

与刀刃接触处的法线方向，误差不敏感方向是指加工表面与刀刃接触处的切线方向。

### 三、加工精度研究的发展趋势

研究加工精度的根本目的在于通过减少和控制各种原始误差来不断提高机器零件的加工精度，以适应人们对机器性能和使用寿命方面不断提高的要求。在机器制造业中，对加工精度的要求越来越高，从加工精度不断提高的过程就可以明显地看到这一点。据统计，从 19 世纪初开始，加工的极限精度几乎每隔 50 年提高一个数量级，即由 1800 年的 1 mm 提高到 1850 年的 0.1 mm，由 1900 年的 0.01 mm 提高到 1950 年的 0.001 mm，再到目前的纳米级（$10^{-6}$ mm），这些都充分说明了对加工精度要求不断提高的总趋势。

为了适应机械加工精度不断提高的趋势和解决机械加工中出现的新问题，精度研究的主要内容如下：

① 机械加工精度的获得方法；
② 工艺系统原有误差对机械加工精度的影响及其控制；
③ 加工过程中其他因素对机械加工精度的影响及其控制；
④ 加工总误差的分析与估算；
⑤ 保证和提高机械加工精度的主要途径。

## 第二节　加工精度的获得方法

在机械加工中，根据生产批量和生产条件的不同，可采用不同的加工精度获得方法。

### 一、尺寸精度的获得方法

在机械加工中，获得尺寸精度的方法主要有下述四种。

（1）试切法。所谓试切法，即在零件加工过程中不断对已加工表面的尺寸进行测量，并相应调整刀具相对工件加工表面的位置进行试切，直到达到尺寸精度要求的加工方法。试切法是获得零件尺寸精度最早采用的加工方法，同时也是目前常用的能获得高精度尺寸的主要方法之一。如零件上轴颈尺寸的试切车削加工、轴颈尺寸的在线测量磨削、箱体零件孔系的试镗加工及精密量块的手工精研等，均属试切法加工。

（2）调整法。所谓调整法，即按试切好的工件尺寸、标准件或对刀块等调整刀具相对工件定位基准的准确位置，并在保持此准确位置不变的条件下，对一批工件进行加工的方法。调整法是在成批生产条件下采用的一种加工方法。如在多刀车床或六角自动车床上加工轴类零件、在铣床上铣槽、在无心磨床上磨削外圆及在摇臂钻床上用钻床夹具加工孔系等，均属调整法加工。

（3）尺寸刀具法。尺寸刀具法是在加工过程中采用具有一定尺寸的刀具或组合刀具，以保证被加工零件尺寸精度的一种方法。如用方形拉刀拉方孔，用钻头、扩孔钻、铰刀或镗刀块加工内孔及用组合铣刀铣工件两侧面和槽面等，均属尺寸刀具法加工。

（4）自动控制法。自动控制法即在加工过程中，通过由尺寸测量装置、动力进给装置和控制机构等组成的自动控制系统,自动完成加工过程中的尺寸测量、刀具的补偿调整和切削加工等一系列工作,从而自动获得所要求尺寸精度的一种加工方法。如在无心磨床上磨削轴承圈外圆时,通过测量装置控制导轮架进行微量补偿进给,从而保证工件的尺寸精度,又如在数控机床上,通过数控装置、测量装置及伺服驱动机构,控制刀具在加工时应具有的准确位置,从而保证零件的尺寸精度等,均属自动控制法加工。

## 二、形状精度的获得方法

在机械加工中,获得形状精度的方法主要有下述两种。

(1)成形运动法。成形运动法即以刀具的刀尖作为一个点相对工件做有规律的成形运动,从而使加工表面获得所要求形状的加工方法。运用该方法加工时,刀具相对工件运动的切削成形面即是工件的加工表面。

机器上的零件虽然种类很多,但它们的表面不外乎由几种简单的几何形面所组成。例如,常见的零件表面有圆柱面、圆锥面、平面、球面、螺旋面和渐开线面等,这些几何形面均可通过成形运动法加工出来。

在生产中,为了提高效率,往往不是使用刀具刃口上的一个点,而是采用刀具的整个切削刃口(即线工具)加工工件。如采用拉刀、成形车刀及宽砂轮等对工件进行加工时,由于制造刀具刃口的成形运动已在刀具的制造和刃磨过程中完成,故可明显简化零件加工过程中的成形运动。采用宽砂轮横向进给磨削、成形车刀车削及螺纹表面的车削加工等,都是成形运动法加工的实例。

在采用成形刀具的条件下,通过成形刀具相对工件所做的展成啮合运动,还可以加工出形状更为复杂的几何形面。如各种花键表面和齿形表面的加工,就常常采用成形运动法。此时,刀具相对工件做展成啮合的成形运动,其加工后的几何形面即是刀刃在成形运动中的包络面。

(2)非成形运动法。非成形运动法即零件表面形状精度的获得不是靠刀具相对工件的准确成形运动,而是靠在加工过程中不断检验和精细修整加工表面形状的加工方法。

非成形运动法虽然是获得零件表面形状精度最原始的加工方法,但直到目前为止,该方法仍被应用于某些复杂的形状表面和形状精度要求很高的表面的加工。如具有较复杂空间形面锻模的精加工、高精度测量平台和平尺的精密刮研加工及精密丝杠手工研磨加工等。

## 三、位置精度的获得方法

在机械加工中,获得位置精度的方法主要有下述两种。

(1)一次装夹获得法。一次装夹获得法即零件有关表面间的位置精度是直接在工件的同一次装夹中,由各有关刀具相对工件的成形运动之间的位置关系保证的。如轴类零件外圆与端面、端台的垂直度,箱体孔系加工中各孔之间的同轴度、平行度和垂直度等,均可采用一次装夹获得法。

(2)多次装夹获得法。多次装夹获得法即零件有关表面间的位置精度是由刀具相对工件的成形运动与工件定位基准面(亦是工件在前几次装夹时的加工面)之间的位置关系保证的。如轴类零件上键槽对外圆表面的对称度，箱体平面与平面之间的平行度、垂直度，箱体孔与平面之间的平行度和垂直度等，均可采用多次装夹获得法。在多次装夹获得法中，又可根据工件的不同装夹方式划分为直接装夹法、找正装夹法和夹具装夹法。

## 第三节　原理误差对加工精度的影响

### 一、理论误差

理论误差是由于采用了近似的加工方法产生的。常用的近似加工方法可分为采用近似的加工运动或近似的切削工具轮廓两种形式。

在某些比较复杂的形面加工时，为了简化机床设备或切削工具的结构，常采用近似的加工方法。

如图 4-3 所示，在滚切加工渐开线的齿形时，为了便于工具制造，采用法向直廓基本蜗杆来代替渐开线基本蜗杆的滚刀，于是就产生了理论误差。另外，滚刀需要切削而开刃，因而加工后工件表面不是光滑的渐开线齿形曲线，而是为折线所代替。

在加工用离散点定义的复曲面时，常采用回转面族的包络面去逼近原曲面，从而产生理论误差。

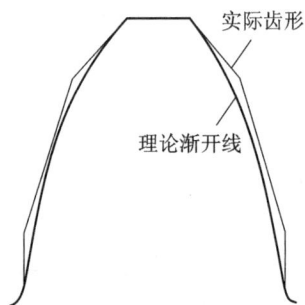

图 4-3　理论齿形与实际齿形之间的差别

另外，在数控机床上，常用直线或圆弧插补来加工轮廓曲线和曲面，这也有理论误差存在。

如图 4-4 所示为某型涡轮叶片叶形(叶盆)的加工，由于叶盆是斜锥面，加工比较困难，若用正圆锥面来代替，则加工十分方便。因此，每个截面上的理论曲线(圆弧)都由椭圆来代替，进而产生了理论误差。

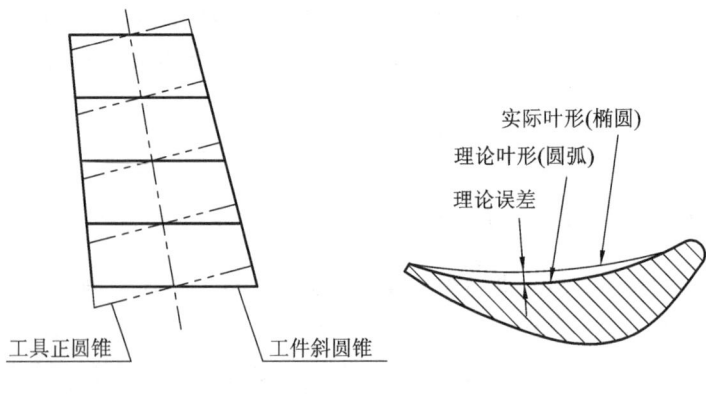

图 4-4　叶片叶盆加工的理论误差

综上所述，一般在形面加工时才采用近似加工法。由于近似加工法比较简单，只要理论误差不大，采用近似加工法可大大提高生产率和经济性。理论误差的大小一般应控制在

公差值的 $10\%\sim20\%$，其数值可用分析计算法或作图法来确定。

## 二、装夹误差

工件的装夹误差包括定位误差和夹紧误差。

定位误差首先与定位基准和定位方法的选择有关，同时，定位基准和定位元件上定位表面的制造精度也对定位误差有很大的影响。

定位基准有多种形式，如平面、圆柱面、形面及其组合。若基准表面比较简单，则定位基准就容易加工准确，复杂的定位基准容易产生较大的定位误差。另外，定位方法不同，影响误差的因素也不同。如用圆柱定位销或小锥度心轴作为定位元件时，其定位误差不同。

因此，不但要提高定位基准和定位表面的制造精度，而且要合理地选择定位基准和定位方法，以减小定位误差。

夹紧误差主要与夹紧力及夹紧机构的选择有关。

夹紧力的大小、方向和作用点的选择，对夹紧误差有很大的影响。在选择夹紧力时，要避免破坏工件定位的准确性和稳定性，同时要使夹紧变形小。特别是在工件的各向刚性相差较大时，更要注意夹紧力方向的选择，如薄壁套筒及环形件等，常用轴向夹紧以防止变形。

在选择夹紧机构时，应使工件能均匀与稳定地夹紧，在保证可靠性的同时，使夹紧变形减小。

## 三、调整误差

调整是保证工艺系统中各环节位置精度的重要措施。通过调整，保证切削工具和工件的相对位置准确，从而保证工序的加工精度和工艺稳定性。

调整误差主要与机床、夹具和切削工具的调整误差有关。

机床上的定程机构如行程挡块、凸轮、靠模等以及影响工件与切削工具相对位置的其他机构的调整，都会影响工件的加工精度。

夹具在机床上安装时，一般是利用夹具和机床上的连接表面定位。当精度要求较高时，往往规定安装精度的数值，如要求同轴度、垂直度和平行度等。

切削工具在机床上的安装与调整，特别是在自动获得精度的情况下，如在转塔车床、多刀机床、仿形机床、组合机床和数控机床等机床上加工时，就更为重要。

对于单件或小批生产，常采用试切法进行加工。在批量较大或大量生产时，为减少调整时间，调刀时可采用样件或对刀样板来进行调整。但是，由于在静态下调整有时和实际加工时有较大的差别，因此，在用样件或对刀样板调整好以后，还要进行若干个工件的试切，再进行精调、固定。

## 第四节　机床误差对加工精度的影响

被加工工件的精度在很大程度上取决于机床的误差。机床误差包括机床的制造误差、磨损和安装误差。在机床的这些误差中，对加工精度影响较大的有主轴回转精度、导轨的导向精度以及传动链的传动精度。

# 一、主轴回转精度

### 1. 主轴回转误差分类

机床主轴用于安装工件或切削工具，其回转精度会影响工件在加工时的表面形状、表面间的位置关系精度，以及表面的粗糙度等，是机床精度的重要指标之一。

主轴的回转误差，是指主轴实际的回转轴线相对于理论轴线的漂移。

主轴存在轴颈的圆度误差、轴颈间的同轴度误差，以及轴承的各种误差、轴承孔的误差、本体上轴承孔间的同轴度误差等，这些误差都会影响主轴轴心线的位置。在加工过程中，力及温度等多种因素还会造成主轴回转轴线的空间位置发生周期性的变化，从而使轴线漂移。

主轴回转误差一般可分三种基本形式，即径向跳动、轴向窜动和角度摆动。

（1）纯径向跳动。如图 4-5 所示，实际回转轴线始终平行于理想回转轴线，在一个平面内作等幅的跳动，影响工件圆度。

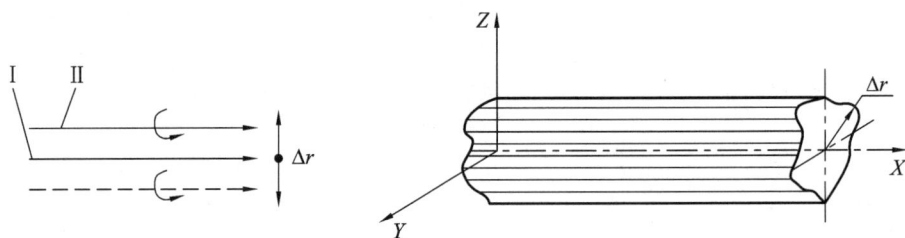

图 4-5　纯径向跳动

（2）纯轴向窜动。如图 4-6 所示，实际回转轴线始终沿理想回转轴线作等幅的窜动，影响轴向尺寸。

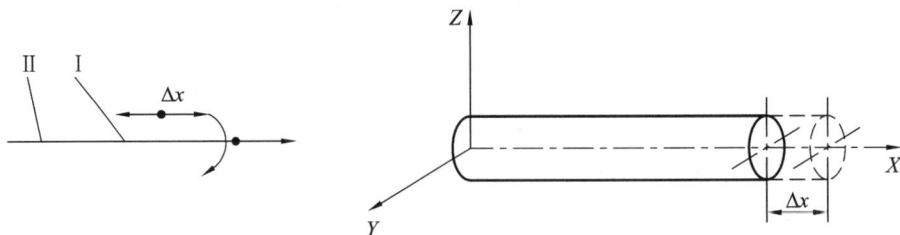

图 4-6　纯轴向窜动

（3）纯角度摆动。如图 4-7 所示，实际回转轴线与理想回转轴线始终成一倾角，在一

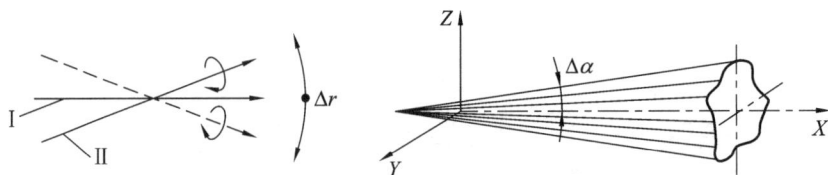

图 4-7　纯角度摆动

个平面上作等幅摆动，且交点位置不变，影响圆柱度。

主轴的径向回转误差是由径向跳动和角度摆动合成的；轴向回转误差是由轴向窜动和角度摆动合成的。不同的加工方法，会使回转误差造成不同的影响。如在加工外圆或内孔时，径向回转误差会引起圆度和圆柱度误差，而径向回转误差对加工端面无直接影响。轴向回转误差对加工内孔或外圆影响不大，而对端面垂直度有很大的影响。如在车螺纹时，轴向回转误差会使螺旋面的导程产生周期误差。

由以上分析可知，对圆柱面及端面等的精密加工，需要采用能稳定主轴回转的轴系。因此，静压轴承等结构在精密机床上的应用日益增多。对于采用滚动轴承的主轴，则需要保持适当的预载荷以稳定主轴的回转。

**2. 影响主轴回转精度的主要因素**

引起主轴回转轴线漂移的主要原因是：轴承的误差、轴承间隙以及与轴承配合零件的误差等。此外，主轴转速对主轴回转误差也有影响。

（1）轴承误差的影响。主轴采用滑动轴承时，轴承误差主要是指主轴颈和轴承内孔的圆度误差和波度。

对于工件回转类机床（如车床、磨床等），切削力的方向大体上是不变的，在切削力的作用下，主轴颈以不同部位和轴承内孔的某一固定部位接触。因此，影响主轴回转精度的因素主要是主轴轴颈的圆度和波度，而轴承孔的形状误差对主轴回转精度的影响较小。如果上轴颈是椭圆形的，那么，主轴每回转一周，主轴回转轴线就径向圆跳动两次。主轴轴颈表面如有波度，主轴回转时将产生高频的径向圆跳动。

对于刀具回转类机床（如镗床等），由于切削力方向随主轴的回转而回转，主轴颈在切削力作用下总是以某一固定部位与轴承内表面的不同部位接触。因此，轴承孔的圆度对主轴回转精度影响较大。如果轴承孔是椭圆形的，则主轴每回转一周，就径向圆跳动一次。轴承内孔表面如有波度，同样会使主轴产生高频径向圆跳动。

（2）轴承间隙的影响。主轴轴承间隙也会影响回转精度，如轴承间隙过大，会使主轴工作时油膜厚度增大，油膜承载能力降低，当工作条件（载荷、转速等）变化时，油楔厚度变化较大，主轴轴线漂移量增大。

（3）与轴承配合零件误差的影响。由于轴承内、外圈或轴瓦很薄，受力后容易变形，因此与之相配合的轴颈或箱体支承孔的圆度误差会使轴承圈或轴瓦发生变形而产生圆度误差。与轴承圈端面配合的零件如油肩、过渡套、轴承端盖、螺母等的有关端面，如果有平面度误差或与主轴回转轴线不垂直，会使轴承圈滚道倾斜，造成主轴回转轴线的径向、轴向漂移。箱体前后支承孔、主轴前后支承轴颈的同轴度会使轴承内外圈滚道杆相对倾斜，同样也会引起主轴回转轴线的漂移。总之，提高与轴承相配合零件的制造精度和装配质量，对提高主轴回转精度有很大帮助。

（4）主轴转速的影响。主轴部件质量不平衡、机床各种随机振动以及回转轴线的不稳定等因素对主轴回转精度产生的影响，随主轴转速的增大而增大，使主轴在某个转速范围内的回转精度较高，超过这个范围时，误差就较大。

**3. 提高主轴回转精度的措施**

（1）提高主轴部件的制造精度。首先应提高轴承的回转精度，如选用高精度的滚动轴承或采用高精度的多油楔动压轴承和静压轴承。其次是提高箱体支承孔、主轴轴颈和与轴承相配合有关表面的加工精度。此外,还可在装配时先测出滚动轴承及主轴锥孔的径向圆跳动,然后调节径向圆跳动的方位,使误差相互补偿或抵消,以减少轴承误差对主轴回转精度的影响。

(2)对滚动轴承进行预紧。对滚动轴承适当预紧以消除间隙,甚至产生微量过盈。由于轴承内外圈和滚动体弹性变形的相互制约,既增加了轴承刚度,又对轴承内外圈滚道和滚动体的误差起均化作用,因而可提高主轴的回转精度。

## 二、导轨的导向精度

导轨是机床各部件运动的基准,机床的直线运动精度主要取决于机床导轨的精度。为了控制导轨的误差,需要控制以下四个因素:

① 导轨在垂直平面内的直线度;

② 导轨在水平平面内的直线度;

③ 前后导轨的平行度;

④ 导轨与主轴回转轴线的平行度。

导轨的直线度会影响刀具切削刃的轨迹,从而影响加工误差。导轨在垂直平面内和水平平面内的直线度误差,在不同的加工方式下对尺寸精度的影响是不同的。如在普通车床上加工外圆时,导轨在垂直平面内的直线度误差,对尺寸精度的影响很小,而水平平面内的直线度误差,对尺寸精度的影响很大。

图 4-8 所示为导轨在垂直平面内的直线度误差,引起刀具有 $\Delta z$ 的位移。图 4-9 所示为导轨在水平平面内的直线度误差,引起刀具有 $\Delta y$ 的位移。

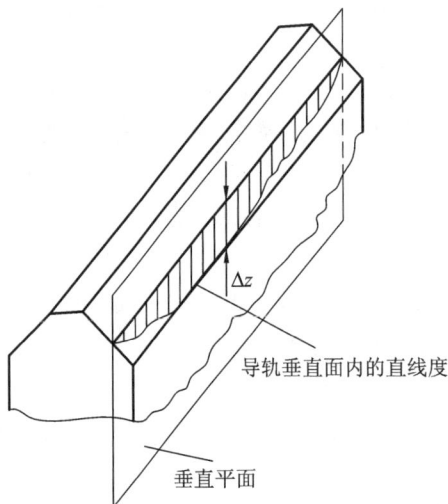

图 4-8 导轨在垂直平面内的直线度误差　　图 4-9 导轨在水平平面内的直线度误差

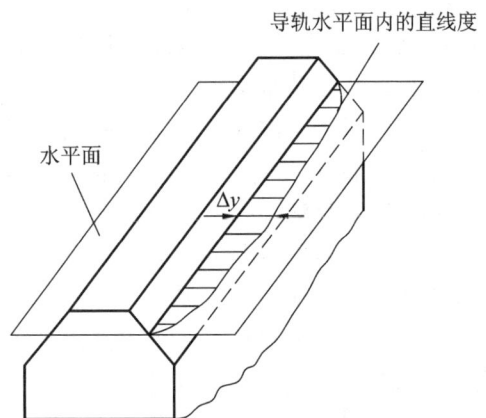

由误差敏感方向理论可知,导轨垂直平面内的直线度误差,对车削这种加工方法来讲,影响较小,可以忽略不计。

另外,导轨间的不平行度(扭曲)误差,也会影响刀架和工件之间的相对位置而引起加工误差，如图 4-10 所示。

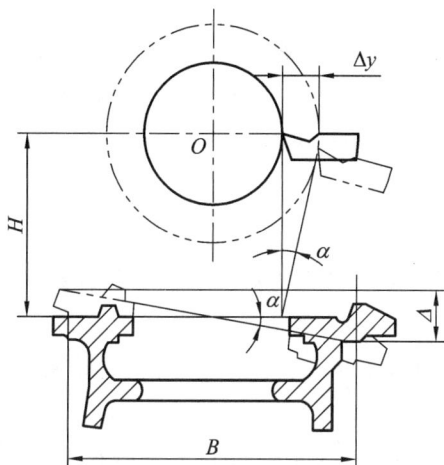

图 4-10　由导轨间的不平行度误差引起的加工误差

## 三、传动链的传动精度

在某些加工过程中，成形运动有一定的速度关系，如齿轮的齿形与螺纹等表面的加工。切削工具和工件之间的运动关系，通常是通过机床的传动链来保证的。因此，传动系统的误差将对工件的加工误差产生直接的影响。

为了提高传动精度，一般在工艺上采取下列措施：

① 缩短传动链，以减少传动件个数，减少误差环节；

② 提高传动件的制造精度，特别是末端传动件的精度对加工误差的影响较大；

③ 提高传动件的装配精度，特别是末端传动件的装配精度，以减小因几何偏心引起的周期误差；

④ 采用降速传动，以减小传动误差对加工精度的影响。

另外，为了加工高精度的工件，常采用误差补偿的办法来提高机床的传动精度。补偿装置可采用计算机控制的自动补偿装置，以校正机床的静态和动态传动误差。

## 第五节　夹具、切削工具误差对加工精度的影响

## 一、夹具误差

夹具是用以使工件在机床上安装时，相对于切削工具有正确的相对位置的装置，因此，夹具的制造误差以及在使用过程中的磨损，会对工件的位置尺寸和位置关系的精度有比较大的影响。

夹具上的定位元件、切削工具的引导件、分度机构以及夹具体等的制造误差，都会影响工件的加工精度。对于因夹具制造精度引起的加工误差，在设计夹具时，应根据工序公

差的要求，予以分析和计算，一般精加工夹具取工件公差的 $1/2\sim 1/3$，粗加工夹具取工件公差的 $1/3\sim 1/5$。

夹具在使用过程中的磨损，也会影响工件的加工精度。因此，在设计夹具时，对于容易磨损的元件，如定位元件与导向元件等，均应采用较为耐磨的材料进行制造。同时，当元件磨损到一定程度时，应及时地进行更换。

## 二、切削工具误差

切削工具的误差包括制造误差和加工过程中的磨损误差。

### 1. 切削工具的制造误差

不同切削工具的制造误差对工件加工精度有不同的影响，在下列两种情况下，切削工具的制造误差直接影响加工精度。

（1）定尺寸切削工具。如钻头、铰刀、孔拉刀和键槽铣刀等定尺寸切削工具，在加工时，切削工具的尺寸和形状精度会直接影响工件的尺寸和形状精度。

（2）定型切削工具。如成形车刀、成形铣刀、成形砂轮等定型切削工具，在加工时，切削工具的形状会直接反映到工件的表面上，从而影响工件的形状精度。

### 2. 切削工具的磨损误差

对于一般切削工具，如普通车刀、镗刀和铣刀等，其制造精度对加工误差无直接影响。但如果切削工具的几何参数或材料选择不当，将使切削工具急剧磨损，从而间接地影响加工精度。

在切削过程中，切削工具不可避免地要产生磨损，使原有的尺寸和形状发生变化，从而引起加工误差。在精加工以及大型工件加工时，切削工具的磨损对加工精度会有较大的影响。同时，切削工具的磨损也是影响工序加工精度稳定性的重要因素。

切削刀具的磨损量对加工精度的影响主要体现在加工表面法向上切削刀具的磨损量。磨损量的大小，直接引起工件尺寸的改变。如图 4-11 所示为车削工具的磨损情况。

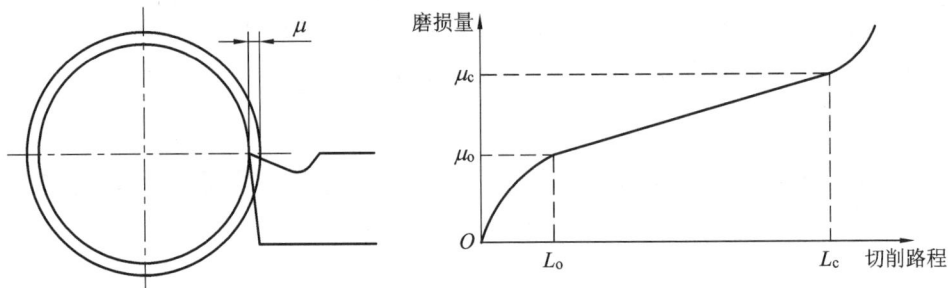

图 4-11 车削工具的磨损

## 第六节　测量精度对加工精度的影响

零件尺寸精度的获得，往往首先受到尺寸测量精度的限制。目前，很多零件用现有的加工工艺方法，完全可以加工得非常精确，但由于尺寸测量精度不高而无法分辨。例如，常见的滚动轴承的钢球，采用磨滚和滚研的方法可以加工得很准确，但因为没有相应精度的测量工具而不能进行精确的尺寸测量和尺寸分组。过去只能制造出尺寸精度为 0.5 $\mu m$ 的钢球，而现在可制造出尺寸精度为 0.1 $\mu m$ 或更高精度的钢球。然而，钢球的加工工艺方法并没有什么变化，主要是尺寸测量精度有了相应的提高。当前，精确的尺寸测量方法是利用光波干涉原理将被测尺寸与激光光波波长相比较，其测量精度可达 0.01 $\mu m$。这种光波干涉测量法主要用于实体基准——精密量块和精密刻度尺的测量。对一般机器零件的尺寸，则主要采用万能量具、量仪进行测量。

## 一、尺寸测量方法

在机械加工中，常采用如下几种测量方法：

（1）绝对测量和直接测量——测量示值直接表示被测尺寸的实际值。如用游标卡尺、百分尺、千分尺和测长仪等具有刻度尺的量具或量仪测量零件尺寸的方法。

（2）相对测量——测量示值只反映被测尺寸相对于某个定值基准的偏差值，而被测尺寸的实际值等于基准与偏差值的代数和。如在具有小范围细分刻线尺或表头的各种测微仪、比较仪上，用精密量块调零后再测零件尺寸的方法。

（3）间接测量——测量值只是与被测尺寸有关的一些尺寸或几何参数，测出后还必须再按它们之间的函数关系计算出被测零件的尺寸。如采用三针和百分尺测量螺纹中径，采用弓高弦长规测量非整圆样板或大小尺寸圆弧直径等。

## 二、影响尺寸测量精度的主要因素

采用上述几种尺寸测量方法对零件尺寸进行测量，从测量过程、测量条件及使用的测量工具来看，影响尺寸测量精度的主要因素有如下几个方面。

### 1. 测量工具本身精度的影响

在对零件尺寸进行测量时，由于使用的测量工具不可能制造得绝对准确，因而测量工具的精度必然对被测零件尺寸的测量精度产生直接的影响。测量工具精度主要是由示值误差、示值稳定性、回程误差和灵敏度等方面综合起来的极限误差（测量工具可能产生的最大测量误差）$\Delta_{\text{lim}}$ 表示的。各种常用测量工具的极限误差值可以从测量工具的使用说明书中查出。

### 2. 测量过程中测量部位、目测或估计不准的影响

在对零件尺寸进行测量的过程中，测量者的视力、判断能力和测量经验等都会影响尺寸测量精度。当采用卡钳、游标卡尺或百分尺测量轴颈或孔径尺寸时，往往由于测量的部位不准确而造成测量误差。如图 4-12 所示，按图示的几何关系，通过近似计算可求得测量偏离被测部位 $\varphi$ 角时，被测轴颈或孔径的测量误差。

当测量轴颈 $d$ 时，见图 4-12(a)，其测量误差为

$$\Delta d = d - d' = 2\Delta r = 2r(1 - \cos\varphi) = 4r\sin^2\frac{\varphi}{2}$$

当 $\varphi$ 角一定时，被测工件的尺寸越大，造成的误差也越大，故在测量大尺寸的轴颈或

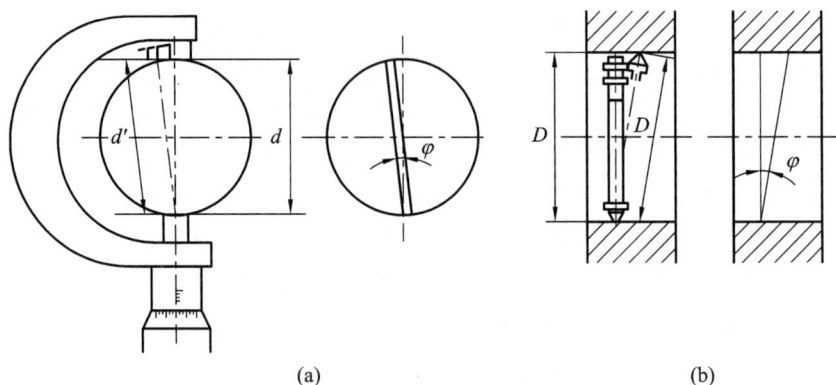

图 4 - 12    测量部位不准确的影响

孔径时应特别注意保持正确的测量部位。

此外，在测量过程中目测刻度值时，往往由于观测方向不垂直于刻度线所在平面而产生斜视的测量误差，这种测量误差有时甚至达到半个分度值之多。在精密测量时，若量仪指针停留在两条示值刻线之间，就要用目测估计指针移过刻线的小数部分，因而也会产生目测估计不准的误差。

**3. 测量过程中所使用的对比标准、其他测量工具的精度及数学运算精度的影响**

当采用相对测量或间接测量时，还应考虑所使用的对比标准、其他测量工具的精度及数学运算的精度等影响因素。如图 4 - 13 所示，当采用机械式测微仪和精密量块测量工件直径[见图 4 - 13(a)]、用千分尺和三针测量精密螺纹中径 $d_2$[见图 4 - 13(b)]或通过弓高弦长规测量计算非整圆样板直径[见图 4 - 13(c)]时，所使用的精密量块、三针、弓高弦长规的精度及有关的数学运算的精度，都对测量精度有影响。

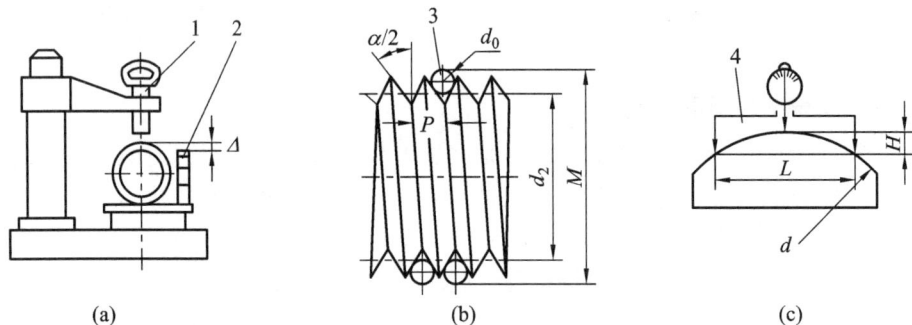

1—机械测微仪；2—精密量块；3—三针；4—弓高弦长规。

图 4 - 13    对比标准和其他测量工具精度的影响

**4. 单次测量判断不准的影响**

尺寸测量精度的高低是由测量误差 $\Delta_{测}$ 来衡量的，而测量误差的大小则以实际测得值 $L_{测}$ 与所谓"真值"$L_{真}$ 之差表示，即

$$\Delta_{测} = L_{测} - L_{真}$$

然而，真值在测量前并不知道，其本身就是要通过测量确定的。为了衡量测量误差的大小，就需要寻找一个非常接近真值的数值代替真值以评价测量精度的高低。为此，只有在排除测量过程中系统误差的前提下，对某一测量尺寸进行多次重复测量，用多次重复测量值的

算数平均值 $L_\mu$ 代替 $L_真$。

在对零件尺寸进行测量时，若只根据一次测量的数据来确定被测尺寸的大小，则由于一次测量结果的随机性而不能更准确地判断其值与 $L_\mu$ 的接近程度（见图 4-14），测量误差 $\Delta_测$ 为所使用测量工具的系统误差 $\Delta_系$ 与随机误差 $\Delta_随$ 的代数和，即

$$\Delta_测 = \Delta_系 \pm \frac{\Delta_随}{2} = \Delta_系 \pm 3\sigma_测$$

式中，$\sigma_测$ 为测量工具或测量方法的均方根偏差。

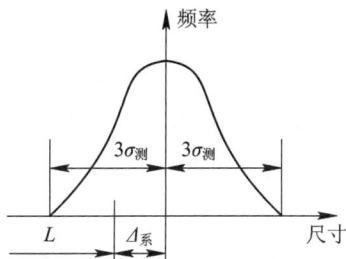

图 4-14 测量误差的分布

## 三、保证尺寸测量精度的主要措施

### 1. 选择的测量工具或测量方法应尽可能符合"阿贝原则"

"阿贝原则"指零件上的被测线应与测量工具上的测量线重合或在其延长线上。例如，常用的外径千分尺、测深尺、立式测长仪和万能测长仪等的测量符合"阿贝原则"，而游标卡尺及各种工具显微镜的测量则不符合"阿贝原则"。如图 4-15 所示，采用游标卡尺测量

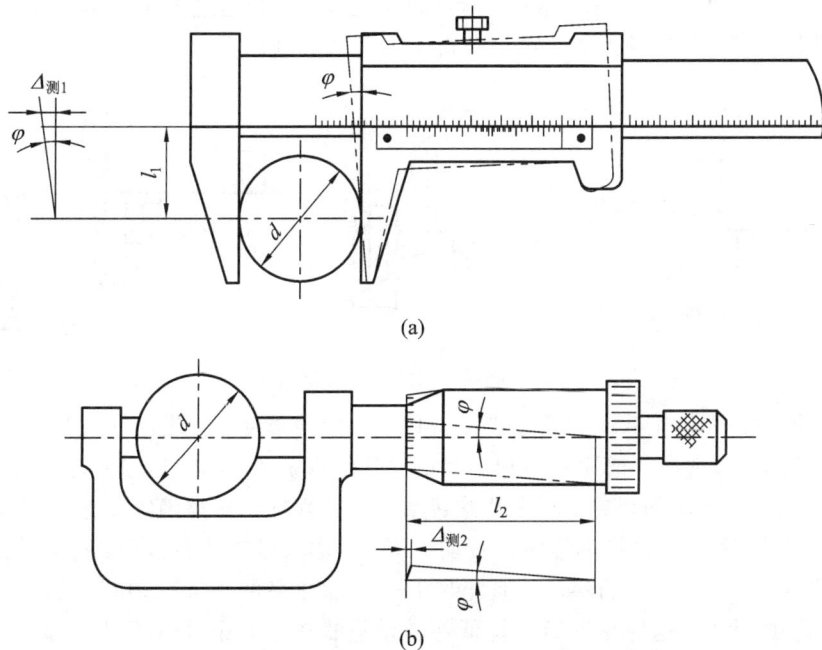

(a)

(b)

图 4-15 不符合与符合"阿贝原则"时的区别

一个小轴直径尺寸 $d$，与采用千分尺测量相比存在较大的测量误差，即采用的测量工具不符合"阿贝原则"时存在较大的误差。

**2. 合理选择测量工具及测量方法**

由于在测量尺寸过程中所使用的各种量具、量仪、长度基准件和其他测量工具等都是按一定的公差制造的，故在应用时也必然有它们相应的精度范围。在对零件尺寸进行测量之前，首先应了解各种测量工具或测量方法所能达到的测量精度，然后再根据被测零件的尺寸精度合理地选取相应精度的测量工具或测量方法。

**3. 合理使用测量工具**

（1）使用量具或量仪量程中测量误差最小的标准段进行测量。

（2）采用具有示值误差校正的量具或量仪进行测量，这时可以通过消除所使用测量工具本身的系统误差（即量具的示值误差）提高测量精度。

**4. 多次重复测量**

对被测零件尺寸进行多次重复测量，然后对测量数据进行处理，就可以得到较接近于被测零件尺寸真值的测量结果。

## 第七节　微量进给精度对加工精度的影响

### 一、微量进给方法及影响微量进给精度的因素

机床上的微量进给大多是通过一套减速机构实现的，如通过图 4－16 所示的蜗杆蜗轮、行星齿轮或棘轮棘爪等减速装置，均可获得微小的进给量。

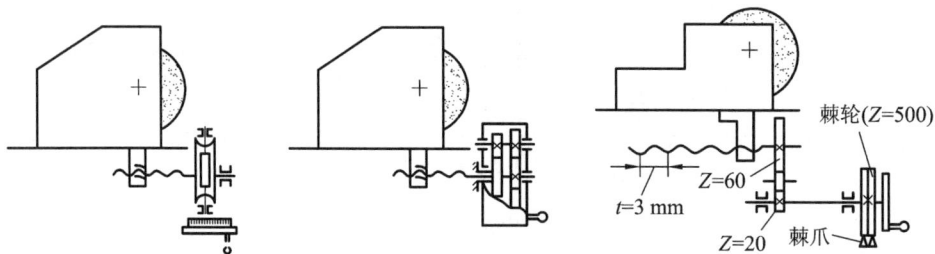

图 4－16　常用的微量进给机构

对于常见的各种机械减速的微量进给机构，从传动角度看，进给手轮转动一小格使工作台进给移动 $1\ \mu m$ 或更小的距离是很容易的。但在实际进行的低速微量进给过程中，常常出现如图 4－17(a)所示的现象。即当开始转动进给手轮时，只是消除了进给机构的内部间隙，工作台并没有移动。再将进给手轮转动一下，工作台可能还不移动，直到进给手轮转动到某一个角度，工作台才开始移动。但此刻工作台往往突然一下移动较大的距离，而后又处于停滞不动的状态。这种在进给手轮低速转动过程中，工作台由不动到移动，再由移动到停滞不动的反复过程，称为跃进（或爬行）现象。图 4－17(b)所示即为一个进给刀架进给过程的实测结果。

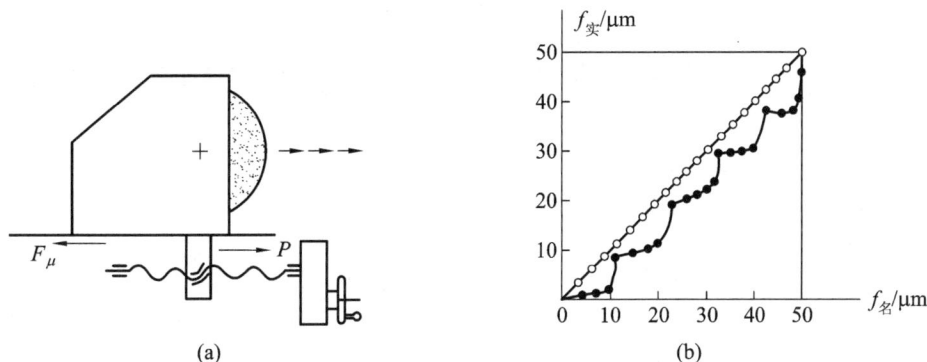

图 4-17  低速微量进给时的跃进现象

产生跃进现象的根本原因在于进给机构中各相互运动的零件表面之间存在摩擦力，其中最主要的是进给系统最后环节——机床工作台与导轨之间的摩擦力。这些摩擦力在开始转动进给手轮时就阻止工作台移动，并促使整个进给机构产生相应的弹性变形。随着进一步转动进给手轮，进给机构的弹性形变程度和相应产生的弹性驱动力 $P$ 逐渐增大，当 $P$ 值达到能克服工作台与床身导轨之间的静摩擦力 $G\mu_0$（即 $P_1 \geqslant G\mu_0$）时，工作台便开始进给移动了。工作台一开始移动，相互运动表面由静摩擦状态变为动摩擦状态，这时由于摩擦系数下降而使工作台产生一个加速度，因而工作台就会移动一个较大的距离。当工作台移动一定距离后，又会因动摩擦力 $G\mu$ 大于由于弹性恢复而逐渐减小的弹性驱动力（即 $G\mu \geqslant P_2$）而暂时停止下来，又恢复到静止不动的状态。这样周而复始地进行，即出现了跃进现象。

在低速微量进给过程中，跃进现象的产生与整个进给机构的传动刚度，工作台重量和静、动摩擦系数有关。工作台每次产生跃进的距离与工作台重量和静、动摩擦系数的差值成正比，而与进给机构的传动刚度成反比。

## 二、提高微量进给精度的措施

（1）提高进给机构的传动刚度。具体方法有以下三种：

① 在进给机构结构允许的条件下，可以适当加粗进给机构中传动丝杠的直径，缩短传动丝杠的长度，以减少其在进给传动时的受力变形。设计进给机构中的传动丝杠时，若按一般的强度、磨损等条件计算，所需直径尺寸往往很小，以至刚度较低。为此，可适当地加大直径尺寸。

② 尽量消除进给机构中各传动元件之间的间隙，特别是最后传动环节——丝杠和螺母之间的间隙。

③ 尽量缩短进给机构的传动链。为了提高微量进给精度，还可以采用传动链极短的高刚度无间隙的微量进给机构。

（2）减少进给机构各传动副之间的摩擦力和静、动摩擦因数的差值。

（3）合理布置进给机构中传动丝杠的位置。在机床进给机构的设计中，还必须合理布置进给丝杠的位置，否则会由于扭侧力矩的作用使工作台与床身导轨搭角接触，从而增加摩擦阻力，影响进给精度，严重时甚至可能造成"卡死"现象。

| 第八节 | 工艺系统受力变形对加工精度的影响及其控制 |

## 一、各种力对零件加工精度的影响

在零件加工过程中，在各种力（夹紧力、拨动力、离心力、切削力、重力和测量力等）的作用下，整个工艺系统会产生相应的变形并造成零件在尺寸、形状和位置等方面的加工误差。

### 1. 夹紧力的影响

在加工过程中，工件或夹具的刚度过低或夹紧力确定不当，都会引起工件或夹具的相应变形，造成加工误差。如图 4-18(a)所示，在车床上用三爪自定心卡盘定位夹紧加工薄壁套或在平面磨床上磨削加工薄片类工件时，工件由于夹紧力而产生弹性变形，加工后虽然在机床上测量加工表面的形状是合格的，但取下工件后它们会因弹性恢复而超差。又如，当夹具设计不合理或其刚度不够时，也会由于夹具某些受力部分的过大变形[见图 4-18(b)]而造成工件的加工误差。

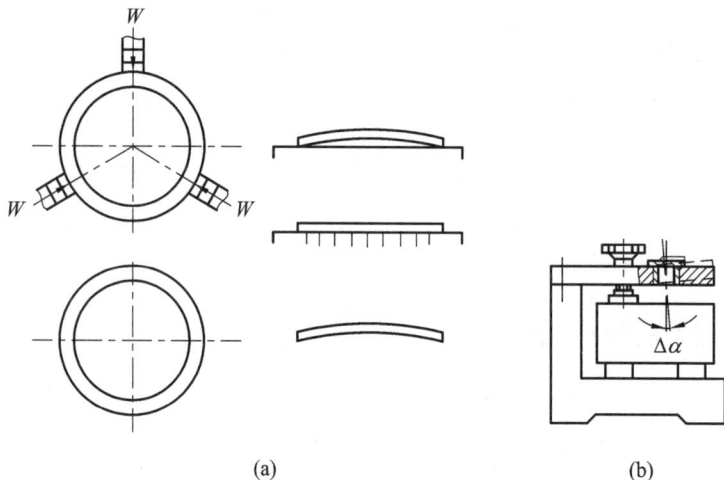

图 4-18　夹紧力的影响

### 2. 拨动力和离心力的影响

在加工过程中，若采用单爪拨盘带动工件回转，将产生不断改变方向的拨动力。对于高速回转的工件，若质量不平衡，还将产生方向不断变化的离心力。这些在工件回转时方向不断改变的力会引起工艺系统有关环节的变形，从而造成加工误差。如图 4-19 所示，在车床上用单爪拨盘拨动加工工件外圆表面时，若只考虑单爪拨盘拨动力的影响，则在方向不断变化、大小恒定的拨动力的作用下，工件的瞬时回转中心不再是工件的顶尖孔中心（如图 4-19 中的 1、2、3、4），而是工件端面上某一固定点 $O_1$。这样，加工后将造成外圆表面与定位基准面（前后顶尖孔连线）的同轴度误差，且这项加工误差值将随距拨盘端面距离的增大而逐渐减小。同理，若只考虑方向不断改变、大小恒定的离心力的影响，加工工件外圆和内孔也将造成它们与定位端面的位置误差。

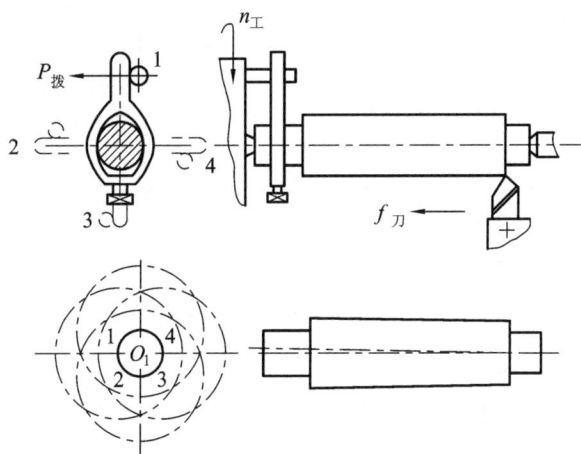

图 4 - 19　拨动力的影响

**3. 切削力的影响**

在加工过程中，切削力会引起工艺系统有关部分的变形，从而造成加工误差。如图 4 - 20 所示，在外圆磨床上用宽砂轮横向进给磨削工件的轴颈时，由于磨床头架刚度高于尾架刚度，将造成被加工轴颈的圆柱度误差。

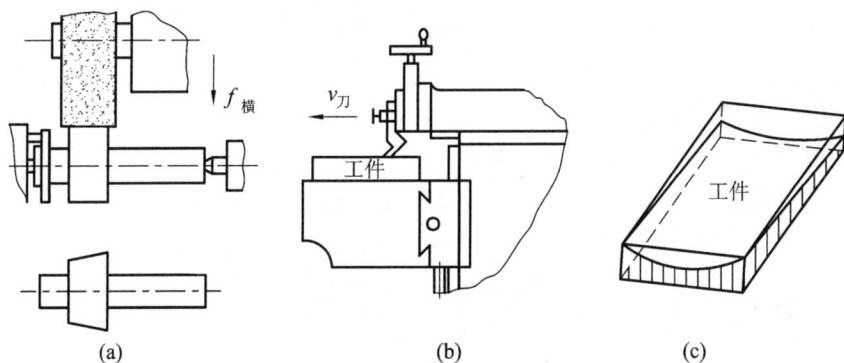

(a)　　　　　　　(b)　　　　　　　(c)

图 4 - 20　切削力的影响

**4. 重力的影响**

在加工过程中，工艺系统有关部分在自身重力作用下所引起的相应变形，也会造成加工误差，这在切削力很小的精密加工机床上表现得更为突出。如采用悬伸式磨头的平面磨床加工平面时，磨头部件的自重变形会造成加工表面的平面度误差及加工表面对工件底面的平行度误差（见图 4 - 21）。

**5. 测量力的影响**

在加工过程中，当采用试切法或试切调整法加工时，由于对工件试切尺寸进行测量时测量力的作用，将使测量触头与工件表面产生接触变形，造成测量不准而产生加工误差。

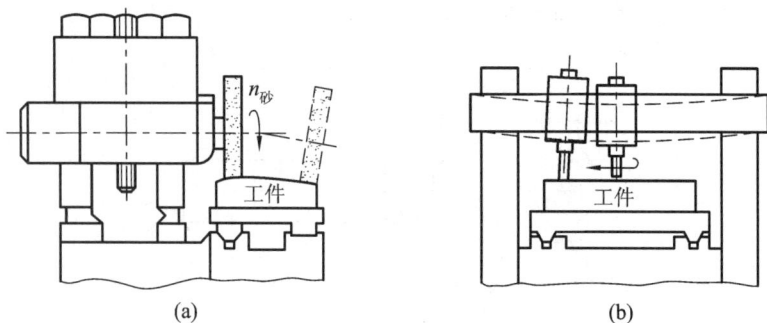

图 4 - 21　重力的影响

## 二、控制工艺系统受力变形对零件加工精度影响的主要措施

控制工艺系统受力变形对零件加工精度影响的主要措施如下：

（1）降低切削用量。

（2）补偿工艺系统有关部分的受力变形。通过掌握工艺系统受力变形的规律，积极采取补偿变形的方法。即事先调整好工艺系统的某个部分，使其占有受力变形的相反位置，从而补偿加工过程中受力变形产生的误差。

在车床上采用调整法加工一批工件的外圆时，为了补偿刀架部件受力变形的影响，常常先试切几个工件，根据加工后工件的实际尺寸调整刀具的位置，或在已知变形量大小的前提下，采用径向尺寸略小的样件调整刀具位置等方法。

（3）采用恒力装置。

（4）提高工艺系统刚度。

在上述措施中，降低切削用量是一种比较消极的办法，而补偿受力变形往往由于结构限制或加工调整过于复杂，其应用受到一定限制。比较好的解决办法是提高工艺系统刚度，特别是提高工艺系统中薄弱环节的刚度。

## 三、工艺系统刚度

### 1. 工艺系统刚度的概念及特点

由材料力学可知，任何一个物体在外力作用下总要产生变形。如图 4 - 22(a)所示，变形量 $y$ 的大小与外力 $P$ 和物体本身的刚度 $K$ 有关，一般以作用在物体上的外力 $P$(N)与作用力 $P$ 方向上的位移 $y$(mm)的比值表示物体的刚度，即

$$K = \frac{P}{y} \quad (\text{N/mm})$$

工艺系统刚度与一般物体刚度的概念一样，是指整个工艺系统在外力作用下抵抗变形的能力。在零件加工过程中，工艺系统各部分在切削力作用下将在各个受力方向产生相应的变形。但从对零件加工精度的影响程度来看，加工表面法线方向的变形影响最大。为此，可以将工艺系统刚度 $K_{系}$ 定义为零件加工表面法向分力 $F_{法}$ 与刀具在加工表面法线方向上相对工件的变形位移量 $y_{法}$ 之比，即

$$K_{系} = \frac{F_{法}}{y_{法}}$$

如在车床或磨床上加工外圆表面时，主要考虑径向切削分力 $F_y$ 和径向相对变形位移量 $y$ 的问题，此时工艺系统刚度为

$$K_{系} = \frac{F_y}{y}$$

对一般物体或简单零件来说，其刚度值是一个常数，即外力与变形量之间呈线性关系，且变形方向与外力方向一致[见图 4-22(b)]。然而，整个工艺系统是由机床、夹具、刀具和工件等很多零部件组成的，故其受力与变形之间的关系就比较复杂，且有它本身的特殊性。

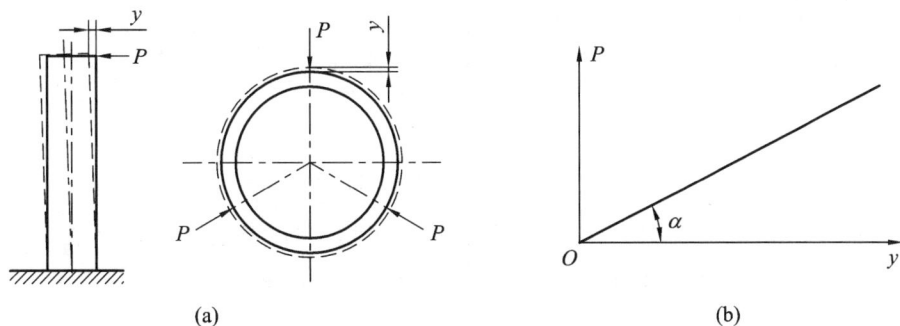

图 4-22　外力 $P$(N)与位移 $y$(mm)的关系

为进一步寻求连接面受力变形的规律，还可进行外力 $P$ 与试件变形量 $y_{测}$ 之间关系的实验。如图 4-23(b)所示，实验曲线表明外力 $P$ 与变形量 $y_{测}$ 之间不呈线性关系，亦即连接面刚度值不是常数。连接面刚度值不是常数的主要原因是：在不同外力作用下，连接面的实际接触面积也在变化。当外力增加时，连接面的实际接触面积增加[见图 4-23(c)]，从而由于实际压强减小使连接面变形量的增量也相应减小。

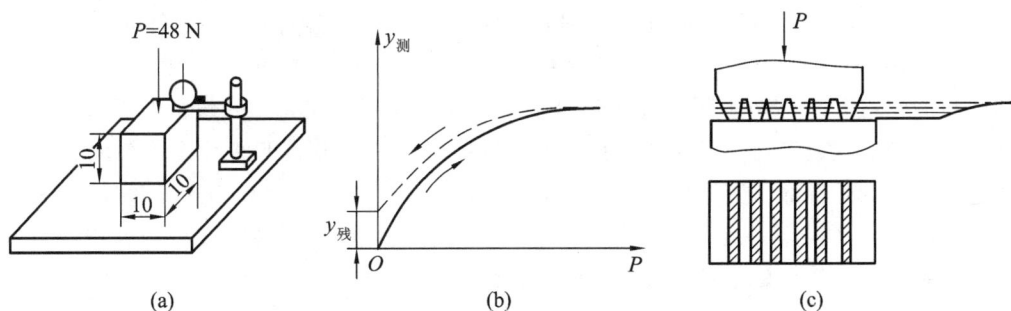

图 4-23　外力 $P$ 与变形量 $y_{测}$ 之间的关系

上述工艺系统刚度的定义和车床刀架部件刚度的测定，建立在只考虑对零件加工精度有直接影响的法向分力 $F_{法}$ 与在其作用下的变形位移量 $y_{法}$ 的比值的基础上，即和一般物体刚度的概念一样，建立在单方向受力和变形的基础上。此时，由于变形方向与作用力方向一致，故刚度值均为正值。但在实际加工过程中，除了法向分力直接引起刀具相对工件的变形位移，其他方向的分力也会间接引起刀具相对工件的变形位移。如图 4-24 所示，在车床上加工工件外圆时，刀架部件在径向切削力 $F_y$ 的作用下主要产生法向的变形位移 $y_2$，

但其他两个切削力 $F_z$ 及 $F_x$ 也会通过刀架部件的弯曲和扭转变形而间接产生法向的变形位移 $y_1$ 及 $y_3$。由于 $y_1$、$y_3$ 与 $y_2$ 方向相反，故在某些特定条件下可能出现 $y_1 + y_3 = y_2$ 或 $y_1 + y_3 > y_2$ 的情况，此时刀架部件的刚度值为无穷大或负值。但是，一般在正常切削条件下，这种情况是很少出现的。

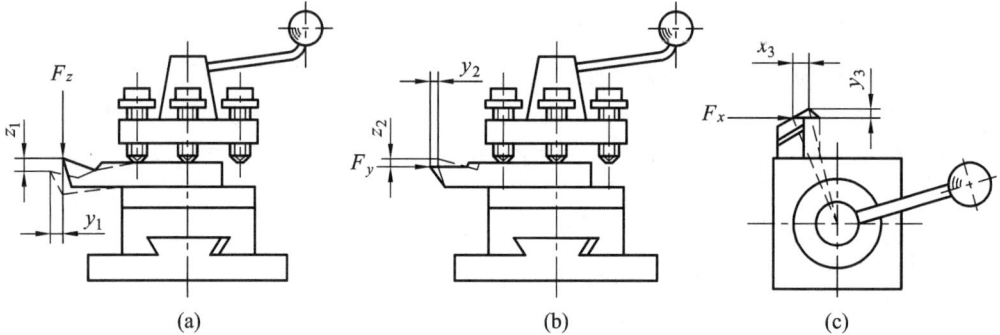

图 4-24　切削力与变形之间的关系

为了切实反映工艺系统刚度对零件加工精度的实际影响，应将工艺系统刚度的定义最后确定为加工表面法向分力与在各切削分力作用下产生的法向综合变形位移 $y_{法综}$ 之比，即

$$K_{系} = \frac{F_{法}}{y_{法综}}$$

**2. 工艺系统刚度与零件加工精度的关系**

在分析工艺系统受力变形问题时，不仅要知道工艺系统刚度对零件加工精度有影响，还要知道其影响的性质和大小，以便找出工艺系统各部分刚度、切削力和零件加工精度之间的关系。现按不同情况分别进行分析和讨论。

1）由于工艺系统在加工工件各部位时的刚度不等产生的加工误差

下面以在车床前后顶尖之间加工外圆表面为例，分析在切削力大小不变且只考虑切削力影响的条件下，不同加工部位由于工艺系统刚度不等造成的加工误差。如图 4-25 所示，在切削力的作用下，车床的床头、尾座、工件和刀架都会产生变形。一般情况下，床头、尾座和工件的变形与刀架的变形方向相反，变形结果都是使加工的工件尺寸增大，此时工艺系统的总变形量是各部分变形量的总和。在某些特定条件下，当车床刀架部件刚度值为负值（即刀架变形方向与床头、尾座和工件的方向相同）时，刀架部件刚度以负值参与计算，此时工艺系统的总变形量是各部分变形量的代数和。

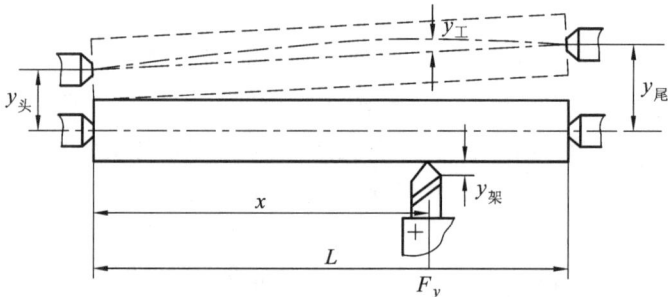

图 4-25　车削加工外圆表面时的受力变形

在车床上加工外圆表面时，刀具处于不同加工位置而形成的不同工艺系统刚度值为

$$K_系 = \frac{F_y}{y_系}$$

式中：$F_y$ 为车削加工时的径向切削分力（N）；$y_系$ 为车削过程中，在各切削分力作用下产生的沿径向 $y$ 方向的工艺系统总变形量（mm）。

由图 4-25 可知

$$y_系 = y_机 + y_工 = y_头 + (y_尾 - y_头)\frac{x}{L} + y_架 + y_工$$

$$= \left(1 - \frac{x}{L}\right)y_头 + \left(\frac{x}{L}\right)y_尾 + y_架 + y_工$$

式中，$y_机$、$y_工$、$y_头$、$y_尾$ 及 $y_架$ 分别为机床、工件、床头、尾座及刀架部分在刀具切削加工到 $x$ 位置时的变形量。而

$$y_头 = \frac{F_y}{K_头}\left(1 - \frac{x}{L}\right)$$

$$y_尾 = \frac{F_y}{K_尾}\left(\frac{x}{L}\right)$$

$$y_架 = \frac{F_y}{K_架}$$

$$y_工 = \frac{F_y L^3}{3EJ}\left(\frac{x}{L}\right)^2\left(\frac{L-x}{L}\right)^2$$

故

$$y_系 = \frac{F_y}{K_头}\left(1 - \frac{x}{L}\right)^2 + \frac{F_y}{K_尾}\left(\frac{x}{L}\right)^2 + \frac{F_y}{K_架} + \frac{F_y L^3}{3EJ}\left(\frac{x}{L}\right)^2\left(\frac{L-x}{L}\right)^2$$

最后得

$$K_系 = \frac{F_y}{y_系} = \frac{1}{\frac{1}{K_头}\left(1 - \frac{x}{L}\right)^2 + \frac{1}{K_尾}\left(\frac{x}{L}\right)^2 + \frac{1}{K_架} + \frac{L^3}{3EJ}\left(\frac{x}{L}\right)^2\left(\frac{L-x}{L}\right)^2}$$

其中，$K_头$、$K_尾$ 及 $K_架$ 分别为车床床头、尾座及刀架部件的实测平均刚度值。

由上式的工艺系统刚度与车床各部件刚度、工件刚度的关系式可知，工艺系统刚度将随刀具加工时位置的不同而不同。因此，在加工工件各部位时工艺系统刚度不等的条件下，所加工出来的工件外圆必然要产生相应的轴向形状误差。例如，当在车床上车削加工细长轴时，由于刀具在工件两端切削时工艺系统刚度较高，刀具对工件的变形位移很小；而在工件中间切削时，工艺系统刚度（主要是工件刚度）很低，刀具相对工件的变形位移很大，从而使工件在加工后产生较大的腰鼓形误差[见图 4-26(a)]。

另外，在车床上车削加工刚度很高的短粗轴时，也会因加工工件各部位的工艺系统刚度（主要是车床刚度）不等，而使加工后的工件产生相应的形状误差，其形状恰与加工细长轴时相反，呈现鞍腰形[见图 4-26(b)]。加工后工件的最小直径处于中间略偏向床头或尾座部件中刚度较高的那一方。

同理，在车床上加工外圆表面时，若主轴部件的径向刚度在主轴一转中的各个部位不等，加工后将造成工件的圆度误差。

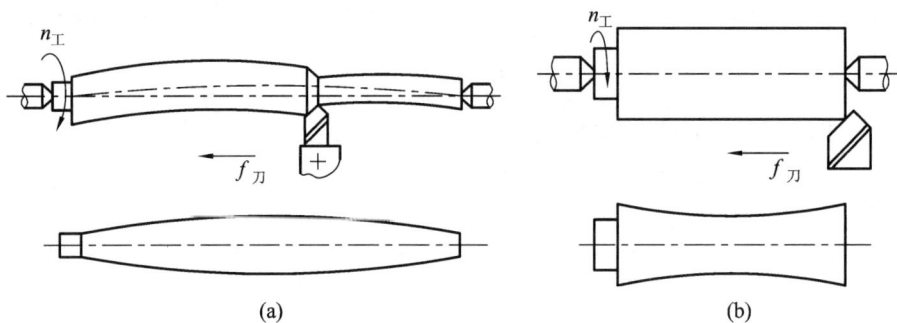

图 4 - 26  切削力对工件形状的影响

2) 由于切削力变化产生的加工误差

在加工工件时，加工余量不均或工件材料硬度不够会引起切削力的变化，从而造成加工误差。这是工艺系统刚度对零件加工精度产生影响的常见情况。例如图 4 - 27(a)所示的工件，由于加工前有圆度误差(椭圆)，在车削加工时切深不一致($a_{p1}>a_{p2}$)，因而工艺系统变形量也不一致($y_1>y_2$)，导致在加工后的工件上仍留有较小的圆度误差(椭圆)。

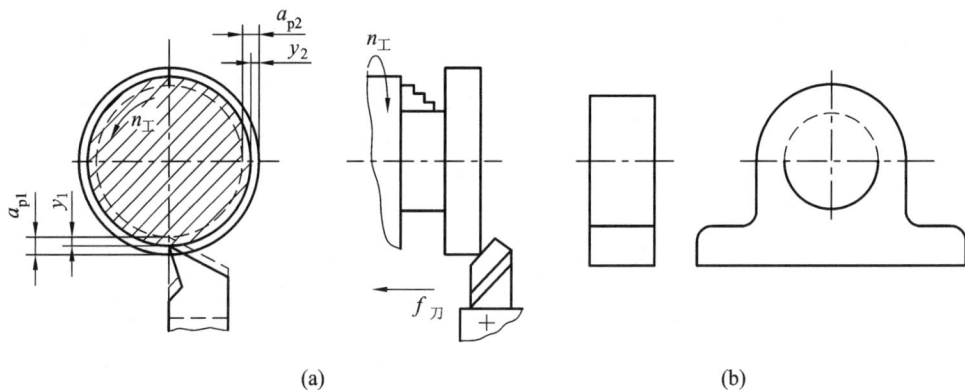

图 4 - 27  工艺系统刚度与加工误差的复映

工件加工前的误差 $\Delta_{前}$ 以类似的形状反映到加工后的工件上去(即加工后的误差 $\Delta_{后}$)的规律，称为误差复映规律。误差复映的程度以误差复映系数 ε 表示。

当加工材料硬度不均的工件时，也会引起工艺系统的变形量不一致，从而造成加工误差。如图 4 - 27(b)所示的轴承座，因铸造后其上部硬度常高于下部，故在一次行程镗孔后会产生如图中实线所示的圆度误差。

加工一批零件时，由于零件的加工余量和材料硬度不均，还会引起这批零件加工后的尺寸分散。

**3. 工艺系统刚度的测定**

工艺系统由机床、夹具、刀具和工件等部分组成，因而工艺系统刚度包括机床刚度、夹具刚度、刀具刚度和工件刚度等。为了估算工艺系统受力变形造成工件加工误差的大小，需要确定工艺系统刚度值，并根据刚度与变形的关系式估算在一定切削条件下可能产生的加工误差值。对组成工艺系统的工件和刀具来说，其结构比较简单，可通过简化有关力学公式计算刚度。但对由很多零件组成的夹具和机床来说，其结构复杂，很难通过简化计算刚度，必须通过实验的方法进行测定。

**4. 提高工艺系统刚度的主要措施**

（1）提高工件在加工时的刚度。

（2）提高刀具在加工时的刚度。

（3）提高机床和夹具的刚度。

## 第九节　工艺系统热变形对加工精度的影响及其控制

### 一、工艺系统的热源

**1. 内部热源**

（1）摩擦热。任何一台机床都具有各种各样的运动副，如轴承与轴、齿轮与齿轮或齿轮与齿条、蜗杆与蜗轮、丝杠与螺母、床鞍与床身导轨、摩擦离合器等。这些运动副在相对运动时产生一定的摩擦力，进而形成摩擦热。

（2）转化热。机床动力源的部分能量消耗也会转化为热，如机床中的电机、油马达、液压系统、冷却系统等工作时所发出的热。

（3）切削热和磨削热。在工件切削加工过程中，消耗于弹、塑性变形及刀具与工件、切屑之间摩擦的能量，绝大部分转变为热能，形成热源。切削加工时产生的热量会传给工件、刀具和切屑，由于切削加工方法不同，分配的百分比也不同。

**2. 外部热源**

（1）环境温度。在工件加工过程中，周围环境的温度随气温及昼夜温度的变化而变化，局部室温、空气对流、热风或冷风以及地基温度的变化等都会使工艺系统的温度发生变化，从而影响工件的加工精度，特别是在加工大型精密零件时，环境温度的影响更为明显。例如，某工厂加工精密大直径斜齿轮时，一个大斜齿轮的齿形需要经过几昼夜的连续加工才能完成，由于昼夜温差的影响，使齿形表面产生了波纹度。

（2）辐射热。在加工过程中，阳光、照明、取暖设备等都会产生辐射热，这种外部热源也会使工艺系统产生变形。如车间里靠近窗口的机床设备常受阳光照射，上、下午之间的照射位置和照射强度不同，使机床设备的温度变化引起的变形也不同。阳光的照射常常是单面的或局部的，受到照射的部分与未经照射的部分之间出现温差，从而导致机床的变形。

### 二、工艺系统热变形对加工精度的影响

**1. 机床热变形及其对加工精度的影响**

机床在运转与加工过程中，受内、外部热源的影响，其温度会逐渐升高。由于机床各部件的热源和尺寸形状不同，各部件的温升也不相同。由不同温升形成的"温度场"将使机床

各部件的相互位置和相对运动发生变化，破坏出厂时机床的原有几何精度，从而造成工件的加工误差。

机床在运转一段时间之后，当传入各部件的热量与由各部件散失的热量接近或相等时，其温度便不再继续上升而达到热平衡状态。此时，机床各部件的热变形也停止在相应的程度上，它们之间的相互位置和相对运动相应地稳定下来。达到热平衡之前，机床的几何精度是变化不定的，对加工精度的影响也变化不定。因此，一般要求在机床达到热平衡之后进行精密加工。

对于车、铣、镗床类机床，其主要热源是主轴箱的发热。如图 4-28 所示，主轴箱发热使箱体和床身(或立柱)发生变形和翘曲，从而造成主轴的位移和倾斜。

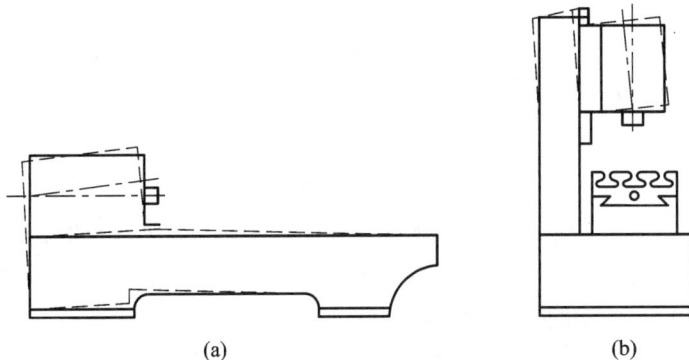

(a)                                              (b)

图 4-28   车床和立式铣床的热变形

**2. 工件热变形及其对加工精度的影响**

工件的热变形因受热情况的不同而不同。例如，车削或磨削外圆表面时，切削热或磨削热从四周均匀传入工件，因此热变形主要是工件的长度和直径增大。工件的直径在胀大的状态下被加工到所要求的尺寸，当工件加工后冷却到室温，直径尺寸由于收缩而小于所要求的尺寸，形成加工误差。

当工件受热不均时，如磨削板类零件的上平面，工件会因单面受热产生翘曲变形，进而形成中凹的形状误差。

当工件用顶尖装夹加工时，工件在长度方向的热伸长对加工精度也有很大影响。特别是加工细长轴时，工件的热伸长将使两顶尖间产生轴向力，细长轴在轴向力和切削力的作用下，会出现弯曲并可能导致切削不稳定。

如图 4-29(a)所示，在内圆磨床上磨削一个薄圆环零件。磨削后冷却至室温，经测量画出其内圆的极坐标轨迹后，发现有三棱形的圆度误差[见图 4-29(b)]。磨削时工件装夹在三个支承点上，当大大减小夹紧力之后，这种误差仍然存在。因此，这种误差不是由三个夹紧点的受力变形造成，而是由于加工中磨削热传给工件后，在三个支承点的部位散热快，该处工件的温度较其他部位的温度低，磨削量较大所致。

**3. 刀具热变形及其对加工精度的影响**

在切削过程中，虽然传给刀具的切削热的百分比不大，但因刀体较小，热容量小，所以刀具仍有一定程度的温升，特别是刀具从刀架悬伸出来的部分，温升较高，受热的伸长量也较大。

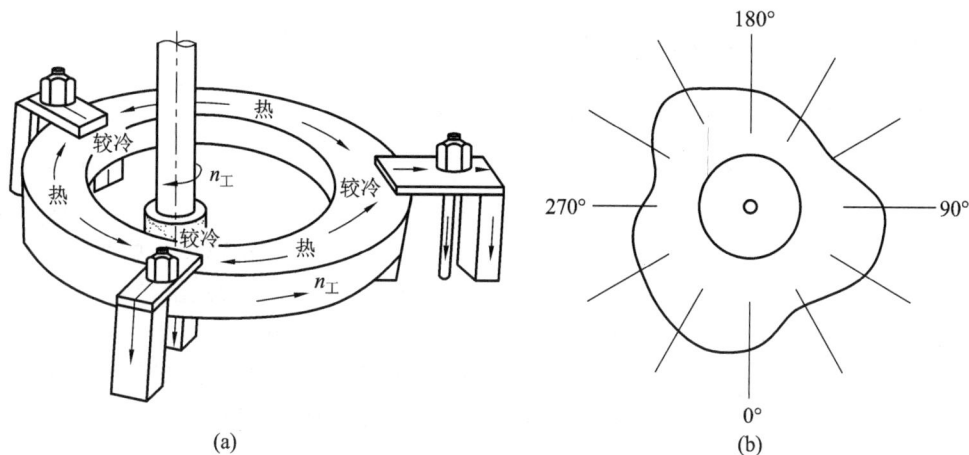

图 4-29　圆环零件内孔磨削时的热变形

车刀在加工时的伸长量如图 4-30 中曲线 $A$ 所示。从曲线可以看出，开始切削时温升较快，伸长也较快。一段时间后温升逐渐减缓，直至热平衡。

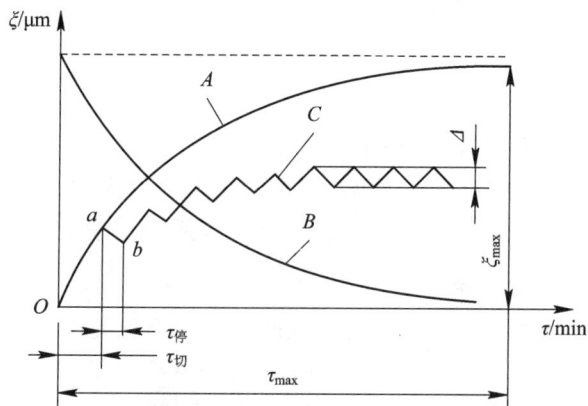

图 4-30　车刀热伸长曲线

当切削停止后，刀具温度立刻下降，开始时冷却较快，随后逐渐减缓，如图 4-30 中曲线 $B$ 所示。一般情况下，刀具的切削工作是间断的，即在装卸工件等非切削时间内，刀具有一段冷却时间。如图 4-30 中曲线 $C$ 所示，在切削时间内，刀具伸长量由 0 上升到 $a$，在非切削时间内，温度下降，刀具伸长量由 $a$ 缩减至 $b$，随着加工的继续进行，伸长量与缩短量渐趋稳定，经过一段时间后达到热平衡，最后保持在 $\Delta$ 范围内变动。所以，间断切削时刀具的变形量较连续切削时小。

在采用其他加工方法切削时，也会发生刀具的热变形问题。如多齿刀具的切削过程属于间断切削，温升及变形量较连续切削小。

刀具热变形会影响工件的尺寸，连续加工时还会影响工件的几何形状，如车长轴时可能会产生锥度。为了减小刀具的热变形，应合理选择切削用量和刀具切削的几何参数，更要合理使用冷却液。

### 三、控制工艺系统热变形的主要措施

控制工艺系统热变形可以从下述几个方面着手。

#### 1. 减少热量的产生及其影响

减少工艺系统的热源或减少热源的发热量及其影响，都可以达到减少热变形的目的。

在磨削加工中，磨削热的大小不仅与磨削用量有关，还受砂轮钝化和堵塞的影响。因此，除正确选择砂轮和磨削用量外，还应及时修整砂轮以避免过多的热量产生。

对于机床中的运动部件，常从结构和润滑等方面减少其发热量。如在主轴上应用静压轴承、低温动压轴承以及采用低黏度润滑油、锂基油脂和油雾等润滑剂都可减少热量的产生。另外，在机床液压传动系统中减少节流元件，也能相应地降低油温，从而减少机床的热变形。

对于机床的电动机、齿轮变速箱、油池、冷却箱等热源，如有可能将它们都移出主机以外成为独立的单元，可避免其发热产生的影响。若不能分离出去，可在这些部件和机床大件的结合面上装置隔热材料，或用隔热罩将热源罩起来，也能取得较好的效果。

对未安置在恒温车间的精密加工设备，应考虑将其安放在适当的位置，以防止阳光、暖气等外部热源的影响。

#### 2. 加强散热能力

加强散热也是控制工艺系统热变形的有效措施。例如，在加工过程中供给充分的冷却液，并使其喷射到适当的位置上，或采用喷雾冷却等效能较高的办法，以加强工艺系统加工时的散热能力。此外，采用强制冷却控制热变形的效果尤为显著。

#### 3. 控制温度变化，均衡温度场

对于周围环境温度的变化，主要采用恒温的办法减小环境温度对系统热变形的影响。例如，精密磨床、坐标镗床、螺纹磨床、齿轮磨床等精密机床最好安放在恒温车间中使用。恒温的精度可根据加工精度要求而定，一般取±1℃，精度更高的机床应取±0.5℃。

在精加工之前，先让机床空运转一段时间，待机床达到或接近热平衡状态后再进行加工，也是控制温度变化的一项措施。

#### 4. 采取补偿措施

当热变形不可避免时，可采取补偿措施消除其对加工精度的影响。采用这种措施时必须先掌握热变形的规律。

## 第十节 加工误差的性质及统计分析方法

### 一、加工误差的性质

在零件加工过程中，虽然原始误差在不同程度上以不同形式反映到被加工零件上造成各种加工误差，但从性质上分，加工误差主要有系统误差和随机误差两大类。

**1. 系统误差**

在相同工艺条件下，加工一批零件时产生的大小和方向不变或按加工顺序作有规律性变化的误差，叫作系统误差。前者称为常值系统误差，后者称为变值系统误差。

机床、刀具、夹具的制造误差，加工原理误差以及机床的受力变形等引起的加工误差均与加工时间无关，其大小和方向在一次调整中也基本不变，故都属于常值系统误差。机床、夹具、量具等磨损引起的加工误差，在一次调整的加工中也均无明显的差异，故也属于常值系统误差。

机床、刀具未达热平衡时的热变形过程中所引起的加工误差，是随加工时间而有规律变化的，故属于变值系统误差。多工位机床回转工作台的分度误差和它的夹具安装误差引起的加工误差，随着加工顺序周期性地变化，故也属于变值系统误差。

至于刀具磨损引起的加工误差，则要根据它在一次调整中的磨损量大小来判别。砂轮、车刀、端铣刀、单刃镗刀等磨损引起的加工误差均应作为变值系统误差处理。钻头、铰刀、齿轮加工刀具等由于磨损引起的加工误差在一次调整中很不显著，故均可作为常值系统误差处理。

如图 4 - 31 所示，对刀误差、夹紧误差、定位误差、导轨误差等属于常值系统误差；而机床热变形属于变值系统误差。

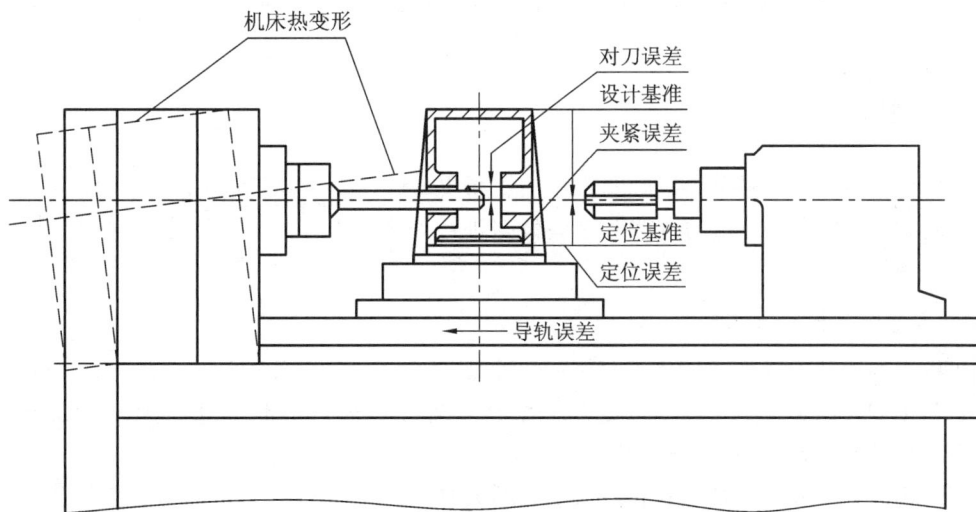

图 4 - 31　活塞销孔精镗工序示意图

**2. 随机误差**

在相同的工艺条件下，加工一批零件时产生的大小和方向不同且无变化规律的加工误差，称为随机误差。

如复映误差、工件残余应力引起变形产生的加工误差、定程机构重复定位误差引起的加工误差等都属于随机误差。随机误差虽然是不规则变化的，但只要统计的数据足够多，仍可找出一定的规律。随机误差有下列特点：

(1) 在一定的加工条件下，随机误差的数值总是在一定范围内波动；

(2) 绝对值相等的正误差和负误差出现的概率相等；

（3）误差绝对值越小，出现的概率越大，误差绝对值越大则出现的概率越小。

应该指出：在不同的场合下，误差的表现性质不同。例如对一次调整中加工出来的工件来说，调整误差是常值，但在拟定工艺过程，分析某一工序所能达到的加工精度时，调整误差却不是确定的常值，这时只能按随机误差来处理。在大量生产中，加工一批工件往往需经多次调整，每次调整时发生的调整误差不可能是常值，变化也无一定的规律，因此对于经多次调整加工出来的大批工件，调整误差引起的加工误差又成为随机误差了。

再如达到热平衡后热变形引起的加工误差，一般可看作是常值系统误差，但由于热平衡系统是建立在单位时间内输入热量是常量、散热条件不变等条件下的，实际上输入的热量往往有波动，散热条件也有变化，因此即使达到热平衡，也仍有微小的波动。当加工精度要求很高时，这种微小的波动就不能被忽略，其影响也带有随机性。

通过上面对误差性质的分析可知：常值系统误差不会引起加工尺寸的波动，变值系统误差是随时间按一定规律变化的，例如砂轮磨损引起外圆加工尺寸变化逐渐增大。因此，造成加工尺寸忽大忽小地波动的原因，主要是存在随机误差。

对于不同的误差，可以采取不同的处理方法。对于常值系统误差，由于其规律比较明显，而且对每个工件的影响不变，所以确定其大小和方向后，通过调整较容易消除；对于变值系统误差，需确定其大小和方向随时间变化的规律，采用自动连续补偿或自动周期补偿的方法消除，该过程比较复杂，需要做大量试验来验证；而对于随机误差，由于无法知道其产生原因，所以只能通过统计分析法，缩小误差变动范围。

## 二、分布图分析法

在生产实践中，常用统计法研究机械加工精度。这种方法以现场观察和实测有关数据为分析基础，用概率和统计的方法对这些数据进行处理，从而揭示各种因素对加工精度综合影响的规律。

### 1. 直方图及实际分布曲线

在稳定的加工条件下依次加工出来的一批工件，由于存在各种误差，加工尺寸的实际数值是各不相同的，这种现象称为尺寸分散。大量事实表明，成批、大量生产中的工件都具有如尺寸分散的波动性和规律性。

如果将同一尺寸的工件数目称为频数，频数与这批工件总数之比称为频率，以工件的尺寸（或误差）为横坐标，频数或频率为纵坐标，可作出该工序工件加工尺寸（或误差）的直方图。直方图是表示工件尺寸变化情况的主要工具，用直方图可以解析出尺寸的规律，比较直观地呈现产品尺寸和产品质量特性的分布状态，便于判断这批工件总体质量分布情况。

在实际应用中，由于观测的工件（称为样本）数量总是有限的，且限于量具的计量分辨能力，测得的尺寸不可能是连续的。为了避免受局部随机因素的影响，必须先把工件按适当的、相等的尺寸间隔进行分组，并以各组尺寸间隔的中值代替组内各工件的实际尺寸，然后以工件尺寸（或误差）为横坐标，频数或频率为纵坐标，画成柱状直方图。再将直方图中点用直线连接起来，就可得到一根折线，当加工零件的数量增加、尺寸间隔减到很小（即组数分得很多）时，这根折线就非常接近于曲线，这条曲线图即为实际分布曲线，见图 4-32。

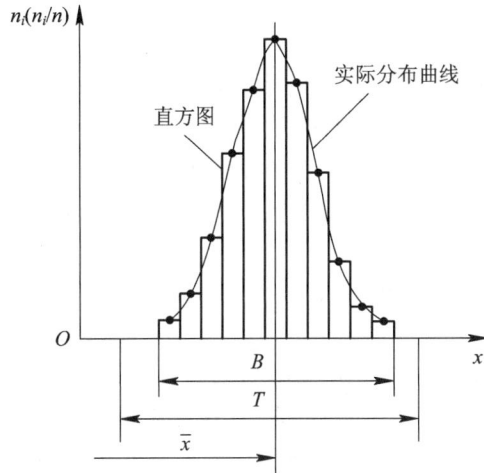

图 4-32　直方图与实际分布曲线

在以频数为纵坐标作直方图时，如样本含量（工件总数）不同、组距不同，则作出的图形高矮不同。为了使分布图能代表该工序的加工精度，不受组距和样本容量的影响，可改用频率密度为纵坐标，

$$频率密度 = \frac{频率}{组距} = \frac{频数}{样本容量 \times 组距}$$

$$频率 = 频率密度 \times 组距 = 直方图上矩形的面积$$

由于各组频率之和等于 1，故直方图上全部矩形面积之和应等于 1。

图 4-32 中曲线上频率的最大值处于这批零件尺寸的算数平均值位置。平均尺寸的横坐标位置就是这批零件的尺寸分布中心（或误差聚集中心）。整批零件中最大尺寸和最小尺寸之差，就是尺寸分散范围。

从实际分布曲线可以归纳出一些随机误差的规律：

(1) 随机误差有大有小，它们对称分布在尺寸分布中心的左右；

(2) 距尺寸分布中心越近的随机误差，出现的可能性越大，反之越小；

(3) 随机误差在实际应用中可被认为有一定的分散范围。

为了进一步分析该工序的加工精度情况，可在直方图上标出该工件的加工公差带位置，并计算出该样本的统计数字特征——平均值 $\bar{x}$ 和标准偏差 $S$。

样本的平均值 $\bar{x}$ 表示该样本的尺寸分布中心，它主要由调整尺寸和常值系统误差决定。

$$\bar{x} = \frac{1}{n} \sum_{i=1}^{n} x_i$$

式中：$n$ 为样本含量；$x_i$ 为各工件的尺寸。

样本的标准偏差 $S$ 反映了该批工件的尺寸分散程度，它由变值系统误差和随机误差决定，变值系统误差和随机误差越大，$S$ 越大；变值系统误差和随机误差越小，$S$ 越小。

$$S = \sqrt{\frac{1}{n} \sum_{i=1}^{n} (x_i - \bar{x})^2} = \sqrt{\frac{1}{n} \left( \sum_{i=1}^{n} x_i^2 - n\bar{x}^2 \right)}$$

当样本按一定的尺寸间隔分组统计时，

$$\bar{x} = \frac{1}{n}\sum_{j=1}^{k} x_{jz} n_j$$

式中：$x_{jz}$ 为第 $j$ 组的中值；$n_j$ 为第 $j$ 组的频数；$k$ 为分组数。

作直方图的步骤如下：

(1) 收集数据。按一定的抽样方法(例如在一次调整的加工中连续抽样，或每隔一定时间抽取一个或若干个产品，抑或在混合的产品中随意抽取等，抽样方法应根据不同的要求确定)抽取样本，样本容量一般不少于 50～100 件。逐个测量样本尺寸或误差(为简化计算，可以只记录其尾数)，并找出其中的最大值 $x_{\max}$ 和最小值 $x_{\min}$。

(2) 确定组距和各组组界。组距 $h = (x_{\max} - x_{\min})/(k-1)$，算得组距后按测量时量具最小分辨值的整倍数进行圆整。式中 $k$ 是由样本容量决定的分组数，组数过多，分布图会被频数的随机波动所歪曲；组数太少，分布特征将被掩盖。所以一般样本容量 $n$ 为 50～100 时，分组数 $k$ 为 6～8，当 $n$ 为 100～250 时，$k$ 为 7～12，各组组界为

$$x_{\min} + (j-1)h \pm \frac{h}{2} \quad (j = 1, 2, \cdots, k)$$

各组的中值就是 $x_{\min} + (j-1)h$，为避免观测数据落在组界上，组界最好选在最后一位观测数据尾数的 1/2 处。

(3) 统计频数分布并填频数分布表。

(4) 根据频数分布表画直方图。

(5) 根据加工精度要求，在直方图上作出极限尺寸 $A_{\max}$ 和 $A_{\min}$ 的标志线，并计算 $\bar{x}$ 和 $S$。

**2. 理论分布曲线**

大量的试验、统计和理论分析表明：在用调整法加工时，若一批工件总数极多，加工中的误差由许多相互独立的随机因素引起，而且这些误差因素中没有任何优势的倾向，那么加工误差的分布服从正态分布。这时的分布曲线称为正态分布曲线(即高斯曲线)。在分析工件的加工误差时，通常用正态分布曲线代替实际分布曲线，可使问题的研究大大简化。

图 4-33 中的正态分布曲线方程为

$$f(x) = \frac{1}{\sigma\sqrt{2\pi}} e^{-\frac{(x-\mu)^2}{2\sigma^2}}$$

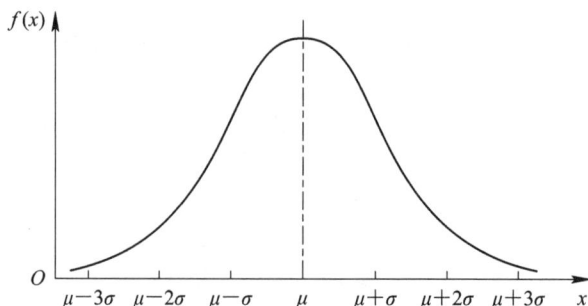

图 4-33 正态分布曲线

曲线方程的纵坐标 $f(x)$ 表示分布的概率密度。概率是频率的稳定值，故这里的概率密

度相当于直方图上的频率密度。横坐标 $x$ 表示各零件实测尺寸值，$\mu$ 即尺寸均值 $\bar{x}$（分布中心），$\sigma$ 为均方根偏差，其值为

$$\sigma = \sqrt{\frac{\sum\limits_{i=1}^{n}(x_i - \bar{x})^2}{n}}$$

式中：$n$ 为一批零件总数；$x_i$ 为一批零件中各零件的实测尺寸。

平均值 $\mu = 0$、标准偏差 $\sigma = 1$ 的正态分布称为标准正态分布。$\mu$ 和 $\sigma$ 为任何不同值的正态分布曲线都可以通过令 $z = |x - \mu|/\sigma$ 变换成标准正态分布曲线

$$f(z) = \frac{1}{\sqrt{2\pi}} e^{-\frac{z^2}{2}}$$

$f(z)$ 称为标准正态分布曲线的概率密度。

正态分布曲线呈扣钟形，以平均值 $\mu$ 为对称中线，在 $\pm|x|$ 处，$y$ 值相等，即曲线关于 $y$ 轴对称；当 $x = \pm\infty$ 时，$y \to 0$，即曲线以 $x$ 轴为渐近线。如果改变参数 $\mu$（$\sigma$ 保持不变），则曲线沿 $x$ 轴平移而不改变形状[见图 4-34(a)]。$\mu$ 的变化主要是常值系统误差引起的。如果 $\mu$ 值保持不变，则当 $\sigma$ 值减小时曲线形状陡峭，$\sigma$ 值增大时曲线形状平坦[见图 4-34(b)]。$\sigma$ 是由变值系统误差和随机误差决定的，变值系统误差与随机误差越大则 $\sigma$ 越大。

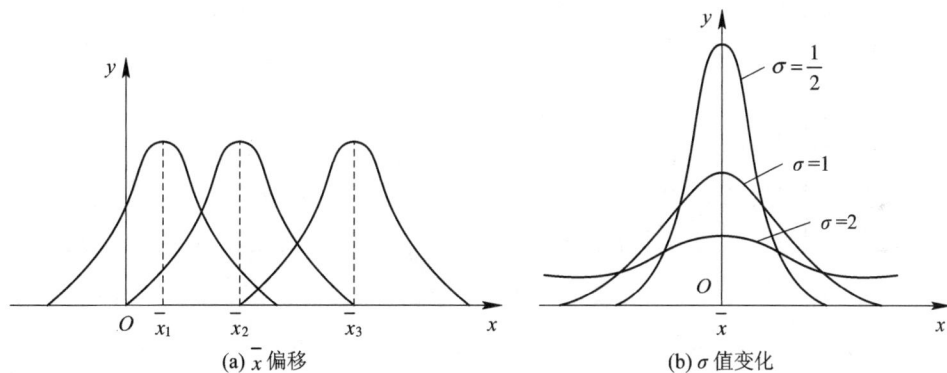

图 4-34　正态分布曲线的偏移和变化

正态分布曲线在 $x = \pm\sigma$ 处的两点是拐点，这两点之间的曲线向上凸，这两点以外的曲线则向下凹。对曲线下的面积进行积分可得

$$A = \frac{1}{\sigma\sqrt{2\pi}} \int_{-\infty}^{+\infty} e^{-\frac{(x-\mu)^2}{2\sigma^2}} \, \mathrm{d}x = 1$$

即曲线下的面积等于 1，亦即各种尺寸零件数之和占这批零件数的 100%。

任意尺寸范围内的零件数占这批零件数的百分比（即频率），可通过相应的定积分求得。例如，若求 $x \in (\mu - 3\sigma, \mu + 3\sigma)$ 范围内的面积（见图 4-33），积分计算过程如下：

$$A = \frac{1}{\sigma\sqrt{2\pi}} \int_{\mu-3\sigma}^{\mu+3\sigma} e^{-\frac{(x-\mu)^2}{2\sigma^2}} \, \mathrm{d}x \approx 0.9973$$

由上述定积分数值可知，随机误差出现在 $\mu - 3\sigma$ 到 $\mu + 3\sigma$ 以外的概率仅占 0.27%，所以一般认为工件的尺寸分布范围是从 $\mu - 3\sigma$ 到 $\mu + 3\sigma$，即 $6\sigma$ 范围。

工件尺寸的实际分布有时并不近似于正态分布。如果将经两次调整加工的工件混在一

起，由于每次调整时常值系统误差是不同的，如常值系统误差的差值大于 $2\sigma$ 时，会得到如图 4 - 35(a)所示的双峰曲线。若把两台机床加工的工件混在一起，不仅调整时常值系统误差不等，机床的精度也不同(随机误差的影响也不同)，那么曲线的两个峰高也不一样。

如果加工中刀具或砂轮的尺寸磨损比较显著(由尺寸磨损产生的误差大于随机误差时)，就会形成如图 4 - 35(b)所示的平顶分布。

当工艺系统存在显著的热变形时(例如刀具热变形严重)，分布曲线往往不对称，加工轴时偏向左、加工孔时则偏向右。用试切法加工时，操作者主观上存在宁可返修也不能报废的倾向，往往会出现如图 4 - 35(c)所示的不对称分布(加工轴时宁大勿小，故偏向右，加工孔时宁小勿大，故偏向左)。

工件的对称度、锥度、直线与平面间的平行度或平面间的垂直度等误差是没有负值的，尽管这些误差仍服从正态分布，但由于实际负值部分叠加到了正值部分，就会出现如图 4 - 35(d)所示的正值分布(也称为差数模分布)。还有跳动量、椭圆度、直线与平面间的垂直度等误差也是没有负值的，但实际上各种随机误差的影响是矢量叠加，就会出现如图 4 - 35(e)所示的正值分布(这种分布称为瑞利分布)。

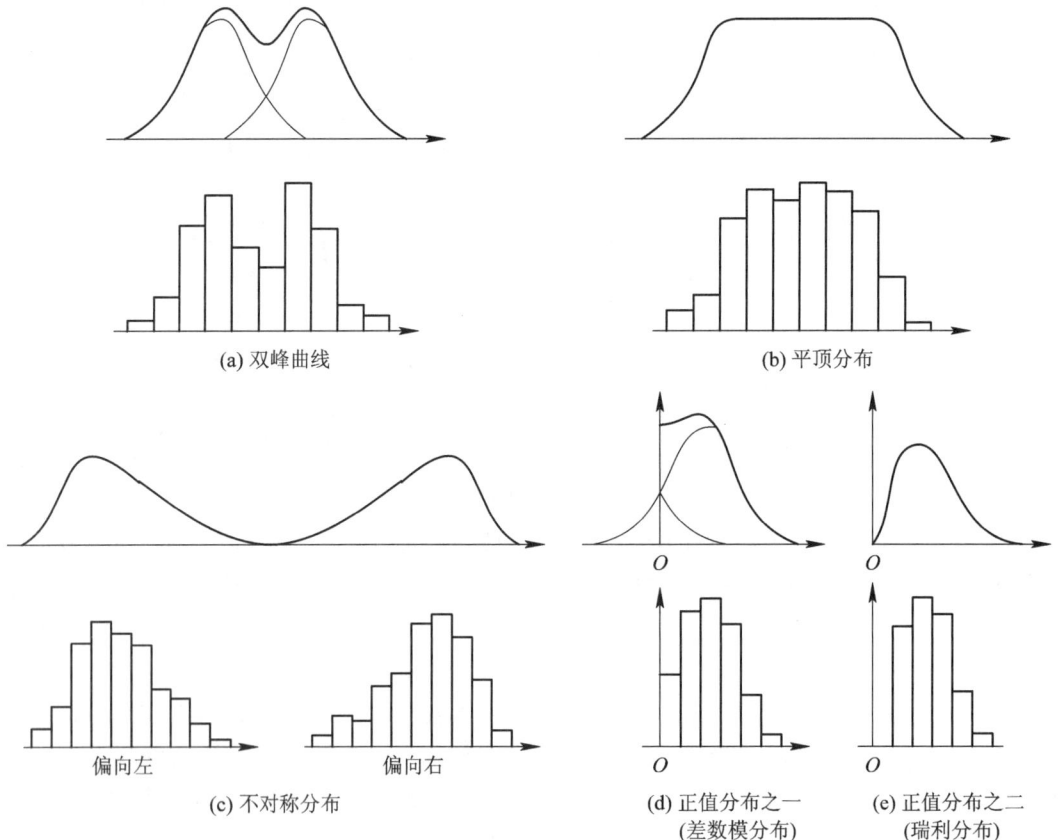

(a) 双峰曲线

(b) 平顶分布

偏向左　偏向右

(c) 不对称分布

(d) 正值分布之一
(差数模分布)

(e) 正值分布之二
(瑞利分布)

图 4 - 35　非正态分布

### 3. 分布图分析法的应用

应用分布图分析法，可以判断工序的工艺能力能否满足加工精度要求，也可以计算一批零件的合格率和废品率。

1）判断工序的工艺能力能否满足加工精度要求

所谓工艺能力是指处于控制状态的加工工艺加工出一定质量产品的实际能力，由于加工时误差超出分散范围的概率极小，如工件尺寸服从正态分布时落在 $\mu-3\sigma$ 到 $\mu+3\sigma$ 区间之外的概率仅为 $0.27\%$，可以认为不会发生，因此可以用工序的尺寸分散范围表示其工艺能力。因为大多数加工工艺的尺寸分布都接近于正态分布，正态分布的尺寸分散范围是 $6\sigma$，故一般取工艺能力为 $6\sigma$。

判断工艺能力是否满足加工精度要求，只需把工件规定的加工公差 $T$ 与工艺能力 $6\sigma$ 作比较。$T$ 与 $6\sigma$ 的比值称为工艺能力系数 $C_P$。

$$C_P = \frac{T}{6\sigma}$$

如果 $C_P \geq 1$，可以认为该工序具有不出现不合格品的必要条件。如果 $C_P < 1$，那么产生不合格品是不可避免的。根据工艺能力系数 $C_P$ 的大小，可将工艺能力分为 5 级，如表 4-1 所示。

表 4-1　生产过程等级

| 工艺能力系数 $C_P$ | 生产过程等级 | 特　点 |
| --- | --- | --- |
| $C_P \geq 1.67$ | 特级 | 加工精度过高，加工不经济，可作相应考虑和调整 |
| $1.67 > C_P \geq 1.33$ | 一级 | 加工精度足够，可以允许一定的外来波动 |
| $1.33 > C_P \geq 1.00$ | 二级 | 加工精度勉强，必须密切关注 |
| $1.00 > C_P \geq 0.67$ | 三级 | 加工精度不足，将出现少量不合格品 |
| $0.67 > C_P$ | 四级 | 加工精度完全不行，必须加以改进才能生产 |

2）计算合格率和废品率

$C_P \geq 1$ 只说明该工序工艺能力足够，加工中是否会出现不合格品，还要看调整得是否正确。如有常值系统误差，$\mu$ 就与公差带中心位置 $A_M$ 不重合，那么只有当 $C_P \geq 1$，且满足关系式 $T - 2|\mu - A_M| \geq 6\sigma$ 时才不会出现不合格品。如果 $C_P \geq 1$ 但仍出现不合格品时，应重新调整，设法消除常值系统误差，也就是说，使 $\mu$ 与 $A_M$ 接近直至重合来防止出现不合格品。

如果 $C_P < 1$，那么不论怎样调整，出现不合格品总是不可避免的。说明采用这一加工工艺是无法保证加工精度的，因此必须找出产生误差的原因并予以解决，在未解决前又必须继续生产时，也可用常值系统误差调节，一般可采取下列两种方法：

（1）使 $\mu$ 与 $A_M$ 重合，这样可使不合格率最低。

（2）使 $\mu$ 偏向一边（外圆加工时 $\mu > A_M$，孔加工时 $\mu < A_M$），并使 $T - 2|\mu - A_M| = 6\sigma$，这样的调整可使工艺系统不出现不可修复的废品，所有不合格品均是可修复的。但由于这种调整方法返修率提高很多，一般较少采用。

根据概率曲线的定义可知，尺寸在 $x_1 \sim x_2$ 范围内的工件概率，在数值上等于 $x_1 \sim x_2$ 区间内分布曲线与横坐标所围图形的面积（见图 4-36）。

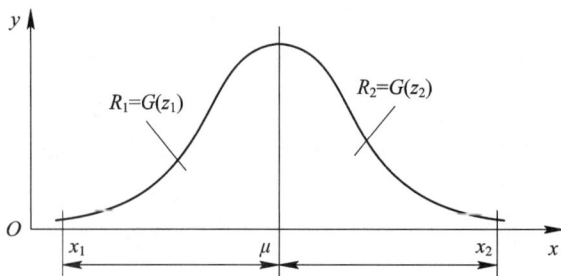

图 4-36 利用正态分布曲线计算概率

当尺寸分布符合正态分布时有

$$P\{x_1 < \xi < x_2\} = R_1 + R_2 = \int_{x_1}^{x_2} \frac{1}{\sigma\sqrt{2\pi}} e^{-\frac{1}{2}\left(\frac{x-\mu}{\sigma}\right)^2} dx$$

为便于计算，可令 $z = \dfrac{|x-\mu|}{\sigma}$ 进行变换，并取积分区间 $[z_1, z_2]$，则有

$$P\{z_1 < \xi < z_2\} = P\{z_1 < \xi < 0\} + P\{0 < \xi < z_2\}$$

$$= \int_{z_1}^{0} \frac{1}{\sqrt{2\pi}} e^{-\frac{z^2}{2}} dz + \int_{0}^{z_2} \frac{1}{\sqrt{2\pi}} e^{-\frac{z^2}{2}} dz$$

$$= G(z_1) + G(z_2)$$

$G(z)$ 在数值上等于某一区间内概率曲线与 $x$ 轴所围图形的面积，所以被称为面积函数。$z$ 取不同值时 $G(z)$ 值可直接查表 4-2。

从表 4-2 中可看出，当 $z = \dfrac{|x-\mu|}{\sigma} = 3$ 时，$G(z) = 0.498\,65$，也就是说，尺寸在 $\mu \pm 3\sigma$ 以内的工件概率达到 0.9973，因为在区间 $(-\infty, +\infty)$ 内概率曲线与 $x$ 轴所围图形的面积为 1，所以尺寸在 $\mu \pm 3\sigma$ 以外的工件概率仅 0.27%，根据"小概率事件实际上不可能发生"的概率理论，如果 $z > 3$，可认为没有工件落在公差带以外，即 $G(z) = 0.5$。

如加工中尺寸分散范围超出了规定的极限尺寸，就出现不合格品，只要算出超过极限尺寸部分的工件概率，就得到了不合格率。需要注意的是，由于正态分布曲线左右对称，在计算合格率时，需要分别计算 $x = \mu$ 左右两部分。

**例** 在磨床上加工销轴，要求外径 $d = 12^{-0.016}_{-0.043}$，抽样后得知其尺寸分布符合正态分布，且 $\mu = 11.974$ mm，$\sigma = 0.005$ mm，试分析该工序的加工质量。

**解** 首先计算工艺能力系数

$$C_P = \frac{T}{6\sigma} = \frac{0.0027}{6 \times 0.005} = 0.9$$

工艺能力系数 $C_P$ 小于 1，说明该工序工艺能力不足，因此产生废品是不可避免的。

其次画出工序尺寸分布图，如图 4-37 所示。

工件最小尺寸 $d_{\min} = \mu - 3\sigma = 11.959$ mm $> A_{\min} = 11.957$ mm，故不会产生不可修复的废品；工件最大尺寸 $d_{\max} = \mu + 3\sigma = 11.989$ mm $> A_{\max} = 11.984$ mm，故会产生可修复的不合格品。

表 4－2　标准正态分布的概率密度

| $z$ | $G(z)$ | $z$ | $G(z)$ | $z$ | $G(z)$ | $z$ | $G(z)$ | $z$ | $G(z)$ |
|------|--------|------|--------|------|--------|------|--------|------|------------|
| 0.00 | 0.0000 | 0.23 | 0.0910 | 0.46 | 0.1772 | 0.88 | 0.3106 | 1.85 | 0.4678 |
| 0.01 | 0.0040 | 0.24 | 0.0948 | 0.47 | 0.1808 | 0.90 | 0.3159 | 1.90 | 0.4713 |
| 0.02 | 0.0080 | 0.25 | 0.0987 | 0.48 | 0.1844 | 0.92 | 0.3212 | 1.95 | 0.4733 |
| 0.03 | 0.0120 | 0.26 | 0.1026 | 0.49 | 0.1879 | 0.94 | 0.3264 | 2.00 | 0.4772 |
| 0.04 | 0.0160 | 0.27 | 0.1064 | 0.50 | 0.1915 | 0.96 | 0.3315 | 2.10 | 0.4821 |
| 0.05 | 0.0199 | 0.28 | 0.1103 | 0.52 | 0.1985 | 0.98 | 0.3365 | 2.20 | 0.4861 |
| 0.06 | 0.0239 | 0.29 | 0.1141 | 0.54 | 0.2054 | 1.00 | 0.3413 | 2.30 | 0.4893 |
| 0.07 | 0.0279 | 0.30 | 0.1179 | 0.56 | 0.2123 | 1.05 | 0.3531 | 2.40 | 0.4918 |
| 0.08 | 0.0319 | 0.31 | 0.1217 | 0.58 | 0.2190 | 1.10 | 0.3643 | 2.50 | 0.4938 |
| 0.09 | 0.0359 | 0.32 | 0.1255 | 0.60 | 0.2257 | 1.15 | 0.3749 | 2.60 | 0.4953 |
| 0.10 | 0.0398 | 0.33 | 0.1293 | 0.62 | 0.2324 | 1.20 | 0.3849 | 2.70 | 0.4965 |
| 0.11 | 0.0438 | 0.34 | 0.1331 | 0.64 | 0.2389 | 1.25 | 0.3944 | 2.80 | 0.4974 |
| 0.12 | 0.0478 | 0.35 | 0.1368 | 0.66 | 0.2454 | 1.30 | 0.4032 | 2.90 | 0.4981 |
| 0.13 | 0.0517 | 0.36 | 0.1406 | 0.68 | 0.2517 | 1.35 | 0.4115 | 3.00 | 0.49865 |
| 0.14 | 0.0557 | 0.37 | 0.1443 | 0.70 | 0.2580 | 1.40 | 0.4192 | 3.20 | 0.499 31 |
| 0.15 | 0.0596 | 0.38 | 0.1480 | 0.72 | 0.2642 | 1.45 | 0.4265 | 3.40 | 0.499 66 |
| 0.16 | 0.0636 | 0.39 | 0.1517 | 0.74 | 0.2703 | 1.50 | 0.4332 | 3.60 | 0.499 841 |
| 0.17 | 0.0675 | 0.40 | 0.1554 | 0.76 | 0.2764 | 1.55 | 0.4394 | 3.80 | 0.499 928 |
| 0.18 | 0.0714 | 0.41 | 0.1591 | 0.78 | 0.2823 | 1.60 | 0.4452 | 4.00 | 0.499 968 |
| 0.19 | 0.0753 | 0.42 | 0.1628 | 0.80 | 0.2881 | 1.65 | 0.4505 | 4.50 | 0.499 997 |
| 0.20 | 0.0793 | 0.43 | 0.1664 | 0.82 | 0.2939 | 1.70 | 0.4554 | 5.00 | 0.499 999 97 |
| 0.21 | 0.0832 | 0.44 | 0.1700 | 0.84 | 0.2995 | 1.75 | 0.4599 | — | — |
| 0.22 | 0.0871 | 0.45 | 0.1736 | 0.86 | 0.3051 | 1.80 | 0.4641 | — | — |

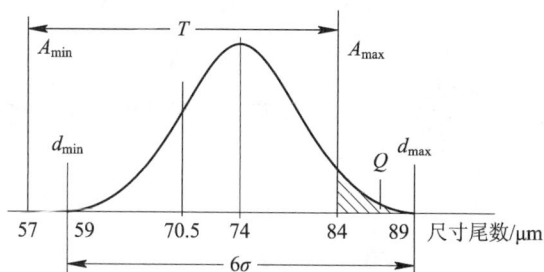

图 4－37　磨削轴工序尺寸分布

总的不合格率 $Q=0.5-G(z)$，根据已给条件可知

$$z = \frac{|x - \mu|}{\sigma} = \frac{|11.984 - 11.974|}{0.005} = 2$$

查表 4-2 可得 $G(2) = 0.4772$，则 $Q = 0.5 - G(z) = 0.0228 = 2.28\%$，即该工序加工后工件的不合格率为 2.28%，均为可修复的不合格品。

如重新调整机床使分散中心 $\mu$ 与公差带中心 $A_M$ 重合（见图 4-38），这时

$$d_{min} < A_{min}, \quad d_{max} > A_{max}$$

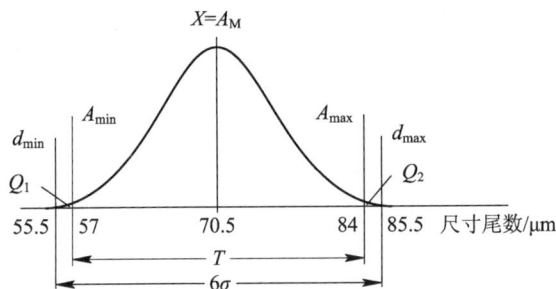

图 4-38 调整后的工序尺寸分布

两边都会出现尺寸超出公差带的情况，因为 $\mu$ 与 $A_M$ 重合，故两边超差的部分相等。这种条件下，可知

$$z = \frac{|x - \mu|}{\sigma} = \frac{|11.984 - 11.9705|}{0.005} = 2.7$$

查表 4-2 可得 $G(2.7) = 0.4965$，则 $Q_1 = Q_2 = 0.5 - G(2.7) = 0.0035 = 0.35\%$。

总的不合格率为 0.7%，其中可修复的不合格品和不可修复的废品各占 0.35%。可见这种调整方式可以降低不合格率，但是会产生不可修复的废品，因此需要工艺人员根据要求和现场条件进行调整。

**4. 分布图分析法的缺点**

用分布图分析加工误差主要缺点如下：

(1) 加工中随机误差和系统误差同时存在，由于分析时没有考虑工件加工的先后顺序，故不能反映出误差的变化趋势，也很难把随机误差与变值系统误差清晰地区分开来。

(2) 由于必须等一批工件加工完毕才能得出分布情况（直方图、平均值、标准偏差和分散范围等），因此不能在加工过程中及时提供控制精度的资料。

## 第十一节　提高加工精度的措施

### 一、减少原始误差

直接消除或减少原始误差，能理所当然地提高加工精度。通常从加工方式和工装结构等方面着手采取措施，消除产生原始误差的根源。

## 二、补偿原始误差

误差补偿法是人为造成新的误差去抵消原始误差，或利用原有的一种误差去补偿另一种误差，从而减少加工误差的方法。通过主轴轴承选配以提高主轴回转精度、利用辅助梁使龙门铣床横梁产生相反的预变形以抵消铣头自重引起的挠曲变形、用夹紧变形来补偿平面加工时的热变形等，都是应用误差补偿法的具体实例。

又如磨床床身导轨是个狭长的构件，刚度较差，生产中发现床身导轨精加工后精度指标本来符合要求，但装上横向进给机构和操纵箱等后，由于这些部件自重的影响，导轨变形而产生了误差。假设在精磨导轨时预先装上横向进给机构和操纵箱等部件，或用相当的配重代替这些部件，使床身在变形状态下进行精加工。这时对单个床身而言，加工后有一定的误差，但由于加工条件与装配、使用时的条件一致，人为产生的加工误差抵消了导轨的弹性变形，保证了机床导轨的精度。

## 三、转移原始误差

误差转移法是把对加工精度影响较大的原始误差转移到不影响或少影响加工精度的方向或其他零件上去。

在成批生产中，用镗模加工箱体孔系的方法，就是把机床的主轴回转误差、导轨误差、对刀误差等原始误差完全转移掉，工件的加工精度完全靠镗模和镗杆的精度来保证。由于镗模的结构远比整台机床简单，精度容易达到，故在实际生产中得到了广泛的应用。

## 四、均分原始误差

生产中会遇到这种情况：本道工序的加工精度是稳定的，工艺能力也足够，但毛坯或上道工序的半成品精度太低，引起定位误差或复映误差太大，因而不能保证加工精度，而提高毛坯精度或上道工序加工精度又往往是不经济的。这时，可采用误差分组的方法，把待加工工件按误差大小分为 $n$ 组，每组的尺寸波动缩小为原来的 $1/n$，再按组分别调整刀具与工件的相对位置，或选用合适的定位元件，从而解决加工精度问题。

## 五、均化原始误差

加工过程中，机床、刀具的某些误差(例如导轨的平直度、齿轮刀具或机床传动链的运动误差等)，往往只根据局部区域的最大值来判定，若该局部区域的较大误差能使工件整个加工表面都受到同样的影响，就会对传递到工件表面的加工误差起到均化作用，工件的加工精度就相对提高了，这就是均化原始误差提高加工精度的实质。

研磨就是利用随机创制成型原理均化误差。研具的精度并不是很高，分布在研具上的磨粒大小也并不一样，但是由于研磨时工件和研具之间有复杂的相对运动轨迹，使工件上各点均有机会与研具的各点相互接触并受到均匀的微量切削，同时工件和研具也相互修整，精度逐步共同提高，进一步使误差均化，因此可获得精度高于研具原始精度的加工表面。

## 六、就地加工法

机床或部件的装配精度取决于相关部件的尺寸精度。就地加工法就是把各相关零部件先行装配，使它们具有工作时要求的相互位置关系，然后就地进行最终精加工。

在加工精密丝杠时，为了保证中轴回转轴线、前后顶尖和跟刀架导套孔的同轴度，就采用就地加工的方法：自磨主轴顶尖，自镗跟刀架导套孔和刮研尾架垫板。就地加工的方法应用很广，例如在车床上就地修正卡爪的同心度；在刨床上就地修正工作台台面，以保证台面与导轨的平行度等。

# 习　题

1. 什么是原始误差？影响机械加工精度的原始误差有哪些？

2. 什么是误差敏感方向？误差敏感方向跟加工表面之间有什么关系？

3. 什么是主轴回转误差？机床主轴回转误差对零件加工精度有何影响？

4. 影响机床主轴回转误差的因素有哪些？

5. 影响机床部件刚度的因素有哪些？为什么机床部件的刚度值远比其按实体估计的刚度值要小？

6. 如何减小工艺系统受力变形对加工精度的影响？

7. 加工轴时，对加工精度的要求为 $\phi 20_{-0.1}^{0}$ mm，加工后经测量得平均尺寸 $\mu=19.98$ mm，标准偏差 $\sigma=0.025$ mm，试判断该工序的工艺能力、合格率及不合格率。

# 第五章

# 机械加工表面质量

事实上，任何机械加工得到的零件表面都不是完全理想的表面。实践表明，机械零件的损坏总是从表面层开始，说明零件的表面质量至关重要，对产品的质量有很大影响。近年来，在某些机械工业部门，特别是航空和航天工业部门，广泛采用高强度钢、耐热钢、高温合金和钛合金等新材料，这些材料的加工性差。因此，除了研究这些难加工材料的加工方法外，还必须重视对这些材料的表面质量进行研究。

研究加工表面质量的目的是掌握机械加工中各种工艺因素对加工表面质量影响的规律，以便应用这些规律控制加工过程，最终达到提高加工表面质量，提高产品使用性能的目的。

## 第一节 机械加工表面质量的相关概念

### 一、机械加工表面质量的含义

经过机械加工后，工件表面形成的与基体金属性能有所差异的表面层结构状态，称为加工表面质量。经过对加工表面的测试和分析可知，零件表面加工后不仅存在微观几何形状误差，还存在由加工过程产生的物理、机械性能变化甚至化学性质变化。如图 5-1(a)所示为零件加工表面层沿深度方向的变化情况，在最外层生成有氧化膜或其他化合物，并吸收渗进了某些气体、液体和固体的粒子，称为吸附层，其厚度一般不超过 $8 \times 10^{-3}$ $\mu m$。在加工过程中由切削力造成的表面塑性变形层称为压缩层，其厚度约为几十至几百微米。压缩层中的纤维层，由被加工材料与刀具之间的摩擦力造成。加工过程中的切削热也会使加工表面层产生各种变化，如同淬火、回火一样会使表面层的金属材料产生金相组织和晶粒大小的变化等。由上述种种因素综合作用的结果，最终使零件加工表面层的物理、机械性能与零件基体有所差异，产生了如图 5-1(b)、(c)所示的显微硬度变化和残余应力。

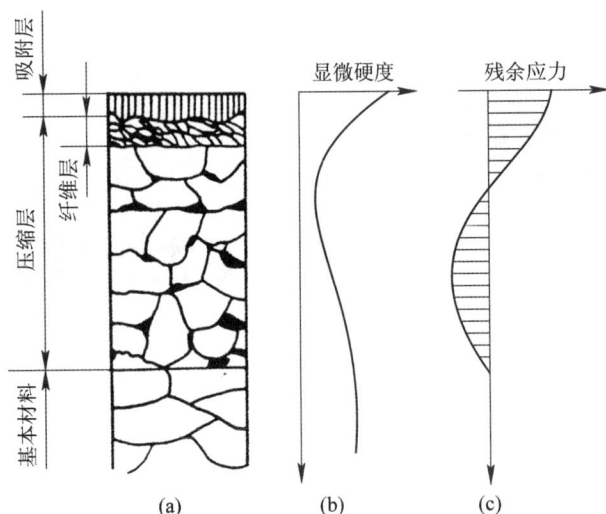

图 5-1　加工表面层沿深度方向的变化情况

## 二、机械加工表面质量的评定

### 1. 加工表面的几何形状特征

加工后的表面几何形状，总是以"峰""谷"交替出现的形式偏离理想的光滑表面。该偏差有宏观、细观和微观之分，一般以波长（峰与峰或谷与谷间的距离）和波高（峰谷间的高度差）的比值来加以区分。机械加工表面的几何形状误差，一般由五部分组成，分别为表面粗糙度、表面波度、形状误差、纹理方向和伤痕，如图 5-2 所示。

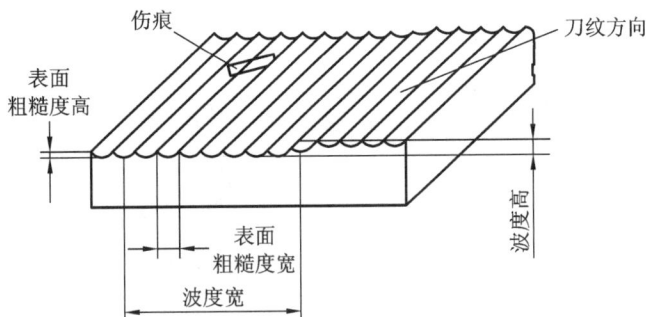

图 5-2　几何形状误差组成

在一个零件表面上，表面粗糙度、波度和形状误差与表面峰谷间距离紧密相关。图 5-3 所示为一个零件的表面结构。

（1）表面粗糙度：表面粗糙度指加工表面微观几何形状误差，其波长与波高的比值一般小于 50。表面粗糙度主要由切削工具的形状和在切削过程中产生的塑性变形等因素引起，用微观不平度的算术平均偏差或微观不平度的平均高度来确定粗糙度的数值，其数值等级由 GB/T 1031—2009 规定。

（2）表面波度：加工表面不平度中波长与波高的比值等于 50～1000 的几何形状误差称

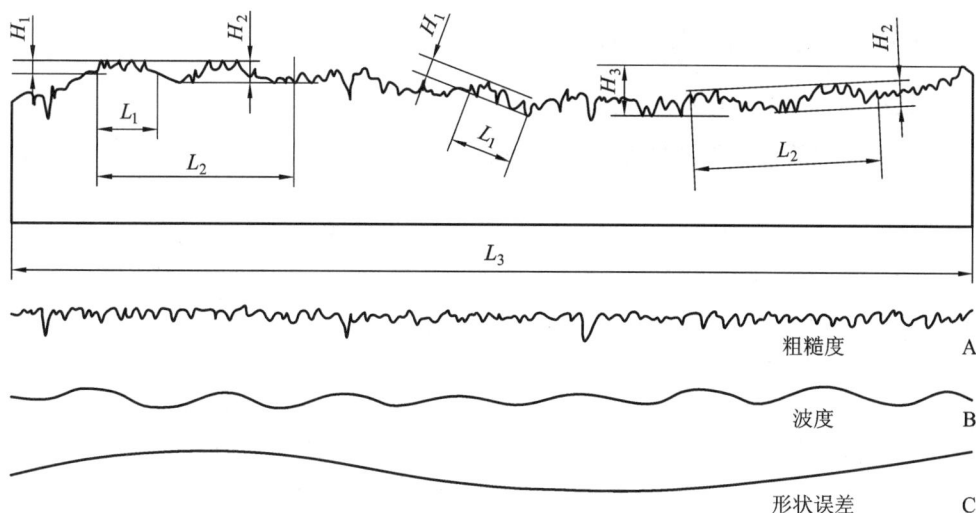

图 5-3　表面结构

为表面波度。波度主要由切削过程中的振动引起。波度尚无评定标准，一般以波高为波度的表征参数，用五个测量长度最大的波幅的算术平均值表示。

（3）形状误差：当波长与波高的比值大于 1000 时，称为宏观几何形状误差，如圆度误差、圆柱度误差等，它们属于加工精度范畴，不在本章讨论范围之内。

（4）纹理方向：加工表面刀纹的方向，它取决于表面形成过程中采用的机械加工方法。

（5）伤痕：加工表面个别位置上出现的缺陷，如砂眼、气孔、裂痕等。

**2. 表面层的物理性能和机械性能的变化**

由于机械加工中力和热的综合作用，加工表面层金属的力学性能和化学性能会发生一定的变化，主要反映在以下几个方面：

（1）加工表面层因塑性变形产生的冷作硬化；

（2）加工表面层因切削热或磨削热引起的金相组织变化；

（3）加工表面层因力或热的作用产生的残余应力。

随着科学技术的不断发展，人们对零件加工表面质量的研究日趋深入，表面质量的内涵不断扩大，出现了表面完整性的全新概念。它不但包括零件加工表面的几何形状特征和表面层的物理力学性能变化，还包括表面曲线（如表面裂纹、伤痕和腐蚀现象）和表面的工程技术特征（如表面层的摩擦、光反射、导电特性等）。因此，对研究加工表面完整性必须予以足够的重视。

## 第二节　表面质量对零件使用性能和使用寿命的影响

在机器零件的机械加工中，加工表面产生的表面微观几何形状误差和表面层物理、机械性能的变化，虽然只发生在很薄的表面层，但长期实践证明它们都影响机器零件的使用性能（即零件的耐磨性、零件的抗腐蚀性、零件的疲劳强度和零件之间的配合性质等），从而进一步影响机器产品的使用性能和使用寿命。

## 一、表面质量对零件耐磨性的影响

机器零件的工作精度与零件工作表面的表面质量有关，如滑动轴承或滚动轴承的回转精度与其工作表面是否存在表面波度以及波度的大小有关。机器零件工作精度的保持性主要取决于零件工作表面的耐磨性，耐磨性越高则工作精度的保持性越好。

零件工作表面的耐磨性不仅与摩擦副的材料和润滑情况有关，而且还与两个相互运动零件的表面质量有关。在干摩擦时，两个互相摩擦的表面，最初只是在凸峰顶部接触，在外力作用下，凸峰接触部分产生了很大的压强，从而造成表面弹性变形、塑性变形及剪切等现象，即产生了工作表面的磨损。例如，一般车、镗、铣的表面，摩擦面积实际上只有计算面积的 15%～25%，细磨后可达 30%～50%。因此，粗糙的顶峰有很大的挤压力，使粗糙表面产生弹性变形和塑性变形。在表面相互移动时，将有一部分凸峰被剪切掉。湿摩擦情况要复杂些，但在最初阶段，由于粗糙度过大造成接触点处单位面积压力过大，超过了润滑油膜存在的临界值，也产生与干摩擦类似的现象。

表面的磨损过程一般分为以下三个阶段：

（1）初磨损阶段。在初磨损阶段，零件表面有较多的凸峰，实际接触面积很小，磨损较快。这个阶段的时间较短，约有 50%～75% 的波峰被磨掉，表面上的粗糙度有所改善，如图 5-4 中的 Ⅰ 区所示。

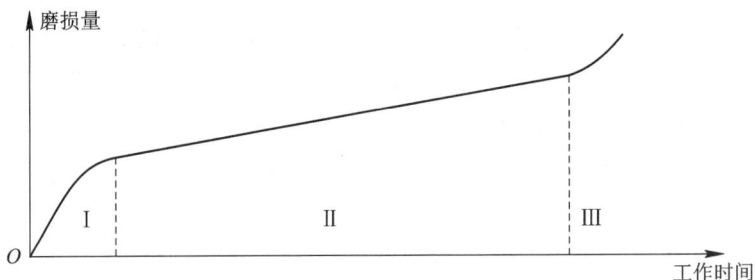

图 5-4　表面磨损的三个阶段

（2）正常磨损阶段。经过初磨损阶段后，很快使接触面积增加至 65%～75%，单位面积的压力大大减小，磨损进入正常阶段，如图 5-4 中 Ⅱ 区所示。这一阶段的时间较长，在有润滑的条件下，油膜能很好地发挥作用，使磨损慢而稳定。

（3）急剧磨损阶段。这一阶段，接触面因过于光滑而紧密贴合，润滑油被挤出接触面造成干摩擦，因表面间分子的亲和力，导致磨损急剧增加，如图 5-4 中 Ⅲ 区所示。

实验证明，摩擦副的初期磨损量与其表面粗糙度有很大关系。如图 5-5 所示，在一定条件下，存在一个使初期磨损量最小的表面粗糙度，称为最佳表面粗糙度。最佳表面粗糙度的存在原因是：若表面粗糙度值很大，则实际接触面积小，从而导致初期磨损量大；而当表面粗糙度值很小时，工件间处于干摩擦状态，分子间力会增大摩擦，从而导致初期磨损量大。如图 5-5 所示的轻载曲线表示在轻载和良好润滑条件下的实验结果，当载荷加重或润滑条件恶化时，曲线将向右移，如图中重载曲线所示，此时最佳表面粗糙度也相应右移。实验还表明，在初期磨损过程中，摩擦副的表面粗糙度也在变化，当原有表面粗糙度高于最佳值时，磨损过程中表面粗糙度会不断下降，直到初期磨损结束时趋近于最佳值；当摩擦副原有表面粗糙度低于最佳值时，磨损过程中表面粗糙度会逐渐增加，直到最后也趋近于最佳值；当原有表面粗糙度等于最佳值时，磨损过程中摩擦副的表面粗糙度基本不变，此时初期磨损量最小。

上面所述磨损情况是指较普遍的半液体润滑或干摩擦情况。对于完全液体润滑，要求摩擦副的凸峰不刺破油脂，使金属表面互不接触，则表面粗糙度越小越有利。

加工表面的纹路方向对零件耐磨性也有影响。轻载时，纹路方向与相对运动方向一致，磨损最少，重载时，则应尽量使两表面纹路相垂直，且运动方向平行于下表面的纹路方向，因为两表面的纹路方向均与相对运动方向一致时容易发生咬合，加剧磨损。

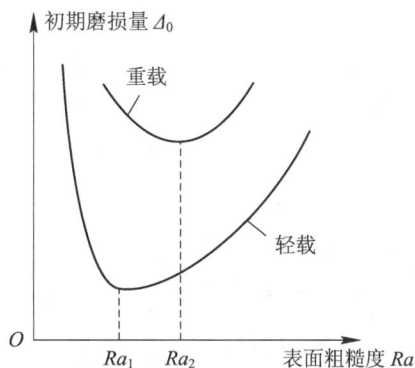

图 5-5　初期磨损量与其表面粗糙度的关系

零件加工表面层的冷作硬化减少了摩擦副接触表面的弹性变形和塑性变形，从而提高了耐磨性。例如，A4 钢在冷拔加工后硬度会提高 $15\%\sim45\%$，磨损实验中测得的磨损量约减少 $20\%\sim30\%$。但并不是冷作硬化程度越高表面耐磨性越高，当加工表面过度硬化（即过度冷态塑性变形）时将引起表面层金属组织的过度"疏松"，甚至产生微观裂纹和剥落（如图 5-6 所示）。为此，任何一种金属材料都有表面冷作硬化程度的最佳值，低于或高于这个数值时磨损量都会增加。

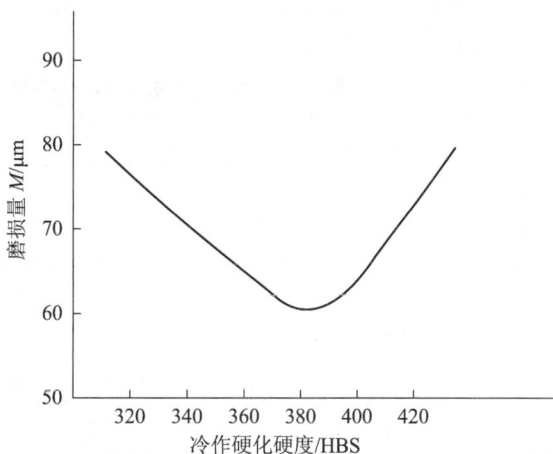

图 5-6　磨损量与冷作硬化之间的关系

此外，加工表面产生金相组织的变化也会改变表面层的原有硬度，影响表面的耐磨性。

例如，淬硬钢工件在磨削时产生的表面回火软化，将降低其表面硬度而使表面耐磨性明显下降。

## 二、表面质量对零件抗腐蚀性的影响

当机器零件在潮湿的空气或有腐蚀性的介质中工作时，常常会使与介质直接接触的表面产生化学腐蚀或电化学腐蚀。化学腐蚀是由于在加工表面的凹谷处易积聚腐蚀性介质而产生的化学反应。电化学腐蚀是指由于两个不同金属材料的零件表面相接触时，在表面的凸峰间产生电化学作用而腐蚀表面的现象。无论是化学腐蚀还是电化学腐蚀，其腐蚀程度均与表面的粗糙度有关。如图 5-7 所示，腐蚀介质一般在表面凹谷处，特别是在表面裂纹中作用最严重。腐蚀过程往往通过凹谷处的微小裂纹向金属层内部进行，直至侵蚀的裂纹扩展相交时，表面的凸峰从表面上脱落而又形成新的凹凸面，此后侵蚀的作用再重新进行。因此，表面粗糙度越高，凹处越尖，就越容易被腐蚀。此外，当表面层存在残余压应力时，有助于表面微小裂纹的封闭，阻碍侵蚀作用的扩展，从而提高表面的抗腐蚀能力。

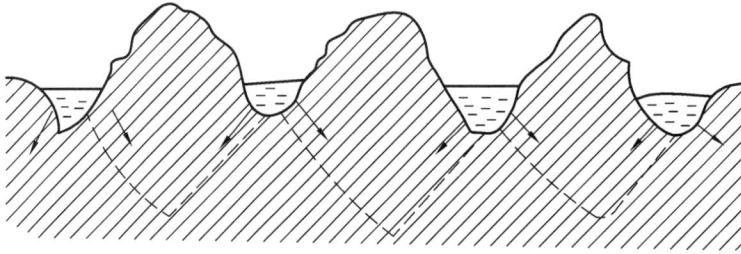

图 5-7 零件腐蚀情况

## 三、表面质量对零件疲劳强度的影响

在交变载荷作用下，零件表面的凹凸、划痕和裂纹等缺陷会引起应力集中现象，在微观低凹处的应力易于超过材料的疲劳极限而出现疲劳裂缝。不同加工方法得到的表面粗糙度不同，其疲劳强度也有所不同，如表 5-1 所示。

表 5-1 钢的疲劳强度与加工方法之间的关系

| 加工方法 | 钢的极限强度 $\sigma_b$/MPa | | |
| --- | --- | --- | --- |
| | 470 | 950 | 1420 |
| | 相对疲劳强度/% | | |
| 精细抛光或研磨 | 100 | 100 | 100 |
| 抛光或超精研 | 95 | 93 | 90 |
| 精磨或精车 | 93 | 90 | 85 |
| 粗磨或粗车 | 90 | 80 | 70 |
| 轧制钢材直接使用 | 70 | 50 | 30 |

从表 5-1 中可以看到，表面粗糙度越高，疲劳强度越低；越是优质钢材，晶粒越细小，

组织越致密，则表面粗糙度对疲劳强度的影响越大。此外，加工表面的纹路方向对疲劳强度也有较大的影响，当其方向与受力方向垂直时，疲劳强度将明显下降。

加工表面层的冷作硬化能阻碍已有裂纹的扩大和新的疲劳裂纹的产生，减轻表面缺陷和表面粗糙度的影响程度，故可提高零件的疲劳强度。

加工表面层的残余应力对疲劳强度的影响很大。若表面层的残余应力为压应力，则能抵消部分交变载荷施加的拉应力，妨碍和延缓疲劳裂纹的产生或扩大，从而提高零件的疲劳强度。若表面层的残余应力为拉应力，则容易使零件在交变载荷作用下产生裂纹，从而大大降低零件的疲劳强度。

### 四、表面质量对零件之间配合性质的影响

对于机器中相配合的零件，无论是间隙配合、过渡配合还是过盈配合，若加工表面的粗糙度过大，必然会影响它们的实际配合性质。

一台新机器正常持久的工作状态是从初期磨损后开始的，也就是先要经过一个所谓的"跑合"阶段才进入正常的工作状态。若具有间隙配合的配合表面的粗糙度过高，则经初期磨损后其配合间隙会增大很多，从而改变应有的配合性质，甚至可能造成新机器刚经过"跑合"阶段就已漏气、漏油或晃动而不能正常工作。为此，在配合间隙要求很小的情况下，要保证配合表面不仅具有较高的尺寸和形状精度，还具有足够低的表面粗糙度。

对于过盈配合的组件，其配合表面的粗糙度对配合性质的影响也是很大的。按测量所得的配合件尺寸计算的过盈量与组装后的实际过盈量相比，由于表面粗糙度的影响，常常是不一致的。因为过盈量是相配合组件轴和孔的半径差，而轴和孔的直径在测量时都受到表面粗糙度的影响。对于孔来说，应在测得的直径尺寸上加上一个 $Rz$ 才是真正影响过盈配合松紧程度的有效尺寸，而轴的直径尺寸则应减去一个 $Rz$ 才是真正的有效尺寸。为了满足原有的过盈配合要求，可考虑表面粗糙度的影响作补偿计算。但若加工表面的粗糙度过高，即使作了补偿计算，按计算加工取得了规定的有效过盈量，但其过盈配合的连接强度与具有同样有效过盈量的低表面粗糙度配合组件的过盈配合相比，还是低很多。也就是说，即使实际有效过盈量符合要求，加工表面的粗糙度对过盈配合性质还是有较大影响。

因此，对于精度高的配合组件，对其有关零件配合表面的粗糙度也必须提出相应的要求。根据实验研究的结果，可按下述关系选取参数值：零件尺寸大于 50 mm 时，$Rz=(0.10\sim0.15)T$；零件尺寸为 18～50 mm 时，$Rz=(0.15\sim0.20)T$；零件尺寸小于 18 mm 时，$Rz=(0.20\sim0.25)T$。式中 $T$ 表示零件尺寸公差。

## 第三节　表面粗糙度的产生原因及改善措施

### 一、切削加工中的表面粗糙度及其改善措施

在用金属切削刀具对零件表面进行加工时，造成加工表面粗糙度的因素有几何因素、物理因素和工艺系统振动三个方面。

### 1. 几何因素

切削时，由于刀刃形状以及进给量的影响，不可把余量完全切除，总会留下一定的残留面积，残留面积的高度直接影响表面形态，于是就形成了表面粗糙度。

以车削加工为例，若主要以刀刃的直线部分形成表面粗糙度（不考虑刀尖圆弧半径的影响），则如图 5-8(a) 所示，可通过几何关系导出

$$H = \frac{f}{\cot\kappa_r + \cot\kappa_r'}$$

式中：$f$ 为刀具的进给量（mm/r）；$\kappa_r$、$\kappa_r'$ 分别为刀具的主偏角和副偏角。

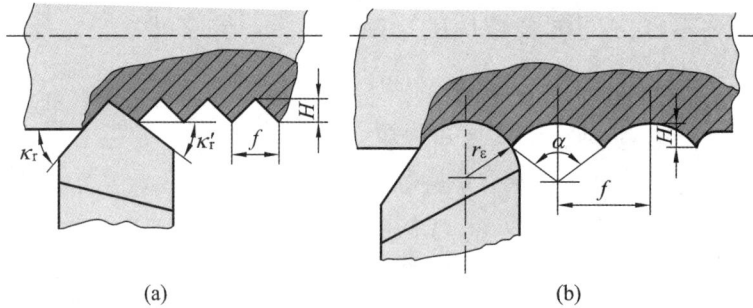

图 5-8　刀具几何形状与残留面积高度间的关系

若加工时的切削深度和进给量均较小，则加工后表面粗糙度主要由刀尖的圆弧部分造成，可由图 5-8(b) 所示的几何关系导出

$$H = r_\varepsilon \left(1 - \cos\frac{\alpha}{2}\right) = 2r_\varepsilon \sin^2\frac{\alpha}{4}$$

当中心角 $\alpha$ 很小时，可用 $\frac{1}{2}\sin\frac{\alpha}{2}$ 代替 $\sin\frac{\alpha}{4}$，且 $\sin\frac{\alpha}{2} = \frac{f}{2r_\varepsilon}$，故得 $H \approx 2r_\varepsilon \left(\frac{f}{4r_\varepsilon}\right)^2 = \frac{f^2}{8r_\varepsilon}$。

如图 5-9 所示的虚线是按上式计算所得的 $Rz$ 与 $r_\varepsilon$、$f$ 的关系曲线，图中实线是实际加工所得的结果。相比较可知计算所得结果与实际结果是相似的，两者在数量上的一些差

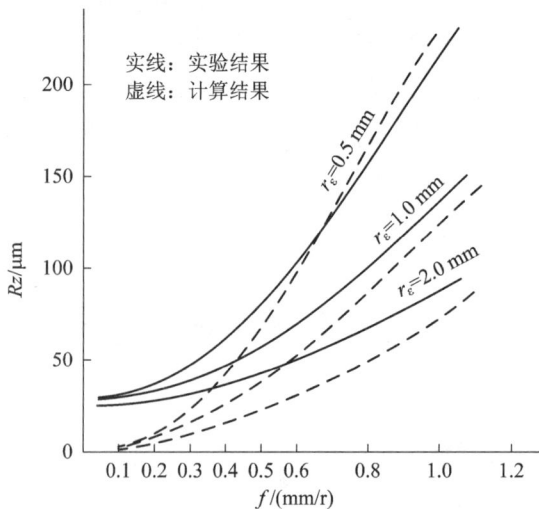

图 5-9　$Rz$ 与 $r_\varepsilon$、$f$ 的关系

别是因为 $Rz$ 不仅受刀具几何形状的影响，同时还受表面金属层塑性变形的影响。在进给量小、切屑薄及金属材料塑性较大的情况下，这个差别更大。从图像中还可以看出，考虑刀尖圆弧的计算结果更符合实际情况，另外，减小进给量，减小刀具主、副偏角，增大刀尖圆角半径都可减小残留面积高度，进而减小表面粗糙度。

对于铣削、钻削等加工，也可按几何关系导出类似的关系式，找出影响表面粗糙度的几何因素。但对铰孔加工来说，则同用宽刃车刀精车加工一样，刀具的进给量对加工表面粗糙度的影响不大。对于用金刚镗床高速镗削加工，由于精细镗孔时的切削深度和进给量都很小，故加工后的表面粗糙度也主要由几何因素造成。

此外，前角 $r_0$ 与加工表面粗糙度 $Rz$ 没有直接的几何关系，但其对切削过程中的金属塑性变形有影响，从而间接影响加工表面的粗糙度。增大刃倾角 $\lambda_s$ 有利于降低表面粗糙度。因为 $\lambda_s$ 增大，实际工作前角也随之增大，切削过程中的金属塑性变形程度随之下降，于是切削分力 $F_y$ 也明显下降，从而显著减小工艺系统的振动，使加工表面的粗糙度降低。

为减小或消除几何因素对加工表面粗糙度的影响，可选用合理的刀具几何角度、减小进给量和选用具有直线过渡刃的刀具。

**2. 物理因素**

切削加工后表面的实际轮廓与纯几何因素形成的理想轮廓往往有较大差别（见图 5-10）。在图 5-11 中，横向轮廓表示垂直于切削速度方向的粗糙度，它受几何因素和物理因素的综合影响；切削速度方向的粗糙度称为纵向粗糙度，它主要是受物理因素影响而形成的。这些物理因素的影响一般比较复杂，与切削原理中的加工表面形成过程有关，如在加工过程中产生的积屑瘤、鳞刺和振动等对加工表面的粗糙度均有很大影响。从物理因素来分析，要减小粗糙度的数值，应减少加工过程中的塑性变形，并避免产生刀瘤和鳞刺。影响粗糙度的主要物理因素有下列几方面：

图 5-10　实际轮廓与理想轮廓的差别

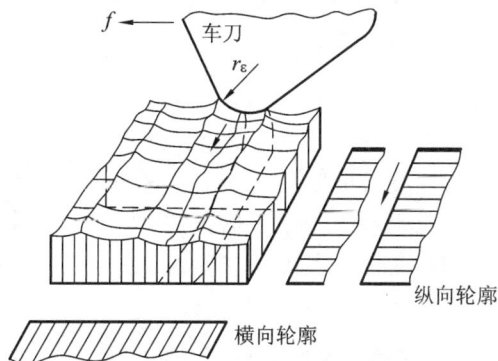

图 5-11　横向粗糙度与纵向粗糙度

**1) 刀具前、后刀面表面粗糙度的影响**

在精加工中，刀具前、后刀面本身的表面粗糙度对加工表面的粗糙度也有一定影响。一般刀具前、后刀面的粗糙度应比加工表面的粗糙度低，如硬质合金刀具的前、后刀面都应抛光到 $Rz$ 值为 $0.8\sim3.2$。刀具磨钝后其前、后刀面的粗糙度提高，将使切削过程中金属塑性变形程度加重，从而造成加工表面粗糙度提高，其 $Rz$ 值可能增大 $50\%\sim60\%$。

保证刀具前、后刀面具有低到一定程度的表面粗糙度，必然增加了刀具刃磨成本，但加工表面质量和刀具耐用度得以提高，故也是必要的。

**2) 进给量 $f$ 的影响**

通过图 5-9 可知，在粗加工和半精加工中，当 $f>0.15$ mm/r 时，进给量对表面粗糙度 $Rz$ 的影响很大，符合前述几何因素的影响关系；当 $f<0.15$ mm/r 时，$f$ 的进一步减小不能引起 $Rz$ 的明显降低；当 $f<0.02$ mm/r 时，$Rz$ 不再降低，这时加工表面粗糙度主要取决于被加工表面的金属塑性变形程度。

**3) 切削速度 $v$ 的影响**

切削速度 $v$ 越高，切削过程中切屑和加工表面层的塑性变形程度越轻，加工后表面粗糙度也就越低(见图 5-12 中的 $Rz$ 曲线)。

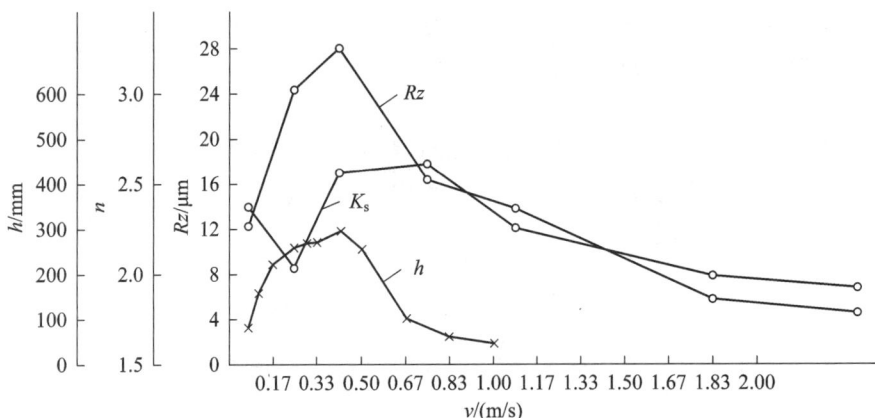

图 5-12　切削收缩系数 $K_s$、积屑瘤高度 $h$ 和表面粗糙度 $Rz$ 与切削速度 $v$ 的关系(试验材料为 45 号钢)

当切削速度较低时，刀刃上易出现积屑瘤，使加工表面的粗糙度提高。实验证明，当切削速度 $v$ 下降到某一临界值以下时，$Rz$ 明显提高(见图 5-12 中的 $Rz$ 曲线)。产生积屑瘤的临界速度随加工材料、冷却润滑及刀具状况等条件的不同而不同。

由此可见，用较高的切削速度既可使生产率提高又可使表面粗糙度下降，所以不断地创造条件提高切削速度，一直是提高工艺水平的重要研究方向。其中，发展新刀具材料和采用先进刀具结构，常可使切削速度大大提高。

**4) 切削深度 $a_p$ 的影响**

一般切削深度 $a_p$ 对加工表面粗糙度的影响是不明显的。但当 $a_p$ 小到一定数值以下时，由于刀刃不可能刃磨得绝对尖锐而具有一定的刃口半径 $\rho$，就不能维持正常切削，常出现挤压、打滑和周期性地切入加工表面等现象，从而使表面粗糙度提高。为降低加工表面粗糙度，应根据刀具刃口刃磨的锋利情况选取相应的切削深度值。

5）工件材料性能的影响

工件材料的韧性和塑性变形倾向越大，切削加工后的表面粗糙度越高，如低碳钢工件加工后的表面粗糙度就高于中碳钢工件。由于黑色金属材料中的铁素体的韧性好，塑性变形大，若能将铁素体（珠光体组织）转变为索氏体或屈氏体（马氏体组织），就可降低加工后的表面粗糙度。工件材料金相组织的晶粒越均匀、粒度越细，加工时获得的表面粗糙度越低。为此，对工件进行正火或回火处理后再加工，能使加工表面粗糙度明显降低。

6）冷却润滑液的影响

冷却润滑液的冷却和润滑作用均有利于降低加工表面的粗糙度，其中更直接的作用是润滑。当冷却润滑液中含有表面活性物质，如硫、氯等化合物时，润滑性能增强，能使切削区金属材料的塑性变形程度下降，从而降低加工表面的粗糙度。

7）刀具材料的影响

由于不同刀具材料的化学成分不同，在加工时其前后刀面硬度及粗糙度的保持性，刀具材料与被加工材料金属分子的亲和程度，以及刀具前后刀面与切屑和加工表面间的摩擦系数等均有所不同。实验证明，在相同的切削条件下，用硬质合金刀具加工后的表面粗糙度要比用高速钢刀具加工后的表面粗糙度低。

采用金刚石刀具加工后的表面粗糙度比采用硬质合金刀具加工后的表面粗糙度还要低很多，金刚石刀具主要用于有色金属及其合金零件表面的镜面加工。用金刚石刀具加工能获得粗糙度极低的加工表面，其原因在于：

（1）金刚石刀具的硬度和强度高，并能在高温下保持性能，因此在长时间的切削加工过程中，其刀尖圆弧半径和刃口半径均能保持不变，刀具刃口锋利。

（2）金刚石系共晶结合，与其他金属材料的亲和力很小，加工时切屑不会焊接或黏结在刀尖上（即不产生积屑瘤），对降低加工表面的粗糙度十分有利。

（3）金刚石刀具前后刀面的摩擦系数非常小，加工时的切削力及表面塑性变形程度也都比其他材料刀具小，故可降低加工表面的粗糙度。

**3. 工艺系统振动**

工艺系统的低频振动一般在工件的已加工表面上产生表面波度，而工艺系统的高频振动将对已加工表面的粗糙度产生影响。为降低加工表面的粗糙度，必须采取相应措施防止加工过程中高频振动的产生。

在上述影响加工表面粗糙度的几何因素和物理因素中，究竟哪个为主要因素要根据不同情况而定。一般来说，对脆性金属材料的加工以几何因素为主，而对塑性金属材料的加工，特别是韧性大的材料则以物理因素为主。此外，还要考虑具体的加工方法和加工条件，如对切削截面很小和切削速度很高的高速精细镗加工，其加工表面的粗糙度主要由几何因素引起。对切削截面宽而薄的铰孔加工，由于刀刃很直很长，切削加工时从几何因素分析不应产生任何表面粗糙度，因此加工表面的粗糙度主要是物理因素引起的。

## 二、磨削加工中的表面粗糙度及其改善措施

工件表面的磨削加工，是由砂轮表面几何角度不同且不规则分布的砂粒完成的。这些

砂粒的分布情况还与砂轮的修整及磨削加工中的自励情况有关。由于砂轮外圆表面上每个砂粒所处位置的高低、切削刃口方向和切削角度不同，在磨削过程中将产生滑擦、刻划或切削作用。在滑擦作用下，被加工表面只有弹性变形，根本不产生切屑；在刻划作用下，砂粒在工件表面上刻划出一条沟痕，工件材料被挤向两旁产生隆起，此时虽产生塑性变形但仍没有切屑产生，只是在多次刻划作用下工件材料才会因疲劳而断裂和脱落；只有在产生切削作用时，才能形成正常的切屑。磨削加工表面粗糙度也与加工过程中的几何因素、物理因素和工艺系统振动等有关。

从纯几何角度考虑，可以认为在单位加工面积上，由砂粒的刻划和切削作用形成的刻痕数越多、越浅，则表面粗糙度越低。或者说，单位加工表面的砂粒数越多，表面粗糙度越低。

**1. 砂轮自身状况对表面粗糙度的影响**

砂轮的粒度及修整状况对表面粗糙度都有较大影响。

1）砂轮粒度

砂轮粒度表示砂轮中镶嵌的磨粒的大小程度。粒度号以磨粒刚刚能通过哪一号筛网的网号来表示，网号数是每英寸长度筛网上的孔眼数。例如，60号粒度指每英寸长度筛网上有60个孔眼。当砂轮磨粒的直径小于40 $\mu m$ 时，这种磨粒叫作微粉。微粉的粒度以最大颗粒的磨粒直径尺寸表示，以 $\mu m$ 为单位，前面加W标记。例如，W28是指直径为28 $\mu m$ 的磨粒。

砂轮粒度对加工表面粗糙度的影响如图5-13所示。粒度号越大加工表面粗糙度越低。但若粒度号过大，只能采用很小的磨削深度（ $a_p$＝0.0025 mm以下），还需有很长时间的空走刀，否则砂轮易被堵塞，造成工件烧伤。为此，一般磨削所采用的砂轮粒度号都不超过80，常用的粒度号是46～60。

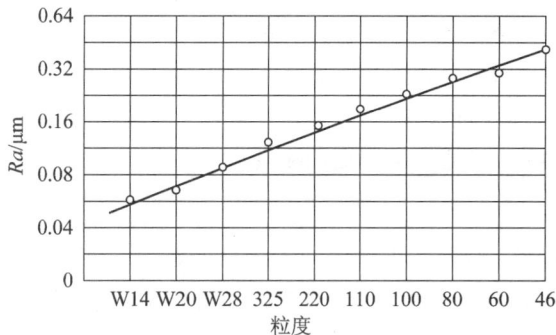

图5-13 砂轮粒度对加工表面粗糙度的影响

2）砂轮的修整

影响磨削加工表面粗糙度的另一重要因素是对砂轮工作表面的修整。若砂轮工作表面修整得不好，砂粒不处在同一高度，其中部分较低的砂粒不起磨削作用，加工时单位面积上通过的砂粒数就会减少，加工后的表面粗糙度必然增高。在磨削加工的最后几次走刀之前，对砂轮进行一次精细修整，

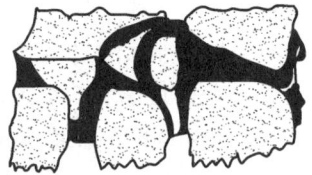

图5-14 微刃

使每个砂粒产生多个等高的微刃（见图5-14），这就相当于选用粒度号大的砂轮进行磨削，从而达到 $Ra$ 为0.04 $\mu m$ 以下的表面粗糙度。这种低粗糙度磨削所使用的磨料是常用的

46～60 号粒度，砂轮是普通的氧化铝砂轮，关键是对砂轮工作表面的精细修整。砂轮修整的要求是用金刚石修整器，修整切深为 0.005 mm 以下，修整时的纵向进给量为砂轮每转 0.02 mm 以下，修整完毕后应对砂轮边角进行倒角并用冷却润滑液冲洗砂轮工作表面。当机床工作状况正常，磨削用量合适时，加工表面粗糙度 $Ra$ 可达 0.016～0.032 $\mu$m。

**2. 磨削参数对表面粗糙度的影响**

加工实践表明，在磨削过程中不仅有几何因素影响，而且还有塑性变形等物理因素的影响。从切削角度分析，虽然磨削速度远比一般切削加工时的切削速度高，但不能认为磨削加工中的塑性变形不严重。在磨削加工过程中，由于砂粒的切削刃并不锋利，其圆弧半径可达十几微米，而每个砂粒的切削厚度仅为 0.2 $\mu$m 左右，因此大多数砂粒在磨削过程中只在加工面上挤过，根本没有切削，磨除量是在很多后继砂粒的多次挤压下，经过充分的塑性变形出现疲劳后剥落的。所以，磨削加工表面的塑性变形很严重。影响塑性变形进而影响表面粗糙度的磨削参数如下：

1）砂轮速度

砂轮速度越高，越有可能使切削速度大于表层金属塑性变形的传播速度，工件材料来不及变形，致使表层金属的塑性变形减小，磨削表面的粗糙度值将明显减小，如图 5-15 所示。

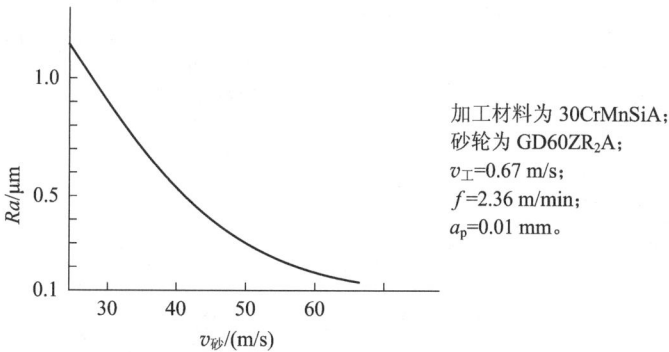

加工材料为 30CrMnSiA；
砂轮为 GD60ZR$_2$A；
$v_{工}$=0.67 m/s；
$f$=2.36 m/min；
$a_p$=0.01 mm。

图 5-15　砂轮速度与表面粗糙度的关系

2）工件速度和进给量

工件速度和进给量的增大，均可引起塑性变形增加，表面粗糙度值将增大，如图 5-16、图 5-17 所示。

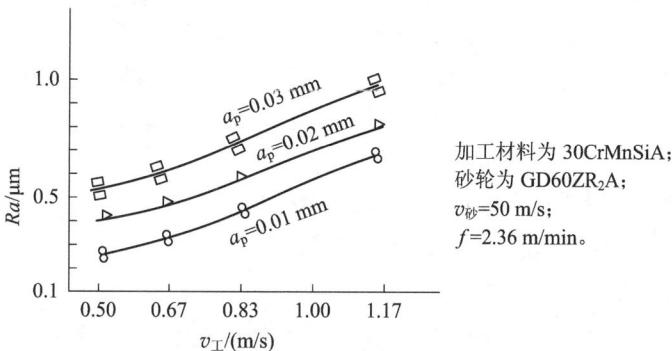

加工材料为 30CrMnSiA；
砂轮为 GD60ZR$_2$A；
$v_{砂}$=50 m/s；
$f$=2.36 m/min。

图 5-16　工件速度与表面粗糙度的关系

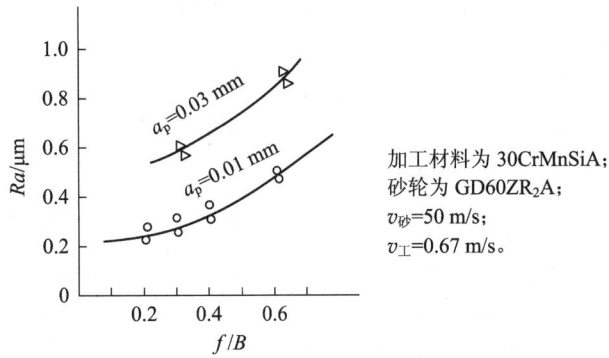

图 5-17　进给量与表面粗糙度的关系

3) 磨削深度

磨削深度 $a_p$ 的增大将增加塑性变形程度,从而影响加工表面的粗糙度。如图 5-18 所示的实验曲线也说明了这一点。

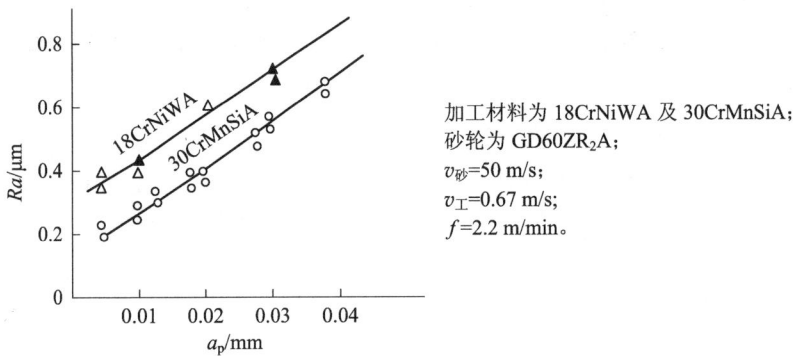

图 5-18　磨削深度与表面粗糙度的关系

根据上述实验结果,可得出如下经验公式:

$$Ra = C\frac{v_{\text{工}}^{0.8}\, f^{0.66}\, a_p^{0.48}}{v_{\text{砂}}^{2.7}}$$

由于磨削深度 $a_p$ 对加工表面粗糙度有较大的影响,精密磨削加工的最后几次走刀总是采用极小的磨削深度。实际上这种极小的磨削深度不是靠磨头进给获得,而是靠工艺系统在前几次进给走刀中磨削力作用下的弹性变形逐渐恢复实现的,这种情况下的走刀常称为空走刀或无进给磨削。精密磨削的最后阶段,一般均应进行几次空走刀,以便得到较低的表面粗糙度。实验证明,采用粗粒度砂轮磨削时,增加无进给磨削次数可使表面粗糙度 $Ra$ 由 $0.05\ \mu m$ 降到 $0.04\ \mu m$ 以下;采用细粒度砂轮需进行 $20\sim30$ 次无进给磨削才能使加工表面粗糙度 $Ra$ 达到 $0.01\ \mu m$ 以下的镜面要求。

此外,在磨削加工过程中,冷却润滑液的成分和洁净程度、工艺系统的抗振性能等对加工表面粗糙度的影响也很大,亦是不容忽视的因素。

## 三、表面波度

表面波度是介于宏观与微观间的表面几何形状偏差,其特征是表面的峰谷具有较明显的周期性。表面波度主要由加工过程中工艺系统振动引起。工件表面波度的波纹数不仅与工件加工一转中刀具、工件间的相对振动次数有关，还与前后两转振纹的相位角有关。相位角是由于刀具、工件间相对振动频率与工件转速不成整倍数关系而产生。表面波度的波高由工件与刀具相对振动的振幅和相位角决定。

关于表面波度，我国目前还没有制定相应的国家标准，而一些行业（如轴承行业）为满足实际应用的需要，对滚动轴承若干具体应用条件下表面波度的波高允许值作了规定。

## 第四节 表面物理力学性能的产生原因及改善措施

### 一、表面层冷作硬化及其改善措施

#### 1. 冷作硬化的成因及衡量标准

在切削或磨削加工过程中，若加工表面层产生的塑性变形使晶体间产生剪切、滑移，晶格严重扭曲，并产生晶粒的拉长、破碎和纤维化，引起表面层的强度和硬度都提高的现象，就是冷作硬化现象（又称强化）。金属冷作硬化的结果，会增大金属变形的阻力，减小金属的塑性，改变金属的物理性能，并使金属处于高能位不稳定状态，只要一有条件，金属的冷作硬化结构本能地向比较稳定的结构转化，这一现象称为弱化。机械加工过程中产生的切削热，将使金属在塑性变形中产生的冷作硬化现象得到恢复。

由于金属在机械加工过程中同时受到力和热的作用，机械加工后表面层金属的最终性质取决于强化和弱化的综合过程。

加工表面层的冷作硬化指标主要有硬化层深度 $h$、表面层的显微硬度 $H$ 及硬化程度 $H/H_0$（见图 5-19）。一般硬化程度越大，硬化层的深度也越大。

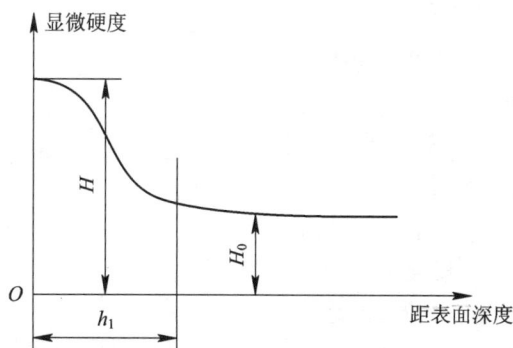

图 5-19 显微硬度与深度间的关系

表面层的硬化程度由产生塑性变形的力、变形速度及变形时的温度决定。力越大，塑性变形越大，产生的硬化程度也越大；变形速度越大，塑性变形越不充分，产生的硬化程度也就相应减小。变形时的温度 $\theta$ 不仅影响塑性变形程度，还会影响变形后的金相组织的恢复程度。若变形时温度超过 $(0.25\sim0.3)\theta_{熔}$（金属的熔化温度），即会产生金相组织的恢复，也就是会部分甚至全部消除冷作硬化现象。各种机械加工方法加工钢件表面层的冷作硬化情况如表 5-2 所示。

表 5-2 各种加工方法下钢件表面层冷作硬化情况

| 加工方法 | 硬化程度 N/% | | 硬化层深度 h/μm | |
|---|---|---|---|---|
| | 平均值 | 最大值 | 平均值 | 最大值 |
| 车削 | 20~50 | 100 | 30~50 | 200 |
| 精细车削 | 40~80 | 120 | 20~60 | — |
| 端铣 | 40~60 | 100 | 40~100 | 200 |
| 圆周铣 | 20~40 | 80 | 40~80 | 110 |
| 钻、扩孔 | 60~70 | — | 180~200 | 250 |
| 拉孔 | 50~100 | — | 20~75 | |
| 滚、插齿 | 60~100 | — | 120~150 | |
| 低碳钢加工 | 60~100 | 150 | 30~60 | |
| 未淬硬中碳钢加工 | 40~60 | 100 | 30~60 | |
| 平面磨 | 50 | — | 16~35 | — |
| 研磨 | 12~17 | | 3~7 | |

**2. 影响冷作硬化的因素**

(1) 刀具。刀具的刃口圆角和后刀面的磨损对表面层的冷作硬化有很大影响，刃口圆角和后刀面的磨损量越大，冷作硬化程度和深度也越大。

(2) 切削用量。在切削用量中，对冷作硬化程度影响较大的是切削速度 $v$ 和进给量 $f$。$v$ 增大，则表面层的硬化程度和深度都有所减小。一方面，切削速度增大会使温度升高，有助于冷作硬化的恢复；另一方面，切削速度增大，刀具与工件接触时间短，使塑性变形程度减小。进给量 $f$ 增大时，切削力增大，塑性变形程度也增大，因此表面层的冷作硬化现象严重。但当 $f$ 过小时，由于刀具的刃口圆角及表面上的挤压次数增多，表面层的冷作硬化现象也会加剧。切削用量对冷作硬化程度的影响见图 5-20。

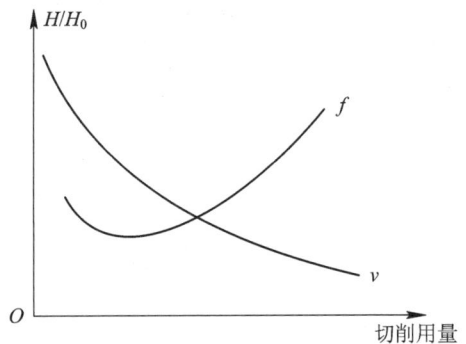

图 5-20 切削用量对冷作硬化程度的影响

(3) 被加工材料。被加工材料的硬度越低、塑性越大，则切削加工后其表面层的冷作硬化现象越严重。碳钢的含碳量越高、强度越高，则冷作硬化程度越小。有色金属的熔点较低，容易恢复，故冷作硬化程度要比结构钢小得多。

**3. 减小表面层冷作硬化的措施**

(1) 合理选择刀具的几何形状，采用较大的前角和后角，并在刃磨时尽量减小其切削刃口半径。

(2) 使用刀具时，应合理限制其后刀面的磨损程度。

（3）合理选择切削用量，采用较高的切削速度和较小的进给量。

（4）加工时采用有效的冷却润滑液。

## 二、表层金属的金相组织变化及其改善措施

机械加工过程中，在加工区由于加工时所消耗的能量绝大部分转化为热能而使加工表面温度升高。当温度升高到超过金相组织变化的临界点时，就会产生金相组织变化。对一般的切削加工来说，升温情况不一定严重到如此程度。但对单位切削截面消耗功率特别大的磨削加工，就可能出现表面层的金相组织变化。

表 5-3 是几种常用机械加工方法的单位切削截面切削力。

**表 5-3　常用机械加工方法的单位切削截面切削力**

| 机械加工方法 | 单位切削截面切削力/(N/mm$^2$) |
| --- | --- |
| 车削 | 2000～2500 |
| 钻削 | 3000～3500 |
| 铣削 | 5000～5700 |
| 磨削 | 100 000～200 000 |

由于磨削加工时的单位切削截面切削力及切削速度比其他加工方法大，所以磨削加工时单位切削截面的功率消耗远远超过其他加工方法。如此大的功率消耗绝大部分转化为热，这些热量部分由切屑带走，很小一部分传入砂轮，若冷却效果不好，则很大一部分热将传入工件表面。因此，磨削加工是典型的易于出现加工表面金相组织变化的加工方法。

### 1. 磨削烧伤及其分类

影响磨削加工时金相组织变化的因素有工件材料、磨削温度、温度梯度及冷却速度等。对于已淬火的钢件，很高的磨削温度往往会使表层金属的金相组织发生变化，导致表层金属硬度下降，工件表面呈现氧化膜的颜色，这种现象称为磨削烧伤。

磨削淬火钢时，在工件表面形成的瞬间高温将使表层金属产生以下三种金相组织变化：

（1）若磨削区温度超过马氏体转变温度而未超过其相变临界温度，则工件表面原来的马氏体组织将产生回火现象，转化成硬度降低的回火组织（索氏体或屈氏体），这种现象称为回火烧伤。

（2）若磨削区温度超过相变临界温度，由于冷却液的急冷作用，工件表面的最外层会出现二次淬火的马氏体组织，硬度较原来的回火马氏体高，而其下层因冷却速度较慢仍为硬度较低的回火组织，这种现象称为淬火烧伤。

（3）若不用冷却液进行干磨时超过相变的临界温度，由于工件冷却速度较慢，磨削后表面硬度急剧下降，则会产生退火烧伤。

此外，对一些高合金钢，如轴承钢、高速钢、镍铬钢等，由于其传热性能特别差，在不能得到充分冷却时，易出现相当深度的金相组织变化，并伴随出现极大的表面残余拉应力，甚至产生裂纹。零件加工表面层的烧伤和裂纹格使零件的使用性能大幅度下降，使用寿命也可能数倍、数十倍地下降，甚至根本不能使用。

## 2. 改善磨削烧伤的工艺途径

### 1) 合理选择磨削用量

为了合理地选取磨削用量,首先必须分析磨削区表面温度与磨削用量之间的关系。现以平面磨削为例,通过实验及有关温度场的理论分析和计算可知,磨削区表面温度 $\theta$ 与工件速度 $v_{工}$、磨削深度 $a_p$、砂轮速度 $v_{砂}$ 及横向进给量 $f$ 间的关系如下:

$$\theta = C_\theta \cdot v_{工}^{0.2} \cdot a_p^{0.35} \cdot v_{砂}^{0.25} \cdot f^{-0.3}$$

其中,$C_\theta$ 为常数。

由上述磨削区表面温度与磨削用量的关系式可知,磨削深度 $a_p$ 的增大会使表面温度升高,工件速度 $v_{工}$ 和砂轮速度 $v_{砂}$ 的增大也会促进表面温度升高,但影响的程度不如磨削深度大。横向进给量 $f$ 的增大,反而会使表面温度下降。

然而,表面层温度的高低并不是决定磨削参数的唯一标准。当进一步观察和分析 $v_{工}$ 对磨削区温度场的影响时,可以看到 $v_{工}$ 越大,表面附近的温度梯度越大,即曾发生高温的表面金属层越薄。从表 5-4 中可以看到曾发生 600℃ 以上温度的金属层厚度和曾发生 800℃ 以上温度的金属层厚度,都随 $v_{工}$ 的增大而减小。

表 5-4　工件速度对温度场的影响

| 工件速度 $v_{工}$/(m/s) | 表面温度 $\theta$/℃ | 600℃ 以上的金属层厚度/mm | 800℃ 以上的金属层厚度/mm |
|---|---|---|---|
| 0.5 | 1075 | 0.096 | 0.043 |
| 1.0 | 1206 | 0.072 | 0.042 |
| 2.0 | 1380 | 0.060 | 0.040 |
| 3.0 | 1510 | 0.052 | 0.039 |

温度在 600℃ 左右是淬火钢最易回火的温度,该温度只要保持 0.5 s 左右马氏体即开始分解,向屈氏体转化,从而硬度下降并产生残余拉应力。低于此温度时,如 400℃,则要保持 10 s 左右才开始转化。对于磨削加工来说,表面处于磨削区的时间 $t$ 约在百分之一秒以内,一出磨削区就会得到有效冷却,故高温保持时间不可能达到几秒之久,因此来不及回火。

在生产中,磨削加工产生的烧伤层如果很薄,常常在本工序中通过最后几次无进给磨削,或通过研磨、抛光等工序把烧伤层除去,甚至在使用时的初期磨损也能把它除去。所以,问题不在于有没有表面烧伤,而在于烧伤层有多厚。根据表 5-4 的数据,可以认为进一步提高 $v_{工}$ 能减轻磨削表面的烧伤。所以,提高 $v_{工}$ 是一项既能减轻磨削烧伤又能提高生产率的有效措施。

但是提高 $v_{工}$ 会导致表面粗糙度增大,而为了消除粗糙度增大造成的影响又需要增大切削层厚度,为了弥补这个缺陷,可以相应提高砂轮速度 $v_{砂}$。根据前一节所述的实验公式

$$Ra = C \frac{v_{工}^{0.8} \; f^{0.66} a_p^{0.48}}{v_{砂}^{2.7}}$$

可知,如 $v_{工}$ 增大 3 倍,$Ra$ 将增大 $3^{0.8} = 2.41$ 倍,而 $v_{砂}$ 只需增加 39%(因为 $1.39^{2.7} = 2.43$)即可补偿。即 $v_{砂}$ 用不着增大太多,就可以补偿 $v_{工}$ 大幅度提高所引起的粗糙度的升高。

实践证明，同时提高砂轮速度和工件速度可以避免烧伤。如图 5-21 所示是磨削 18CrNiWA 钢时，工件速度和砂轮速度的无烧伤临界比值曲线。曲线的右下方是容易出现烧伤的危险区（Ⅰ区），曲线左上方是安全区（Ⅱ区）。由此可以得出发展高速磨削能够避免烧伤的结论，这是磨削工艺的一个重要发展方向。我国现已取得了速度超过 80 m/s 的高速磨削经验。

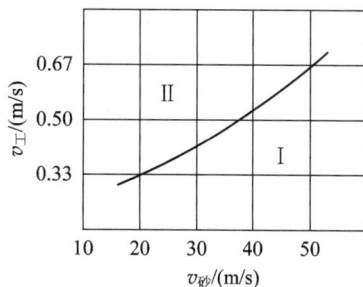

图 5-21 工件速度和砂轮速度的
无烧伤临界比值曲线

2）提高冷却效果

日常生活实践表明，若在数百度或上千度的高温表面有效喷注冷却水，可以带走大部分热量，而使表面温度明显下降。在室温情况下，1 mL 水转化成 100℃以上的水蒸气可带走 2500 J 的热量。而磨削区热源每秒的总发热量 $Q$ 在一般磨削用量下约为 4200 J，很少超过 6300～8400 J。根据上述推算，若磨削区每秒有 2 mL 的冷却水在起作用，将有相当部分的热量被带走，表面不应该出现烧伤。然而，目前通用的冷却方法往往效果很差，由于高速旋转的砂轮表面上会产生强大的气流层，以致没有多少冷却液能进入磨削区，大量冷却液常常喷注在已经离开磨削区的工件表面上。此时磨削热量已进入工件的加工表面而造成表面烧伤或裂纹，为此通过改进冷却方法来提高冷却效果是非常必要的。具体改进的措施如下：

（1）采用高压大流量冷却液冷却。这样不但能加强冷却作用，还可以对砂轮表面进行冲洗，使其空隙不易被切屑堵塞。如有的磨床使用流量为每分钟 200 mL 和压力为 8～12 大气压的冷却液。为防止冷却液飞溅，机床需安装防护罩。

（2）在砂轮上安装带有空气挡板的冷却液喷嘴。为减轻高速旋转砂轮表面的高压附着气流作用，可加装如图 5-22 所示的带有空气挡板的冷却液喷嘴，使冷却液能顺利地喷注到磨削区，这对于高速磨削更为必要。

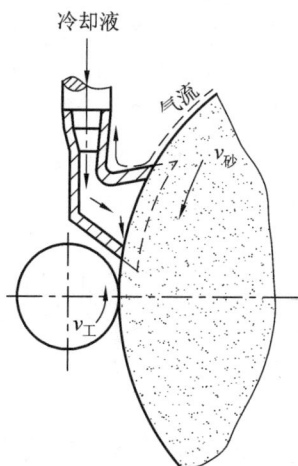

图 5-22 带有空气挡板的冷却液喷嘴

（3）利用砂轮的孔隙实现内冷却。由于砂轮上的孔隙均能渗水，故可采用如图 5-23 所示的内冷却方式。冷却液由锥形盖 1 经主轴法兰套 2 的通道孔引入到砂轮的中心腔 3 内。由于离心力的作用，冷却液会通过砂轮内部有径向小孔的薄壁套 4 的孔隙向砂轮四周边缘洒出。这样，冷却液就有可能直接与处在磨削区内正在加工的工件表面接触，从而起到有效冷却的作用。

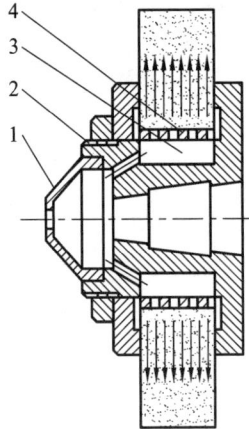

1—锥形盖；2—主轴法兰套；
3—砂轮中心腔；4—薄壁套。

图 5-23　砂轮内冷却

目前内冷却方式还未得到广泛应用，其原因之一是，使用内冷却时磨床附近有大量水雾，操作工人劳动条件差；原因之二是，精密加工时无法通过观察火花进行试切吃刀。此外，内冷却磨削所使用的冷却液必须经严格过滤，以防砂轮内部孔隙堵塞。为此，要求冷却液中的杂质含量不应超过 0.02%。

3）提高砂轮的磨削性能

要解决磨削烧伤问题，除了合理选择磨削用量、改进冷却方法、改善传热条件等各项措施外，在不影响磨削生产率的条件下，降低磨削区发热强度也是一个有效措施。

如前所述，磨削时的单位切削截面切削力约为 100 000～200 000 $N/mm^2$，这已数十倍地超过了材料的强度极限。如此大的切削力主要由不正常的极大摩擦力引起，而不是由被加工材料的强反抗力造成的。这说明磨削过程是一个很不理想的切削过程，切削所占的比重很小，大部分磨粒只是与加工面进行摩擦而不是进行切削。所以，为了改善切削过程，可以在不影响生产率的情况下减少功率消耗，从而达到降低磨削区温度的目的，具体方法如下：

（1）锐化磨粒，减小摩擦。磨削时，作为刀刃的刚玉磨粒，其刃口是非常钝的。如图 5-24(a)所示就是一个磨粒放大的图像，其最尖锐的刃口也因有相当大的圆弧半径而呈球面状。在磨削过程中，每个磨粒的切削厚度常在 0.2～0.02 $\mu m$。磨粒的切削过程如图 5-24(b)所示。

在大多数情况下，如图 5-24(b)所示的那层金属只是被挤压了一下，并没有被切除。这层金属在后续的大量磨粒反复挤压多次而呈现疲劳时才剥落，因此绝大部分切削抗力是摩擦力。如果磨粒的切削刃口再尖锐锋利些，磨削力会下降，功率消耗也会减少，磨削区的温度必然也会相应下降。但磨粒的刃尖是自然形成的，刃尖的圆弧半径 $\rho$ 取决于磨粒的硬

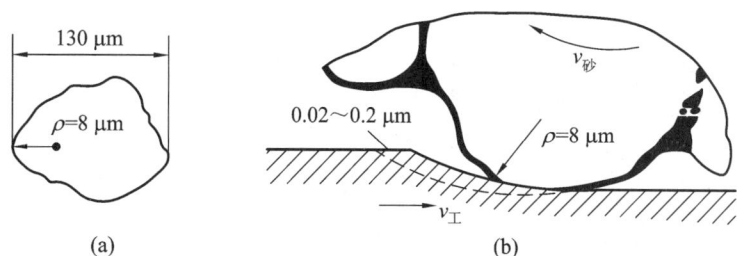

图 5-24　磨粒及磨粒的切削过程

度和强度。若磨粒的硬度和强度不够，就不能得到很小的 $\rho$，即使偶然得到了，在磨削时也不能保持。磨料硬度和强度的提高显然是提高砂轮磨削性能的重要方向，我国的磨料研究和生产部门一直在研究这类课题。

现在，我国的磨料行业除了生产传统的棕刚玉、白刚玉、黑色碳化硅及绿色碳化硅四种基本磨料外，还生产一系列新的优质磨料，如单晶刚玉、微晶刚玉、铬刚玉以及人造金刚石和立方氮化硼等。

金刚石砂轮磨削硬质合金不产生烧伤和裂纹的主要原因是磨粒的强度、硬度大，刃尖锋利，改善了切除薄切屑的条件，从而使磨削力及磨削区温度下降。另外，金刚石与金属在无润滑液情况下的摩擦系数极低，只有 0.05。

目前，立方氮化硼的制造和应用也提高了加工硬质合金的效率。虽然立方氮化硼在硬度和强度上略逊于金刚石，但它能在高达 1360℃（金刚石是 920℃）的高温下工作。

（2）保持砂轮自锐性。由于磨料的磨削性能有较大的随机性，因此无法确保砂轮工作表面每颗磨粒的质量。那些质量差和较快用钝的磨粒，因为刃尖较钝，摩擦力较大，可能引起磨削表面的局部烧伤，一般总是希望它们能在工作时自动地从砂轮上脱落下来，即希望结合剂的黏结力不要太强，砂轮软一些。

（3）增加弹性，避免过载。也可采用具有一定弹性的结合剂来解决磨削烧伤问题。例如，用橡胶作为结合剂，当某种偶然性因素导致磨削力增大时，磨粒就会作一定程度的退让，使切削深度自动下降，由于切削力不会过大而避免了表面局部烧伤。树脂结合剂也有类似性能，采用树脂砂轮能减轻与避免烧伤的主要原因是，当磨削温度达到 230℃ 以上时树脂即碳化失去黏结性能，表现出良好的自励性，这样就可避免结合剂与工件表面的挤压和摩擦，并使砂轮工作表面保持锋利的磨粒。例如，某厂改用树脂砂轮替换一般砂轮，磨削 12CrNi3A 钢、12CrNi4A 钢等导热性差的合金材料，解决了生产中长期存在的磨削烧伤问题。

（4）使用新型砂轮。为了提高磨削性能，还可采用如图 5-25 所示的开槽砂轮。由于砂轮的工作部位上开有一定宽度、一定深度和一定数量等距或不等距的斜沟槽，当其高速旋转时不仅易于将冷却液带入磨削区改善散热条件，而且还能提高砂轮的自励性，使整个磨削过程都有锋利的磨粒在工作，从而降低磨削区温度。

目前有一种直接在磨床上用带螺旋线的滚轮滚挤出螺旋槽的沟轮，滚挤出的沟槽浅而窄，其宽度为 1.5～2 mm，其方向与砂轮轴线约成 60° 角。用这种砂轮磨削零件，不仅不影响表面粗糙度，表面无烧伤，而且还能减小磨削力和减少 30% 的能量消耗，提高砂轮耐用度达十倍以上。

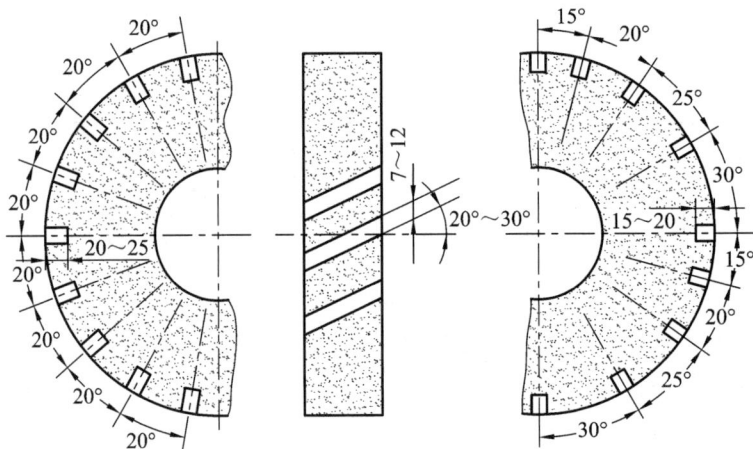

图 5 - 25    开槽砂轮

## 三、表面残余应力及其改善措施

各种机械加工方法所得到的零件表面层都存在或大或小、或拉或压的残余应力。产生机械加工表面层残余应力的主要原因是：在加工过程中表面层曾出现过高温，引起局部高温塑性变形；加工过程中表面层曾发生过局部冷态塑性变形，使表面层产生了局部金相组织变化；在加工过程中，表面层经冷态塑性变形后，金属比重下降，比容积增大而引起表面层受力状况变化；等等。下面对这些使表层金属产生残余应力的原因及改善措施进行具体分析。

### 1. 表层金属产生残余应力的原因

1）冷态塑性变形

在切削力的作用下，已加工表面产生强烈的塑性变形。当表面层在切削过程中受刀具后刀面挤压和摩擦的影响较大时，表面层产生伸长塑性变形，表面积趋于增大，此时里层金属受到影响，处于弹性变形状态。当外力消失后，里层金属趋向复原，但受到已产生塑性变形的表面层的限制，恢复不到原来的状态，因而在里层产生残余拉伸应力、外层产生残余压缩应力。同理，若表面层产生收缩性变形，则由于基体金属的影响，表面层将产生残余拉伸应力，而里层将产生残余压缩应力。

另外，在冷态塑性变形时，金属的晶格被扭曲，晶粒受到破坏，导致金属的密度下降，比容积增大。因此，在表面层会产生残余压缩应力。比容积增大和冷态塑性变形所产生的残余应力，若其压或拉的性质相反，则可互相抵消其部分影响。

2）热态塑性变形

在机械加工时，表面层受切削热的影响而产生热膨胀，由于基体的温度较低，表面层的热膨胀又受到基体金属的限制而在表面层产生压缩应力。若该应力没有超过材料的屈服极限，不会产生塑性变形，当温度下降时，压缩应力逐渐消失，冷却到原有的室温后，表面层恢复到加工前的状态。若表面层在加工时温度很高，产生的压缩应力超过材料的屈服极限，就会产生热塑性变形。变形的应力与温度的关系如图 5 - 26 所示。

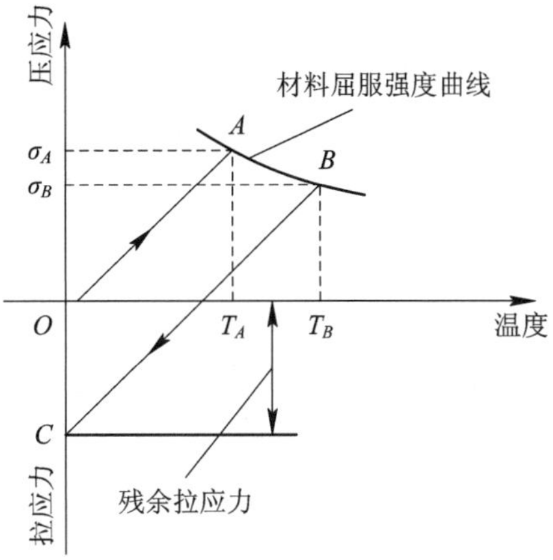

图 5 - 26　应力与温度的关系

当切削区温度升高时，表面层受热膨胀而产生压缩应力，该应力随温度升高而线性增大，若未达到 $A$ 点就开始冷却，因未产生热塑性变形而仍恢复至 $O$ 点状态，表面层不产生残余应力。

当切削区温度升高到 $A$ 点所处温度 $T_A$ 时，热应力达到材料的屈服强度值，若在 $A$ 点处温度再升高至 $T_B$，表面层产生热塑性变形，热应力值将停留在材料在不同温度时的屈服强度值处（材料在温度 $T_B$ 时的屈服强度 $\sigma_B$），当磨削完毕温度下降时，热应力按原斜率下降（沿直线 $BC$），直到与基体温度一致（即到达 $C$ 点）。加工后表面层将有残余拉应力。

温度愈高，愈容易产生热塑性变形，产生的残余应力也愈大。残余应力的大小除与温度有关外，还与材料的特性有关，即与屈服极限的曲线及温度升降的斜率有关。

3）金相组织的变化

切削加工尤其是磨削加工时的高温，会引起表面层金属组织的相变。由于不同的金相组织有不同的比重，因此不同组织的体积也不相同。当表面层的体积增大时，由于受基体的影响，表面产生压应力；反之，表面层体积缩小时，则产生拉应力。

各种组织中，马氏体比重最小，奥氏体比重最大。各种组织的比重值如下：

马氏体：$\gamma_M = 7.75$；

奥氏体：$\gamma_A = 7.96$；

屈氏体：$\gamma_T = 7.78$；

索氏体：$\gamma_S = 7.78$。

磨淬火钢时，若表面层产生回火现象，则马氏体转化成屈氏体和索氏体，因体积缩小，表面层产生残余拉应力，里层产生残余压应力。若表面层产生二次淬火，则由于二次淬火马氏体的体积比里层回火组织的体积大，表面层产生压应力。

在实际生产中，机械加工后表面层残余应力是由上述三方面因素综合作用的结果。在一定的条件下，上述三方面因素中的一种或两种可能起主导作用。例如：在切削加工过程中，若切削热不多，加工表面层以冷态塑性变形为主，将产生残余压应力；若切削热量较多，这时在表面层中由于局部高温产生的残余拉应力将与冷态塑性变形产生的残余压应力相互抵消一部分。磨削加工时，一般由于磨削热量大，常以局部高温和金相组织变化产生的拉应力为主，故加工后的表面层常常带有残余拉应力。当残余拉应力超过金属材料的强度极限时，在表面上就会产生裂纹。有时磨削裂纹也可能不在零件的外表面上，而是在外表面层下成为难以发现的缺陷。磨削裂纹的方向大都与磨削方向垂直或呈网状，且常与表面烧伤同时出现。

**2. 减小表面拉应力的措施**

当零件表面具有残余拉应力时，其疲劳强度会明显下降，特别是对有应力集中现象或在有腐蚀性介质中工作的零件，残余拉应力对零件疲劳强度的影响更为突出。为此，应尽可能在机械加工中减小残余拉应力，最好能避免产生残余拉应力。

通过前面的分析可知，在切削加工中，由于切削热不是很高，加工表面不易形成残余拉应力，因此，工件表面的残余拉应力往往形成于磨削加工中。在磨削加工过程中，产生残余拉应力的主要原因是磨削区的温度过高而导致的金属相变，因此，只要能改善磨削烧伤情况，就有利于减小表面残余拉应力。避免磨削烧伤的措施前文已分析过，这里不再赘述。除了通过改善磨削状况避免磨削烧伤外，还可以通过表面强化的手段使工件表面产生残余压应力，并提高硬度。

## 四、表面强化工艺

这里主要介绍通过冷压使表面层发生冷塑变形，从而使表面硬度提高并在表面层产生残余压应力的加工方法。

冷压强化工艺方法简单、效果显著，其名目也繁多，常用的方法有如图 5-27 所示的单滚柱或多滚柱滚压、单滚珠或多滚珠弹性滚压、钢珠挤压和胀孔以及喷丸强化等，其中喷丸强化主要用于零件的毛坯表面。现仅对应用广泛的喷丸强化和滚柱、滚珠滚压强化方法加以说明。

**1. 喷丸强化**

喷丸强化是利用大量快速运动的珠丸打击零件表面，使其产生冷硬层和残余压应力。这时表层金属结晶颗粒的形状和方向得到改变，因而有利于提高零件的抗疲劳强度和使用寿命[如图 5-27(d)所示]。

喷丸强化所使用的珠丸一般是铸铁的，或是切成小段的钢丝（使用一段时间后自然变成球状），其尺寸为 0.2~4 mm。对小零件和表面粗糙度低的零件，需用较细小的珠丸。当零件是铝制品时，为了避免喷丸加工后在表面残留铁质微粒而引起电解腐蚀，应使用铝丸或玻璃丸。若零件上有凹槽、凸起等应力集中的部位，珠丸一般应小于零件过渡圆弧半径以使这些部位也得到强化。

喷丸强化所使用的设备是压缩空气喷丸装置和机械离心式喷丸装置，这些装置可使喷丸以约 35~50 m/s 的速度喷出。

喷丸强化工艺主要用于强化形状比较复杂不宜用其他方法强化的零件，如板弹簧、螺旋弹簧、深井钻杆、连杆、齿轮、曲轴等。对于在腐蚀性环境中工作的零件，特别是淬过火而在腐蚀性环境中工作的零件，喷丸强化加工的效果更为显著。

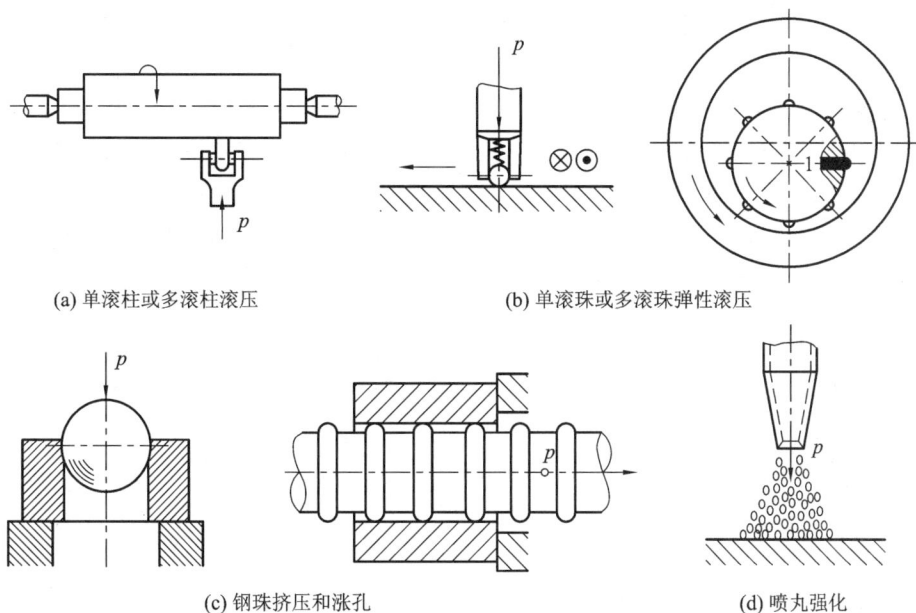

(a) 单滚柱或多滚柱滚压　　　　　(b) 单滚珠或多滚珠弹性滚压

(c) 钢珠挤压和涨孔　　　　　(d) 喷丸强化

图 5-27　常用的冷压工艺强化方法

### 2. 滚柱、滚珠滚压强化

滚柱、滚珠滚压强化是通过淬火钢滚柱（珠）在零件表面上进行滚压，使零件表面产生冷硬层和表面残余压应力，从而提高零件的承载能力和抗疲劳强度。加工时可用单个滚柱（珠）滚压，也可用几个滚柱（珠）滚压，如图 5-28 所示。

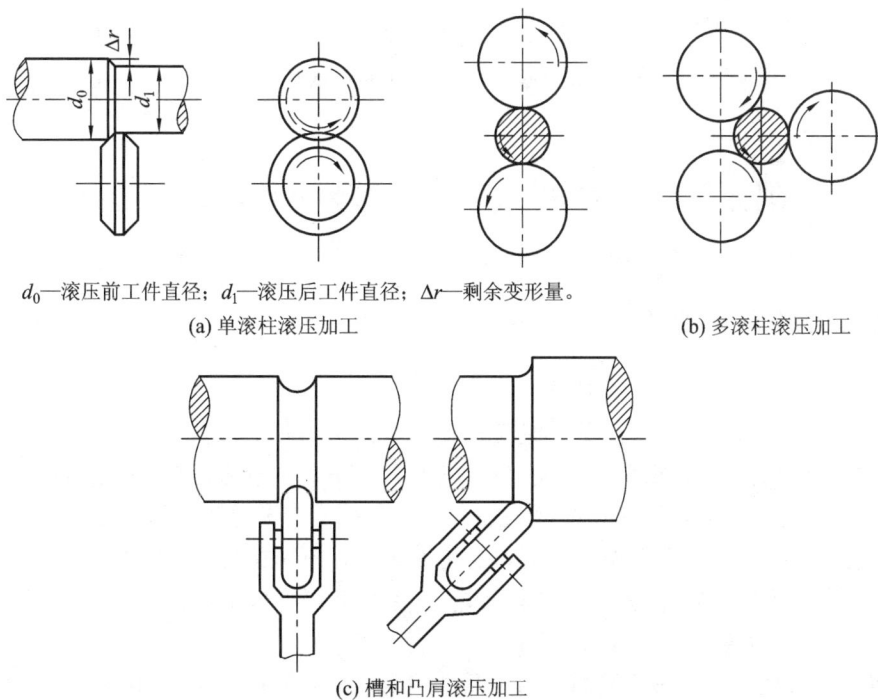

$d_0$—滚压前工件直径；$d_1$—滚压后工件直径；$\Delta r$—剩余变形量。

(a) 单滚柱滚压加工　　　　　(b) 多滚柱滚压加工

(c) 槽和凸肩滚压加工

图 5-28　滚柱滚压强化

图 5-29 所示的曲线是不同结构试件的疲劳试验结果,图中曲线 1 是未经滚压加工的试验结果,曲线 2 是经滚压加工后的试验结果。

根据这些试验曲线可知,滚压加工对零件疲劳强度的提高是非常显著的。从图 5-29(a) 可见试件的疲劳强度从 245 MPa 提高到 305 MPa,提高约为 24%;对于有应力集中的试件来说,滚压加工的作用更为明显,如图 5-29(b)所示,试件的疲劳强度由 150 MPa 提高到 240 MPa,提高约 60%;又如图 5-29(c)所示,试件的疲劳强度由 150 MPa 提高到 220 MPa,提高约 47%。

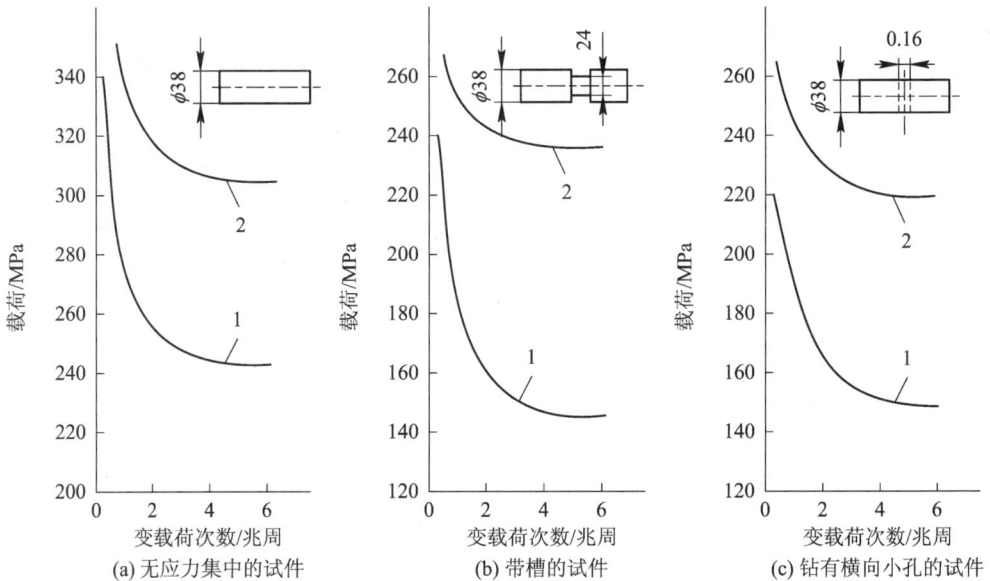

(a) 无应力集中的试件  (b) 带槽的试件  (c) 钻有横向小孔的试件

图 5-29  不同结构试件的疲劳试验结果

## 第五节  机械加工中的振动及其控制措施

### 一、机械加工中的振动及其分类

机械加工过程中,在工件和刀具之间常常产生振动。产生振动时,工艺系统的正常切削过程受到干扰和破坏,从而使零件加工表面出现振纹,降低零件的加工精度和表面质量。强烈的振动会使切削过程无法进行,甚至造成刀具"崩刃"。振动还影响刀具的耐用度和机床的使用寿命,会发出刺耳的噪声,恶化工作环境,影响工人的健康。所以,研究机械加工过程中产生振动的机理,掌握振动发生和变化的规律,挖掘提高工艺系统抗振性和消除振动的措施,使机械加工过程既能保证较高的生产率,又可以保证零件的加工精度和表面质量,是机械加工方面应研究的重要课题。

人们在努力消除振动对机械加工的不利影响的同时,也在设法利用振动提高表面加工质量或提高生产率,如振动切削、振动磨削、振动研磨等加工方法正在不断发展。

与所有机械振动一样,机械加工中的振动按产生原因分为自由振动、强迫振动和自激振动三大类。

（1）自由振动：在初始干扰力作用下，使系统平衡被破坏而产生的仅靠系统弹性恢复力维持的振动。

（2）强迫振动：在外界周期性干扰力持续作用下，系统受迫产生的振动。

（3）自激振动：依靠振动系统在自身运动中激发出交变力来维持的振动。

切削过程中的自激振动一般称为切削颤振。据统计，在振动中，自由振动只占 5% 左右，而强迫振动约占 30%，自激振动则占 65%。自由振动实际上对加工质量影响不大，而强迫振动和切削颤振都是持续的振动，对零件加工质量是极其有害的，必须加以重视。

## 二、自由振动

自由振动是由于切削力的突然变化或其他外界力的冲击等原因引起的振动系统平衡被破坏，只靠系统的弹性恢复力来维持的振动，它是最简单的振动，在机械加工过程中，有不少自由振动的实例。例如，在内圆或外圆磨床上磨削零件的内孔或外圆表面，在砂轮和工件刚接触时，砂轮轴由于受到冲击而产生自由振动。振动的结果是在砂轮开始磨削处的工件表面出现振纹，类似的现象也常发生在刨刀和工件刚接触的地方。此外，悬臂梁受干扰时也极易产生自由振动。总之，所有弹性物体受到冲击都会产生自由振动。这种振动一般可以迅速衰减，因此对机械加工过程的影响较小。

## 三、强迫振动

### 1. 强迫振动产生的原因

强迫振动是由振动系统外的振源补充能量来维持振动的。因此，激振力的来源是强迫振动发生的最主要因素。振源从来源角度分可分为机内振源和机外振源。振源来自机床内部的，称为机内振源；来自机床外部的，称为机外振源。

机外振源很多，但它们多半是通过地基传给机床的，可以加设隔振地基把振动隔除或削弱。

机内振源主要有：

（1）机床上各个电动机的振动，包括电动机转子旋转不平衡及电磁力不平衡引起的振动。

（2）机床上各回转零件的不平衡，如砂轮、皮带轮、卡盘、刀盘和工件等的不平衡引起的振动。

（3）运动传递过程中引起的振动，如齿轮啮合时的冲击，皮带传动中平皮带的接头、三角皮带的厚度不均匀、皮带轮不圆，轴承滚动体尺寸、形状误差等引起的振动。

（4）往复部件运动的惯性力。

（5）不均匀或断续切削时的冲击，例如铣削、拉削加工中，刀齿在切入或切出工件时，都会有很大的冲击发生。此外，在车削带有键槽的工件表面时也会发生由于周期冲击而引起的强迫振动。

（6）液压传动系统的压力脉动引起的强迫振动等。

**2. 强迫振动的模型**

强迫振动是在外界周期性干扰力持续作用下，振动系统被迫产生的振动，它是由外界振源补充能量来维持振动的。如图 5-30(a) 所示是一个安装在简支梁上的电动机，以 $\omega$ 的角速度旋转时，假如由于电动机转子不平衡而产生离心力 $P_0$，则 $P_0$ 沿 $x$ 方向的分力 $P_x$（$P_x = P_0 \cdot \sin\omega t$），就是该梁的外界周期性干扰力。在这一干扰力作用下，简支梁将做不衰减的振动。我们可以将上述实际振动系统简化为如图 5-30(b) 所示的单自由度有阻尼强迫振动系统的振动模型。该模型中质量为 $m$ 的物块受力包括弹性力 $kx$、阻尼力 $c\dot{x}$ 以及激振力 $P_x$。

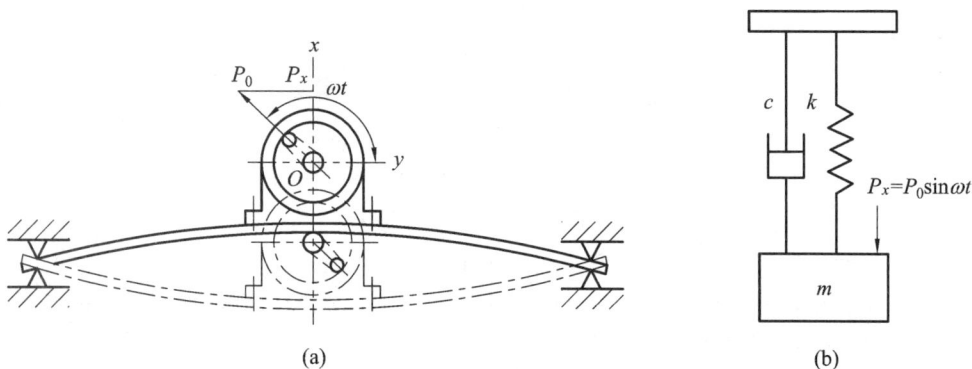

图 5-30 强迫振动模型

于是可列出该系统的运动微分方程：

$$m\ddot{x} + c\dot{x} + kx = p_0 \sin\omega t \tag{5-1}$$

令

$$\omega_0^2 = \frac{k}{m}, \ \delta = \frac{c}{2m}, \ q = \frac{P_0}{m}$$

则式(5-1)可化为

$$\ddot{x} + 2\delta\dot{x} + \omega_0^2 x = q \sin\omega t \tag{5-2}$$

该方程为二阶线性非齐次常系数微分方程，其通解为

$$x = A_1 \mathrm{e}^{-\delta t} \sin(\omega_d t + \theta) + A_2 \sin(\omega t - \varphi) \tag{5-3}$$

式(5-3)所表示的振动的振幅变化如图 5-31(a) 所示，式(5-3)中等式右边第一项为自由振动项，其图像如图 5-31(b) 所示，等式右边第二项为强迫振动项，其图像如图 5-31(c)所示。经过一段时间后，自由振动振幅逐渐衰减为 0，则系统稳定地在振源驱动下保持振动状态，其频率与振源频率相同。

由于感兴趣的是稳定状态，所以只考虑式(5-3)中的第二项，即

$$x = A_2 \sin(\omega t - \varphi) \tag{5-4}$$

式中：$A_2$ 为强迫振动的振幅；$\omega$ 为强迫振动的圆频率；$\varphi$ 为振动体位移 $x$ 与激振力 $P_0$ 之间的相位差。

将式(5-4)求一阶导数和二阶导数并代入式(5-1)后化简得

$$A_2 = \frac{q}{\sqrt{(\omega_0^2 - \omega^2)^2 + 4\delta^2 \omega^2}} \tag{5-5}$$

$$\tan\varphi = \frac{2\delta\omega}{\omega_0^2 - \omega^2} \tag{5-6}$$

令 $A_{02} = \dfrac{q}{\omega_0^2} = \dfrac{P_0/m}{k/m} = \dfrac{P_0}{k}$ 为静变位，并设 $\lambda = \dfrac{\omega}{\omega_0}$ 为频率比，$D = \dfrac{\delta}{\omega_0}$ 为阻尼比，则可将式 $(5-5)$ 和式 $(5-6)$ 改写为

$$A_2 = \frac{A_{02}}{\sqrt{(1-\lambda^2)^2 + (2D\lambda)^2}} \tag{5-7}$$

$$\varphi = \arctan\frac{2D\lambda}{1-\lambda^2} \tag{5-8}$$

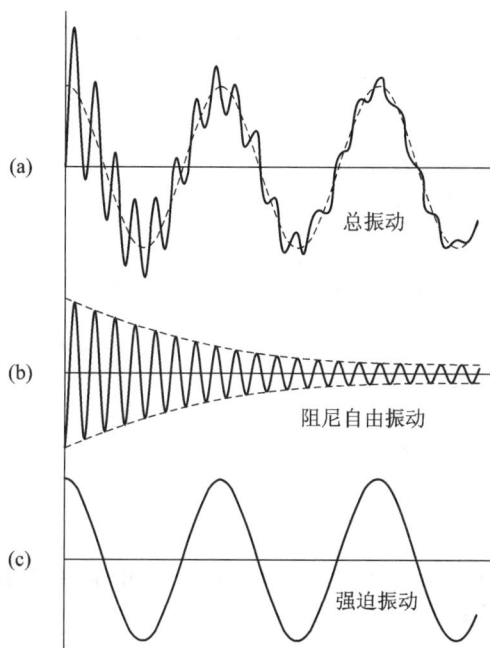

图 5-31　强迫振动振幅组成

### 3. 强迫振动的特征

强迫振动的主要特征如下：

（1）强迫振动是在外界周期性激振力的作用下产生的，但振动本身并不能引起激振力的变化。

（2）不管振动系统本身的固有频率如何，强迫振动的频率总是与外界激振力的频率相同或者是外界激振力频率的整数倍。

（3）强迫振动的振幅大小在很大程度上取决于激振力的频率与系统固有频率的比值。当这一比值等于或接近于 1 时，振幅将达到最大值，这种现象通常称为"共振"。

（4）强迫振动的振幅大小还与激振力、系统刚度及系统阻尼系数有关。激振力越大，刚度及阻尼系数越小，则振幅越大。

### 4. 强迫振动的诊断

在机械加工过程中出现的持续振动有可能是强迫振动，也有可能是自激振动。要区别

强迫振动与自激振动,最简便的方法是找出振动频率,一般情况下可以从工件上的振纹数推算出振动频率,而后与可能存在的振源频率相比较,如果两者一致或相近,则此振源可能就是引起振动的主要原因。

另外,还可以采用测振仪器测量机械加工过程中的振动频率和振幅。通过对加工现场中拾取的振动信号作频谱分析,确定强迫振动的频率成分。

正确测得振动频率以后,就要对整个工艺系统可能产生的强迫振动频率进行估算,并把频率数列表备查。凡是与测得频率相近的可能振源,都要作仔细的检查和进一步的试验。

### 5. 减小强迫振动的措施和途径

一般来说,可采用下列措施减小强迫振动:

(1)减小或消除振源的激振力。例如,精确平衡各回转零部件,对电动机的转子和砂轮不但要进行静平衡,还要进行动平衡。轴承的制造精度以及装配和调试质量常常对减小强迫振动有较大的影响。

(2)隔振。在振动的传递路线中安放具有弹性性能的隔振装置,使振源产生的大部分振动由隔振装置吸收,以减少振源对加工过程的干扰。如将机床安置在防振地基上及在振源与刀具和工件之间设置弹簧或橡皮垫片等。

(3)提高工艺系统的动刚度及阻尼。提高工艺系统的动刚度及阻尼的目的是使强迫振动的频率远离系统的固有频率,即避开共振区,使工艺系统在 $\frac{\omega}{\omega_0} \ll 1$ 或 $\frac{\omega}{\omega_0} \gg 1$ 的情况下加工。刮研接触面来提高部件的接触刚度,调整镶条、加强连接刚度等都会收到一定的效果。

(4)采用减振器和阻尼器。当在机床上使用上述方法仍无效果时,可考虑使用减振器和阻尼器。

此外,常采用的减小冲击切削振动的途径还有:

(1)按照需要,改变刀具转速或改变机床结构,以保证刀具冲击频率远离机床共振频率及机床共振频率的整数倍;

(2)增加刀具齿数;

(3)减小切削用量,以便减小切削力;

(4)设计不等齿距的端铣刀,可以明显减小冲击切削时引起的强迫振动。

需要指出的是,实际振动系统往往是很复杂的多自由度系统,要精确描述振动系统的振动状态,理论上需要多个独立的坐标,但为了研究方便,常将多自由度系统简化为有限的自由度数系统,其中最简单的是两自由度系统。

振动理论证明,从单自由度系统过渡到两自由度系统,振动特性发生了一些本质的变化,但从两自由度系统过渡到多自由度系统,振动特性没有本质的差别。只是自由度数越多,描述振动特性的方程越多、越复杂,计算过程越麻烦。为此,常用试验方法求振动系统的各个参数。

## 四、自激振动

### 1. 自激振动产生的原因

由振动系统本身引起的交变力作用产生的振动称为自激振动。在大多数情况下,自激振动频率与系统的固有频率相近。由于维持振动所需的交变力是由振动过程本身产生的,所以系统运动一停止,交变力也随之消失,自激振动停止。如图5-32所示的框图呈现了自激振动系统的四个环节:

(1) 不变的(非振动的)能源机构;

(2) 控制进入振动系统能量的调节系统;

(3) 振动系统;

(4) 振动系统对调节系统的反馈,以此来控制进入系统能量的大小。

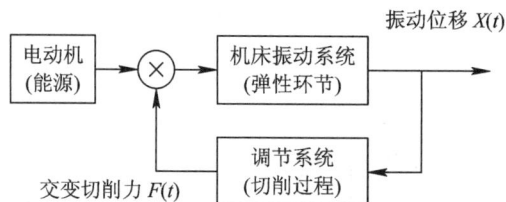

图5-32 自激振动系统的四个环节

由此可见,自激振动系统是一个由振动系统和调节系统组成的闭环系统。振动系统的运动控制着调节系统的作用,而调节系统所产生的交变力又控制振动系统的运动,两者相互作用,相互制约,形成了一个封闭的自振系统。

**2. 关于自激振动的几种学说**

关于机械加工过程中的自激振动,虽然进行了大量的研究,但至今还没有较成熟的理论来解释各种状态下产生自振的原因,现对几种主要学说进行介绍。

1) 再生颤振理论

在机械加工过程中,后一次走刀和前一次走刀的切削区有时会有重叠部分,如图5-33所示为外圆磨削的情况。设砂轮宽度为$B$,工件每转进给量为$f$,砂轮前一转的磨削区和后一转的磨削区有重叠部分,其大小可用重叠系数$\mu$表示,则

$$\mu = \frac{B-f}{B}$$

前后两次完全重叠时,$\mu=1$,无重叠时,$\mu=0$。在一般情况下,$0<\mu<1$。

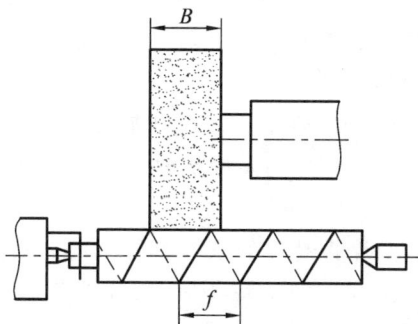

图5-33 磨削时每一转的重叠情况

在稳定切削过程中,由于随机因素的扰动,工件和刀具产生振动,从而在加工表面留下振痕,当第二次走刀时,刀具在有波纹的表面上切削,从而使切削厚度有周期性的变化,

引起切削力的周期变化，产生自激振动。

在切削过程中，前一次走刀和后一次走刀有如图 5-34 所示的三种情况。图中 $Y_0$ 表示前一次走刀后的工件表面，$Y$ 表示后一次走刀后的工件表面。

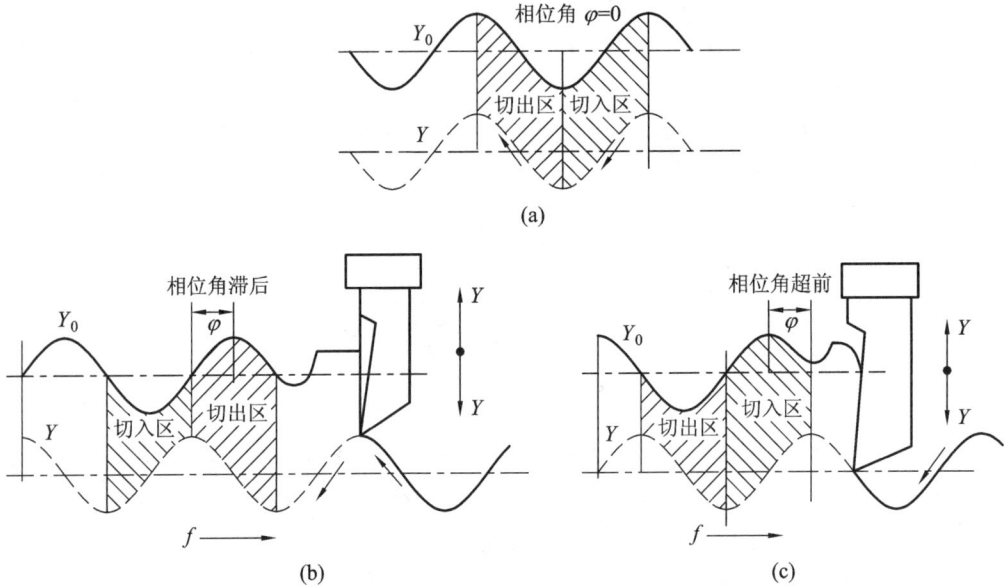

图 5-34 再生切削振动分析

从图 5-34(a)中可以看出，工件在前后两次走刀间没有相位差，因此，切削厚度基本保持不变，切削力保持稳定，不产生自激振动。

图 5-34(b)中，$Y$ 比 $Y_0$ 滞后一个相位角 $\varphi$，而刀具切入时的半个周期中的平均切削厚度比切出时的平均厚度小，因此，切入时平均切削力比切出时小。所以在一个周期中，切削力的正功大于负功，有多余的能量输入系统中，振动得以加强与维持。

图 5-34(c)的情况与图 5-34(b)相反，$Y$ 比 $Y_0$ 超前一个相位角 $\varphi$，切入时的平均厚度大于切出时的平均厚度。在一个周期中，切削力所做的负功大于正功，没有能量结余，后一次走刀后的工件表面波动不断减小，不会产生自激振动。

2）负摩擦自振理论

在加工韧性钢材时，切削分力 $F$ 随切削速度的增大而增大，当达到一定速度后，切削分力 $F$ 随切削速度的增大而减小。

由切削原理知，径向切削分力 $F$ 主要取决于切屑和刀具相对运动所产生的摩擦力，$F$ 的改变主要由摩擦力的改变引起。摩擦力随摩擦时相对速度的增大而减小，这种现象称为负摩擦特性。

在机械加工系统中，具有负摩擦特性的系统容易激发自激振动。如图 5-35 所示为车削时的负摩擦自振情况，其中图 5-35(a)是车削加工示意图，图 5-35(b)为径向分力 $F$ 与切屑和刀具前刀面相对摩擦速度 $v$ 的关系曲线。

在稳定切削时，刀具和切屑的相对滑动速度为 $v_0$。当刀具发生振动时，刀具前刀面和切屑的相对摩擦速度要附加一个振动速度 $y$，刀具切入时，相对速度为 $v_0+\dot{y}$，刀具退出时，相对速度为 $v_0-\dot{y}$，它们分别使径向分力由 $F_0$ 变为 $F_1$、$F_2$。所以，刀具切入的半个周

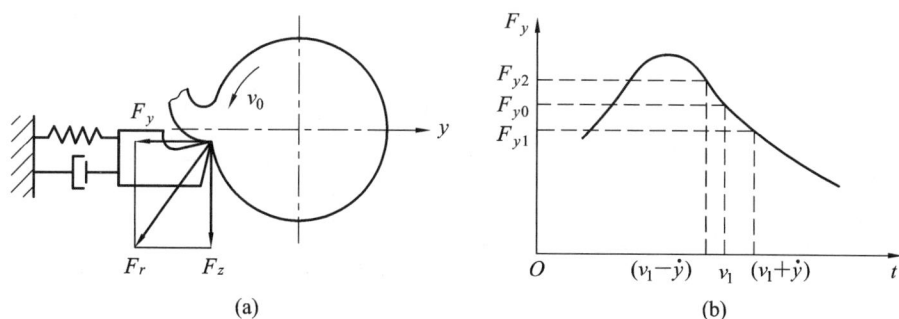

图 5-35　负摩擦自振原理

期中，切削力所做的负功小于刀具在切出时所做的正功。在一个振动周期中，有多余的能量输入振动系统。

3）模态耦合自振理论

加工无切削振痕的表面时，如加工矩形螺纹的外圆时，在一定切削条件下，也会产生自激振动。模态耦合原理是将工艺系统作为一个多自由度系统，各个自由度上的振动相互联系而使系统获得能量，以维护自激振动的一种假说。其原理如图 5-36 所示。

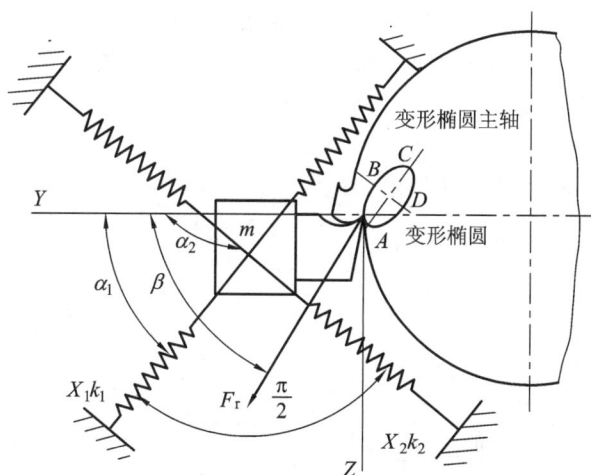

图 5-36　模态耦合自振原理

设切削过程中的工艺系统为具有两个自由度的二维振动系统。

质量为 $m$ 的刀具和刀架系统分别用弹性系数为 $k_1$ 和 $k_2$ 的两根互相垂直的弹簧支持着，并在 $X_1$ 和 $X_2$ 两个不同的方向上以频率 $\omega$ 作平面振动，由于 $k_1$、$k_2$ 以及弹簧和切削力的方向等因素的综合影响，刀尖的运动轨迹近似于图中的椭圆 $ABCD$。若振动时刀具沿着轨迹 $ABC$ 切入工件，刀具的运动方向和切削力 $F_r$ 相反，切削力做负功；若沿着轨迹 $CDA$ 退出，则 $F_r$ 做正功。由于切出时的切削深度比切入时大，切削力做的正功大于负功。在一个周期中，便有多余能量输入系统，支持并加强系统的自振。

若工件和刀具的相对运动轨迹为椭圆 $ADCB$，则切削力 $F_r$ 所做负功大于正功，振动无法维持，原有的振动会不断衰减。

### 3. 自激振动的特征

从上面的分析不难看出,自激振动的特点主要有:

(1)自激振动是一种不衰减的振动。外部振源在最初起触发作用,但维持振动所需的交变力是由振动过程本身产生的,所以系统运动一停止,交变力也随之消失,自激振动停止。

(2)自激振动的频率等于或接近于系统的固有频率。

(3)自激振动是否产生以及振幅的大小取决于振动系统在每周期内输入和消耗的能量的对比情况。

上述分析只强调了自激振动系统本身产生维持自激振动交变力的能力,即只说明了产生自激振动的必要条件,因为振动系统的动态特性也对是否产生自激振动有重要的影响。只有振动系统的动态特性具备了产生自激振动的条件,在交变力的作用下才会产生自激振动;否则,即使有交变力的作用,也不一定会产生自激振动。对切削加工过程的自激振动而言,振动系统就是由机床、刀具和工件组成的工艺系统。

### 4. 减小和控制自激振动的主要措施

1)尽量减小重叠系数

重叠系数 $\mu$ 直接影响再生效应的大小。重叠系数值取决于加工方式、刀具的几何形状和切削用量等,图5-37列出了各种不同加工方式的 $\mu$ 值。车螺纹时[见图5-37(a)], $\mu=0$,工艺系统不会有再生型自激振动产生。切断加工时[见图5-37(b)], $\mu=1$,再生效应最大。对于一般外圆纵向车削[见图5-37(d)], $0<\mu<1$,此时应通过改变切削用量和刀具几何形状,使 $\mu$ 尽量减小,以提高机床切削的稳定性。图5-37(c)就是用主偏角为90°的车刀车外圆的情况,此时 $\mu=0$,工艺系统不会有再生型自振发生。

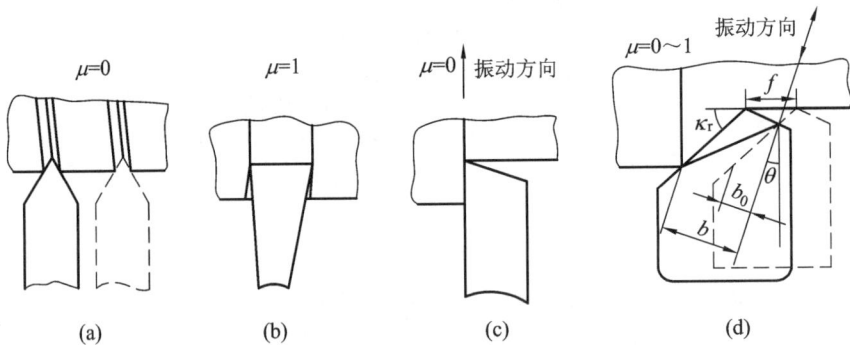

图5-37 不同加工方式的重叠系数

2)尽量增加切削阻尼

适当减小刀具的后角可以增大工件和刀具后刀面之间的摩擦阻尼,有利于提高切削稳定性。但后角不宜过小,否则会引起负摩擦型自振。后角取 $2°\sim3°$ 较为适当,必要时还可以在后刀面上磨出带有负后角的消振棱,如图5-38所示。

在切削塑性金属时,应避免使用 $30\sim70$ m/min 的切削速度,以防止由于切削力下降引起负摩擦型自激振动。

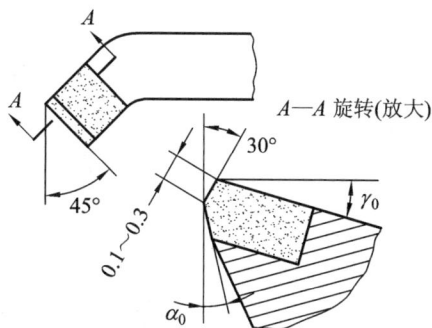

图 5-38　消振棱

3）合理布置小刚度主轴的位置

如图 5-39（a）所示，尾座结构小刚度主轴 $x_1$ 刚好落在切削力 $F$ 与 $y$ 轴的夹角 $\beta$ 范围内，容易产生模态耦合型颤振。图 5-39（b）所示尾座结构较好，小刚度主轴 $x_1$ 落在 $F$ 与 $y$ 轴的夹角 $\beta$ 范围之外。除改进机床结构设计之外，合理安排刀具与工件的相对位置，也可以调整小刚度主轴的相对位置。

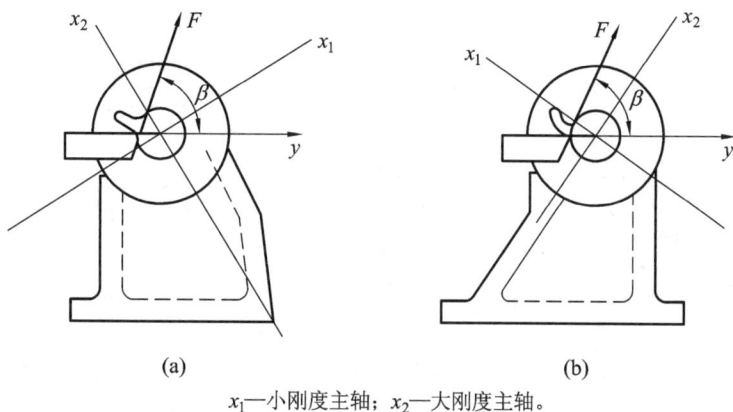

（a）　　　　　　　　　（b）

$x_1$—小刚度主轴；$x_2$—大刚度主轴。

图 5-39　两种尾座结构

4）提高工艺系统的刚度

在加工时，工件的刚度对加工稳定性也有极大的影响，尤其是在加工细长轴和薄壁盘时，更容易产生振动。如图 5-40 所示，工件愈细长，刚度就愈差，愈容易引起振动。

对于提高机床结构系统的刚度，主要是准确地找出机床的薄弱环节，然后采取一定的措施提高系统的抗振性。例如，在上述情况下，应采用辅助支承，在车床上可采用中心架或跟刀架。薄壁盘形零件一般可采用双面车床，在两边同时加工，以减少变形和振动。在镗床上加工时，刀杆也可采用支承件，以提高刚度，减少振动。此外，薄弱环节的动柔度和固有频率，在很大程度上受连接面接触刚度和接触阻尼的影响，故往往可以用刮研连接面、增强连接面刚度等方法，提高结构系统的抗振性。

5）增大工艺系统阻尼

由材料的内摩擦产生的阻尼称为材料的内阻尼。实验证明铸铁件的阻尼比大于焊接钢件，但远远小于混凝土或钢筋混凝土。由于铸铁比钢阻尼大，故机床上的床身、立柱等大型

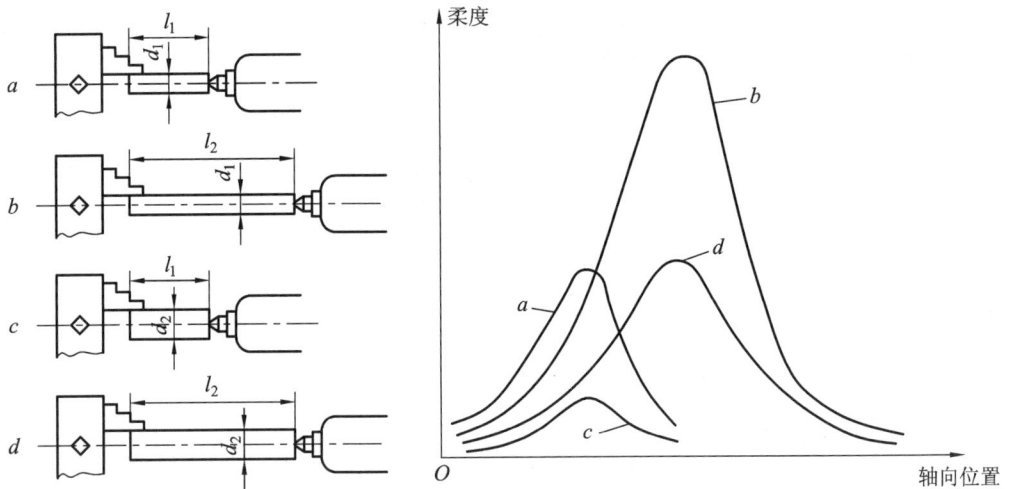

图 5-40　工件尺寸与柔度曲线

支承件均用铸铁制造。此外，除了选用内阻较好的材料制造零件外，还可把高内阻材料附加到零件上，如图 5-41 所示。

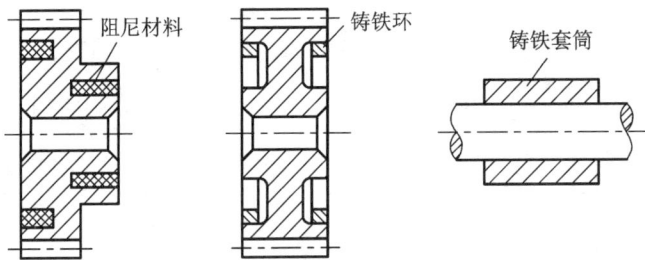

图 5-41　在零件上灌注阻尼材料和压入阻尼环

　　除内阻尼外，机床阻尼大多数来自零部件结合面间的摩擦阻尼，有时它可占总阻尼的 90%。应通过各种途径提高结合面间的摩擦阻尼。对于机床的活动结合面，首先应当注意调整间隙，必要时可施加预紧力以增大摩擦力。实验证明，滚动轴承在无预加载荷作用且有间隙的情况下工作时，其阻尼比为 0.01~0.02；当有预加载荷而无间隙时，阻尼比可提高至 0.03。

　　除了增加材料的内阻尼和结合面间的摩擦阻尼外，还可在机床振动系统上附加阻尼减振器。总之，增大工艺系统阻尼是行之有效的消振方式，但是目前人们对阻尼的研究还不够深入，亟待开发。

　　6）采用各种消振、减振装置

　　如果不能从根本上消除产生切削振动的条件，又无法有效地提高工艺系统的动态特性，为保证必要的加工质量和生产率，可以采用消振、减振装置。常用的减振器有以下四种类型：

　　（1）阻尼减振器。阻尼减振器利用固体或液体的摩擦阻尼消耗振动能量，从而达到减振的目的。图 5-42 是车床上用的一种液体摩擦阻尼减振器。

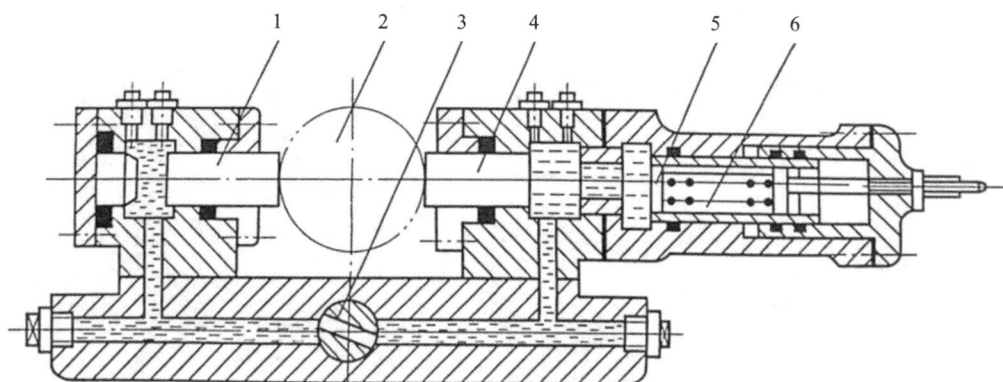

1、4、5—活塞；2—工件；3—节流阀；6—弹簧。

图 5-42　车床用液体摩擦阻尼减振器

　　工件 2 振动时，活塞 1 和 4 会随工件一起振动，为此油会从一腔挤入另一腔，节流阀用来调节阻尼的大小，由于油液流通时存在阻尼，因而能够减振。弹簧 6 用来推动活塞 5 使活塞 1 和 4 压在工件上，它的弹力可由螺杆调节。

　　（2）摩擦减振器。摩擦减振器利用摩擦阻尼消耗振动能量。如图 5-43 所示是滚齿机用的固体摩擦减振器，机床主轴与摩擦盘 2 相连，弹簧 5 使摩擦盘 2 与飞轮 1 间的摩擦垫 3 压紧，当摩擦盘 2 随主轴一起扭振时，因飞轮的惯性大，不可能与摩擦盘同步运动，飞轮与摩擦盘之间有相对转动，摩擦垫起了消耗能量的作用。此种减振器的减振效果与弹簧压力值关系很大，压力太小，消耗的能量小，减振效果不大；压力太大，飞轮和摩擦盘之间的相对转动减小，消耗的能量也不大。因此，要用螺母 4 反复调节弹簧压力，以求获得最佳的消振效果。

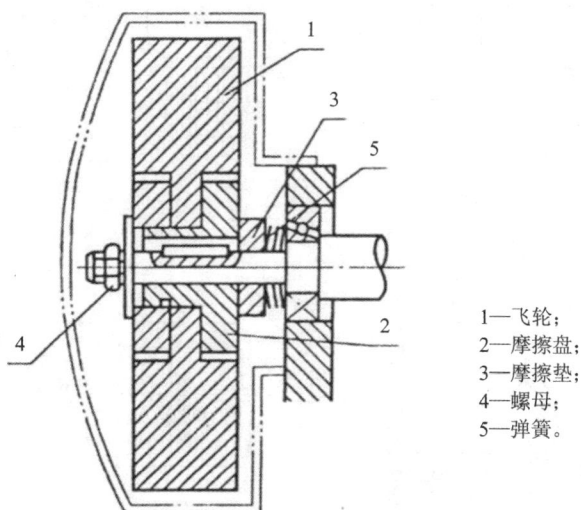

1—飞轮；
2—摩擦盘；
3—摩擦垫；
4—螺母；
5—弹簧。

图 5-43　滚齿机用固体摩擦减振器

　　如图 5-44 所示是一个装在车床尾架上的摩擦减振器。这种减振器靠填料圈的摩擦阻尼减少车床尾架套筒和后顶尖的振动。

　　（3）冲击减振器。冲击减振器由一个与振动系统刚性连接的壳体和一个在体内可自由

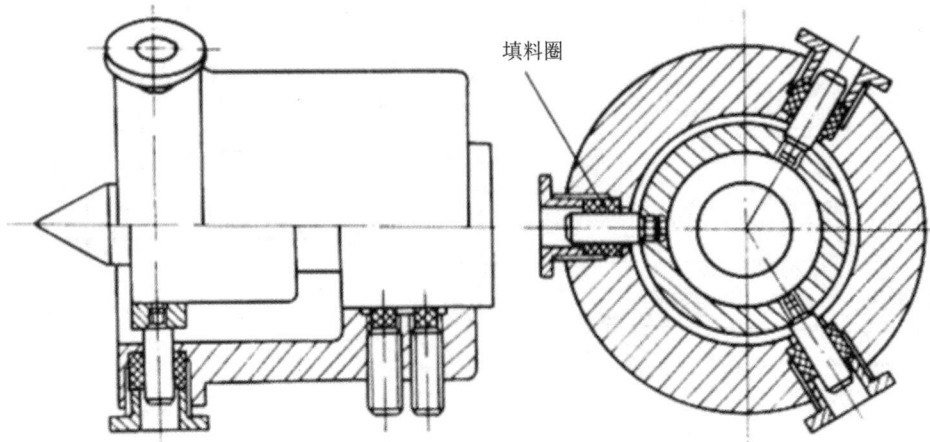

图 5-44　装在车床尾架上的摩擦减振器

冲击的质量块组成。当系统振动时，由于质量块反复地冲击壳体消耗了振动的能量，因而可以显著地消减振动。

　　冲击减振器虽有因碰撞产生噪声的缺点，但具有结构简单，重量轻，体积小，在某些条件下减振效果好，以及在较大的频率范围内适用的优点，所以应用较广，特别适于减小高频振动的振幅，如用来减小镗杆及刀具的振动。

　　如图 5-45 所示是冲击减振器应用的几个实例。

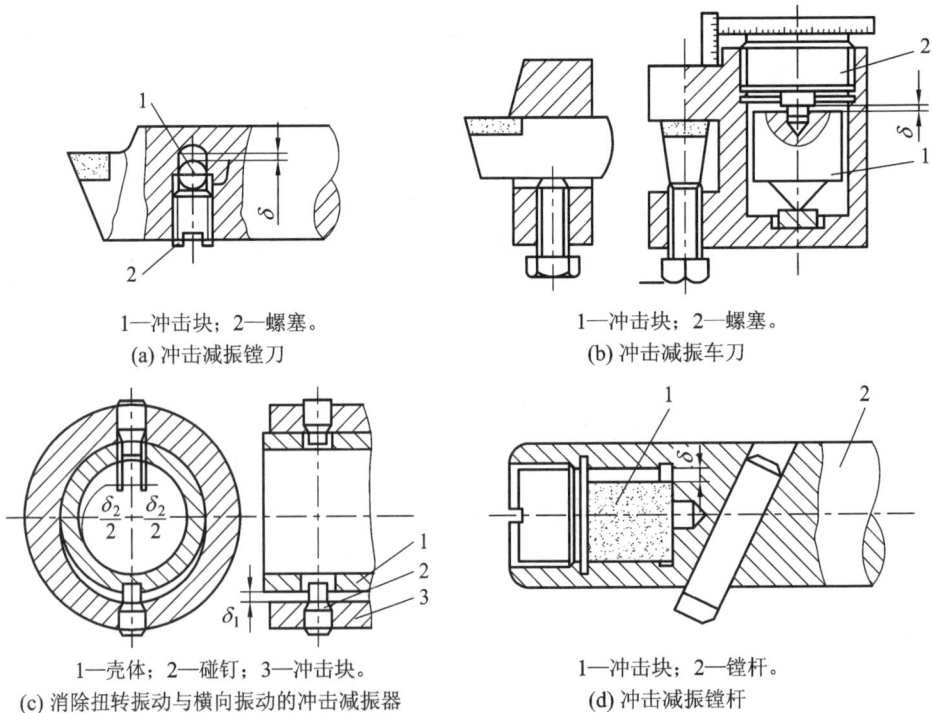

1—冲击块；2—螺塞。
(a) 冲击减振镗刀

1—冲击块；2—螺塞。
(b) 冲击减振车刀

1—壳体；2—碰钉；3—冲击块。
(c) 消除扭转振动与横向振动的冲击减振器

1—冲击块；2—镗杆。
(d) 冲击减振镗杆

图 5-45　冲击减振器应用实例

　　(4) 动力减振器。动力减振器用弹性元件 $k_2$ 将一个附加质量 $m_2$ 连接到主振系统 $m_1$、

$k_1$ 上(如图 5 - 46 所示),利用附加质量的动力作用,使施加到主振系统上的作用力(或力矩)与激振力(或力矩)大小相等、方向相反,从而达到抑制自振系统振动的目的。

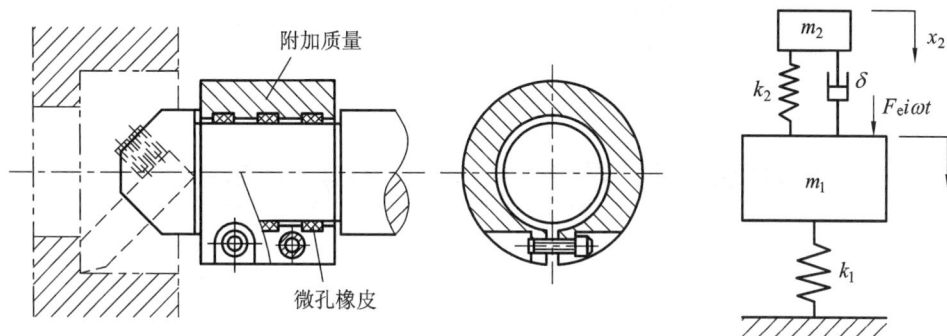

图 5 - 46　动力减振器

## 习　题

1. 机械加工表面质量包括哪些具体内容?

2. 为什么机器零件总是从表面层开始损坏的? 加工表面质量对机器使用性能有哪些影响?

3. 为什么提高砂轮速度能降低磨削表面的粗糙度数值,而提高工件速度却得到相反的结果?

4. 为什么在切削加工中一般都会产生冷作硬化现象?

5. 为什么切削速度增大,冷作硬化现象减小? 而进给量增大,冷作硬化现象却增大?

6. 为什么刀具的刃口圆角及后刀面磨损增大会使冷作硬化现象增大? 刀具的前角增大却使冷作硬化现象减小了?

7. 在相同的切削条件下,为什么切削钢件比切削工业纯铁冷作硬化现象小? 而切削钢件却比切削有色金属工件的冷作硬化现象大?

8. 什么是磨削烧伤? 磨削烧伤分为哪几种类型?

9. 什么是强迫振动? 它有哪些主要特征?

10. 如何诊断强迫振动的机内振源?

11. 什么是自激振动? 它与强迫振动、自由振动相比,有哪些主要特征?

# 第六章

# 机械加工工艺规程的制定

第二章中讲到，机械加工工艺规程是规定产品或零部件机械加工工艺过程和操作方法等的工艺文件。生产规模的大小、工艺水平的高低以及解决各种工艺问题的方法和手段都要通过机械加工工艺规程来体现。因此，机械加工工艺规程设计是一项重要而又严肃的工作。它要求设计者必须具备丰富的生产实践经验和广博的机械制造工艺基础理论知识。

## 第一节　概　述

### 一、工艺规程的基本作用

正确的机械加工工艺规程是在总结长期的生产实践和科学实验的基础上，依据科学理论和必要的工艺试验而制定的，并通过生产过程的实践不断得到改进和完善。机械加工工艺规程的作用有如下三个方面：

（1）机械加工工艺规程是组织车间生产的主要技术文件。机械加工工艺规程是车间中一切从事生产的人员都要严格、认真贯彻执行的工艺技术文件，按照它组织和进行生产，就能做到各工序科学地衔接，实现优质、高产和低消耗。

（2）机械加工工艺规程是生产准备和计划调度的主要依据。有了机械加工工艺规程，在产品投入生产之前就可以根据它进行一系列的准备工作，如原材料和毛坯的供应，机床的调整，专用工艺装备（如专用夹具、刀具和量具）的设计与制造，生产作业计划的编排，劳动力的组织，以及生产成本的核算等。有了机械加工工艺规程，就可以制定所生产产品的进度计划和相应的调度计划，使生产均衡、顺利地进行。

（3）机械加工工艺规程是新建或扩建工厂、车间的基本技术文件。在新建或扩建工厂、车间时，只有根据机械加工工艺规程和年生产纲领，才能准确确定生产所需机床的种类和数量，工厂或车间的面积，机床的平面布置，生产工人的工种、等级、数量以及各辅助部门的安排等。

工艺规程的制定应能保证可靠地达到产品图纸所提出的全部技术要求，获得高质量、高生产效率，并能节约原材料和减少工时消耗，不断降低成本。此外，工艺规程还应努力减轻工人劳动强度，保证安全和良好的工作条件。

## 二、工艺规程的基本形式

工艺文件的形式多种多样，繁简程度也有很大区别，工艺文件的具体内容主要取决于生产类型。

### 1. 机械加工工艺过程卡片

如图 6-1 所示，机械加工工艺过程卡片以工序为单位，简要地列出了整个加工过程的工艺路线(包括毛坯制造、机械加工和热处理等)，它是制定其他工艺文件的基础，也是生产技术准备、编排作业计划和组织生产的依据。在这种卡片中，各工序的说明不够具体，故一般不能直接指导工人操作，而多在生产管理方面使用。但是，在单件、小批生产中通常不编制其他较详细的工艺文件，而是以这种卡片指导生产，至于每一工序具体应如何加工，则由操作者自己决定。对关键或复杂零件才制定较为详细的工艺规程。

<table>
<tr><td rowspan="2"></td><td colspan="3" rowspan="2">工厂</td><td colspan="3" rowspan="2">机械加工工艺过程卡片</td><td>产品型号</td><td></td><td>零(部)件图号</td><td></td><td colspan="3"></td></tr>
<tr><td>产品名称</td><td></td><td>零(部)件名称</td><td></td><td>共 页</td><td colspan="2">第 页</td></tr>
<tr><td></td><td colspan="2">材料牌号</td><td></td><td>毛坯种类</td><td></td><td>毛坯外形尺寸</td><td></td><td>每毛坯可制件数</td><td></td><td>每台件数</td><td></td><td>备注</td><td></td></tr>
<tr><td rowspan="2"></td><td rowspan="2">工序号</td><td rowspan="2">工序名称</td><td colspan="4" rowspan="2">工序内容</td><td rowspan="2">车间</td><td rowspan="2">工段</td><td rowspan="2">设备</td><td colspan="2" rowspan="2">工艺装备</td><td colspan="2">工时</td></tr>
<tr><td>准终</td><td>单件</td></tr>
<tr><td></td><td></td><td></td><td colspan="4"></td><td></td><td></td><td></td><td colspan="2"></td><td></td><td></td></tr>
<tr><td></td><td></td><td></td><td colspan="4"></td><td></td><td></td><td></td><td colspan="2"></td><td></td><td></td></tr>
<tr><td></td><td></td><td></td><td colspan="4"></td><td></td><td></td><td></td><td colspan="2"></td><td></td><td></td></tr>
<tr><td></td><td></td><td></td><td colspan="4"></td><td></td><td></td><td></td><td colspan="2"></td><td></td><td></td></tr>
<tr><td>描图</td><td></td><td></td><td colspan="4"></td><td></td><td></td><td></td><td colspan="2"></td><td></td><td></td></tr>
<tr><td></td><td></td><td></td><td colspan="4"></td><td></td><td></td><td></td><td colspan="2"></td><td></td><td></td></tr>
<tr><td>描校</td><td></td><td></td><td colspan="4"></td><td></td><td></td><td></td><td colspan="2"></td><td></td><td></td></tr>
<tr><td></td><td></td><td></td><td colspan="4"></td><td></td><td></td><td></td><td colspan="2"></td><td></td><td></td></tr>
<tr><td>底图号</td><td></td><td></td><td colspan="4"></td><td></td><td></td><td></td><td colspan="2"></td><td></td><td></td></tr>
<tr><td></td><td></td><td></td><td colspan="4"></td><td></td><td></td><td></td><td colspan="2"></td><td></td><td></td></tr>
<tr><td>装订号</td><td></td><td></td><td colspan="4"></td><td></td><td></td><td></td><td colspan="2"></td><td></td><td></td></tr>
<tr><td></td><td colspan="10"></td><td>设计(日期)</td><td>校对(日期)</td><td>审核(日期)</td><td>标准化(日期)</td><td>会签(日期)</td></tr>
<tr><td></td><td>标记</td><td>处数</td><td>更改文件号</td><td>签字</td><td>日期</td><td>标记</td><td>处数</td><td>更改文件号</td><td>签字</td><td>日期</td><td></td><td></td><td></td><td></td><td></td></tr>
</table>

图 6-1 机械加工工艺过程卡片

### 2. 机械加工工艺卡片

如图 6-2 所示，机械加工工艺卡片以工序为单位，详细说明整个工艺过程，较工艺过程卡更详细。工艺卡是用来指导工人生产和帮助车间管理人员、技术人员掌握整个零件加工过程的主要技术文件，广泛用于成批生产的零件和小批生产中的重要零件。

### 3. 机械加工工序卡片

如图 6-3 所示，机械加工工序卡片在机械加工工艺过程卡片的基础上，按每道工序的工序内容编制，更详细地说明整个零件各个工序的加工要求，是用来具体指导工人操作的工艺文件。在这种卡片上，要画出工序简图，注明该工序每个工步的内容、工艺参数、操作

| 工厂 | 机械加工工艺卡片 | 产品型号 | | 零(部)件图号 | | | 共 页 |
|---|---|---|---|---|---|---|---|
| | | 产品名称 | | 零(部)件名称 | | | 第 页 |

| 材料牌号 | | 毛坯种类 | 毛坯外形尺寸 | | 每毛坯件数 | | 每台件数 | | 备注 |
|---|---|---|---|---|---|---|---|---|---|

| 工序 | 装夹 | 工步 | 工序内容 | 同时加工零件数 | 切削用量 | | | | 设备名称及编号 | 工艺装备名称及编号 | | | 工时定额 | | |
|---|---|---|---|---|---|---|---|---|---|---|---|---|---|---|---|
| | | | | | 背吃刀量 | 切削速度 | 每分钟转数或往复次数 | 进给量/(mm/$r^{-1}$)或(mm/双行程) | | 夹具 | 刀具 | 量具 | 技术等级 | 单件 | 准终 |
| | | | | | | | | | | | | | | | |
| | | | | | | | | | | | | | | | |

| | | | | | 编制(日期) | 审核(日期) | | 会签(日期) | |
|---|---|---|---|---|---|---|---|---|---|

| 标记 | 处记 | 更改文件号 | 签字 | 日期 | 标记 | 处记 | 更改文件号 | 签字 | 日期 |
|---|---|---|---|---|---|---|---|---|---|

图 6-2 机械加工工艺卡片

要求以及所用的设备和工艺装备。工序卡片广泛用于大批量生产的零件。工序简图上要表示出被加工表面在该工序应达到的尺寸、公差、粗糙度及工件的安装方法。由于大批大量生产中要求具有完整和详细的文件,除工艺过程卡外,对各工作地点都要制定工艺卡片、工序卡片或分得更细的操作卡、调整卡以及检验卡等。

| 工厂 | 机械加工工序卡片 | 产品型号 | | 零(部)件图号 | | | 共 页 |
|---|---|---|---|---|---|---|---|
| | | 产品名称 | | 零(部)件名称 | | | 第 页 |

| 材料牌号 | | 毛坯种类 | 毛坯外形尺寸 | | 每毛坯件数 | | 每台件数 | | 备注 |
|---|---|---|---|---|---|---|---|---|---|

| (工序图) | 车间 | 工序号 | 工序名称 | 材料牌号 |
|---|---|---|---|---|
| | 毛坯种类 | 毛坯外形尺寸 | 每毛坯件数 | 每台件数 |
| | 设备名称 | 设备型号 | 设备编号 | 同时加工件数 |
| | 夹具编号 | 夹具名称 | | 切削液 |
| | | | 工序工时 | |
| | | | 准终 | 单件 |

| 工步号 | 工步内容 | 工艺装备 | 主轴转速/(r·min⁻¹) | 切削速度/(m·min⁻¹) | 进给量/(mm·r⁻¹) | 背吃刀量/mm | 进给次数 | 工时定额 | |
|---|---|---|---|---|---|---|---|---|---|
| | | | | | | | | 机动 | 辅助 |
| | | | | | | | | | |

| | | | | | 编制(日期) | 审核(日期) | | 会签(日期) | |
|---|---|---|---|---|---|---|---|---|---|

| 标记 | 处记 | 更改文件号 | 签字 | 日期 | 标记 | 处记 | 更改文件号 | 签字 | 日期 |
|---|---|---|---|---|---|---|---|---|---|

图 6-3 机械加工工序卡片

各工厂采用的工艺文件并无统一格式,但基本内容大同小异。随着计算机辅助工艺规程(CAPP)的发展,工艺文件的电子文档已逐渐规范化。

## 三、制定工艺规程的原始资料

下列原始资料是制定工艺规程的依据和条件：

（1）产品全套装配图和零件图；

（2）产品验收的质量标准；

（3）产品的生产纲领；

（4）毛坯资料；

（5）本企业现有的生产条件；

（6）国内外同类产品的新技术、新工艺及其发展前景等相关信息；

（7）有关的工艺手册及图册。

## 四、制定工艺规程的基本步骤

制定工艺规程的基本步骤如下：

（1）分析研究产品的装配图和零件图，进行工艺审查。工艺审查的内容除了审查尺寸、视图及技术条件是否完整外，还包括以下内容：

① 审查各项技术要求是否合理。过高的精度、表面粗糙度及其他要求会使工艺过程复杂、加工困难，成本提高。

② 审查零件的结构工艺性是否良好。应使零件结构便于加工和安装，尽可能减少加工和装配的劳动量。

③ 审查材料选用是否恰当。在满足零件功能的前提下，应选用廉价材料。材料选择还应立足国内现状，尽量采用来源充足的材料，不得滥用贵重金属。例如镍、铬是我国稀有的贵重合金元素，在可能条件下尽量不用或少用。又如采用 65Mn 合金结构钢代替 40Cr 钢，可满足磨齿机砂轮主轴机械性能的要求。

工艺审查中对不合理的设计应会同有关设计者共同研究，按规定手续进行必要的修改。

（2）确定毛坯。制造机械零件的毛坯一般有铸件、锻件、型材、焊接件等，这些毛坯余量较大，材料利用率低，目前少无切削加工有了很大的发展，如精密铸造、精锻、冷轧、冷挤压、粉末冶金、异型钢材及工程塑料等都在迅速推广。由这些方法或材料制造的毛坯精度大为提高，只需经过少量机械加工甚至不需加工，可大大减少机械加工劳动量，提高材料利用率，经济效果非常显著。

因此毛坯选择对零件工艺过程的经济性有很大影响。工序数量、材料消耗和加工工时都在很大程度上取决于所选择的毛坯，但提高毛坯质量往往使毛坯制造困难，需采用较复杂的工艺和昂贵的设备，增加了毛坯成本。这两者是互相矛盾的，因此毛坯种类和制造方法的选择要根据生产类型和具体生产条件决定。同时应充分注意到利用新工艺、新技术和新材料的可能性，使零件生产的总成本降低，质量提高。

（3）拟定工艺路线（过程）。拟定工艺路线即制定出全部加工由粗到精的加工工序，其主要内容包括选择定位基准、定位夹紧方法及各表面的加工方法，安排加工顺序等。这是关键性的一步，一般需要提出几个方案进行分析比较。

（4）确定各工序所采用的设备。选择机床设备的原则是：

① 机床规格与零件外形尺寸相适应；

② 机床精度与工件要求的精度相适应；

③ 机床的生产率与零件的生产类型相适应；

④ 所选机床与现有设备条件相适应，如果需要改装设备或设计专用机床，则应制定设计任务书，阐明与加工工序内容有关的参数、生产率要求，保证产品质量的技术条件以及机床的总体布置形式等。

制定工艺规程一方面应符合本厂具体生产条件，另一方面又应充分采用先进设备和技术，不断提高工艺水平。

（5）确定各工序所需的刀具、夹具、量具及辅助工具，即选择工艺装备。

（6）确定各主要工序的技术检验要求及检验方法。

（7）确定各工序的加工余量，计算工序尺寸。

（8）确定切削用量。合理的切削用量是科学管理生产，获得较高技术经济指标的重要前提之一，切削用量选择不当会使工序加工时间增多、设备利用率下降、工具消耗量增加，从而提高产品成本。

单件、小批生产中为了简化工艺文件及生产管理，常不具体规定切削用量，但要求操作工人技术娴熟。大批、大量生产中对组合机床、自动机床及某些关键精密工序，应科学地、严格地选择切削用量，以保证节拍均衡及加工质量要求。

（9）确定时间定额。

（10）填写工艺文件。

## 第二节　零件的工艺性分析

### 一、工艺性的定义和作用

生产实践证明，同一产品可以有多种不同结构，所需花费的加工量也大不相同。所谓结构工艺性，指所设计的零件在满足使用要求的前提下制造的可行性和经济性。即零件的结构应便于加工时工件的装夹、对刀、测量，可以提高切削效率等。因此在进行产品设计时，除了考虑使用要求外还必须充分考虑制造条件和要求。一般情况下，改善结构工艺性可大大减少加工量，简化工艺装备，缩短生产周期并降低成本。

衡量结构工艺性的主要依据是产品的加工量、生产成本及材料消耗，具体可根据下述各项特征来分析、比较：机器或零件结构的通用化、标准化程度，老产品零部件的重复利用程度，平均加工精度和表面粗糙度系数，关键零件工艺的复杂程度，材料利用率，能否划分为独立的制造单元，减少加工时间以及采用自动化加工方法的可能性等。

结构工艺性具有综合性，必须对从毛坯制造、机械加工到装配调试的整个工艺过程进行综合分析、比较，全面评价。因为对某道工序有利的结果可能引起毛坯制造困难，某个零件结构工艺性改善，可能提高了其他有关零件的加工难度。此外结构工艺性还概括了使用和维修要求，也就是要便于装拆，以利于迅速更换和修理。

结构工艺性具有相对性，对不同生产规模或具有不同生产条件的工厂来说，对产品结构工艺性的要求是不同的。例如某些单件生产的产品，要扩大产量按流水生产线来加工可能是很困难的，按自动生产线加工更是不可能。又如同样是单件、小批生产的工厂，若分别以拥有数控机床和万能机床为主，两者在制造能力上差异很大。现代技术的发展提高了制造能力，以前难以制造的产品完全可以采用新工艺、新技术来完成。但是对于数控机床和目前正在发展的柔性制造系统来说，由于设备费用昂贵，更需改善零件结构工艺性，缩短辅助工时，提高机床利用率。

## 二、毛坯工艺性

机械零件广泛采用铸造毛坯，按质量计算，铸件约占毛坯总量的 $70\%\sim85\%$，其次是锻件、冲压件、各种型材和焊接件。零件结构对毛坯制造的工艺性影响很大。总的来说，零件结构应符合各种毛坯制造方法的工艺性要求。本节主要讨论铸件和锻件的结构工艺性问题。

### 1. 铸造工艺性

零件毛坯的铸造工艺性主要应避免由结构设计不良引起的铸造缺陷，并使铸造工艺过程简单，操作方便。为此应遵循下述各项原则：

（1）铸件形状尽量简单，以利于模型、泥芯及熔模的制造，避免不规则分型面。内腔形状应尽量采用直线轮廓，减少凸起，以减少泥芯数，简化操作。

（2）铸件的垂直壁或肋都应有拔模斜度，内表面斜度大于外表面，以便取出模型和泥芯。

（3）为防止浇注不足，铸件壁厚不能太小，应依据铸件尺寸来确定，也与材料和铸造方法有关，一般可按下式估计：

$$S=\frac{L}{200}+4\text{（mm）}$$

其中，$L$ 为铸件最大尺寸，内壁比外壁减薄 $20\%$，加强筋取为壁厚的 $50\%\sim60\%$，各处壁厚均匀，圆角一致。从而防止铸件冷却不均匀产生残余应力和裂纹。

（4）为防止挠曲变形，铸件应采用对称截面，要减少大的水平平面，以利于补缩和排气。

### 2. 锻造工艺性

锻造包括自由锻、模锻和顶锻等，适用于不同的生产批量和毛坯形状尺寸的要求。而不同锻造方法对零件结构形状的要求也不同。一般来说应考虑下述各项原则：

（1）锻造毛坯形状应简单、对称，避免柱体部分交贯和主要表面上有不规则凸台。毛坯形状应允许有水平分界模面，最大尺寸在分模面上，以简化锻模结构。

（2）模锻毛坯应有拔模斜度和圆角，槽和凹口只允许沿模具运动方向分布，以便于毛坯从模具中取出，防止锻造缺陷并延长模具寿命。

（3）毛坯形状不应引起模具侧向移动，以免使上下模错位。

（4）零件壁厚差不能太大，因为薄壁冷却较快，会阻止金属流动，降低模具寿命。

## 三、切削工艺性

切削加工是加工的主要方式，所以结构工艺性主要考虑切削工艺性。切削工艺性需要遵循以下原则。

### 1. 工件应方便装夹

工件加工时应当方便定位和夹紧，保证加工稳定、可靠。

如图 6-4 所示，图 6-4(a)中工件装夹时用卡盘会导致欠定位，只能用双顶尖加拨盘装夹，拨盘夹紧不方便，改成图 6-4(b)所示结构后则可以方便地选择卡盘和顶尖。

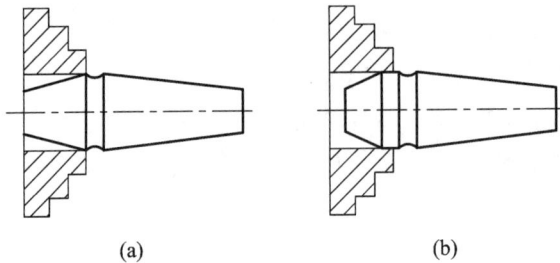

(a)　　　　　　　　　　(b)

图 6-4　方便卡盘和顶尖装夹

图 6-5(a)中工件为薄壁零件，底面为主要定位面时，顶面不宜直接承受正压力，因此不方便安装；如图 6-5(b)所示，在侧面增设装夹用的凸缘或孔，便于用压板、螺钉可靠地将工件装夹在工作台上，也便于吊装和搬运。

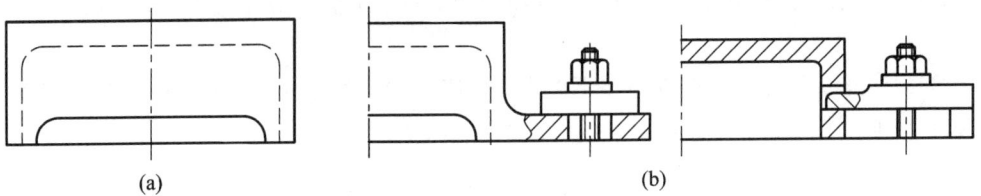

(a)　　　　　　　　　　(b)

图 6-5　薄壁零件的装夹

### 2. 减少安装次数或刀具调整次数

减少安装次数可以降低安装误差和减少辅助工时，提高切削效率，保证精度。

如图 6-6(a)所示，工件轴上的键槽不在同一方向，铣削时需重复安装和对刀。若键槽布置如图 6-6(b)所示在同一方向上，可减少安装、调整次数，也易于保证位置精度。需要注意的是，将键槽布置在同一方向不能影响工件的使用，若同工艺方向的键槽会导致共振等破坏性现象产生，则需要避免同向。

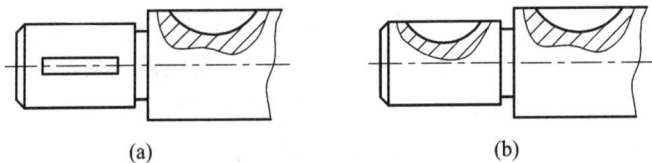

(a)　　　　　　　　　　(b)

图 6-6　键槽加工的工艺性

如图 6 - 7(a)所示，工件加工时，加工面在不同高度，中途需调整刀具高度，引起对刀误差，浪费时间；如图 6 - 7(b)所示，加工面在同一高度，一次调整刀具，可加工两个平面，生产率高，易保证精度。

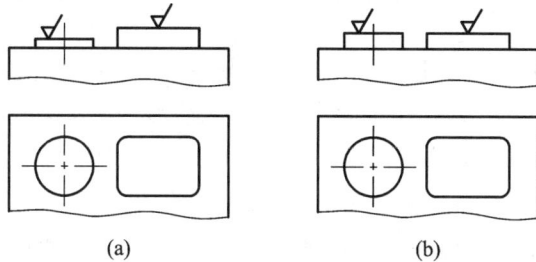

(a)　　　　　　　　(b)

图 6 - 7　凸台加工的工艺性

### 3. 避免难加工尺寸

难加工尺寸包括深孔、平面度要求高的大平面、直线度要求高的槽等。面对此类尺寸时，能避免的尽量从结构上避免，不能避免的应想办法从工艺上减小其影响。

如图 6 - 8(a)所示工件就有深孔待加工，而此孔只适用于固定螺栓，并非必要结构，因此工件应改为图 6 - 8(b)所示结构。

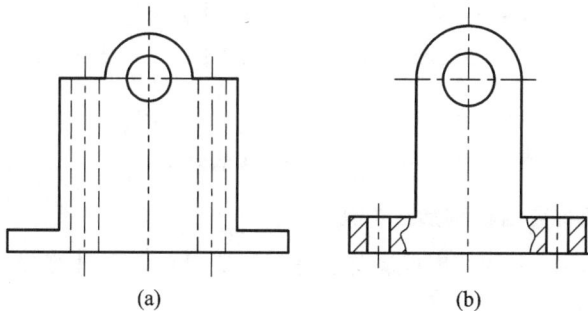

(a)　　　　　　　　(b)

图 6 - 8　避免深孔加工

又如图 6 - 9(a)所示工件，底面为大平面且为定位面，如果直接加工，不仅无法保证平面度，还对定位元件提出了更高的要求。因此将工件改为如图 6 - 9(b)所示结构，支座底面设计为中凹形可减少加工量，提高稳定性，还可以保证装配时零件间的良好配合。

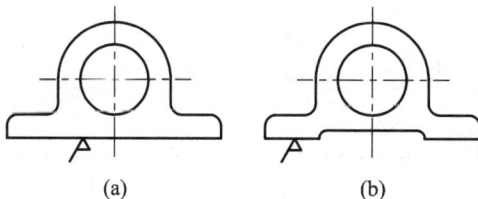

(a)　　　　　　　　(b)

图 6 - 9　避免大平面加工

### 4. 保证刀具的正常操作

零件的结构必须保证刀具能够正常工作，避免损坏或过早磨损，还必须保证刀具能自由地进刀和退刀，不伤及工件。

如图 6-10 所示，车削内、外螺纹时，要留有退刀槽，可使螺纹清根，操作相对容易，避免打刀。

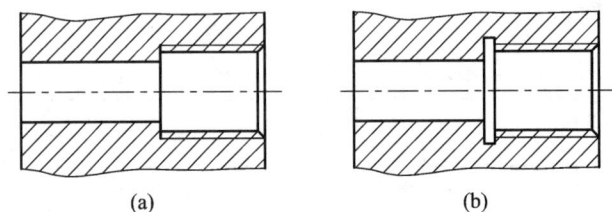

图 6-10 加工需留出退刀槽

再如图 6-11 所示，孔的位置不能距壁太近，要给钻头留出空间，改进后可采用标准刀具，并保证加工精度。

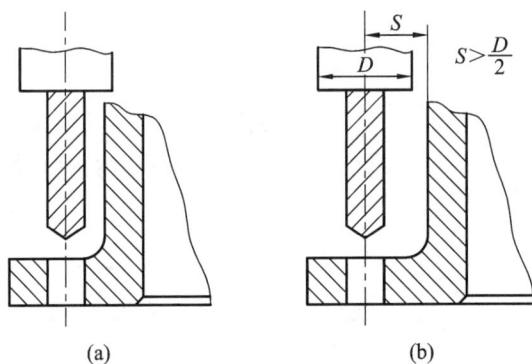

图 6-11 孔离壁不能太近

### 5. 根据零件特征布置结构和加工方法

工件结构可能影响加工的精度或者加工方法，这时就需要改变结构，采用可以使加工更高效、更合理的方案。

如图 6-12(a)所示，工件虽然可以加工，但由于键槽是盲孔，增加了加工的复杂性；改为如图 6-12(b)所示结构后，便于加工，也可避免损伤其他加工表面。

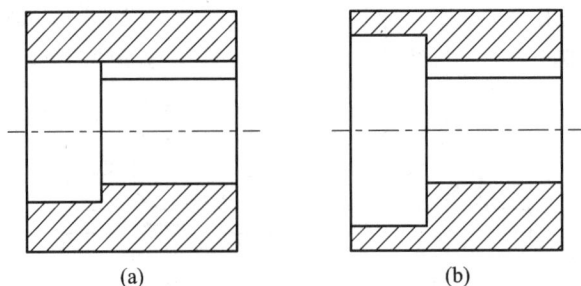

图 6-12 避免盲孔

又如图 6-13 所示，在曲面或斜壁上钻孔会造成钻头的单边切削，容易出现引偏，改正后就可避免引偏的出现。

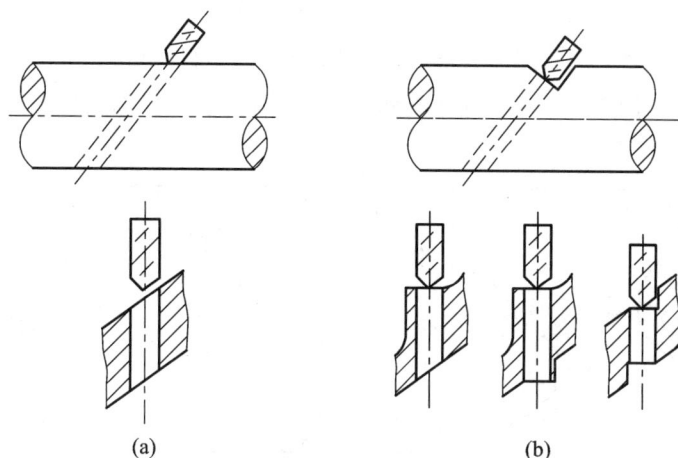

图 6-13 避免曲面、斜面上钻孔

#### 6. 改用标准的、统一的相关尺寸

设计零件时对它的结构要素应尽量标准化，这样做可以简化工艺装备，减少工艺准备工作，例如零件上的螺孔、定位孔、退刀槽等尽量符合标准（国家标准或工厂规范）。尺寸一致，就可采用标准钻头、铰刀和量具，避免专门制备，减少刀具规格种类。

如图 6-14 所示，零件轴上的退刀槽或者键槽宽度不一致，车削或铣削时需准备、更换不同宽度的车槽刀或者铣刀，增加了换刀和对刀的次数。改进后，减少了刀具种类和换刀次数，节省了辅助时间。

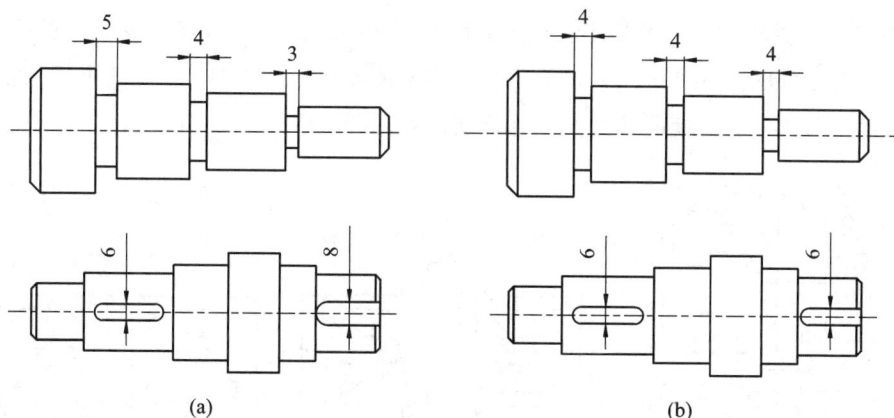

图 6-14 槽的宽度要统一

又如图 6-15 所示，同一端面上的尺寸相近螺纹孔改为同一尺寸螺纹孔，便于加工和装配。

#### 7. 方便批量生产

批量生产时，为了提高效率、减小误差，常常需要考虑结构工艺性。

如图 6-16 所示，单件、小批生产时，同轴孔的直径应如图 6-16(a)所示设计成单向递减的,以便在镗床上通过一次安装就能逐步加工出分布在同一轴线上的所有孔。在大批生产中,为提高生产率,一般用双面联动组合机床加工,这时应采用如图 6-16(b)所示双向递减的孔径设计,用左、右两镗杆各镗两端孔,以缩短加工工时。

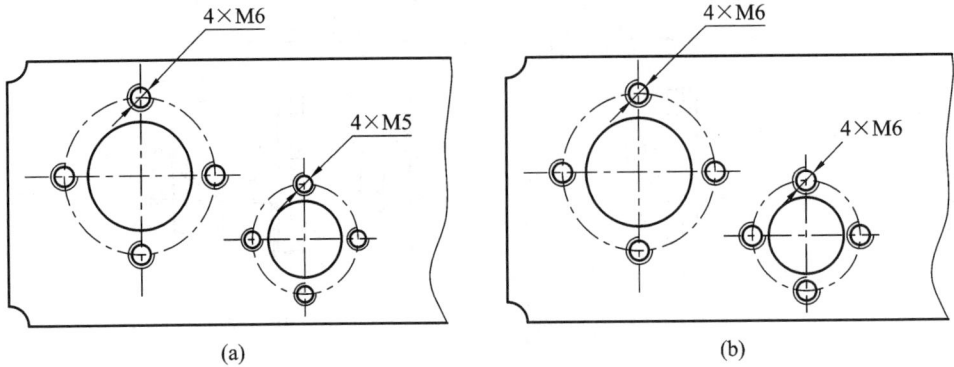

图 6-15 孔的尺寸要统一

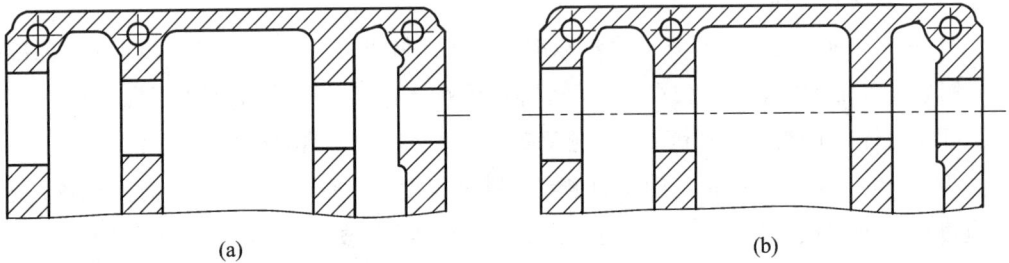

图 6-16 生产类型决定加工方式

如图 6-17 所示,大批量加工齿轮时,图 6-17(a)、(b)所示结构不适合连续滚齿加工,会造成齿轮变形。如图 6-17(c)所示结构用滚齿或插齿加工时,不仅能缩短切削行程,而且可提高工件的刚性,变断续切削为连续切削,生产率高。

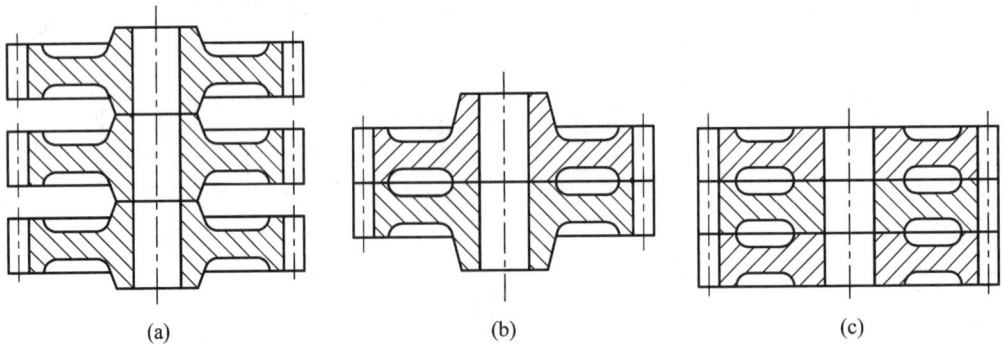

图 6-17 大批量加工齿轮的方法

### 8. 方便维修和装配

设计零件结构时不仅要考虑加工方便,还要考虑装配和维修。

如图 6-18(a)所示,螺钉装配空间太小,无法正常安装。改进后的结构如图 6-18(b)

所示，便于装配和维修时的拆装。

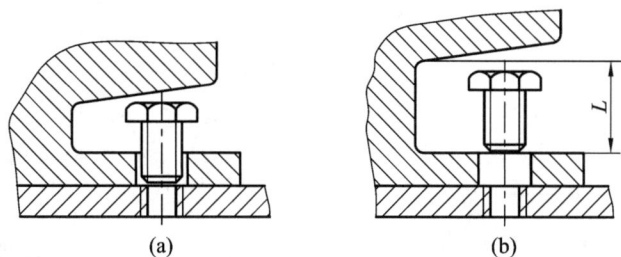

图 6-18　要有足够的安装尺寸

如图 6-19(a)所示，轴装和拆的行程过长，由于轴和轴承过盈配合，造成了很多不便，改成如图 6-19(b)所示结构后，缩短了装拆行程，提高了效率和稳定性。

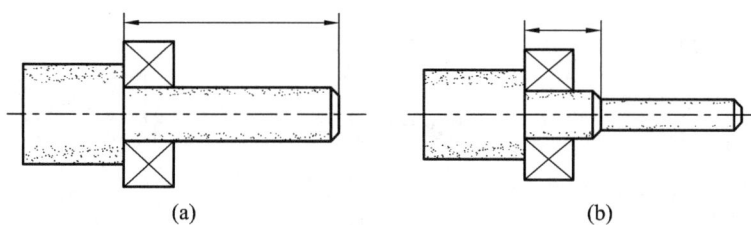

图 6-19　减小过盈距离

表 6-1 列出了一些零件结构工艺性优劣的对比，以供参考。

**表 6-1　零件结构工艺性对比**

| 零件结构 | | 说　明 |
|---|---|---|
| 工艺性不好 | 工艺性好 | |
|  |  | 刨削上平面时，为了便于安装找正，增加工艺凸台，可在精加工后切除 |
|  |  | 尽量减少安装次数，一次安装可同时加工多个表面 |

| 零件结构 | | 说　明 |
|---|---|---|
| 工艺性不好 | 工艺性好 | |
| | | 改进后轴套两端的孔可以在一次安装中加工出来 |
| | | 磨削时，各表面间的过渡部分应有越程槽 |
| | | 刨削时，在平面的前端要有越程槽，起到让刀的作用 |
| | | 留有较大的空间，以保证快速钻削的正常进行 |

| 零 件 结 构 | | 说　明 |
|---|---|---|
| 工艺性不好 | 工艺性好 | |
| | | 避免深孔钻削,效率低,散热排屑条件差 |
| | | 插齿时要留有退刀槽,这样大齿轮可滚齿或插齿加工,小齿轮可以插齿加工 |
| | | 内壁孔出口处有阶梯面,钻孔时孔易偏斜或钻头易折断;内壁孔出口处平整,钻孔方便,易保证孔中心位置度 |
| | | 改进后一端留空刀,钻孔时间短,钻头寿命长,钻头不易偏斜 |
| | | 轴上的过渡圆角尽量一致,便于加工 |
| | | 改进后可用两种材料,并能改善热处理工艺性 |

## 四、技术要求工艺性

相同结构的零件因技术要求不同，加工方法和加工路线完全不同。合理的技术要求是在分析产品的装配图和零件的工作图的基础上，熟悉该产品的用途、性能及工作条件，明确被加工零件在产品中的位置和作用，进而了解零件上各项技术要求制定的依据，找出主要技术要求和加工的关键，以便在拟定工艺规程时采取适当的工艺措施。在此基础上，还可对图纸的完整性、技术要求的合理性以及材料选择是否恰当等方面问题提出必要的改进意见。如图 6-20(a) 所示的汽车弹簧吊耳内侧面的表面粗糙度，由于弹簧吊耳内表面不承担相对滑动作用，因此可将原设计的 $Ra3.2$ 改为 $Ra25$，或者直接去掉内表面的粗糙度要求。这样就可以在铣削加工时增大进给量，以提高生产效率。又如图 6-20(b) 所示的方头销零件，其方头部分要求淬硬到 HRC55~60，其销轴 $\phi8K6$ 上有一个 $\phi2H7$ 的孔，在装配时配作，零件材料为 T8A。小孔 $\phi2H7$ 因是配作，不能预先加工好，若采用 T8A 材料淬火，由于零件长度仅 15 mm，淬硬头部时势必全部都被淬硬，造成 $\phi2H7$ 小孔很难加工。若将该零件材料改为 20Cr，可局部渗碳，在小孔 $\phi2H7$ 处镀铜保护，则零件的加工就没有什么困难了。

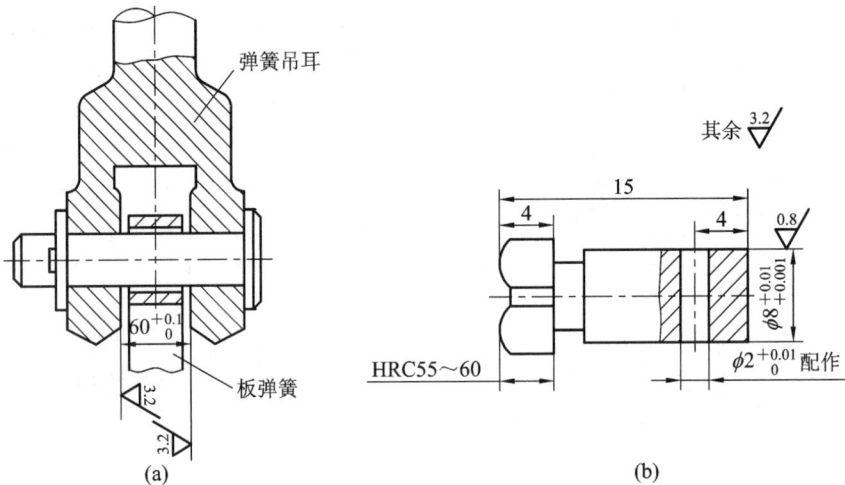

图 6-20 技术要求的改进

## 五、结构工艺性的评价指标

为满足不同的生产类型和生产条件，使零件结构工艺性更合理，在进行定性分析基础上，还可采用定量指标进行评价。零件结构工艺性的主要评价指标有以下五项：

(1) 加工精度参数 $K_{ac}$，其计算公式为

$$K_{ac} = \frac{产品(或零件)图样中标注有公差要求的尺寸数}{产品(或零件)图样中的尺寸总数}$$

(2) 结构继承性系数 $K_s$，其计算公式为

$$K_s = \frac{产品中借用件数 + 通用件数}{产品零件总数}$$

（3）结构标准化系数 $K_{st}$，其计算公式为

$$K_{st} = \frac{产品中标准件数}{产品零件总数}$$

（4）结构要素统一化系数 $K_e$，其计算公式为

$$K_e = \frac{产品中各零件所用同一结构要素数}{该结构要素的尺寸数}$$

（5）材料利用系数 $K_m$，其计算公式为

$$K_m = \frac{产品净重}{该产品的材料消耗工艺定额}$$

## 第三节　毛坯件的选择

在制定零件机械加工工艺规程之前，还要对零件加工前的毛坯种类及其不同的制造方法进行选择。由于零件机械加工的工序数量、材料消耗、加工劳动量等都在很大程度上与毛坯的选择有关，故正确选择毛坯具有重大的技术经济意义。常用的毛坯种类有：铸件、锻件、型材、焊接件、冲压件等，而相同种类的毛坯又可能有不同的制造方法。如铸件有砂型铸造、离心铸造、压力铸造和精密铸造等，锻件有自由锻、模锻、精密锻造等。因此，影响毛坯选择的因素很多，必须全面考虑后确定。例如，选择毛坯的种类及制造方法时，总希望毛坯的形状和尺寸尽量与成品零件接近，从而减小加工余量，提高材料利用率，减少机械加工劳动量和降低机械加工费。但这样往往使毛坯制造困难，需要采用昂贵的毛坯制造设备，增加毛坯的制造成本，可能导致零件生产总成本增加。反之，若适当降低毛坯的精度要求，虽增加了机械加工的成本，但可能使零件生产的总成本降低。具体来说，选择毛坯应考虑以下几方面因素：

（1）选择毛坯应该考虑生产规模的大小，它在很大程度上决定采用某种毛坯制造方法的经济性。如生产规模较大，便可采用高精度和高生产率的毛坯制造方法，选择这种方法制造毛坯虽然一次投资较高，但均分到每个毛坯上的成本较少。而且，精度较高的毛坯制造方法的生产率一般也较高，既节约原材料又可明显减少机械加工劳动量，再者，毛坯精度高还可简化工艺和工艺装备，降低产品的总成本。

（2）选择毛坯应考虑工件结构形状和尺寸大小。例如，形状复杂和薄壁的毛坯，一般不能采用金属型铸造；尺寸较大的毛坯，往往不能采用模锻、压铸和精铸。再如，某些外形较特殊的小零件，由于机械加工很困难，往往采用较精密的毛坯制造方法，如压铸、熔模铸造等，以最大限度地减少机械加工量。

（3）选择毛坯应考虑零件的机械性能要求。相同的材料采用不同的毛坯制造方法，其机械性能往往不同。例如，金属型浇铸的毛坯，其强度高于用砂型浇铸的毛坯；离心浇铸和压力浇铸的毛坯，其强度又高于金属型浇铸的毛坯。强度要求高的零件多采用锻件，有时也可采用球墨铸铁件。

（4）选择毛坯应从本厂的现有设备和技术水平出发考虑可行性和经济性。例如，我国生产的第一台 12 000 t 水压机的大立柱，整锻困难，就采用焊接结构；72 500 kW 水轮机的

大轴，采用了铸焊结构。中间轴筒用钢板滚压焊成，大法兰用铸钢件，然后将它们焊成一体。

（5）选择毛坯还应考虑利用新工艺、新技术和新材料的可能性。如精铸、精锻、冷轧、冷挤压、粉末冶金和工程塑料等。应用这些毛坯制造方法或材料后，可大大减少机械加工量，有时甚至可不再进行机械加工，其经济效果非常显著。

## 第四节 定位基准的选择

正确选择定位基准是设计工艺过程的一项重要内容。设计基准已由零件图给定，工序基准则根据设计基准制定，而定位基准可以有多种不同的方案，如何获得合理的选择呢？

在第一道工序中只能选用毛坯未加工表面（即铸造、锻造或轧制等表面）作基准，这种定位基准称为粗基准。在以后的工序中，可能会继续采用未加工表面，也可能采用已经加工过的表面来定位，而使用已加工表面作基准，这种定位基准称为精基准。有时可能遇到这样的情况：工件上没有能作为定位基准用的恰当表面，这时就必须在工件上专门设置或加工出定位基面，这种定位基准称为辅助基准。例如图 6 - 21 所示活塞零件的止孔和中心孔，车床小刀架的工艺搭子等。工艺搭子应和定位面 C 同时加工出来，使定位稳定可靠。辅助基准在零件工作中并无用处，完全是为了工艺上的需要，加工完毕后如有必要可以去掉。

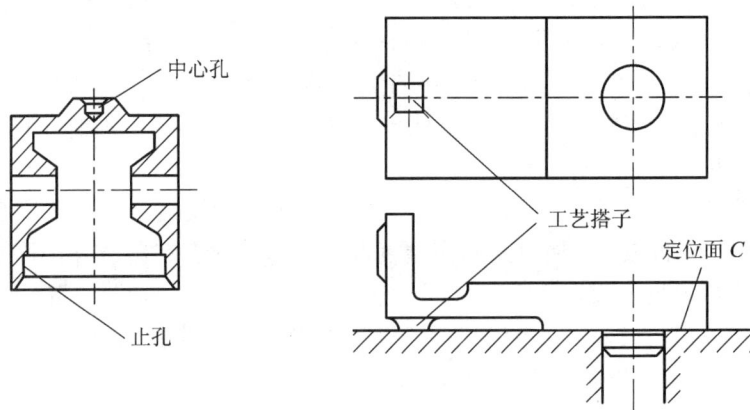

图 6 - 21　辅助基准示例

由于粗基准和精基准的作用不同，两者的选择原则也各异。粗基准的选择有两个出发点：一是保证各加工表面有足够的余量，二是保证不加工表面的尺寸和位置符合图纸要求。而选择精基准时主要应考虑减少定位误差和安装方便准确。因此，在选择基准时需要遵循一定原则。

## 一、粗基准的选择原则

粗基准的选择影响各加工面的余量分配及不需加工表面与加工表面之间的位置精度。这两方面的要求常常是相互矛盾的。因此在选择粗基准时，必须首先明确哪一方面是主要的，一般可遵循如下原则。

**1. 工件表面间相互位置要求原则**

若工件必须首先保证加工表面与不加工表面之间的位置要求，则应选不加工表面为粗基准。因为不加工表面在工件上是不变的，加工表面是可变的，以不加工表面为基准，就可以达到壁厚均匀、外形对称等要求。若有好几个不加工表面，则粗基准应选用位置精度要求较高者。如图 6-22 所示工件，在毛坯铸造时毛坯孔 2 和外圆 1 之间有偏心，外圆 1 不需加工而零件要求壁厚均匀，因此粗基准应为外圆 1[见图 6-22(a)，三爪卡盘夹持外圆自动定心]，这样定位加工虽然内孔余量不均匀，但零件壁厚均匀；若选择内孔 2 为基准[见图 6-22(b)，四爪卡盘夹持外圆，但按照内孔中心找正]，虽然余量均匀，但加工壁厚不均匀，零件则面临报废。

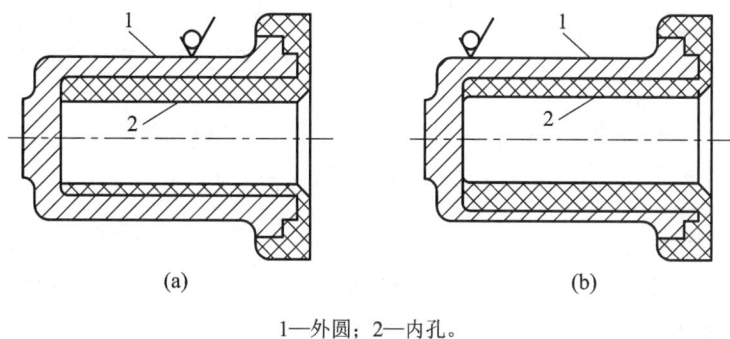

1—外圆；2—内孔。

图 6-22　选择不同粗基准时的不同加工结果

如图 6-23 所示零件，由于 $\phi 22^{+0.033}_{0}$ 孔要求与 $\phi 40$ 外圆同轴，因此在钻 $\phi 22^{+0.033}_{0}$ 孔时，应选择 $\phi 40$ 的外圆作粗基准。

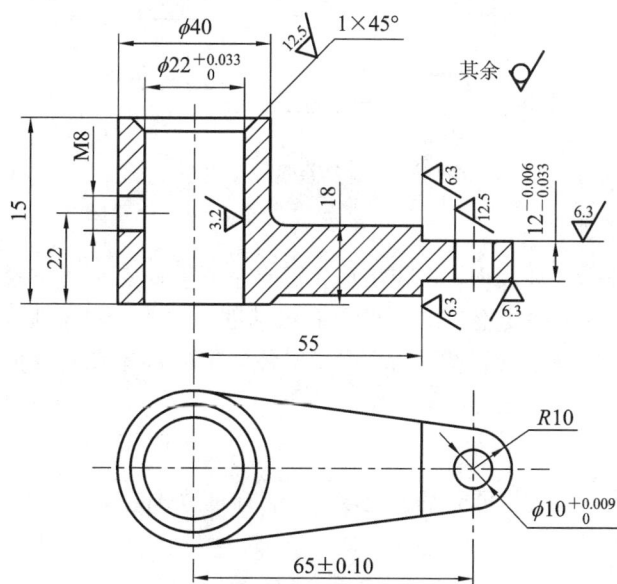

图 6-23　无须加工表面较多时粗基准的选择

## 2. 重要表面余量均匀原则

工件若需要保证某重要表面余量均匀，则应选该重要表面为粗基准。例如图 6 - 24 所示床身导轨加工，导轨面要求硬度高而且均匀。其毛坯铸造时，导轨面向下放置，使表层金属组织细致均匀，没有气孔、夹砂等缺陷。因此加工时希望只切去一层较小而均匀的余量，保留组织紧密耐磨的表层，且达到较高加工精度要求。因此应选导轨面为粗基准，此时床脚上余量不均匀并不影响床身质量。

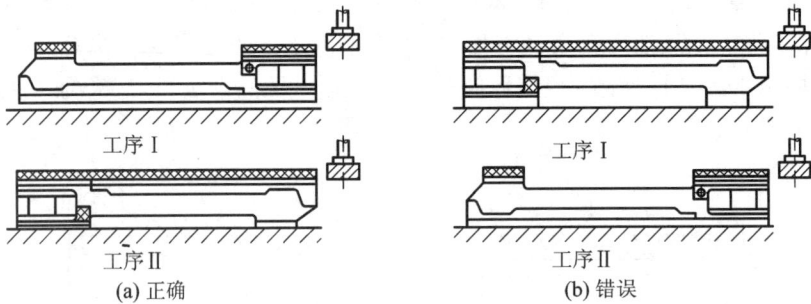

图 6 - 24　床身加工的粗基准选择

## 3. 余量足够原则

若工件上每个表面都要加工，则应以余量最小的表面作为粗基准，以保证各表面都有足够余量。例如图 6 - 25 所示锻轴以大端外圆为粗基准，由于大、小端外圆偏心有 5 mm，以致小端外圆可能加工不出，应改选余量较小的小端外圆为粗基准。

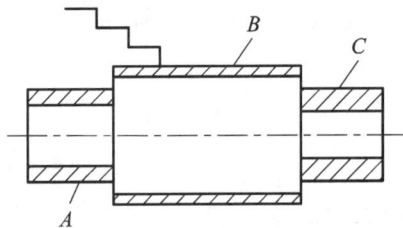

图 6 - 25　根据余量选择粗基准

## 4. 不重复使用原则

由于粗基准终究是毛坯表面，比较粗糙，不能保证重复安装的位置精度，定位误差很大，所以粗基准一般只允许使用一次，即所谓"粗基准一次性使用原则"。在某些情况下，若采用精化毛坯，而相应的加工要求不高，重复安装的定位误差在允许范围之内，那么粗基准也可灵活选用。

## 5. 无缺陷原则

选为粗基准的表面，应尽可能平整光洁，不能有飞边、浇口、冒口或其他缺陷，以便使定位准确，夹紧可靠。

# 二、精基准的选择原则

精基准要求保证工件精度，因此其选择原则都是从减小安装误差和提高加工精度的方面考虑。

**1. 基准重合原则**

应尽可能选用设计基准作为精基准，避免由于基准不重合生产的定位误差，这就是"基准重合原则"。如图 6-26(a)所示零件，$\phi30^{+0.015}_{0}$ 孔已加工好，在加工两个 $\phi18$ 孔时，按如图 6-26(b)所示方案，以 $B$ 面定位，虽然夹具比较简单，但孔心距 $a$ 较难保证，必须进行尺寸换算，减少尺寸 $C$ 的公差，这就提高了制造精度要求。如图 6-26(c)所示方案符合基准重合原则，夹具虽然复杂一些，但尺寸 $a$ 容易达到加工要求。

对于零件的最后精加工工序，更应遵循这一原则，例如机床主轴锥孔最后精磨工序应选择支承轴预定位。

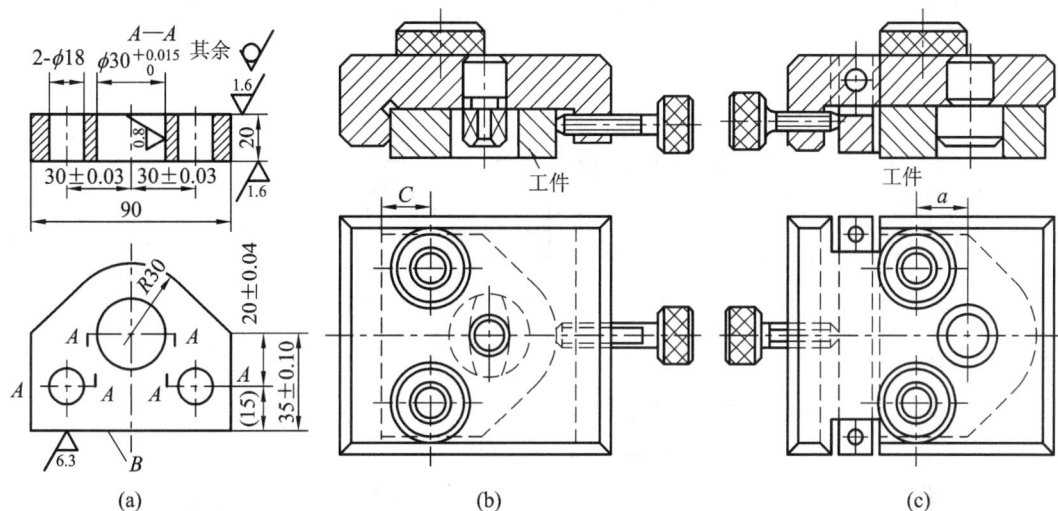

图 6-26　基准重合原则的应用

**2. 基准统一原则**

应尽可能选用统一的定位基准加工各表面，以保证各表面间的位置精度，这就是"基准统一原则"。采用统一基准能用同一组基面加工大多数表面，有利于保证各表面的相互位置要求，避免基准转换带来的误差，而且简化了夹具的设计和制造，缩短了生产准备周期。轴类零件的中心孔、箱体零件的一面两孔、盘类零件的端面内孔都是统一基准的典型例子。

基准统一原则有时会与基准重合原则相矛盾，所以除对尺寸精度要求较高的加工表面应服从基准重合原则，以免因基准不重合误差过大而超差外，一般主要考虑基准统一原则。

**3. 自为基准原则**

有些精加工或光整加工工序应遵循"自为基准原则"，因为这些工序要求加工余量小而均匀，以保证表面加工的质量并提高生产率，此时应选择加工表面本身作为精基准，而该加工表面与其他表面之间的位置精度则由先行工序保证。如图 6-27 所示是在导轨磨床上磨削导轨，安装后用百分表找正导轨表面本身，此时床脚仅起支承作用。此外珩磨孔、拉孔及无心外圆磨等都是自为基准的例子。

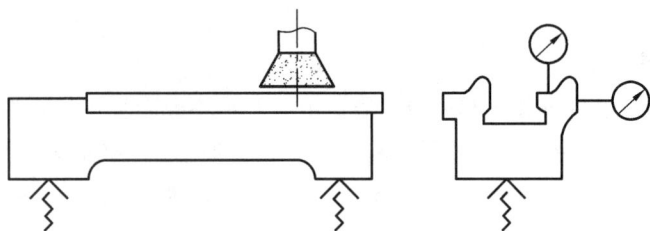

图 6-27　磨导轨面的自为基准

如图 6-28 所示为镗连杆小头孔时,以连杆本身作为精基准的装夹图。工件除以大孔中心和端面为定位基准外,还以小头孔中心为定位基准,用削边定位插销定位。定位以后,在小头两侧用浮动平衡夹紧装置在原处夹紧。然后拔出定位插销,伸入镗杆对小头孔进行加工。

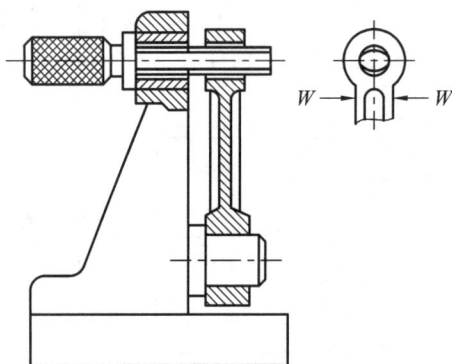

图 6-28　浮动镗孔时的自为基准

**4. 互为基准原则**

为了获得均匀的加工余量或较高的位置精度,在选择精基准时,可遵循"互为基准原则"。方法是对某个工件上有两个相互位置精度要求很高的表面,采用工件上的这两个表面互相作为定位基准,反复进行加工。如图 6-29 所示为加工精密齿轮,当高频淬火把齿面淬硬后,需再进行磨齿。因其淬硬层较薄,所以磨削余量应小而均匀,这就需先以齿面为基准磨内孔,再以孔为基准磨齿面,以保证齿面余量均匀。

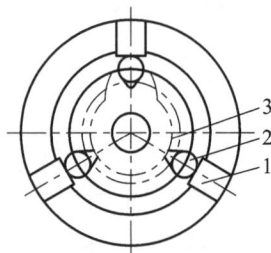

1—三爪卡盘;2—滚柱;3—工件。

图 6-29　加工精密齿轮时的互为基准

### 5. 基准可靠原则

精基准的选择应使定位准确、夹紧可靠。为此，精基准面与被加工表面相比，应有足够大的接触面积和分布面积。接触面积大能使工件承受较大切削力，分布面积大可使定位稳定可靠、精度高。

基准选择的各项原则有时是互相矛盾的，必须根据实际条件和生产类型综合分析比较，达到定位精度高、夹紧可靠、夹具结构简单、操作方便的要求。

## 第五节　工艺路线的拟定

拟定工艺路线是制定工艺规程的关键性一步。在具体工作中，应该提出多种方案进行分析比较，因为工艺路线不但影响加工的质量和效率，而且影响工人的劳动强度、设备投资、车间面积、生产成本等，必须严谨从事，使拟定的工艺路线达到多、快、好、省的要求。

除定位基准的合理选择外，拟定工艺路线还要考虑加工方法的选择、加工阶段的划分、加工顺序的安排和工序的集中与分散四个方面。

### 一、加工方法的选择

平面、内孔和外圆三种典型表面及成形面的主要加工方法已在第一章中介绍过，而每道工序的加工方法如何选择，首先取决于加工表面应有的技术要求。但应注意，这些技术要求不一定就是零件图所规定的要求，有时还可能由于工艺上的原因而在某些方面高于零件图上的要求。如由于基准不重合而提高对某些表面的加工要求，或由于某些表面被作为精基准而可能对其提出更高的加工要求。

根据每个加工表面的技术要求，确定其加工方法及分几次加工。使表面达到同样质量要求的加工方法可以有多种，因而在选择从粗到精各加工方法及步骤时要综合考虑以下各方面工艺因素的影响：

(1) 根据第四章中对经济加工精度和经济表面粗糙度的描述，按照经济加工精度选择加工方法是必要的。各种加工方法的经济加工精度和经济表面粗糙度可参考第一章的内容及有关标准。但必须指出，这是在一般情况下可达到的精度和表面粗糙度，在某些具体条件下是会改变的。而且随着生产技术的发展及工艺水平的提高，同一种加工方法所能达到的精度和表面粗糙度也会提高。

(2) 要考虑工件材料的性质。例如淬火钢应采用磨削加工，有色金属则磨削困难，一般都采用金刚镗或高速精密车削进行精加工。

(3) 要考虑工件的结构形状和尺寸大小。例如，回转工件可以用车削或磨削等方法加工孔，而箱体上 IT7 级公差的孔，一般不宜采用车削或磨削，而通常采用拉削或铰削加工。孔径小的宜用铰孔、孔径大或长度较短的孔则宜用镗孔。

(4) 要考虑生产类型，即生产率和经济性问题。在大批、大量生产中可采用专用的高效率设备，故针对平面的普通铣、刨和针对孔的镗都可以用拉削取代。如果采用精化毛坯，如粉末冶金制造油泵齿轮、失蜡浇铸柴油机的小零件等，则可大大减少切削加工量。

（5）要考虑本厂、本车间现有设备情况及技术条件。应该充分利用现有设备，挖掘企业潜力，但也应考虑不断改进现有方法和设备，推广新技术，提高工艺水平。

## 二、加工阶段的划分

零件上比较精确的表面是通过粗加工、半精加工和精加工逐步形成的，工艺路线按工序性质不同可划分成如下几个阶段：

（1）粗加工阶段：其主要任务是切除大部分加工余量，因此主要问题是如何获得较高的生产率，此阶段加工精度低，表面粗糙度值大（IT12 级以下，$Ra$ 值为 $50\sim12.5\ \mu m$）。

（2）半精加工阶段：使主要表面消除粗加工留下的误差，达到一定的精度及精加工余量，为精加工做好准备，并完成一些次要表面如钻孔、铣键槽等的加工（IT12～IT10 级，$Ra$ 值为 $6.3\sim3.2\ \mu m$）。

（3）精加工阶段：使各主要表面达到图纸要求（可达 IT10～IT7 级，$Ra$ 值为 $1.6\sim0.4\ \mu m$）。

（4）光整加工阶段：对精度和光洁度要求很高，如要求 IT6 级及 IT6 级以上精度、$Ra$ 值为 $0.2\ \mu m$ 以上表面粗糙度的零件，采用光整加工。但光整加工一般不用于纠正几何形状和相互位置误差。

有时若毛坯余量特别大，表面极其粗糙，在粗加工前设有去皮加工阶段称为荒加工，并常常在毛坯准备车间进行。

划分加工阶段的主要原因有以下几点：

（1）粗加工时切削余量大，切削用量、切削热及功率消耗都较大，因而工艺系统受力变形、热变形及工件内应力变形都较严重，不可能达到较高的加工精度和光洁度。要有阶段逐步减少切削用量，逐步修正工件误差，而阶段之间的时间间隔用于自然时效，有利于使工件消除内应力和充分变形，以便在后续工序中得到修正。

（2）划分加工阶段有利于合理使用机床设备。粗加工时可采用功率大、精度一般的高效率设备，精加工则采用相应的精密机床，能发挥机床设备各自的性能特点，延长高精度机床的使用寿命。

（3）零件工艺过程中插入必要的热处理工序，这样工艺过程以热处理工序为界自然地划分为上述各阶段，各具不同特点和目的。如精密主轴加工中，在粗加工后进行去应力时效处理，半精加工后进行淬火，精加工后进行冰冷处理及低温回火，最后再进行光整加工。

此外，划分加工阶段还有两个好处：

（1）粗加工可及早发现毛坯缺陷，及时报废或修补，以免继续精加工而造成浪费；

（2）表面精加工安排在最后，可防止或减少工件损伤。

上述阶段的划分不是绝对的，当加工质量要求不高、工件刚性足够、毛坯质量高、加工余量小时，可以不划分，例如在自动机床上加工的零件。有些重型零件，由于安装运输费时又困难，常在一次安装下完成全部粗加工和精加工，为减少夹紧力的影响，并使工件消除内应力及发生相应的变形，在粗加工后可松开夹紧，再用较小的力重新夹紧，然后进行精加工。

### 三、加工顺序的安排

一个零件上往往有几个表面需要加工，这些表面不仅本身有一定的精度要求，而且各表面间还有一定的位置要求。为了达到这些精度要求，各表面的加工顺序就不能随意安排，而必须遵循一定的原则。这就是定位基准的选择和转换决定着加工顺序，以及前工序为后续工序准备好定位基准的原则。

#### 1．主要切削工序安排

切削加工顺序的安排应考虑下面几个原则：

（1）先粗后精。各表面的加工工序按前述从粗到精的加工阶段交叉进行。

（2）先主后次。工件上的装配基面和主要工作表面等先安排加工，而键槽、紧固用的光孔和螺孔等由于加工面小，又和主要表面有相互位置要求，一般应安排在主要表面达到一定精度之后，例如半精加工之后，但又应在最后精加工之前。

（3）先基准后其他。每一加工阶段总是先安排精基面加工工序，例如轴类零件加工中采用中心孔作为统一基准，因此每个加工阶段开始，总是先打中心孔、重打或修研中心孔。精基准应具有足够高的精度和光洁度，并常常高于图纸上的要求，如精基面不止一个，则应按照基面转换次序和逐步提高精度的原则来安排，例如精密坐标镗床主轴套筒，其外圆和内孔就要互为基准反复进行加工。

（4）先面后孔。对于箱体、支架、连杆拨叉等零件，平面所占轮廓尺寸较大，用平面定位比较稳定可靠，因此其工艺过程总是选择平面作为定位精基面，先加工平面，再加工孔。

（5）先划线后加工。在单件、小批生产，甚至成批生产中，对于形状复杂或尺寸较大的铸件和锻件，以及尺寸误差较大的毛坯，在机械加工工序之前首先应安排划线工序，以便为精基准加工提供找正基准。

（6）易废品次要表面后置。对于容易出现废品的工序，精加工和光整加工可适当放在前面，某些次要小表面的加工可放在其后。因为加工这些小表面时，切削力和夹紧力都小，不会影响其他已加工表面的精度。次要表面后加工，可减少由于加工主要表面产生废品面造成的工时损失。

有些部件如坐标镗床主轴部件装配精度及技术要求很高，而且其组合零件多（包括套筒、主轴及轴承）、装配误差大，装配过程中由于零件变形又容易引起精度损失。若只靠提高单件加工精度来保证成品最终精度困难大、成本高，为此可采用"配套加工"方法，即有些表面的最后精加工安排在部件装配之后或总装过程中进行，例如主轴部件装配好后，以其轴承滚道为旋转基面静磨主轴前端锥孔。这样，加工时和使用时的旋转基面完全一致，达到了较高的技术要求。又如柴油机连杆的大头孔，其精镗和珩磨工序应安排在与连杆盖装配后以及在压入轴承套后进行。

#### 2．热处理的安排

热处理的目的在于改变材料性能和消除内应力，热处理可分为以下三种：

（1）预备热处理：安排在加工前，用以改善切削性能，消除毛坯制造时的内应力。例如含碳超过 $0.5\%$ 的碳钢，一般采用退火降低硬度；含碳量 $0.5\%$ 以下的碳钢则采用正火提高硬度,使切削时切屑不黏刀。由于调质能得到组织细致均匀的回火索氏体,有时也用作预备热处理,但一般安排在粗加工之后。

(2)最终热处理:安排在半精加工之后和磨削加工之前(氮化处理则在粗磨和精磨之间),主要用来提高材料的强度和硬度,如淬火—回火、各种化学热处理(渗碳、氮化)。因淬火后材料的塑性和韧性很差,有很高的内应力,容易开裂,组织不稳定,机械性能和尺寸发生变化,故淬火后必须进行回火。其中调质处理使材料获得一定的强度、硬度,以及良好冲击韧性的综合机械性能,常用于连杆、曲轴、齿轮和主轴等柴油机、机床零件。

(3)去应力处理:包括人工时效、退火及高温去应力处理等。精度一般的铸件只需进行一次,安排在粗加工后较好,可同时消除铸造和粗加工的应力,减少后续工序的变形。精度要求较高的铸件,则应在半精加工后安排第二次时效处理,使精度稳定。精度要求很高的精密丝杆、主轴等零件,则应安排多次时效。对于精密丝杆、精密轴承、精密量具及油泵油嘴等为了消除残余奥氏体、稳定尺寸,还要采用冰冷处理,即冷却到 $-70℃ \sim -80℃$,保温 $1\sim2$ 小时,一般在回火后进行。

**3. 辅助工序的安排**

检验工序是主要的辅助工序,是保证质量的重要措施。除了各工序操作者自检外,下列场合还应单独安排检验:① 粗加工阶段结束之后;② 重要工序前后;③ 送往外车间加工前后;④ 特种性能(磁力探伤、密封性等)检验;⑤ 加工完毕,进入装配和成品库时。此外,去毛刺、倒棱边、去磁、清洗、涂防锈油等都是不可忽视的辅助工序。

# 四、工序的集中与分散

确定了加工方法和划分加工阶段之后,零件加工的各个工步也就确定了。如何把这些工步组成工序呢? 也就是要进一步考虑这些工步是分散成各个单独工序,分别在不同的机床设备上进行,还是把某些工步集中在一个工序中在一台设备例如多刀多工位专用机床上进行。

工序集中的特点是:

(1)由于采用高效专用机床和工艺设备,大大提高了生产率。

(2)减少设备数量,相应地减少了操作工人数和生产面积。

(3)减少工序数目,缩短了工艺路线,简化了生产计划工作。

(4)减少加工时间,减少了运输路线,缩短了加工周期。

(5)减少工件安装次数,不仅提高生产率,而且由于在一次安装中加工许多表面,易于保证它们之间的相互位置精度。

(6)专用机床和工艺设备成本高,其调整、维修费时费事,生产准备工作量大。

工序分散的特点恰恰相反:

(1)由于每台机床只完成一个工步,可采用结构简单的高效机床(如单能机床),工装容易调整,也易于平衡工序时间,组织流水生产。

(2)生产准备的工作量小,容易适应产品更换。

(3)工人操作技术要求不高。

（4）设备数量多，操作工人多，生产面积大。

（5）生产周期长。

一般情况下，单件、小批量生产只能是工序集中，但多采用通用机床。大批、大量生产中可集中，也可分散。从生产技术发展的要求来看，一般趋向于采用工序集中原则来组织生产，成批生产中一般不能采用价格昂贵的专用设备使工序集中，但应尽可能采用多刀半自动车床、六角车床和多轴镗头等效率较高的机床，即便是在通用机床上加工，也以工序适当集中为宜。至于数控机床、加工中心机床，虽然价格昂贵，但由于它们具有灵活、高效、便于改变生产对象的特点，为多品种、小批量生产中进行集中工序自动化生产带来广阔的前景。

## 第六节　加工余量及工序尺寸的确定

工艺路线确定后，就需要对每道工序进行设计。每道工序的设计内容包括确定机床和工艺装备，确定工序尺寸和加工余量，必要时进行尺寸链换算，计算工时定额和成本等。确定机床和工艺装备的原则已在第一章中涉及，在此不再赘述，尺寸链换算由于比较复杂，将在第七章单独论述，计算工时定额和工序成本属于成本核算的内容，将在第八章中详细论述，因此本节主要讲述如何确定加工余量和工序尺寸。

### 一、加工余量的概念

加工余量是指在加工过程中，从被加工表面上切除的金属层厚度。加工余量分为工序余量、工步余量和加工总余量（毛坯余量）三种。相邻两工序的工序尺寸之差称为工序余量，其中，工序尺寸是指本工序加工后应达到的尺寸。当加工某个表面的工序是分几个工步时，则相邻两工步尺寸之差就是工步余量，它是某工步在加工表面上切除的金属层厚度。毛坯尺寸与零件图的设计尺寸之差称为加工总余量，其值等于各工序的工序余量总和。外圆和孔等旋转表面的加工余量是指直径上切除的金属层厚度，故为双边余量，又称对称余量，即实际切除的金属层厚度是加工余量的一半，如图 6-30(c) 和图 6-30(d) 所示。平面的加工余量则是单边余量，它等于实际切除的金属层厚度，如图 6-30(a) 和图 6-30(b) 所示。

需要注意的是，无论是哪种余量，其数值一定是正值，这是由切削加工的本质决定的，在计算时应该注意。

### 二、入体原则和对称原则

由于各工序尺寸都有公差，故各工序实际切除的余量是变化的，这样一道工序就产生了三种余量：基本工序余量（也叫公称余量）、最大工序余量和最小工序余量。其中，基本工序余量由相邻两道工序的工序尺寸之差决定，因此工序尺寸的公称尺寸直接影响基本工序余量的大小。为了避免同一道工序出现不同的基本工序尺寸，有必要对工序尺寸进行标准化处理。

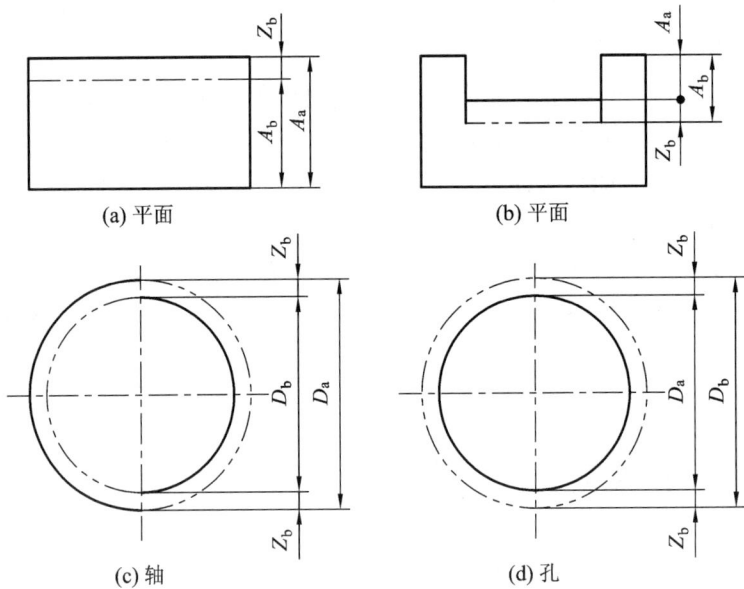

图 6-30　工序尺寸与加工余量

工序尺寸一般采用"入体原则"进行标准化处理。入体原则顾名思义就是工序尺寸的公差带要落在基体内部,则对于零件被包容面(如图 6-30(a)所示的平面外表面或图 6-30(c)所示的轴类零件)的工序尺寸,工序尺寸的上偏差为 0,工序的基本尺寸等于最大极限尺寸;对于零件包容面(如图 6-30(b)所示的平面内表面或图 6-30(d)所示的孔类零件)的工序尺寸,工序尺寸的下偏差为 0,故工序基本尺寸等于最小极限尺寸。如图 6-30 所示零件,假设尺寸 $A = D_{EI}^{ES}$(ES>EI),图 6-30(a)和图 6-30(c)所示的是外表面,则尺寸 $A$ 按照入体原则应化为 $A = (D+ES)_{EI-ES}^{0}$;图 6-30(b)和图 6-30(d)所示的是内表面,则尺寸 $A$ 按照入体原则应化为 $A = (D+EI)_{0}^{ES-EI}$。

入体原则适用于加工后的工序尺寸,而对于毛坯件,由于其制造精度各不相同且不易保证,为防止毛坯件公称尺寸差别过大,需将毛坯件尺寸按照"对称原则"进行标准化处理,即毛坯件尺寸的标准化格式中尺寸的公差为对称公差,公称尺寸等于公差带中心尺寸。同样以图 6-30 中的尺寸 $A = D_{EI}^{ES}$(ES>EI)为例,若按照对称原则,尺寸 $A$ 应化为 $A = \left(D + \dfrac{ES+EI}{2}\right)_{-\frac{ES-EI}{2}}^{+\frac{ES-EI}{2}}$,此规则对于内表面和外表面都是相同的。

## 三、通过工序尺寸计算工序余量

工程实践中,经常需要通过工序尺寸计算每道工序的工序余量。通过工序尺寸计算工序余量的方法很简单,将加工前和加工后的两个工序尺寸作差取绝对值即可。如果工序尺寸都符合入体原则(毛坯件符合对称原则),则每道工序的公称余量是确定的,而每道工序的最大工序余量和最小工序余量与计算方法有关。目前常用的计算方法有两种:极值法和调整法。极值法是按试切加工原理计算,调整法是按加工过程中误差复映的原理计算。极值法和调整法的计算方法见图 6-31。

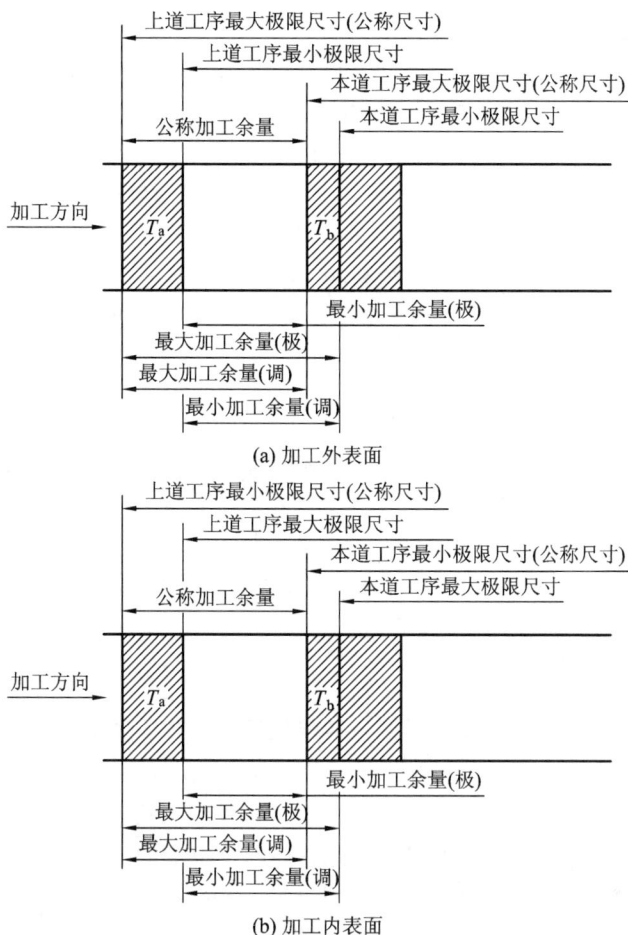

图 6-31  工序余量和工序尺寸间的关系

需要注意，对于轴和孔而言，用于计算的工序尺寸都是直径，则计算出的是双边余量。由于极值法计算出的最大工序余量和最小工序余量差距较大，工序余量的公差较大，可以满足单件、小批量加工时加工精度不稳定的状况，而调整法则更多应用于大批、大量生产中，有利于工序的稳定。

## 四、确定工序余量

在设计工序时，加工余量和工序尺寸都是需要确定的量，因此加工余量无法通过工序尺寸算出，而需要先计算工序余量，再根据工序余量计算工序尺寸。加工余量的大小，对工件的加工质量和生产率以及经济性均有较大的影响。余量过大将增加金属材料、动力、刀具和劳动量的消耗，并使切削力增大而引起工件的变形较大。反之，余量过小则不能保证零件的加工质量。确定加工余量的基本原则是在保证加工质量的前提下尽量减少加工余量。

### 1. 影响工序余量的因素

一般来说，影响工序余量的因素主要有四个：

（1）上道工序的表面粗糙度层 $R_a$ 及缺陷层 $D_a$。如图 6-32 所示，为了使加工后的表面不留下前一道工序的痕迹，最小余量至少要包含上道工序的表面粗糙度层 $R_a$ 及缺陷层 $D_a$。

（2）上道工序的尺寸公差 $T_a$。工序基本余量必须大于上道工序的尺寸公差，凡是包括在尺寸公差范围内的几何形状和相互位置误差（如圆度和锥度包括在直径公差内，平行度包括在距离公差内），不再单独考虑。

（3）由于毛坯制造、热处理以及工件存放时所引起的形状误差或位置误差 $\rho_a$。例如弯曲、位移、偏心、偏斜、不平行、不垂直等。如图 6-33 所示轴类零件弯曲时，弯曲度为 $\delta$，则加工余量至少增加 $2\delta$ 才能保证该轴在加工后消除弯曲。因此细长轴因内应力而变形，其加工余量比用同样方法加工的一般短轴要大些。热处理不但会引起零件几何形状的变形，而且会引起尺寸的胀缩。例如大部分齿轮高频淬火后，内孔缩小，花键孔甚至会发生扭转变形。

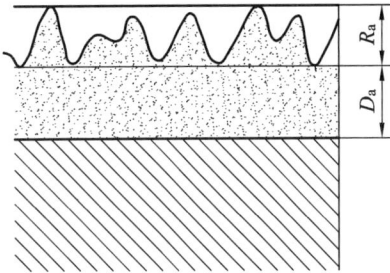

图 6-32　表面粗糙度层及缺陷层

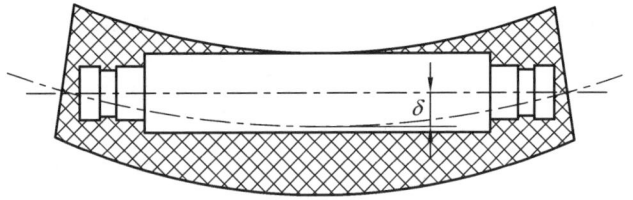

图 6-33　轴弯曲对加工余量的影响

（4）本工序的安装误差 $\varepsilon_b$。安装误差包括定位误差、夹紧误差以及夹具本身的误差。例如用三爪卡盘夹紧工件外圆磨内孔时，由于三爪卡盘本身定心不准确，使工件中心和机床回转中心偏移了距离 $e$，从而使内孔余量不均匀。为了加工出内孔，就需使磨削余量增大 $2e$。

由于 $\rho_a$ 和 $\varepsilon_b$ 都是有一定方向的量，因此它们的合成应为矢量和。

综上所述可以得出最小余量的计算公式为：

对于平面加工，单边余量 $Z_b = T_a + R_a + D_a + (\rho_a + \varepsilon_b)$；

对于外圆和孔，双边余量 $2Z_b = T_a + 2(R_a + D_a) + 2(\rho_a + \varepsilon_b)$。

应用上述公式时应考虑具体情况，例如浮动镗孔是自为基准的，不能纠正孔的偏斜和弯曲，因此余量计算公式应为

$$2Z_b = T_a + 2(R_a + D_a)$$

对于研磨、珩磨、超精磨和抛光等光整加工工序，主要任务是去除上道工序留下的表面痕迹。有的可提高尺寸及形状精度，则其余量计算公式为

$$2Z_b = T_a + 2R_a$$

有的不能纠正尺寸及形状误差，仅提高表面光洁度，则其余量计算公式为

$$2Z_b = 2R_a$$

**2. 确定工序余量的方法**

确定工序余量的方法主要有三种：查表修正法、经验估算法和分析计算法。

（1）查表修正法：此法需根据有关手册查得加工余量的数值，然后根据实际情况进行适当修正。该方法简单易行，适合初学者使用，是目前广泛使用的方法。

（2）经验估算法：经验估算法是根据工艺人员的经验来确定加工余量。为避免产生废品，所确定的加工余量一般偏大。该方法对工人要求较高，通用性较差，误差较大，适于单件、小批生产。

（3）分析计算法：该方法主要通过对影响加工余量的各种因素进行分析，然后根据一定的计算公式计算加工余量。例如前述最小余量的计算公式就是比较常用的分析计算法。此法确定的加工余量较合理，但需要全面的试验资料，计算也较复杂，故常用于科学研究，实际生产中很少应用。

## 五、通过工序余量计算工序尺寸

计算工序尺寸和标注公差是制定工艺规程的主要工作之一，工序尺寸是指零件在加工过程中各工序所应保证的尺寸，其公差按各种加工方法的经济精度选定，工序尺寸则要根据已确定的余量及定位基准的转换情况进行计算，可以归纳为三种类型：

（1）当定位基准和测量基准与设计基准不重合时进行尺寸换算所形成的工序尺寸。

（2）从尚需继续加工的表面标注的尺寸，实际上它是指基准不重合以及要保证留有一定的加工余量所进行的尺寸换算。

（3）某一表面需要进行多次加工所形成的工序尺寸。它是指加工该表面的各道工序定位基准相同，并与设计基准重合，只需要考虑各工序的加工余量。

前两种情况的尺寸换算需要应用尺寸链原理，见第七章"工艺尺寸链的概念及计算"。第三种情况比较简单，只需要根据工序间余量和工序尺寸之间的关系确定，其计算顺序是由最后一道工序开始往前推算。具体步骤为：

（1）确定各工序余量（查表）。

（2）确定各工序公差。最后一道工序的工序尺寸公差等于零件图样上设计尺寸公差，中间工序尺寸公差取加工经济精度（查表）。

（3）确定各工序尺寸。最后一道工序的工序尺寸等于零件图样上设计尺寸，并由最后工序向前逐道工序推算出各工序的工序尺寸。

（4）标注各工序尺寸公差。各工序尺寸的上、下偏差按"入体原则"确定。即对于孔，下偏差取零，上偏差取正值；对于轴，上偏差取零，下偏差取负值。

例如某车床主轴箱的主轴孔，其加工要求是 $\phi72.5^{+0.03}_{0}$，加工方法选定为粗镗—半精镗—精镗—粗磨—精磨。根据前述步骤，依次选定各工序间余量、各工序基本尺寸（工序完成后）、各工序公差（入体原则，下偏差 EI 为 0），选定结果见表 6-2 的第二至四列，工序尺寸的总结果列于第五列。

表 6-2　工序尺寸和公差计算示例　　　　单位：mm

| 工序名称 | 工序余量（双边） | 工序基本尺寸 | 工序公差 | 工序尺寸 |
|---|---|---|---|---|
| 精磨 | 0.2 | $\phi72.5$ | ES=0.03 | $\phi72.5^{+0.03}_{0}$ |
| 粗磨 | 0.3 | $72.5-0.2=\phi72.3$ | IT8,ES=0.046 | $\phi72.3^{+0.046}_{0}$ |
| 精镗 | 1.5 | $72.3-0.3=\phi72$ | IT9,ES=0.074 | $\phi72^{+0.074}_{0}$ |
| 半精镗 | 2.0 | $72-1.5=\phi70.5$ | IT10,ES=0.12 | $\phi70.5^{+0.12}_{0}$ |
| 粗镗 | 4.0 | $70.5-2=\phi68.5$ | IT12,ES=0.3 | $\phi68.5^{+0.3}_{0}$ |
| 毛坯孔 | 8.0 | $68.5-4=\phi64.5$ | ±1 | $\phi64.5\pm1$ |

根据计算结果可作出工序余量、工序尺寸及其公差的分布图，见图 6-34。

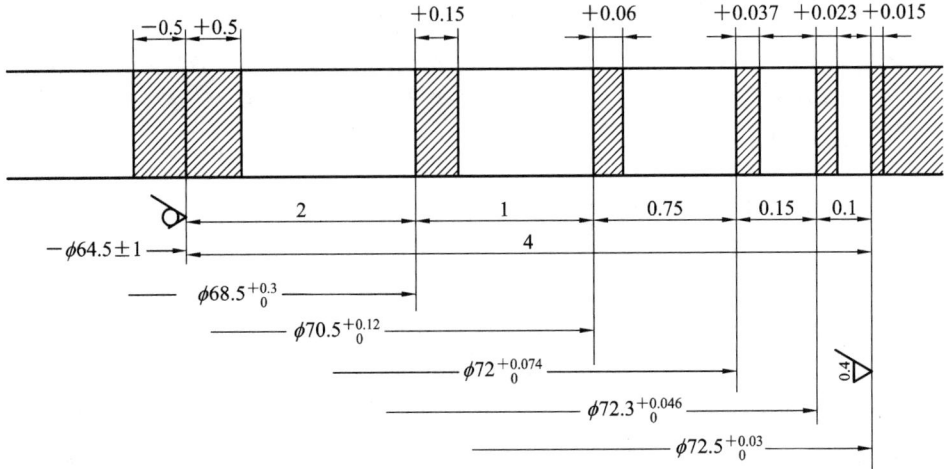

图 6-34 工序余量、工序尺寸及公差的分布

第七节 制定机械加工工艺规程举例

某工厂要成批生产某型号零件，现要车床制定其开合螺母外壳下半部的机械加工工艺规程。零件图如图 6-35 所示。

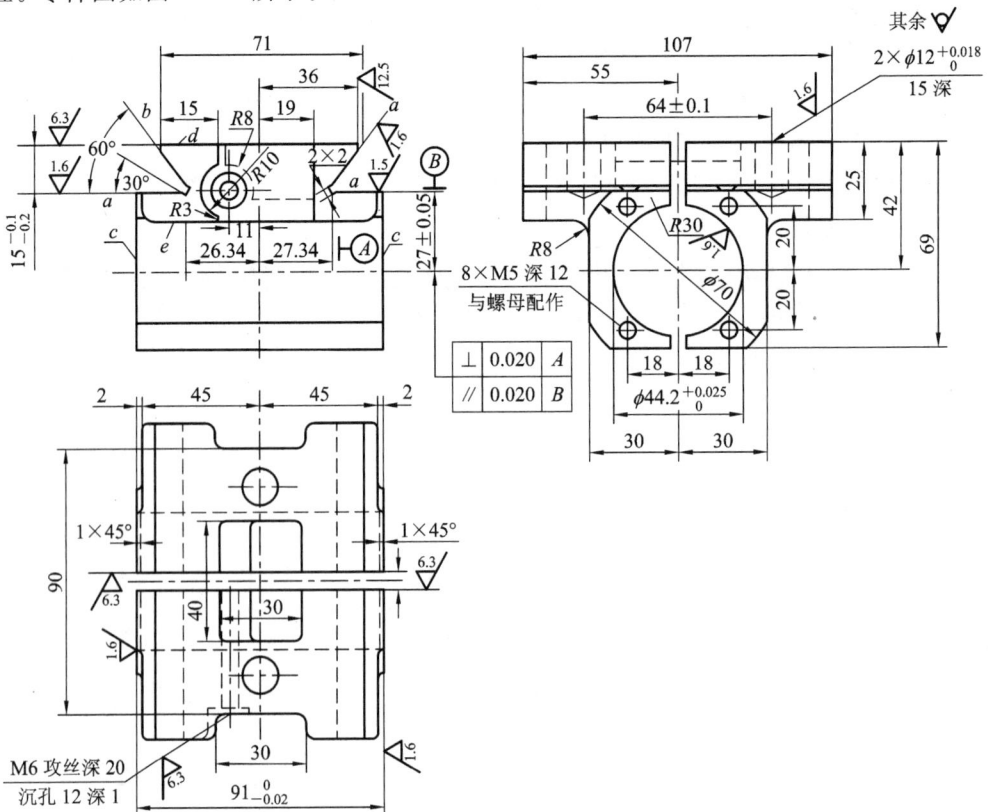

图 6-35 开合螺母外壳下半部

## 一、对零件图进行工艺分析

该零件的主要加工面有：

① 燕尾导轨面 $aa$ 和 $bb$，它们是部件装配时的装配基准，与相配导轨配合，因此它们本身应有较高的形状精度，它们又是 $\phi 12^{+0.018}_{0}$ 和 $\phi 44.2^{+0.025}_{0}$ 孔的设计基准。

② $\phi 44.2^{+0.025}_{0}$ 孔用来装配开合螺母，本身有一定的尺寸精度要求，其中心线对燕尾导轨面又有平行度和垂直度要求。

③ 两个端面 $cc$ 在装配时，将与开合螺母的两个内侧面配合，因此对它们之间的尺寸规定了 0.02 mm 的公差，并对 $\phi 44.2^{+0.025}_{0}$ 孔中心线有垂直度要求；$\phi 12^{+0.018}_{0}$ 孔为销孔，用于对开螺母的开合。

关于非加工面与加工面间的要求，零件图上仅标出了导轨 $d$ 面的厚度为 25 mm，是不注公差的尺寸，虽说不难保证，但由于基准不重合，有关毛坯尺寸亦有较大公差，所以必要时还需计算一下有关的工艺尺寸，以查明导轨面的厚度是否产生过大的误差。根据该零件的结构及作用，主要应保证 $\phi 44.2^{+0.025}_{0}$ 孔壁厚和它的均匀性，但在零件图上并未明确提出，在安排工艺时必须予以考虑。

## 二、选择毛坯

零件的材料是铸铁，所以是铸件毛坯。小批生产可用木模手工造型的毛坯，成批生产时则用金属模机器造型的毛坯。前者可用Ⅲ级精度的铸件，后者可用Ⅱ级精度的铸件。

为了保证 $\phi 44.2^{+0.025}_{0}$ 孔的加工质量和使加工方便，将其上下两部分铸成一个整体毛坯，分型面可以通过 $\phi 44.2^{+0.025}_{0}$ 孔中心线垂直于 $aa$ 导轨面。$\phi 44.2^{+0.025}_{0}$ 孔铸出毛坯孔（留有余量），要求其中心对 $\phi 70$ 外圆中心的偏移小于 1 mm，并对 25 mm 导轨壁厚的不加工面 $e$ 有 $\pm 0.3$ mm 的距离精度要求。$\phi 70$ 外圆的尺寸精度亦不应大于 $\pm 0.3$ mm。燕尾导轨面不予铸出。铸件应进行人工时效，消除残余应力后再送机械加工车间加工，否则工件切开将产生较大的变形。

## 三、工艺过程设计

### 1. 定位基准的选择

定位基准的选择包括精基准的选择和粗基准的选择。

（1）精基准的选择。从上述对零件图的工艺分析可知燕尾导轨面既是装配基准，又是 $\phi 44.2^{+0.025}_{0}$ 和 $\phi 12^{+0.018}_{0}$ 孔的有关距离尺寸要求和位置要求的设计基准。燕尾导轨面的面积亦较大，根据先面后孔的原则，应选它作为加工其他有关表面的精基准。

（2）粗基准的选择。选择粗基准时，首先考虑保证 $\phi 44.2^{+0.025}_{0}$ 和 $\phi 70$ 外圆不需加工表面间壁厚的均匀性。此时，$\phi 44.2^{+0.025}_{0}$ 孔的加工余量的均匀性可不考虑。因为这两者是难以同时保证的，对加工余量不均匀所引起的误差，可以通过多次行程予以修正。如果用 $\phi 44.2^{+0.025}_{0}$ 毛坯孔作为粗基准，则由于它直径较小而长度较大，定位亦不可靠，它的加工余量的均匀性仍难保证。并且以它为粗基准加工燕尾导轨面，再以燕尾导轨面作为精基准

加工 $\phi 44.2^{+0.025}_{0}$ 孔，将使孔的壁厚很不均匀，不仅影响零件的强度，而且切开后会变形。根据以上分析，所选择的粗基准应保证在以燕尾导轨面为精基准加工 $\phi 44.2^{+0.025}_{0}$ 孔时，其轴心线基本上与 $\phi 70$ 外圆的轴心线重合。具体选择哪组表面为粗基准，在下面再叙述。

**2．加工方法的选择**

燕尾导轨面是与相配件的配合面，又是加工其他表面的精基准，其终加工最好是刮研。终加工前面的工步则是粗刨、精刨或精铣。

$\phi 44.2^{+0.025}_{0}$ 孔的终加工可用精铰或精细镗。其前面的工步则是粗镗、半精镗、粗铰或精镗。两端面 $cc$ 之间有 $0.02\ \text{mm}$ 的距离尺寸精度要求，终加工则以两端面 $cc$ 互为基准进行精磨。终加工前面的工序可为粗车或粗铣、精车或精铣。

$\phi 12^{+0.018}_{0}$ 孔的加工方法为钻、粗铰、精铰。

其他加工面的加工方法从略。

**3．确定加工顺序和组合工序**

在小批生产时，第一道工序为划线，划出作为精基准的燕尾导轨面的加工线。划加工线的基准，就是粗基准。粗基准是 $\phi 70$ 外圆的轴心线、$\phi 12^{+0.018}_{0}$ 两孔中心连线和 $25\ \text{mm}$ 壁厚的不加工毛坯面。$\phi 70$ 外圆的轴心线是 $aa$ 导轨面加工线的基准；$\phi 12^{+0.018}_{0}$ 两孔中心连线是导轨面加工线的划线基准；以 $25\ \text{mm}$ 导轨的毛坯面 $e$ 为基准划出 $aa$ 面的加工线，可得到较均匀的壁厚。第二道工序将工件按划线找正装夹在虎钳中，在牛头刨床上粗、精刨燕尾导轨面和粗刨出底面 $d$。第三道工序是刮研导轨面，此后就可用已加工好的导轨面作为精基准加工其他表面。第四道工序是加工 $\phi 12^{+0.018}_{0}$ 两孔，以导轨面作为精基准，另外为保证在镗 $\phi 44.2^{+0.025}_{0}$ 孔时壁厚的均匀性，还应以 $\phi 70$ 外圆毛坯面的一点（该点为 $\phi 70$ 外圆平行于 $aa$ 导轨面的中心线与外圆的交点）作为粗基准。第五道工序是在车床上镗 $\phi 44.2^{+0.025}_{0}$ 的孔，工件装在花盘上的弯板上，弯板上可布置简单的定位元件，使作为精基准的 $aa$ 导轨面与车床主轴轴心线平行并相距一定的尺寸，以保证零件图要求；$bb$ 导轨面则与车床主轴轴心线垂直；此外 $\phi 12^{+0.018}_{0}$ 孔在一个菱形定位销中定位，以保证孔壁厚均匀。在镗孔时可粗车、精车一个端面 $c$，然后再掉头装夹车另一端面 $c$。随后的工序是磨两端面、切开、加工 M6 螺孔和锪 $\phi 10$ 孔。还应安排辅助工序：一是在切开前安排检查工序；二是由于该零件在装配时成对装配，所以在切开后还应安排一个钳工工序，在上下部打配对号码，同时去毛刺。于是，小批生产时，该零件加工顺序和工序的组合可安排如下：

划线—粗、精刨导轨面及刨底面 $d$—刮研导轨面—钻、铰 $\phi 12^{+0.018}_{0}$ 孔—在车床上粗、精镗 $\phi 44.2^{+0.025}_{0}$ 孔并粗、精车两端面—磨两端面—检查—切开—上下部打配对号码并去毛刺—钻、攻 M6 螺孔—锪 $\phi 12$ 孔。

在成批生产时，为了提高生产率，燕尾导轨面的加工方法改为粗刨、精铣和刮研。如果加工导轨面的粗基准，仍用上述划线时的基准。即两端 $\phi 70$ 外圆在两个 V 形块中定位，消除四个不定度，使加工后的 $aa$ 面对 $\phi 70$ 外圆轴心线有一定的距离尺寸和平行度；$\phi 70$ 外圆一端面用挡销定位，消除沿 $\phi 70$ 外圆轴心的不定度，使加工后的 $bb$ 面对称于 $\phi 12^{+0.018}_{0}$ 两孔中心连线；在导轨厚 $25\ \text{mm}$ 的不加工面 $e$ 并距 $\phi 70$ 外圆中心最远的一点放一个支承钉，以消除绕 $\phi 70$ 外圆轴心线的不定度。选用这一组粗基准，存在两个问题：一是由于燕尾导轨面粗刨和精铣不可能在一个工序中，因此粗基准在刨、铣两个工序中重复使用，定位误差大，不易保证加工精度；二是难以设计一个简单可靠的夹紧方案，在划线找正装夹时，可在虎钳中通过两端面 $cc$ 沿 $\phi70$ 外圆轴心线轴向夹紧工件，但在上述定位方案的夹具中，就不便轴向夹紧工件，因为已由活动 V 形块消除了轴向不定度，如采用轴向夹紧的方案，必须用浮动夹紧机构，夹具结构很复杂。如通过 $\phi44.2^{+0.025}_{0}$ 的毛坯孔内壁夹紧，就要采用可移动的压板。此外为了避免夹紧变形和使装夹稳定可靠，还需另加辅助支承，夹具结构仍较复杂，且操作费时。

通过上述分析，在成批生产中，选用上述粗基准来加工燕尾导轨面，不是一个理想的方案。所以要改变加工方案。先设想一个方案，第一道工序粗刨导轨面时，仍用上述粗基准，$d$ 面按距 $aa$ 面一定的工艺尺寸刨出，同时按一定的工艺尺寸在一个端面 $c$ 上刨出一段平面(因有压板，不能全部刨出)，然后以这两个表面作为精基准定位，通过两端 $\phi70$ 外圆向上压 $d$ 面，精铣燕尾导轨面。这个方案虽有利于保证精铣导轨面的精度，但切削力向下，装夹工件也麻烦，同时夹具结构仍然比较复杂，不是理想方案。

下面再设想另一方案，第一道工序以两端 $\phi70$ 外圆表面及导轨厚 25 mm 的不加工面 $e$ 定位，通过 $d$ 面夹紧，铣出两端 $c$ 面；第二道工序以一个铣出的端面、导轨厚 25 mm 的不加工面 $e$ 及 $\phi70$ 外圆浮动 V 形块实现完全定位，沿 $\phi70$ 外圆轴心线夹紧工件，粗刨 $b$、$a$、$d$ 面；第三道工序以同一方式定位、精铣燕尾导轨面。这个方案装夹方便可靠，夹具比较简单，且后两个工序所用的夹具结构相似。虽然粗基准用了两次，但不是主要定位基准，且定位元件的布置方式保证了工件的粗基准与定位元件的接触点在两个夹具中基本不变，不会引起过大的定位误差。所以这个方案比较理想。

燕尾导轨面精铣后，再刮研。此后即可以它们为精基准加工其他表面，加工顺序和定位方式均与前述小批生产相似。大孔加工虽仍可在车床上进行，但工件应安装在车床溜板箱上的镗模中，用尺寸刀具加工，以提高生产率。

在切开时，用燕尾导轨面和 $\phi12^{+0.018}_{0}$ 孔定位，在卧式铣床上用锯片铣刀铣开。

成批生产时，加工顺序和工序的组合安排如下：

粗铣两个端面 $c$—粗刨燕尾导轨面和 $d$ 面—精铣燕尾导轨面—刮研燕尾导轨面—钻、铰 $\phi12^{+0.018}_{0}$ 孔—镗 $\phi44.2^{+0.025}_{0}$ 孔—精铣两个端面 $c$—磨两个端面 $c$—检查—切开—去毛刺，打配对号码—钻、攻 M6 螺孔并锪 $\phi12$ 孔。

### 4. 工序设计

工序设计的主要内容有机床和工艺装备的选择、确定余量、计算工序尺寸、确定切削用量和时间定额等。

在成批生产中主要用通用机床，适当采用专用夹具，本例的工序尺寸的计算比较简单，在此不再赘述。

### 5. 填写工艺文件

表 6-3 为工艺过程卡片；表 6-4 为镗 $\phi40^{+0.025}_{0}$ 孔的工序卡片。

表 6-3　机械加工工艺过程卡片

| (工厂名) | 机械加工工艺过程卡片 | 产品型号 | | 零(部)件图号 | | 共（）页 | 第（）页 |
|---|---|---|---|---|---|---|---|
| | | 产品名称 | | 零(部)件名称 | 开合螺母外壳下半部 | | |

| 材料牌号 | 毛坯种类 铸件 | 毛坯外形尺寸 | | 每毛坯可制件件数 | 每台件数 | 备注 | 工时 准终 / 单件 |
|---|---|---|---|---|---|---|---|

| 工序号 | 工序名称 | 工序内容 | 车间 | 工段 | 设备 | 工艺装备 |
|---|---|---|---|---|---|---|
| 0 | 铸 | 铸造、清砂、退火 | 铸造 | | | |
| 10 | 铣 | 粗铣两端面 $c$ | 机架 | | X6125 | 铣夹具、端铣刀 $\phi110$、0.05/150 游标卡尺 |
| 20 | 刨 | 粗刨燕尾导轨面和 $d$ 面 | 机架 | | B6050 | 虎钳、刨刀、样本 |
| 30 | 铣 | 精铣燕尾导轨面 | 机架 | | X6125 | 虎钳、55°角铣刀、样板 |
| 40 | 钳 | 刮研燕尾导轨面 | 机架 | | | 研具 |
| 50 | 钻 | 钻、铰 $2\times\phi12^{+0.018}_{0}$ 孔 | 机架 | | Z5025 | 翻转式钻模、钻头 $\phi11.8$、铰刀 $\phi12H7$ 快换夹头、塞规 $\phi12H7$ |
| 60 | 镗 | 镗 $\phi44.2^{+0.025}_{0}$ 孔 | 机架 | | C6136 | 镗模、K34 单尺镗刀、镗杆 I、W18CrV 镗刀块 镗杆 II、塞规 $\phi44.2H7$ |
| 70 | 铣 | 精铣两个端面 $c$ | 机架 | | X6125 | 端铣刀 $\phi110$、0.05/150 游标卡尺 |
| 插图 | | | | | | |

续表

| 机械加工工艺过程卡片 | | 产品型号 | | 零(部)件图号 | | 开合螺母外壳下半部 | |
|---|---|---|---|---|---|---|---|
| （工厂名） | | 产品名称 | 机架 | 零(部)件名称 | | | 共（ ）页　第（ ）页 |

| 标记 | 工序名 | 工序内容 | 产品名称 | 车床 | 零部件名称 | 设备 |
|---|---|---|---|---|---|---|
| 80 | 磨 | 磨两个端面 $c$ | 机架 | | 卡规 | |
| 90 | 检查 | | | | | |
| 100 | 铣 | 铣开 | 机架 | X6125 | 铣夹具，锯片铣刀 $b=3$，$\phi200$ | |
| 110 | 钳 | 去毛刺，打配对号码 | 机架 | | | |
| 120 | 钻 | 钻、攻 M6 螺孔并锪 $\phi12$ 孔 | 机架 | Z5025 | 钻头 $\phi4.9$、丝锥 M6、锪孔刀 $\phi12$、攻丝夹头 M6、塞规 | |
| | | 最终检查 | | | | |
| 1 | 检 | 入库 | | | | |

| | | | 设计日期 | 审核（日期） | 标准化（日期） | 会签（日期） |
|---|---|---|---|---|---|---|
| 描校 | | | | | | |
| 底图号 | | | | | | |
| 装订号 | | | | | | |

| 标记 | 处数 | 更改文件号 | 签字 | 日期 | 标记 | 处数 | 更改文件号 | 签字 | 日期 |
|---|---|---|---|---|---|---|---|---|---|

表 6-4　机械加工工序卡片

| （工厂名） | 机械加工工序卡片 | 产品型号 | | 零（部）件名称 | | 共（）页 |
|---|---|---|---|---|---|---|
| | | 产品名称 | | 零（部）件名称 | 开合螺母外壳下半部 | 第（）页 |

| 车间 | 工序号 | 工序名称 | 材料牌号 |
|---|---|---|---|
| 机加 | 60 | 镗孔 | |
| 毛坯种类 | 毛坯外形尺寸 | 每毛坯可制件数 | 每台件数 |
| 铸件 | | | |
| 设备名称 | 设备型号 | 设备编号 | 同时加工件数 |
| 车床 | C6136 | | |
| 夹具编号 | 夹具名称 | | 切削液 |
| | 镗模 | | |
| 工位器具编号 | 工位器具名称 | | 工序工时（分） |
| | | | 准终　单件 |

（尺寸：φ44.2 +0.025 0，27±0.05，1.6，3，⊥0.02 A，∥0.02 B）

续表

**机械加工工序卡片**

（工厂名）

| 产品型号 | | 零(部)件名称 | |
|---|---|---|---|
| 产品名称 | 车床 | 零(部)件名称 | 开合螺母外壳下半部 |
| | | | 共○页　第○页 |

| 工步号 | 工步内容 | 工艺装备 | 主轴转速/(r·min⁻¹) | 切削速度/(m·min⁻¹) | 进给量/(mm·r⁻¹) | 切削深度/mm | 进给次数 | 工步工时 机动 | 工步工时 辅助 |
|---|---|---|---|---|---|---|---|---|---|
| 1 | 粗镗孔到 $\phi40$ | K34 单刀镗刀，镗杆 I | 450 | 42.2 | 0.25 | 3.00 | 1 | | |
| 2 | 半精镗孔至 $\phi42.5$ | W18Cr4V 镗刀块，镗杆 II | 187 | 22.6 | 0.42 | 1.25 | 1 | | |
| 3 | 精镗孔至 $\phi43.5$ | W18Cr4V 镗刀块，镗杆 II | 187 | 23.2 | 0.22 | 0.50 | 1 | | |
| 4 | 细镗孔至 $\phi44.2^{+0.025}_{0}$ | W18Cr4V 镗刀块，镗杆 II；塞规 $\phi44.2H7$ | 187 | 23.5 | 0.22 | 0.35 | 1 | | |

| | 设计（日期） | 校对（日期） | 审核（日期） | 标准化（日期） | 会签（日期） |
|---|---|---|---|---|---|
| 标记 处数 更改文件号 签字 日期 | | | | | |
| 标记 处数 更改文件号 签字 日期 | | | | | |

## 习　题

1. 什么是工艺规程？工艺规程的制定有什么作用？

2. 如图 6-36 所示，试判断各零件的工艺性。

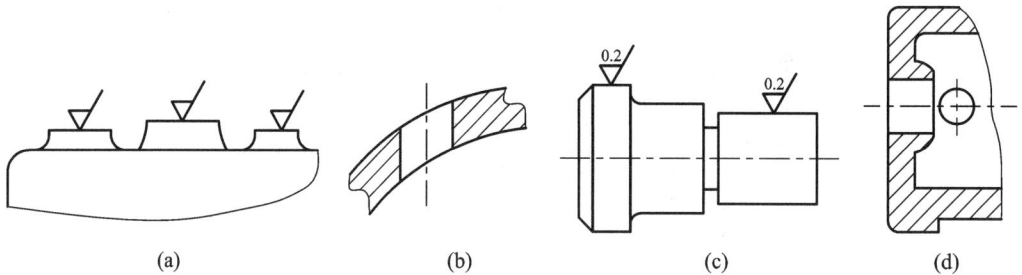

<table>
<tr><td>(a)</td><td>(b)</td><td>(c)</td><td>(d)</td></tr>
</table>

图 6-36　不同零件结构工艺性判断

3. 毛坯件都有哪些类型？分别适用于什么场合？

4. 什么是粗基准？粗基准的选择原则有哪些？试举例说明。

5. 制定工艺规程时，为何要划分加工阶段？什么情况下可以不划分加工阶段？

6. 什么叫易废品次要表面后置？

7. 加工一个工件上的孔，若毛坯件尺寸为 $\phi 38^{+0.15}_{-0.25}$，第一道工序加工后尺寸为 $\phi 42^{-0.1}_{-0.2}$，试回答下列问题：

(1) 按照对称原则或入体原则改写上述尺寸。

(2) 写出每道工序在极值法下的公称余量、最大工序余量和最小工序余量，最好画图分析。

# 第七章

# 工艺尺寸链的概念及计算

在机械零件加工过程中，当改变零件的某一尺寸大小，会引起其他有关尺寸的变化。同样，在装配机器时零件与零件之间的有关尺寸也是密切联系、相互依赖的。这种尺寸之间的相互联系或相互依赖性称为"尺寸联系"。事实上，在零件设计过程中，这种尺寸联系现象就已出现，不过由于有些尺寸不标注，所以尺寸联系往往在工艺过程中体现得更加明显。而要搞清楚这些内在联系，就需要用工艺尺寸链原理去分析和掌握尺寸的变化规律，正确计算出各工序的工序尺寸。

## 第一节 尺寸链概述

### 一、尺寸链的定义和组成

把一组构成封闭形式的互相联系的尺寸组合，统称为"尺寸链"。在一个尺寸链中，某一个尺寸要受其他尺寸变化的影响。例如，由单个零件中的若干尺寸联系构成零件尺寸链[见图7-1(a)]，由机器或部件中若干个零件的尺寸联系构成装配尺寸链[见图7-1(b)]。

因此，尺寸链的定义包含两个要点：

(1) 尺寸链的各尺寸应构成封闭形式(并且是按照一定顺序首尾相接的)。

(2) 尺寸链中的任何一个尺寸变化都将直接影响其他尺寸的变化。

例如在图7-1(a)中，封闭形式的各尺寸$l_1$、$l_2$，$l_3$、$l_4$及$l_\Sigma$构成了尺寸链，其中尺寸$l_1$、$l_2$、$l_3$、$l_4$中任何一个尺寸的变化，都将会影响尺寸$l_\Sigma$的精度。同理，在图7-1(b)中，$A_1$、$A_2$、$A_3$的变化，都将影响主轴和后顶尖的中心线在垂直平面内的等高度$A_\Sigma$。

尺寸链中还有一些专门的术语，如尺寸链的环，即构成尺寸链的每一个尺寸都称为"环"。它们又可分为两类：

(1) 封闭环：在零件加工或机器装配过程中，最后自然形成(即间接获得或间接保证)的尺寸。因此，一个尺寸链中只有一个封闭环，如图7-1中的$l_\Sigma$或$A_\Sigma$。

必须注意，封闭环既然是尺寸链中最后形成的一个环，那么在加工或装配没有完成前，它是不存在的。封闭环的概念非常重要，应用尺寸链分析问题时，若封闭环判断错误，则全部分析计算的结论也必然是错误的。

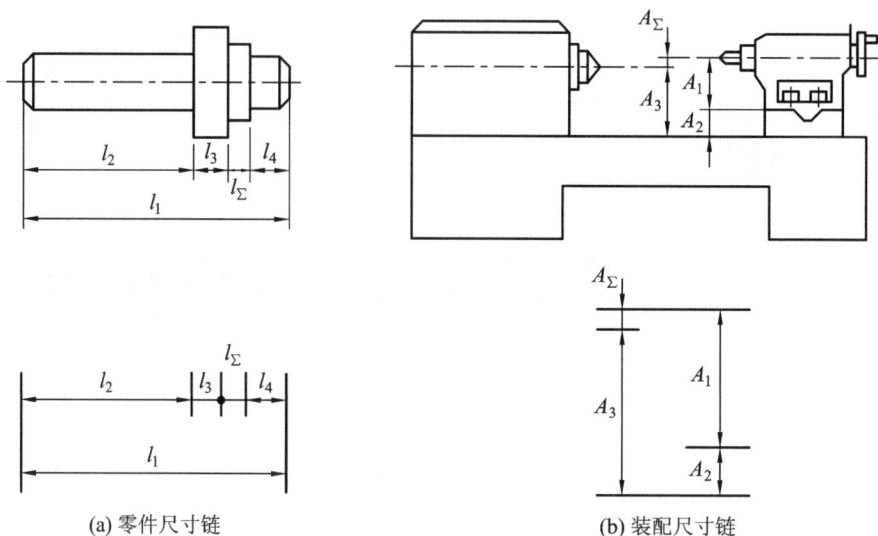

(a) 零件尺寸链　　　　　　　　　(b) 装配尺寸链

图 7-1　尺寸链

　　封闭环是由产品技术规范或零件工艺要求决定的尺寸。在装配尺寸链中，封闭环往往代表装配精度要求的尺寸；在零件尺寸链中，封闭环常为精度要求最低的尺寸，该尺寸在零件图上不予标注。

　　封闭环通常用 $\Sigma$ 或者 $A_\Sigma$ 表示。

　　(2) 组成环：在尺寸链中，除封闭环以外的其他各环都是"组成环"。它们是在加工或装配过程中，直接加工或控制得到的尺寸，每个尺寸的大小都会影响封闭环尺寸的公差和极限偏差。如图 7-1 中的 $l_1$、$l_2$、$l_3$、$l_4$ 或 $A_1$、$A_2$、$A_3$，此外，按组成环对封闭环的影响性质，组成环可再分为两类：

　　① 增环：在尺寸链中，当其余组成环不变时，将某一组成环增大，封闭环也随之增大，该组成环即称为"增环"。如图 7-1 中 $l_1$ 或 $A_1$、$A_2$ 为增环。增环用符号→表示。

　　② 减环：在尺寸链中，当其余组成环不变时，将某一组成环增大，封闭环却随之减小，该组成环即称为"减环"。如图 7-1 中的 $l_2$、$l_3$、$l_4$ 或 $A_3$ 即为减环。减环用符号←表示。

## 二、尺寸链的分类

　　尺寸链有多种分类方法，常见的分类方法包括以下几种。

　　1) 按照在不同生产过程中的应用范围进行分类

　　(1) 设计过程尺寸链：零件在设计时按照各尺寸确定的先后顺序所构成的封闭尺寸组合，称为"设计过程尺寸链"。设计过程尺寸链中的尺寸往往由设计人员按照其重要程度来确定顺序，最后一个未确定而自然形成的尺寸为封闭环，在图纸上一般不标注。

　　(2) 工序尺寸链：零件按一定顺序安排下的各个加工工序中，先后获得的各工序尺寸所构成的封闭尺寸组合，称为"工序尺寸链"。工序尺寸链中最后未经加工而自然形成的尺寸为封闭环。

　　(3) 测量尺寸链：零件在测量过程中，根据测量顺序过程构成的尺寸链称为"测量尺寸链"。测量尺寸链中未经测量而随其他尺寸测量完成后自然形成的尺寸为封闭环。

（4）装配尺寸链：在机器设计或装配过程中，由机器或部件内若干个相关零件构成互相有联系的封闭尺寸组合，称为"装配尺寸链"。装配尺寸链中是以某项装配精度指标（或装配要求）为封闭环（比如间隙、位置精度等）。

工序尺寸链、测量尺寸链和装配尺寸链统称为"工艺过程尺寸链"。

2）按照各构成尺寸所处的空间位置进行分类

（1）线性尺寸链：尺寸链全部尺寸位于两根或几根平行直线上，称为线性尺寸链（见图7-1）。

（2）平面尺寸链：尺寸链全部尺寸位于一个或几个平行平面内，称为平面尺寸链。

（3）空间尺寸链：尺寸链全部尺寸位于几个不平行的平面内，称为空间尺寸链。

当在尺寸链运算中遇到平面尺寸链或空间尺寸链时，要将它们的尺寸投影到某一共同方位上，变成线性尺寸链再进行计算，故应首先掌握线性尺寸链问题的运用和计算。

3）按照构成尺寸链各环的几何特征进行分类

（1）长度尺寸链：所有构成尺寸的环均为直线长度量。

（2）角度尺寸链：构成尺寸链的各环为角度量，或平行度、垂直度等。如图7-2(a)所示的角度尺寸链中，$\theta_1$、$\theta_2$、$\theta_3$为组成环，$\theta_\Sigma$为封闭环。如图7-2(b)所示，由于平行度和垂直度的表面相互位置关系相当于0°和90°的情况，同样构成了封闭角度图形，故也属于角度尺寸链。图7-2(b)中，若以$A$为基面，两道工序分别加工$C$面与$B$面，要求$C$面垂直于$A$面（$\alpha_2=90°$）及$B$面垂直于$C$面（$\alpha_1=90°$），加工后$B$面则应保持与$A$面平行（即封闭环$\alpha_\Sigma=0°$）。这时$\alpha_1$、$\alpha_2$、$\alpha_\Sigma$构成了一个角度尺寸链。

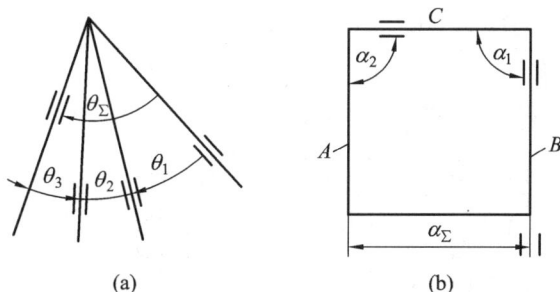

图7-2 角度尺寸链

## 三、尺寸链的应用情况

解尺寸链时，有下列三种应用情况。

### 1. 已知组成环，求封闭环

根据各组成环基本尺寸及公差（或偏差），计算封闭环的基本尺寸及公差（或偏差），称为"尺寸链的正计算"。这种计算主要用在审核图纸，验证设计的正确性。

例如蜗轮减速箱（见图7-3）装配后，我们要求蜗轮右端面与右端轴套左面之间的间隙为$A_\Sigma$。此尺寸可查设计图纸中箱体内壁尺寸$A_1$、左右轴承凸肩尺寸$A_2$、$A_4$，以及蜗轮宽度$A_3$进行校核。或者事先检验$A_1$、$A_2$、$A_3$、$A_4$各零件的实际尺寸，就可预知$A_\Sigma$的实际尺寸是否合格。

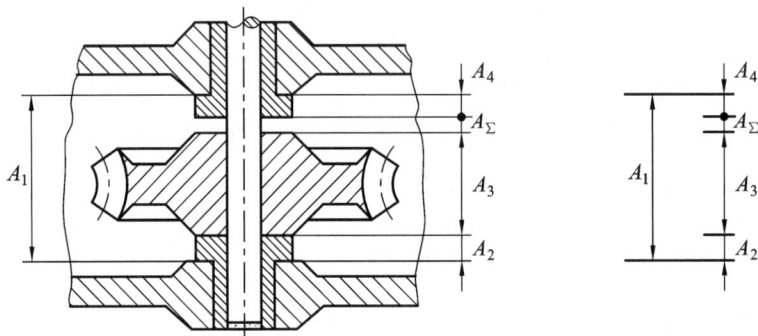

图 7-3 蜗轮轴装配尺寸链

### 2. 已知封闭环，求组成环

根据设计要求的封闭环基本尺寸及公差(或偏差)，反过来计算各组成环基本尺寸及公差(或偏差)，称为"尺寸链的反计算"。这种计算一般用于机器设计或工艺设计。

例如图 7-1(b)中为车床总装的尺寸链。根据机床标准，要求后顶尖中心线与主轴中心线等高，一般允差为 0.06 mm(只允许后顶尖中心高于主轴中心)。这样，封闭环的尺寸及公差均已确定，为 $A_{\Sigma}=0\sim0.06$ mm，设计时我们就可根据它合理制定各组成环 $A_1$、$A_2$ 及 $A_3$ 的尺寸公差。

又如图 7-4 为齿轮零件轴向尺寸加工路线和其相应的工序尺寸链。按图要求，齿轮厚度及辐板厚度分别为 40 mm 和(10±0.15) mm。已知加工工序如下：

工序 1：车外圆、车两端面后得 $l_1=40$ mm。

工序 2：车一端辐板至深度 $l_2$。

工序 3：车另一端辐板至深度 $l_3$，并保证尺寸(10±0.15) mm。

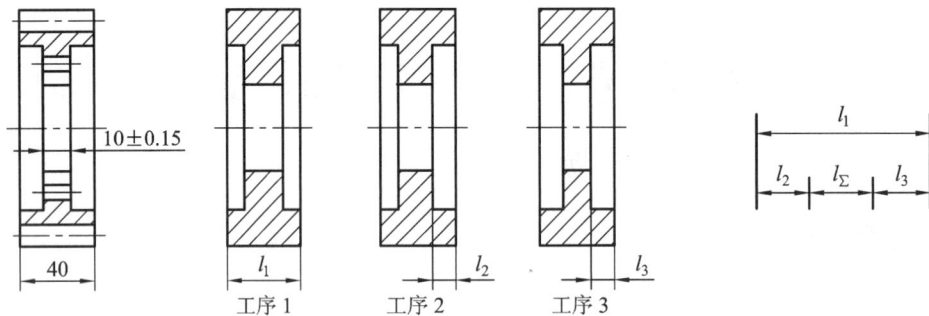

图 7-4 齿轮零件加工方案及尺寸链

由上述工序安排可知辐板厚度是按 $l_1$、$l_2$、$l_3$ 的尺寸加工后间接得到的。因此，为了保证尺寸(10±0.15) mm，势必要将 $l_1$、$l_2$、$l_3$ 的尺寸及尺寸偏差限制在一定范围内。即已知封闭环(10±0.15) mm，求出各组成环 $l_1$、$l_2$、$l_3$ 尺寸及上下偏差。

### 3. 已知封闭环及部分组成环，求其余组成环

根据封闭环和其他组成环的基本尺寸及公差(或偏差)计算尺寸链中某一组成环的基本尺寸及公差(或偏差)，其实质属于反计算的一种，也可称作"尺寸链的中间计算"。这种计

算在工艺设计上应用较多，如基准的换算、工序尺寸的确定等。

总之，无论对机器的设计，还是零件的制造、检验，抑或是机器的部件(组件)装配、整机装配等，尺寸链的基本理论都是很有实用价值的理论。正确运用尺寸链计算方法，有利于保证产品质量、简化工艺、减少不合理的加工步骤等。尤其在成批、大量生产中，通过尺寸链计算，能更合理地确定工序尺寸、公差和余量，从而减少加工时间，节约原料，降低废品率，确保机器装配精度。

第二节　工艺尺寸链的计算方法

机械制造中的尺寸和公差要求通常以基本尺寸及上下偏差来表达。在尺寸链计算中，各环的尺寸和公差要求，还可用最大极限尺寸和最小极限尺寸(简称最大尺寸和最小尺寸)或平均尺寸和公差来表达。

工艺尺寸链的基本尺寸计算方法是统一的，而上下偏差的计算方法有两种：一种是按误差综合后的两个最不利情况进行计算的极值解法；另一种是应用概率论原理进行尺寸公差计算的概率法。尺寸链的具体计算公式就是按照这两种不同计算方法分别推导出来的。

## 一、尺寸链各环的基本尺寸计算

如图 7-5 所示为多环尺寸链，各环的基本尺寸可写成等式

$$\vec{A}_1+\vec{A}_2+\vec{A}_3=\vec{A}_4+\vec{A}_5+\vec{A}_6+A_\Sigma$$

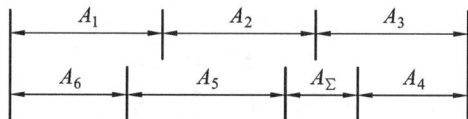

或

$$A_\Sigma=\vec{A}_1+\vec{A}_2+\vec{A}_3-\overleftarrow{A}_4-\overleftarrow{A}_5-\overleftarrow{A}_6$$

图 7-5　多环尺寸链

由前面所述，任何一个独立尺寸链的封闭环只有一个。因此，若某一多环尺寸链的总数为 $N$，则组成环数必为 $N-1$；若设其中增环数为 $m$，减环数为 $n$，则必有 $n=N-1-m$。故多环尺寸链基本尺寸的一般公式可写成

$$A_\Sigma=\sum_{i=1}^m\vec{A}_i \quad \sum_{j=1}^n\overleftarrow{A}_j \tag{7-1}$$

式(7-1)说明：尺寸链封闭环的基本尺寸($A_\Sigma$)等于各增环基本尺寸($A_i$)之和减去各减环基本尺寸($A_j$)之和。

## 二、极值法计算极限尺寸

极值法又称极大极小值解法。它是按误差综合后的两个最不利情况，即各增环皆为最大极限尺寸而各减环皆为最小极限尺寸的情况，以及各增环皆为最小极限尺寸而各减环皆

为最大极限尺寸的情况，来计算封闭环极限尺寸的方法。运用极值法计算时，各个环的基本尺寸、极限尺寸及上下偏差的表示形式无特别要求，其计算公式如下。

**1. 各环极限尺寸计算**

计算尺寸链极限尺寸的一般公式为

$$A_{\sum \text{max}} = \sum_{i=1}^{m} \vec{A}_{i\text{max}} - \sum_{j=1}^{n} \overleftarrow{A}_{j\text{min}} \tag{7-2}$$

$$A_{\sum \text{min}} = \sum_{i=1}^{m} \vec{A}_{i\text{min}} - \sum_{j=1}^{n} \overleftarrow{A}_{j\text{max}} \tag{7-3}$$

**2. 各环上、下偏差计算**

若式(7-2)、式(7-3)分别与式(7-1)相减，可得出封闭环上、下偏差计算的一般公式：

$$\text{ES}_{A_{\sum}} = \sum_{i=1}^{m} \text{ES}_{\vec{A}_i} - \sum_{j=1}^{n} \text{EI}_{\overleftarrow{A}_j} \tag{7-4}$$

$$\text{EI}_{A_{\sum}} = \sum_{i=1}^{m} \text{EI}_{\vec{A}_i} - \sum_{j=1}^{n} \text{ES}_{\overleftarrow{A}_j} \tag{7-5}$$

由于零件图和工艺卡片中的尺寸和公差一般以基本尺寸加上、下偏差形式标注，故用式(7-4)、式(7-5)计算更为简便迅速。

**3. 各环公差计算**

用式(7-2)减式(7-3)即可得出各环公差计算公式

$$T_{\Sigma} = \sum_{i=1}^{N-1} T_i \tag{7-6}$$

由此可见，封闭环公差等于所有组成环(包括增环和减环)公差之和。

从(7-6)式还可知道，封闭环公差比任何组成环公差都大。由于封闭环是工艺完成后自然形成的，因此封闭环起到了收纳各组成环误差的作用。在设计零件时，设计人员往往选择最不重要的尺寸作为封闭环。当封闭环公差确定之后，组成环数愈多，每一环的公差就愈小，对加工要求就愈高。所以在工艺尺寸链中，应当尽量减少尺寸链的环数，这一原则叫"最短尺寸链原则"。在设计工作中应注意使产品在满足工作性能的条件下，尽量将影响封闭环精度的有关零件数减少至最少，这样做不仅能使结构简化，而且还能提高加工和装配精度。

## 三、概率法计算极限尺寸

极值法的特点是简便、可靠，但在封闭环公差较小、组成环数目较多时，分配给各组成环的公差将过于严格，使加工困难，制造成本增加，甚至无法加工。用概率解法就可以克服这一缺点，事实上它也是更科学的方法。

**1. 各环公差计算**

在大批量生产中，一个尺寸链中各组成环尺寸的获得彼此并无联系，因此可将它们看成是相互独立的随机变量。根据大量实测数据及概率相关理论，可得以下两个特征数：算术平均值 $A$ 表示尺寸分布的集中位置；均方根偏差 $\sigma$ 说明实际尺寸分布相对算术平均值的离散程度。

又由概率理论可知，独立随机变量之和的均方差 $\sigma_\Sigma$，与这些随机变量相应的 $\sigma_i$ 间的关系为

$$\sigma_\Sigma = \sqrt{\sum_{i=1}^{N-1} \sigma_i^2}$$

这是用概率法解尺寸链时，封闭环误差与组成环误差间的基本关系式。

由于计算尺寸链时是以误差量（或公差）间的关系来计算，而不是均方根偏差间的关系，所以上述公式需改写成其他形式。

由第四章关于误差统计的内容可知，当零件尺寸分布为正态分布时，其偶然误差量 $\varepsilon$ 与均方根偏差 $\sigma$ 间的关系可表达为

$$\varepsilon = 6\sigma$$

即

$$\sigma = \frac{\varepsilon}{6}$$

若尺寸链中各组成环的误差分布都遵循正态分布规律，则其封闭环也遵循正态分布规律。如果取公差带 $\delta = 6\sigma$，则封闭环的公差 $T_\Sigma$ 与各组成环公差的关系可表示为

$$T_\Sigma = \sqrt{\sum_{i=1}^{N-1} T_i^2} \tag{7-7}$$

式(7-7)说明，当各组成环公差均为正态分布时，封闭环公差等于各组成环公差平方和的平方根。

当零件尺寸不服从正态分布时，封闭环公差计算时须引入"相对分布系数 $K$"的概念。设正态分布曲线 $K=1$，则 $K$ 表示所研究的尺寸分布曲线的不同分散性质，不同分布曲线的 $K$ 值不同。当零件尺寸服从正态分布时，$T = 6\sigma$，即 $\sigma = T/6$；当零件尺寸不服从正态分布时，$\sigma = K(T/6)$。所以，封闭环公差的一般式为

$$T_\Sigma = \sqrt{\sum_{i=1}^{N-1} K^2 T_i^2} \tag{7-8}$$

若各组成环公差相等，即令 $T_i = T_M$，$\delta_i = \delta_M$ 时，可求得各组成环的平均公差为

$$T_M = \sqrt{\frac{T_\Sigma^2}{N-1}} = \sqrt{\frac{T_\Sigma^2}{m+n}}$$

与用极值法相比（其 $T_M = T_\Sigma/(N-1)$），在计算同一尺寸链时，用概率法可将组成环平均公差扩大 $\sqrt{(N-1)}$ 倍。但实际上，由于各组成环未必服从正态分布，即 $K>1$，故实际所求得的扩大倍数比 $\sqrt{(N-1)}$ 小些。

还应该说明：用极值法时，$T_\Sigma$ 包括封闭尺寸环尺寸变动时一切可能出现的尺寸，即尺寸出现在 $T_\Sigma$ 范围内的概率为 100%；而用概率法时，$T_\Sigma$ 是在正态分布下取误差范围 $6\sigma_\Sigma$ 内的尺寸变动，即尺寸出现在该范围内的概率为 99.73%。由于超出 $6\sigma_\Sigma$ 之外的概率仅为 0.27%，这个数值很小，实际上可认为不至于出现，所以取 $6\sigma_\Sigma$ 作为封闭环尺寸的实际可能的变动范围是合理的。这就是概率法较极值法所求得的封闭环公差小的本质所在。而且组成环数目越多，由概率法求得的 $T_\Sigma$ 缩小得也越多。据此推论，在同样的封闭环公差值条件下进行反计算，用概率法较极值法可得到较大的组成环公差，因而便于加工。

**2. 各环算术平均值 A 的计算**

在确定了有关环的公差 T 以后，还需要确定公差带的分布位置。前面已讲过，尺寸分布的集中位置是用算术平均值 A 来表示的。

根据概率理论，封闭环的算术平均值 $A_\Sigma$ 等于各增环算术平均值之和减去各减环算术平均值之和，即

$$A_\Sigma = \sum_{i=1}^{m} \vec{A}_i - \sum_{j=1}^{n} \overleftarrow{A}_j \qquad (7-9)$$

当各组成环的尺寸分布曲线属于对称分布（正态分布曲线属于对称分布的一种），而且分布中心与公差带中点重合时，算术平均值 A 即等于平均尺寸 $A_M$。将此关系代入式 (7-9) 中，可得

$$A_{\Sigma M} = \sum_{i=1}^{m} \vec{A}_{iM} - \sum_{j=1}^{n} \overleftarrow{A}_{jM} \qquad (7-10)$$

相应地，上式各环减去基本尺寸就可得到各环平均偏差 $\Delta_M A_i$，即

$$\Delta_M A_i = \sum_{i=1}^{m} \Delta_M \vec{A}_i - \sum_{j=1}^{n} \Delta_M \overleftarrow{A}_j \qquad (7-11)$$

当计算出有关环的平均尺寸 $A_M$ 和公差 T 以后，各个环的公差应对平均尺寸标注成双向对称分布，即首先写成 $A_M \pm \dfrac{T}{2}$ 形式；然后根据需要，再标注成具有基本尺寸和相应上、下偏差的形式。对于组成环尺寸不属于对称分布时的计算，就不再详述，有需要的读者可参考有关手册。

虽然概率法较极值法更科学、更合理，但由于计算复杂，概率法在应用上受到一定的限制。在组成环数目较少时，目前还是采用简便的极值法。

## 四、工艺尺寸链的计算步骤

计算工艺尺寸链时往往遵循以下步骤。

**1. 确定封闭环**

确定封闭环是计算尺寸链的前提。工序尺寸链中的封闭环为未直接加工而是在其他尺寸加工完成后自然形成的尺寸；测量尺寸链中封闭环为未直接测量而是在其他尺寸测量完成后自然形成的尺寸；装配尺寸链中的封闭环是装配完成后的精度要求。

**2. 画出尺寸链**

确定封闭环后，查明组成环的个数并将组成环和封闭环首尾相接连成封闭图形。查找组成环时遵循两个原则：

（1）相关性原则。某个尺寸是否作为组成环纳入尺寸链，需要根据组成环是否会影响封闭环来确定。

（2）尺寸链最短原则。当纳入尺寸链的组成环个数可多可少时，应将最少的组成环纳入尺寸链。

画出尺寸链后应对尺寸链进行检验，检验遵循两个原则：

（1）观察尺寸链是否封闭。

（2）观察尺寸链中的封闭环是否只有一个。

**3．查明组成环的增减性**

根据组成环增减性的定义将组成环分为增环、减环两类。

**4．代入公式进行计算**

代入公式时，首先明确计算方法为极值法还是概率法。运用极值法时，封闭环和组成环的形式无特别要求，只需将各个环的公称尺寸和上、下偏差分别代入基本尺寸计算公式和上、下偏差计算公式即可。而运用概率法时，应先将封闭环和组成环都按照对称原则进行转化，然后将各个环的平均尺寸代入基本尺寸计算公式，将各个环的公差代入公差计算公式，计算出的结果也按照对称原则标注。

**第三节　工艺尺寸链的类型及计算**

工艺过程中，涉及的尺寸链计算多为线性尺寸链，其类型主要有四种：定位基准和设计基准不重合时的尺寸链；多工序间未完成表面作工序基准时的尺寸链；表面处理时出现的尺寸链；测量时出现的尺寸链。

## 一、基准不重合时的尺寸链

一般情况下，工艺人员在选择工序基准时，会优先根据设计基准选择，这样就无须进行尺寸换算。但有时候设计基准与定位基准不重合，如果按照设计基准选择工序基准，会出现基准不重合误差，从而难以满足精度要求。此时，如果选择定位基准作工序基准，工序尺寸的精度就不能按照设计尺寸的精度来加工，而必须根据尺寸链计算确定该工序尺寸的大小。这种情况下，设计图纸上出现但没有被直接加工的尺寸一般就是封闭环。

**例 1**　如图 7-6(a)所示箱体中，孔心线的设计基准为底面 2，其尺寸为(350±0.30) mm，顶面高为(600±0.20) mm。为了使镗孔夹具能安置中间导向支承，加工时常把箱体倒放，用顶面 1 作定位基准，如图 7-6(b)所示。当采用调整法加工时，轴心线设计尺寸由上道工序尺寸(600±0.20) mm 和本道工序尺寸 $A$ 间接保证，因此，在工艺尺寸链中，(350±0.30) mm 为封闭环，(600±0.20) mm 为增环，$A$ 为减环，尺寸链如图 7-7 所示，然后再按有关公式计算。

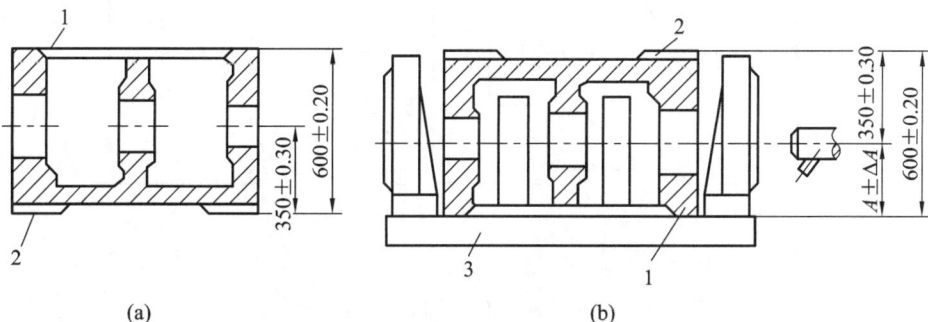

图 7-6　箱体尺寸链

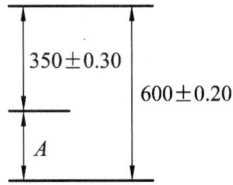

图 7 - 7　尺寸链简图

基本尺寸：350 mm＝600 mm－$A$；$A$＝600 mm－350 mm＝250 mm。

上偏差：0.30 mm＝0.20 mm－$EI_A$；$EI_A$＝0.20 mm－0.30 mm＝－0.10 mm。

下偏差：－0.30 mm＝－0.20 mm－$ES_A$；$ES_A$＝0.30 mm－0.20 mm＝0.10 mm。

故 $A$ 的工艺尺寸为(250±0.1) mm。

这就比采用底面作定位基准直接获得尺寸 $A$ 的允许误差±0.30 mm 大大缩小了。

如果有另一种情况，箱体图规定(350±0.30) mm(要求不变)、(600±0.40) mm(公差放大)，则因为 $T_{600} > T_{350}$(即 0.80＞0.60)，无法满足工艺尺寸链基本计算公式的关系，即使本工序的加工误差 $\delta_A$＝0，也无法保证获得(350±0.30) mm 尺寸在允许范围之内。这时就必须采取如下措施：

(1) 与设计部门协商，能否将孔心线尺寸要求放低；

(2) 改变定位基准，即用底面定位加工(这时虽定位基准与设计基准重合，但中间导向支承要用吊装式，装拆麻烦)；

(3) 提高上道工序的加工精度，即缩小(600±0.40) mm 公差，使 $T_{600} < T_{350}$(比如上例中 $T_{350}$ ＝ 0.60 mm，$T_A$ ＝ 0.20 mm，则 $T_{600}$ ＝ 0.40 mm 是允许的)；

(4) 适当选择其他加工方法，或采取技术革新，使上道工序和本道工序尺寸的加工精度均有所提高(比如使 $T_{600}$ ＝ 0.50 mm，$T_A$ ＝0.10 mm)，这样也能保证实现(350±0.30) mm 的技术要求。

**例 2**　如图 7 - 8(a)所示，镗孔工序的定位基准为 $A$ 面，但孔的设计基准是 $C$ 面，属于基准不重合。加工时镗刀按定位基准 $A$ 面调整，故需对该工序尺寸 $A_3$ 进行计算。

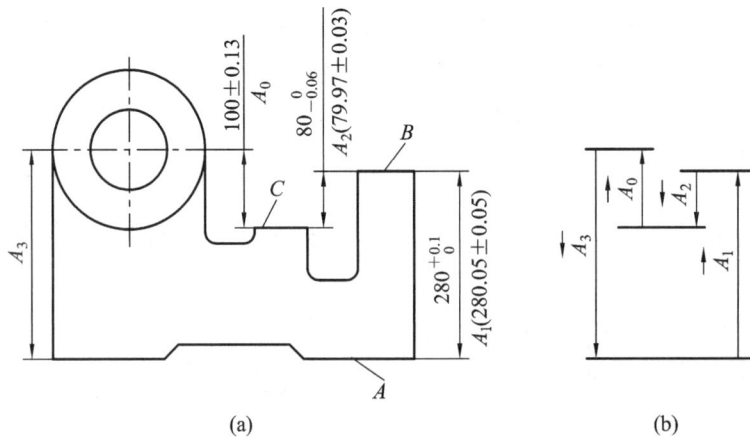

(a)　　　　　　　　　(b)

图 7 - 8　基准不重合时尺寸链计算

要确定工序尺寸 $A_3$ 应控制在什么范围内才能保证设计尺寸 $A_0$ 的要求，首先应查明与该尺寸有联系的各尺寸，并作出如图 7-8(b) 所示的工艺尺寸链简图。由于工件在镗孔前 $A$、$B$ 和 $C$ 面都已加工完毕，尺寸 $A_1$ 和 $A_2$ 在本工序中是已有的尺寸，而尺寸 $A_3$ 将是本工序加工直接得到的尺寸，因此这三个尺寸都是尺寸链中的直接尺寸，它们都是组成环。尺寸 $A_0$ 是本工序最后得到的尺寸，所以是封闭环。

由工艺尺寸链简图可知，$A_2$ 和 $A_3$ 是增环，$A_1$ 是减环。

基本尺寸：100 mm＝80 mm＋$A_3$－280 mm；$A_3$＝300 mm。

上偏差：0.13 mm＝0＋$\mathrm{ES}_{A_3}$－0；$\mathrm{ES}_{A_3}$＝0.13 mm。

下偏差：－0.13 mm＝－0.06 mm＋$\mathrm{EI}_{A_3}$－0.1 mm；$\mathrm{EI}_{A_3}$＝0.03 mm。

## 二、多工序间形成的尺寸链

上面讨论的是机械加工中单工序内的尺寸链问题，计算相对简单。但在实际生产中，当工件形状比较复杂，加工精度要求较高，各工序的定位基准多变等情况下，工艺过程尺寸链有时不易辨清，需对整个加工过程、对每个工序尺寸作进一步深入分析。

**例 3**　如图 7-9(a) 所示的某一带键槽的齿轮孔，要求有一定耐磨性，其加工顺序为：

工序 1：镗内孔至 $\phi 39.6^{+0.10}_{0}$。

工序 2：插键槽至尺寸 $A$。

工序 3：热处理。

工序 4：磨内孔至 $\phi 40^{+0.05}_{0}$，同时保证尺寸 $43.6^{+0.34}_{0}$。

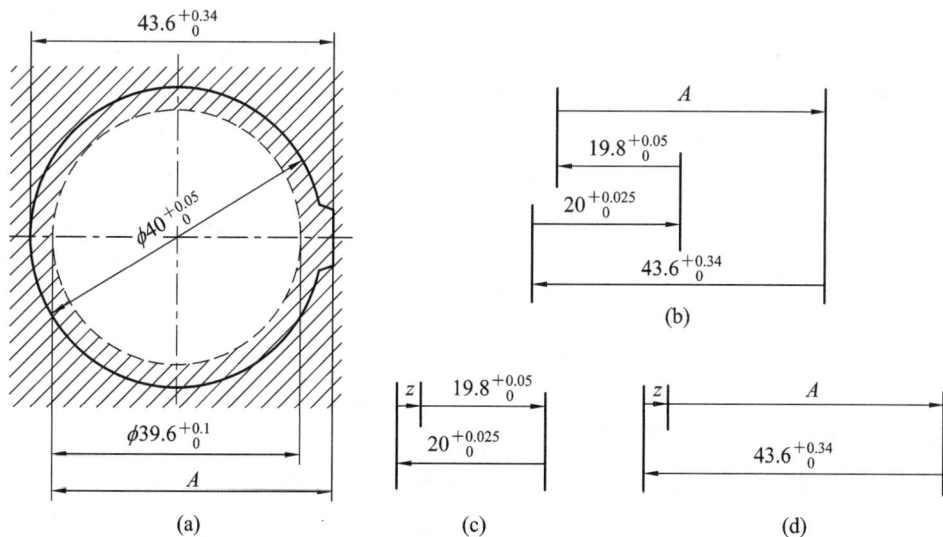

图 7-9　内孔及键槽加工的尺寸链

除热处理外，工序 1 镗孔、工序 2 插键槽和工序 4 磨孔均为直接加工，所以键槽深度的最终尺寸 $43.6^{+0.34}_{0}$ 不是直接获得，而是由前续工序完成后自然获得，因插键槽时的工序基准内孔面后续会继续加工，所以尺寸 $A$ 的深度只能作中间加工工序的工序尺寸，拟定工艺规程时应把它计算出来。

求解时，先按加工路线作出如图 7-9(b)所示的四环工艺尺寸链。其中 $43.6^{+0.34}_{0}$ 为要保证的封闭环，$A$ 和 $20^{+0.025}_{0}$（即 $\phi40^{+0.05}_{0}$ 的半径）为增环，$19.8^{+0.05}_{0}$（即 $\phi39.6^{+0.10}_{0}$ 的半径）为减环。

按尺寸链基本公式进行计算：

基本尺寸：$43.6\text{ mm}=20\text{ mm}+A-19.8\text{ mm}$；$A=43.4\text{ mm}$。

上偏差：$0.34\text{ mm}=0.025\text{ mm}+ES_A-0$；$ES_A=0.315\text{ mm}$。

下偏差：$0=0+EI_A-0.05\text{ mm}$；$EI_A=0.050\text{ mm}$。

因此 $A$ 的尺寸为 $43.4^{+0.315}_{+0.050}$，若按"入体"方向标注，$A$ 也可写成 $43.45^{+0.265}_{0}$。

因为图 7-9(b)中看不到尺寸 $A$ 与加工余量的关系，所以还可把图 7-9(b)的尺寸链分解成两个三环尺寸链。在图 7-9(c)中，引进的半径余量 $z$ 为封闭环，在图 7-9(d)中，$43.6^{+0.34}_{0}$ 为封闭环，而 $z$ 为组成环。由此可见，要保证 $43.6^{+0.34}_{0}$ 就要控制 $z$ 的变化，而要控制 $z$ 的变化，又要控制它的两个组成环 $19.8^{+0.05}_{0}$ 及 $20^{+0.025}_{0}$ 的变化。故工序尺寸 $A$ 既可从图 7-9(b)求出，也可从图 7-9(c)、图 7-9(d)求出。但往往前者便于计算，后者便于分析。

需要注意的是，在画尺寸链简图时，如果 $\phi40^{+0.05}_{0}$ 和 $\phi39.6^{+0.10}_{0}$ 都采用直径进行计算，则会出现尺寸链不闭合的问题，因此尺寸链的尺寸以什么状态出现也需要工艺设计者仔细考量。

## 三、表面处理时出现的尺寸链

机器上有些零件需要进行渗碳、渗氮、镀铬、镀铜、镀锌等表面工艺，目的是增加硬度、美观和防锈。在表面处理中，各工艺本身的深度和厚度可以通过工艺参数保证，所以如果表面处理后的表面没有精度要求，则无须再重新加工，也就没有工序尺寸换算的问题。但有些零件则不同，不仅在最后要控制渗碳层和镀层的厚度，而且要控制连同渗碳层和镀层的最终尺寸，这就需要对渗碳、镀层后的工件再进行加工，需要用工艺尺寸链进行换算。

**例 4** 如图 7-10 所示为一个轴颈衬套，材料为 38CrMoAlA，其工艺顺序如下：

工序 1：磨内孔 $\phi144.76^{+0.04}_{0}$。

工序 2：渗氮，渗氮层厚度控制为 $\delta$。

工序 3：磨内孔到尺寸 $\phi145^{+0.04}_{0}$，达到设计要求并控制渗氮层深度单边为 $0.3\sim0.5\text{ mm}$。

要求出磨削前渗氮的工序尺寸为 $\delta$，需画出工艺尺寸链[见图 7-10(b)]，尺寸 $\phi144.76^{+0.04}_{0}$、$\delta$ 和 $\phi145^{+0.04}_{0}$ 为组成环，其中 $\phi144.76^{+0.04}_{0}$ 和 $\delta$ 为增环、尺寸 $\phi145^{+0.04}_{0}$ 为减环，最终要保证渗氮深度 $0.3\sim0.5\text{ mm}$ 为封闭环。如果尺寸 $\phi144.76^{+0.04}_{0}$ 和尺寸 $\phi145^{+0.04}_{0}$ 采用直径，由于是双边尺寸，会造成尺寸链中有两个封闭环，故仍采用半径进行计算。

基本尺寸：$0.4\text{ mm}=72.39\text{ mm}+\delta-72.51\text{ mm}$；$\delta=0.52\text{ mm}$。

上偏差：$0.1\text{ mm}=0.01\text{ mm}+ES_\delta-(-0.01\text{ mm})$；$ES_\delta=0.08\text{ mm}$。

下偏差：$-0.1\text{ mm}=-0.01\text{ mm}+EI_\delta-0.01\text{ mm}$；$EI_\delta=-0.08\text{ mm}$。

磨前渗氮深度应控制在 $\delta=(0.52\pm0.08)\text{ mm}$（即直径上渗氮层双边尺寸为 $0.44\sim0.60\text{ mm}$）。

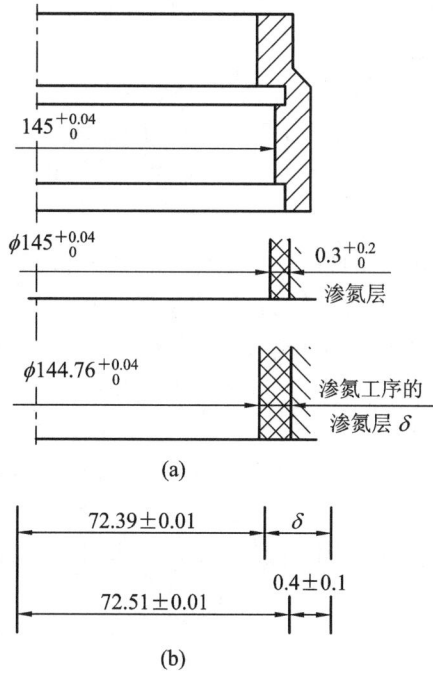

图 7-10　轴颈衬套渗氮工艺的尺寸链

## 四、测量时的尺寸链

测量时的尺寸链往往是由于某个设计尺寸不方便直接测量，需要测量其他方便测量的尺寸来保证该设计尺寸时出现的，此种情况下不便测量的设计尺寸往往是封闭环，并且需注意检验工序的严谨性。

**例 5**　如图 7-11(a)所示，加工一轴承座，设计尺寸为 $10_{-0.15}^{-0.05}$ mm 和 $50_{-0.15}^{0}$ mm，由于尺寸 $50_{-0.15}^{0}$ mm 加工时无法直接测量，只好通过测量 $A_2$ 尺寸来间接保证 $50_{-0.15}^{0}$ mm，即 $A_2$ 的测量尺寸要满足一定范围才能保证该产品合格。

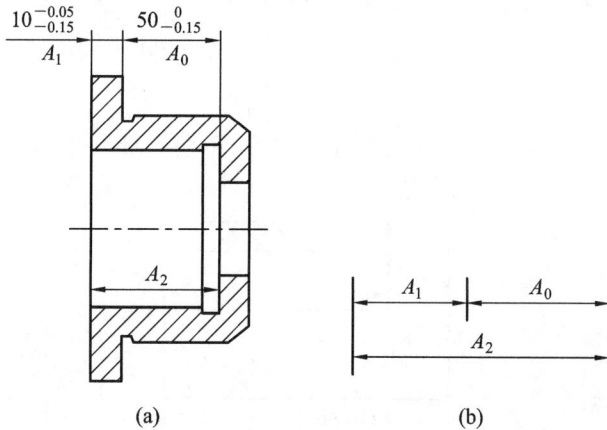

图 7-11　测量时出现的尺寸链

作出工艺尺寸链简图如图 7-11(b)所示，其中尺寸 $50_{-0.15}^{\;\;0}$ mm($A_0$)是封闭环，尺寸 $A_2$ 是增环而 $10_{-0.15}^{-0.05}$ mm 是减环。

基本尺寸：50 mm＝$A_2$－10 mm；$A_2$＝60 mm。

上偏差：0＝$\mathrm{ES}_{A_2}$－(－0.15 mm)；$\mathrm{ES}_{A_2}$＝－0.15 mm。

下偏差：－0.15 mm＝$\mathrm{EI}_{A_2}$－(－0.05 mm)；$\mathrm{EI}_{A_2}$＝－0.2 mm。

则 $A_2$＝$60_{-0.2}^{-0.15}$ mm。

$A_2$ 的意义在于如果检验出某工件的 $A_2$ 尺寸在 59.8～59.85 mm 之间，则该工件应被判定为合格品，反之则应被判定为废品。然而，在实际应用中，当 $A_2$ 尺寸超差时，尺寸 $A_0$ 不一定超差。若实测尺寸 $A_2$＝59.90 mm，按上述要求判为废品，但此时如 $A_1$＝9.9 mm，则实际 $A_0$＝50 mm，仍合格，即"假废品"。一般情况下，当实测尺寸与计算尺寸的差值小于或等于尺寸链其他环公差之和时，就可能出现假废品。此时应对该零件各有关尺寸进行复检和验算，以免将实际合格的零件报废而导致浪费。采用专用检具可减小假废品出现的可能性。

工艺尺寸链的计算在工业实际生产中应用很广，本书只介绍了较为常见的几种，更深入的内容可参见有关手册。

## 习　题

1. 加工如图 7-12(a)所示零件，设 1 面已加工好，现以 1 面为基准定位加工 3 面和 2 面，其工序简图如图 7-12(b)所示，试求工序尺寸 $A_1$ 与 $A_2$。

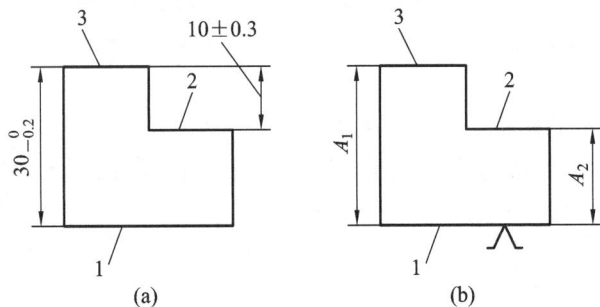

图 7-12　第 1 题图

2. 如图 7-13 所示的零件，图示的尺寸 $\phi 10_{-0.4}^{\;\;0}$ 不便测量，于是改为测量尺寸 $A_2$ 以间

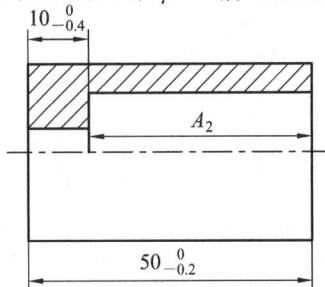

图 7-13　第 2 题图

接保证该设计尺寸。求 $A_2$ 的基本尺寸及公差。

3. 如图 7-14 所示为车床床头箱体加工顶面、底面及主轴孔的部分工艺过程，试计算确定 $A_1$ 至 $A_5$ 各工序的工序尺寸及公差。

工序 3：粗铣顶面 $R$，定位基面为主轴支承孔，保证尺寸 $A_1$。

工序 5：粗铣底面 $M$，定位基面为顶面 $R$，保证尺寸 $A_2$。

工序 6：磨顶面 $R$，定位基面为底面 $M$，保证尺寸 $A_3$，磨削余量 $Z_3 = 0.35$ mm。

工序 7、8、9：镗主轴支承孔，定位基面为顶面 $R$，保证尺寸 $A_4$，同轴度为 $\varepsilon = \pm 0.5$。

工序 12：磨底面 $M$，定位基面为顶面 $R$，保证尺寸 $A_5$，亦即零件图上规定的尺寸 $335 \pm 0.05$ mm，磨削余量 $Z_5 = 0.25$ mm。

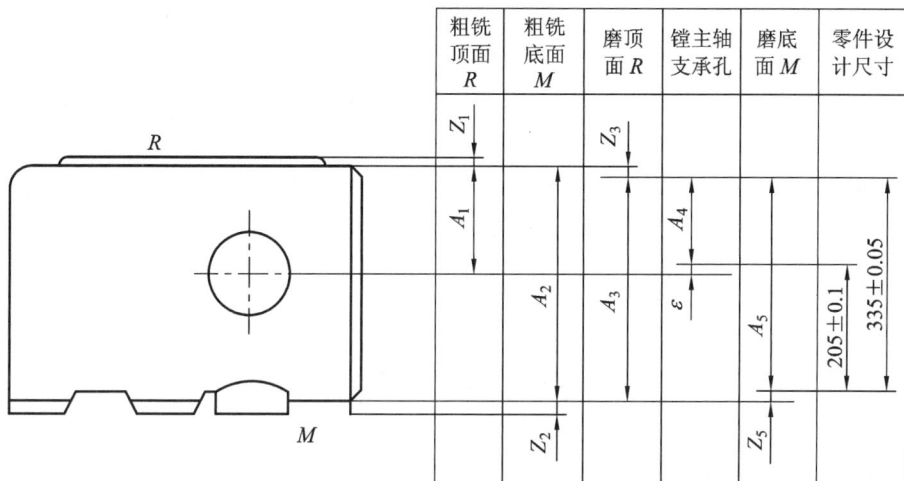

图 7-14 第 3 题图

# 第八章

# 加工成本分析

成本管理不仅是企业重要的生产控制环节，同时也是衡量企业经营成果的重要指标。在机械加工行业，企业运营主要围绕价格、质量和服务三方面实施管理。质量是企业参与竞争的前提，是由客户的需求确定的。服务则是通过管理来实现。伴随市场经济的深入发展，最终企业的竞争体现于在不同的客户层次进行价格竞争。可以看出，成本管理决定了企业价格，企业核心竞争力主要表现在成本竞争力上，而成本管理的内容涉及企业管理的每个方面，其工作任重道远。

## 第一节 | 工艺过程的时间定额

时间定额是在一定的技术和生产组织条件下制定出来的完成一件产品或一个工序所规定的时间。它是安排生产计划、计算产品成本和企业经济核算的重要依据之一，也是新设计或扩建工厂、车间时决定设备和人员数量的重要资料。

时间定额主要由经过实验累积的统计资料及计算来确定，合理的时间定额能促进工人生产技能和技术熟练程度的不断提高，发挥他们的积极性和创造性，进而推动生产发展。因此制定的时间定额要防止过紧和过松两种倾向，应具有平均先进水平，并随着生产水平的发展及时修订。

完成零件一个工序的时间称为单件时间。它包括下列组成部分：

(1) 基本时间 $T_{基}$：它是直接用于改变零件尺寸、形状或表面质量等所耗费的时间。对切削加工来说，就是切除余量所耗费的时间，包括刀具的切入和切出时间在内，又可称为机动时间，一般可用计算方法确定。

(2) 辅助时间 $T_{辅}$：指在各个工序中为了保证基本工艺工作所需要做的辅助动作耗费的时间，所谓辅助动作包括装卸工件、开停机床、改变切削用量、进退刀具、测量工件等。基本时间和辅助时间之和称为工序操作时间。

(3) 工作地点服务时间 $T_{服}$：指工人在工作时间内照管工作地点及保证工作状态所耗费的时间。例如在加工过程中调整刀具、修正砂轮，加工前后的润滑及擦拭机床、清理切屑、刃磨刀具等。这一时间可按工序操作时间的 $\alpha\%$（约 $2\% \sim 7\%$）来估算。

(4) 休息和自然需要时间 $T_{休}$：指在工作时间内所允许的必要的休息和自然需要时间。也可取工序操作时间的 $\beta\%$（约 $2\%$）来估算。

因此单件时间是

$$T_{单件} = T_{基} + T_{辅} + T_{服} + T_{休} = (T_{基} + T_{辅})\left(1 + \frac{\alpha + \beta}{100}\right)$$

（5）准备终结时间 $T_{准终}$：准备终结时间是指成批生产中每当加工一批零件的开始和终了时间。工人需要一定的时间做下列工作：熟悉工艺文件，领取毛坯材料，安装刀具、夹具、调整机床，加工结束时需要拆卸和归还工艺装备，发送成品等。准备终结时间对一批零件只消耗一次，零件批量 $n$ 越大，分摊到每个工艺零件上的准备终结时间 $T_{准终}/n$ 就越少。所以成批生产的单件时间定额为

$$T = T_{单件} + \frac{T_{准终}}{n} = (T_{基} + T_{辅})\left(1 + \frac{\alpha + \beta}{100}\right) + \frac{T_{准终}}{n}$$

在大量生产中，每个工作地点完成固定的一个工序，当批量很大时，分摊到每个工艺零件上的准备终结时间少到可以忽略不计，相当于不需要上述准备终结时间，所以其单件时间定额为

$$T = T_{单件} = (T_{基} + T_{辅})\left(1 + \frac{\alpha + \beta}{100}\right)$$

## 第二节　提高机械加工劳动生产率的技术措施

劳动生产率是指一个工人在单位时间内生产出的合格产品的数量，也可用完成单件产品或单个工序所耗费的劳动时间来衡量。劳动生产率与时间定额互为倒数。

提高劳动生产率必须处理好质量、生产率和经济性三者的关系。要在保证质量的前提下提高生产率，在提高生产率的同时又必须注意经济效果，此外还必须注意减轻工人劳动强度，改善劳动条件。

劳动生产率是衡量生产效率的综合性技术经济指标，因而提高劳动生产率不单是一个技术问题，而且还需要进行很多复杂细致的工作。例如：采用先进的制造系统模式，改善企业管理和劳动组织，开展技术革新，同时要在产品设计、毛坯制造和机械加工等方面采取技术措施。

本节仅讨论与机械加工有关的一些技术措施，其中，缩短单件时间定额中的每一个组成部分都是有效的，但应首先集中精力缩减占工时定额比重较大的那部分时间。例如某厂在普通车床上进行某一零件的小批生产时，基本时间占 26%，辅助时间占 50%，这时就应着重在缩减辅助时间上采取措施。当生产批量较大时，例如在多轴自动车床上加工，基本时间占 69.5%，辅助时间仅占 21%，这时就应采取措施缩短基本时间。一般而言，单件、小批生产的辅助时间和准备终结时间占较大比例，而大批、大量生产中基本时间占比较大。

## 一、缩减基本时间的工艺措施

### 1. 提高切削用量

基本时间可以用公式计算，以车削为例，若 $L$ 为切削长度（mm），$D$ 为切削直径（mm），$h$ 为加工余量（mm），$v$ 为切削速度（m/min），$f$ 为进给量（mm/r），$a_p$ 为切深（mm），$n$ 为主轴转速（r/min），则

$$T_{基} = \frac{L}{n \cdot f} \times \frac{h}{a_p} = \frac{\pi D L}{1000 v f} \times \frac{h}{a_p}$$

可见,提高切削速度、进给量和切深都可以缩短基本时间,减少单件时间。这是广泛采用的有效方法。目前硬质合金车刀的切削速度可达 200 m/min,陶瓷刀具切削速度可达 500 m/min。近年发展的聚晶金刚石和聚晶立方氮化硼,切削普通钢材时可达 90 m/min,而加工 HRC 60 以上的淬火钢、高镍合金时,能在 980℃ 时仍保持其红硬性,切削速度达 90 m/min 以上。高速滚齿机的切削速度已达 65～75 m/min,例如国外的一种高速滚齿机切削速度可达 305 m/min,滚切一只直径 50 mm、厚度 20 mm,模数为 2 mm 的齿轮,仅用 18 s。磨削的发展趋势是在不影响加工精度的条件下,尽量采用强力磨削,提高金属切除率。目前磨削速度已达 60 m/min 以上,有一种卧轴平面磨床,金属切除率可达 656 cm³/min,连续磨削的一次切深可达 6～12 mm,最高可达 37 mm。

采用高速强力切削可以大大提高效率,但是机床刚度也必须大大增强,驱动功率也要增大。这样机床结构和布局也要随之改变,需设计新型机床,如果要在原有机床上进行强力切削,需要经过充分的科学实验和机床改装。

**2. 减少切削行程长度**

例如用几把车刀同时加工同一个表面,用宽砂轮切入法磨削等,均可大大提高生产率。某厂用宽 300 mm、直径 600 mm 的砂轮以切入法磨花键轴上长度为 200 mm 的表面时,单件时间由 45 min 减少到 45 s。用切入法加工时要求工艺系统具有足够的刚性和抗振性,横向进给量要减少,以防止振动,同时要增大主电机功率。

**3. 合并工步与合并走刀,采用多刀多工位加工**

利用几把刀具或复合刀具对工件的几个表面或同一表面同时或先后进行加工,使工步合并,实现工序集中,使机动和辅助时间减少,又因为减少了工位数和工件安装次数,有利于提高加工精度。多刀或复合刀具加工在大批、大量生产中广泛采用,例如对于车削加工有转塔车床、多刀半自动车床、单轴自动车床、多轴半自动和自动车床加工;在铣、刨加工中采用多轴龙门铣床及龙门刨床的几个刀架同时加工;在磨削加工中采用组合砂轮等。

**4. 采用多件加工**

多件加工有三种方式:

(1) 顺序多件加工:工件顺着走刀方向一个接着一个地装夹,如图 8-1(a)所示。这种方法减少了刀具切入和切出的时间,即减少了分摊到每一个工件上的辅助时间。

(2) 平行多件加工:在一次走刀中同时加工 $n$ 个平行排列的工件,如图 8-1(b)所示。

(3) 平行顺序多件加工:上述两种方法的综合应用,如图 8-1(c)所示。这种方法适用

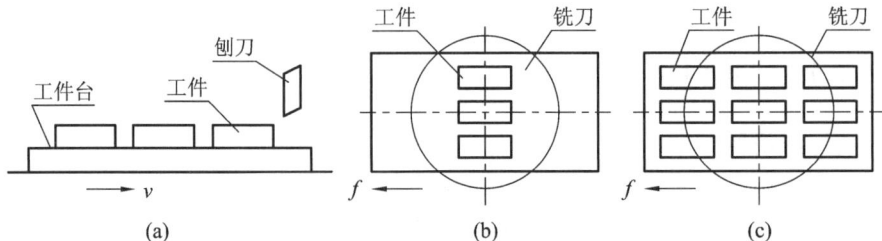

图 8-1 多件加工

工件较小、批量较大的情况。

### 5. 采用新工艺、新技术，改变加工方法

采用先进工艺或新工艺常可成倍地甚至十几倍地提高生产率。具体体现在以下几方面：

（1）特种加工应用在某些加工领域内，例如对于特硬、特脆、特韧材料及复杂形面的加工，能极大地提高生产率。又如用电火花加工锻模，线切割加工冲模等，都减少了大量钳工劳动，用电解加工锻模，可使单件加工时间由 $40\sim50$ h 减少为 $1\sim2$ h。

（2）在毛坯制造中采用冷挤压、热挤压、粉末冶金，失蜡浇铸、压力铸造、精锻和爆炸成形等新工艺，能大大提高毛坯精度，从根本上减少大部分机械加工劳动量，节约原材料，经济效果十分显著。例如 BC-25 齿轮油泵的两个圆柱直齿轮，精度等级为 H7，材料为 40Cr 锻件，由于批量较大，采用自动线加工。其工艺路线很长，为平衡节拍，需采用 2 台滚齿机。后来改用粉末冶金齿坯，使滚齿以前的全部工序都可取消，工艺过程大为简化，获得了极大的技术经济效果，表现在：

① 工件材料由 40Cr 改为粉末冶金，节省了贵重合金，由于毛坯精度高，减少了机械加工量，提高了材料利用率，降低了成本；

② 取消了热处理过程，可实现封闭式生产；

③ 取消了毛坯去氧化皮等噪声很大的工序及去毛刺等手工操作，减轻了劳动强度；

④ 自动线上 10 台机床减少到 4 台，生产面积由 180 $m^2$ 减少为 45 $m^2$；

⑤ 缩短了生产周期，提高了产量；

⑥ 成品的技术条件全部达到，提高了油泵总装的合格率，噪声降低，并提高了机床寿命；

⑦ 成品的单价下降，利润增加。

由此可见，为提高劳动生产率一定要充分重视毛坯工艺及其他新工艺、新技术的应用，从根本上改革工艺，提高劳动生产率。

（3）采用少无切削工艺代替切削加工方法。例如用冷挤压齿轮代替剃齿，表面粗糙度 $Ra$ 可达 $0.8\sim0.4$ $\mu$m，生产率提高 4 倍，此外还有滚压、冷轧等。

（4）改进加工方法。例如在大批、大量生产中采用拉削、滚压代替铣、铰和磨削；成批生产中采用精刨、精磨或金刚镗代替刮研，都可大大提高生产率。例如，某车床主轴铜轴承套采用金刚镗代替刮研后，表面粗糙度 $Ra$ 达 $0.1$ $\mu$m 以下，锥度和椭圆度小于 $0.003$ mm，装配后与主轴接触面积达 $80\%$，生产率提高了 32 倍。

（5）实现机械加工自动化、智能化。

## 二、缩减辅助时间的工艺措施

缩减辅助时间的工艺措施可分为两个方面：一是通过辅助动作机械化、自动化来直接减少辅助时间；二是采取措施使辅助时间与基本时间重合。

### 1. 采用先进夹具

采用先进夹具能大大减少工件的装卸找正时间，而且可以确保加工质量。

### 2. 采用多工位夹具

采用多工位夹具如回转工作台或转位夹具等，当一个工位上的工件在进行加工时，可同时在另一工位中装卸工件，从而使辅助时间与基本时间重合，如图 8-2(a) 所示。

### 3. 采用连续加工

例如在立式或卧式连续回转工作台铣床[见图 8-2(b)]和双端面磨床上加工等。由于工件连续送进，机床的空程时间明显缩减，装卸工件又不需停止机床，能显著提高生产率。

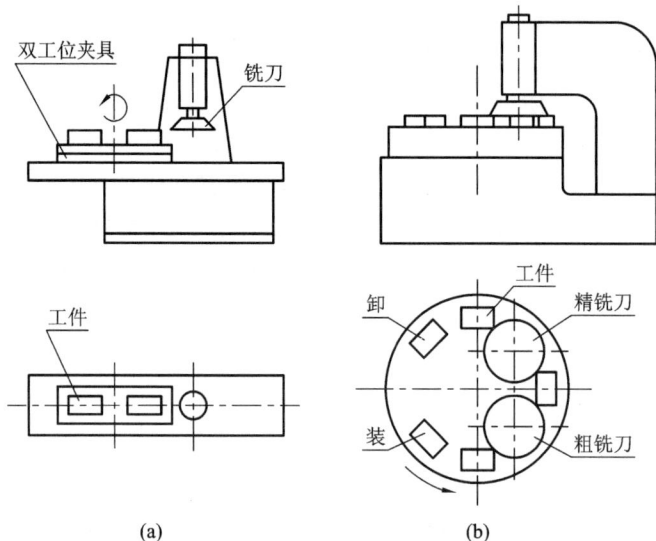

图 8-2 多工位节约辅助时间

### 4. 采用各种快速换刀、自动换刀装置

例如在钻床或镗床上采用不需停车即可装卸钻头的快换夹头；车床和铣床上广泛采用不重磨硬质合金刀片、专用对刀样板或对刀样件；机外对刀的快换刀夹及数控机床上的自动换刀装置等，均可以节省刀具的装卸、刃磨和对刀的辅助时间。

### 5. 采用主动检验或数字显示自动测量装置

零件在加工过程中需要多次停机测量，尤其在精密零件和重型零件的加工中更是如此。这不仅降低了生产率，不易保证加工精度，而且还增加了工人的劳动强度。主动测量的自动测量装置能在加工过程中测量工件的实际尺寸，并能用测量的数据控制机床的自动补偿调整。这在内、外圆磨床和金刚镗床等机床上已取得了显著的效果。

## 三、缩减准备终结时间的工艺措施

加大零件批量可以减少分到每一个零件上的准备终结时间，在中小批生产中，由于批量小，产品经常更换，使准备终结时间在单件时间中占了一定的比重，针对这种情况，应尽量使零部件通用化、标准化，增加批量，同时应采用成组加工技术，以便应用大批、大量生产的设备和工艺，提高生产率。

为了减少每批工件投产的准备终结时间，可采取下列措施。

### 1. 使夹具和刀具调整通用化

即使没有全面实行成组工艺，也可在局部范围内把结构形状、技术条件和工艺过程类似的零件划归为一类，设计通用的夹具和刀具。当调换另一种零件时，夹具和刀具可不调整或只需少许调整。

**2. 采用可换刀架或刀夹**

例如六角车床，若每台机床配备几个备用转塔刀架或刀夹，事先按加工对象调整好，当更换加工对象时，把事先调整好的刀架或刀夹换上，用较少的准备终结时间即可进行加工。

**3. 采用刀具的微调和快调**

在多刀加工中，往往要耗费大量工时调整刀具。如果在每把刀具的尾部装上微调螺丝，就可以使调整时间大为减少。

**4. 减少夹具在机床上的安装找正时间**

例如利用机床工作台 T 形槽作为夹具的定位面。这时夹具体上应有定位键，安装夹具时只需将定位键靠向 T 形槽一侧即可，既不必找正夹具，又可提高定位精度。

**5. 采用准备终结时间极少的先进加工设备**

如液压仿形刀架、插销板式程序控制机床和数控机床等，都是准备终结时间极少的先进加工设备。

# 四、实行多机看管

多台机床看管是一种先进的劳动组织措施。由于一个工人可同时管理几台机床（同类型或不同类型），因此工人劳动生产率会相应提高几倍。

如图 8-3 所示，分别是一个工人看管三台和两台机床的情况。

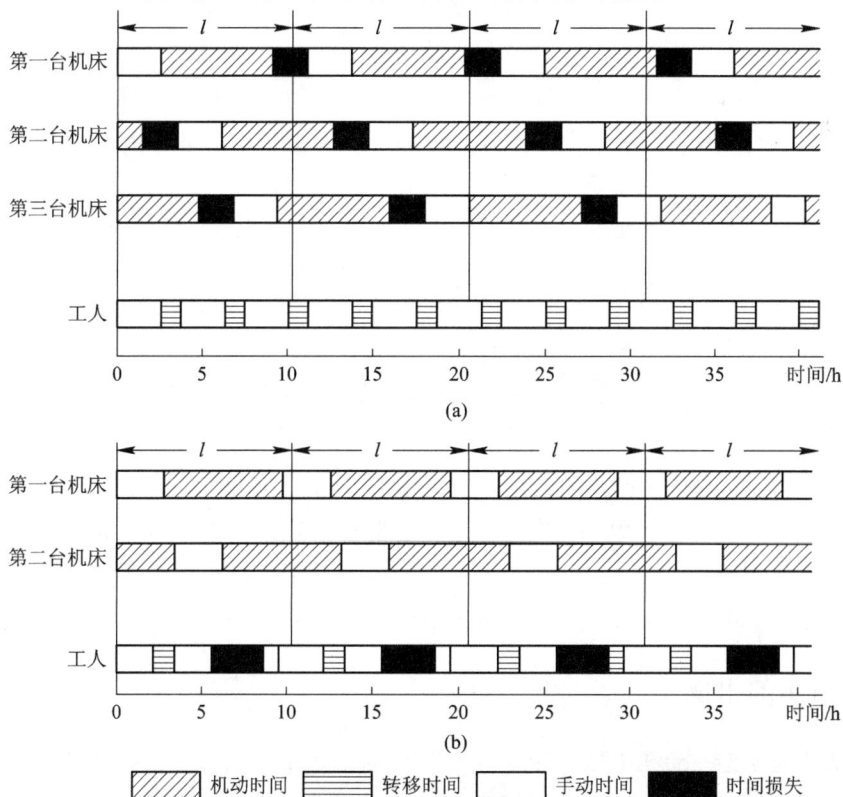

图 8-3 多机看管时间循环

可以看出，如果一个工人看管三台机床，则工人始终处于移动和操作过程中，该机床的布置要求工人移动距离尽量短，并且辅助时间尽量缩短；如果一个工人只看管两台机床，则机床始终处于加工和手动状态，要求基本时间和辅助时间尽量缩短。

## 五、进行高效和自动化加工

大批、大量生产中由于零件批量大，生产稳定，可采用专用的组合机床和自动线。零件加工的整个工作循环都是自动进行的，操作工人的工作只是在自动线一端装上毛坯，在另一端卸下成品，以及监视自动线的工作是否在正常进行。这种生产方式的生产率极高。

## 六、成组技术

现代机械制造业的生产结构中，多品种、中小批量生产类型的企业占主导地位。而批量小的产品只能沿用低效率的常规工艺方法和通用设备，无法采用先进的工艺方法和高效率专用设备。每当产品变换或更新时，必须付出大量甚至重复性的劳动去制定工艺规程，设计和制造工艺装备等。为改变这一现状，成组技术应运而生，因为机械产品的零件虽然千变万化，但客观上存在着大量的相似性。许多零件在形状、尺寸、精度和材料等方面是相似的，从而在加工工序、定位安装、机床设备以及工艺路线等各个方面都呈现出一定的相似性。

成组技术就是对零件的相似性进行标识、归类和应用的技术，其基本原理是根据零件的结构形状特征和加工工艺特征，对多种产品的各种零件按规定的法则标识其相似性，按一定的相似程度将零件分类编组，再对成组的零件制定统一的加工方案，实现生产过程的合理化。成组技术突破了局限于单一产品的批量概念，以成组批量代替单独批量，使中小批生产能够采用先进技术和自动化设备，以提高生产效率、稳定质量、降低成本。除加工范畴外，成组技术已渗透到企业生产活动的各个方面，如产品设计、生产准备和计划管理等，并成为现代数控技术、柔性制造系统和高度自动化的集成制造系统的基础。

## 第三节　工艺成本分析

在制造工程中，为保证产品的质量和生产率的要求，一般可以有几个不同的工艺方案，这些方案将会有不同的经济效果。因此，为了选取在给定的生产条件下最经济的方案，就必须对各种工艺方案进行技术经济分析。

进行技术经济分析，就需要比较不同方案的生产成本，从中选择最经济的方案。

## 一、工艺成本的组成

生产成本是制造一台机器或一个零件所花费的一切费用的总和。这种制造费用可以分为与工艺过程有关的费用和与工艺过程无关的费用两类，如图 8-4 所示。

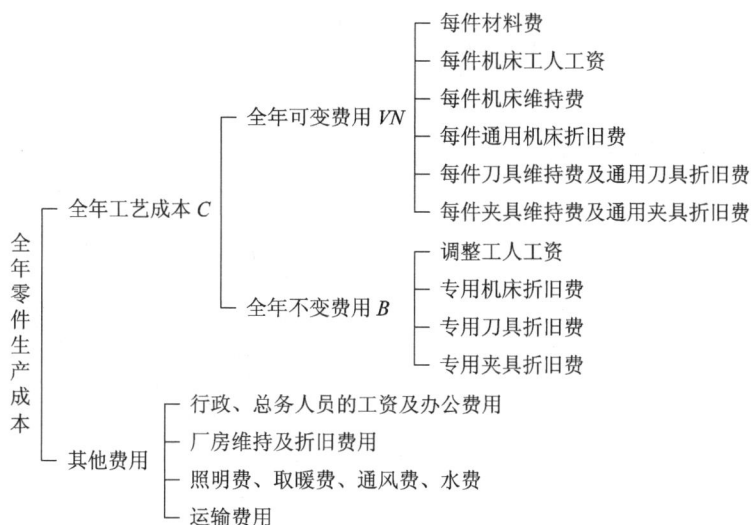

图 8-4　全年零件生产成本的组成

在进行工艺过程的技术经济分析时，只需要对工艺成本进行分析与比较。从图 8-4 可以看出，工艺成本由可变费用和不变费用两部分组成。可变费用 $V$ 是与年产量 $N$ 成比例变化的费用；不变费用 $B$ 是与年产量 $N$ 无直接关系的费用，当年产量在一定范围内变化时，其费用基本保持不变。

零件全年的工艺成本可用下式计算：

$$C = V \cdot N + B \tag{8-1}$$

式中：$C$ 为一种零件（或工序）的全年工艺成本（元/年）；$V$ 为每个零件的可变费用（元/件）；$B$ 为全年的不变费用（元）；$N$ 为年产量（件）。

同样，单件工艺成本为

$$C_i = V + \frac{B}{N} \tag{8-2}$$

式中：$C_i$ 为单件（或工序）工艺成本（元/件）。

零件的年产量越大，则分摊到每个零件的不变费用 $B/N$ 就越少，单件工艺成本 $C_i$ 就越低。

由式（8-1）知，全年工艺成本和零件的年产量成线性关系，说明全年工艺成本的变化与年产量成正比，如图 8-5 所示。

由式（8-2）知，单件工艺成本和零件的年产量成非线性关系，如图 8-6 所示。

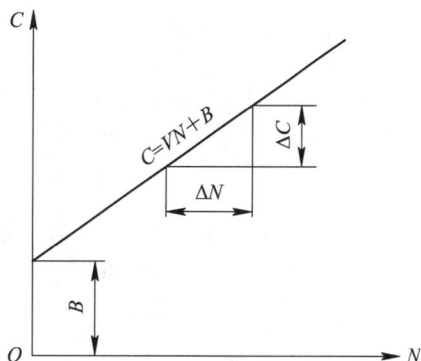

图 8-5　全年工艺成本与年产量的关系

当年产量 $N$ 很小时，由于设备的负荷低，不变费用占工艺成本的比重大，因此，单件工艺成本很高，如图 8-6 曲线中 $A$ 段所示。当 $N$ 值很大时，若 $N$ 略有变化，$B/N$ 值的变化不大，因此，不变费用对单件工艺成本 $C_i$ 的影响不大，即单件工艺成本只取决于可变费用 $V$。

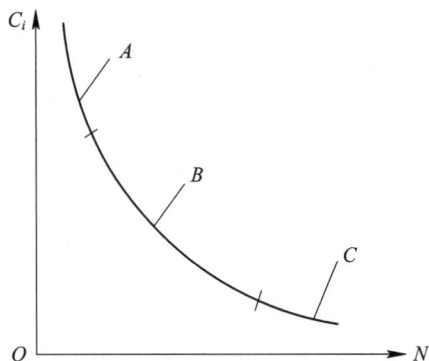

图 8-6　单件工艺成本与年产量的关系

## 二、成本分析方法

### 1. 投资相近时工艺方案的比较

在现有设备条件下或两种工艺方案的投资相近时，可以用工艺成本评价工艺方案的经济性。

对于两种不同的工艺方案，一般可按下述两种方法处理。

（1）当两种工艺方案只有少数几个工序不同时，只需要将这些不同工序的工艺成本进行比较，因而有

$$C_{i1} = V_1 + \frac{B_1}{N}$$

$$C_{i2} = V_2 + \frac{B_2}{N}$$

$$\Delta C_i = C_{i1} - C_{i2} = (V_1 - V_2) + \frac{B_1 - B_2}{N}$$

式中：$C_{i1}$、$C_{i2}$ 分别为工艺方案 1、工艺方案 2 中对应工序的工艺成本；$V_1$、$V_2$ 分别为工艺方案 1、工艺方案 2 中对应工序的可变费用；$B_1$、$B_2$ 分别为工艺方案 1、工艺方案 2 中的不变费用。

若年产量 $N$ 不变，当 $\Delta C_i > 0$ 时，说明工艺方案 2 的经济性好。

若年产量 $N$ 有变化，可找到 $C_{i1} = C_{i2}$ 的点 $N_K$，如图 8-7 所示。当年产量 $N > N_K$ 时，工艺方案 1 的经济性好；当 $N < N_K$ 时，工艺方案 2 的经济性好。$N_K$ 称为临界年产量。

（2）如果两种工艺方案中工序差别很大，无法用工序的工艺成本来比较，必须比较整个工艺过程优劣，则应用全年工艺成本进行比较，即

$$C_1 = V_1 N + B_1$$

$$C_2 = V_2 N + B_2$$

$$\Delta C = C_1 - C_2 = (V_1 - V_2)N + (B_1 - B_2)$$

式中：$C_1$、$C_2$ 分别为工艺方案 1、工艺方案 2 中的全年工艺成本；$V_1$、$V_2$ 分别为工艺方案

1、工艺方案 2 中的单件可变费用；$B_1$、$B_2$ 分别为工艺方案 1、工艺方案 2 中的不变费用。

　　若年产量 $N$ 不变，当 $\Delta C > 0$ 时，说明工艺方案 2 的经济性好，反之，工艺方案 1 的经济性好。

　　若年产量 $N$ 有变化，可根据 $C_1$ 和 $C_2$ 作两条直线，两条直线交于 $K$ 点，如图 8-8 所示，$K$ 点对应的年产量 $N_K$ 即为临界年产量。当年产量 $N > N_K$，工艺方案 2 的经济性好；当 $N < N_K$ 时，工艺方案 1 的经济性好。而当 $N = N_K$ 时，两种工艺方案的经济性相同。

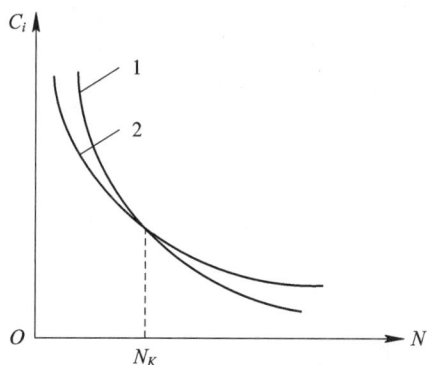

图 8-7　工序类似的工艺方案比较　　　　图 8-8　工序差别较大的工艺方案比较

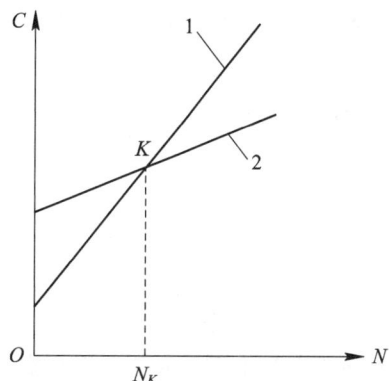

　　当比较多种工艺方案的工艺成本时，可采用作图的方法。如三种工艺方案的全年工艺成本分别是

$$C_1 = V_1 N + B_1$$
$$C_2 = V_2 N + B_2$$
$$C_3 = V_3 N + B_3$$

由于全年工艺成本 $C$ 与年产量 $N$ 成正比关系，因此可以作出如图 8-9 所示的图形。对第一种工艺方案来说，当年产量 $N$ 超过 $N_1$ 时，就需增加一套专用机床和专用工艺装备，因此不变费用 $B$ 就要增加一倍。同样，当 $N$ 再增大到某一值时，$B$ 还要增加。这种关系在图上表现为折线。

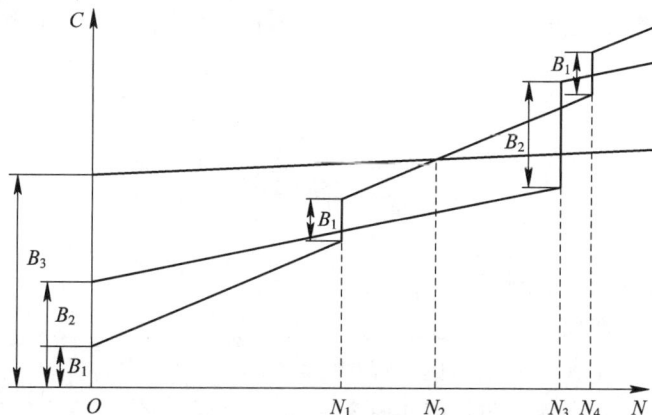

图 8-9　图解法比较三种不同工艺方案的成本

　　根据图 8-9 对这三种不同的工艺方案进行经济分析比较：当年产量小于 $N_1$ 时选第一种工艺方案经济；当年产量介于 $N_1$ 到 $N_3$ 之间时选第二种工艺方案经济；当年产量超过 $N_3$ 时则选第三种工艺方案经济。如果只比较第一种和第二种两个工艺方案，则年产量小于 $N_1$ 时和介于 $N_3$ 到 $N_4$ 之间时选第一种工艺方案经济，除此以外选第二种工艺方案经济。

**2. 投资相差较大时工艺方案的比较**

　　上述比较的前提是各种不同工艺方案的基本投资是相等或相近的。当不同工艺方案的投资相差较大时，单纯比较工艺成本不合理，因为基本投资较大者往往由于其生产效率高而使工艺成本较低。这时应该考虑基本投资回收期，比较两种工艺方案所付出的投资代价。回收期是指多花费的投资通过工艺成本的降低而收回投资的时间。投资回收期可用下式求得：

$$\tau = \frac{K_1 - K_2}{C_2 - C_1} = \frac{\Delta K}{\Delta C}$$

式中：$\tau$ 为投资回收期（年）；$K_1$、$K_2$ 分别为工艺方案 1、工艺方案 2 中的基本投资（元）；$C_1$、$C_2$ 分别为工艺方案 1、工艺方案 2 中的全年工艺成本（元/年）。

　　投资回收期必须满足以下要求：

　　(1) 回收期应小于所采用设备或工艺装备的使用年限。

　　(2) 回收期应小于该产品由于结构性能或市场需求等因素决定的生产年限。

　　(3) 回收期应小于国家规定的标准回收期，例如采用新夹具的标准回收期常定为 2～3 年；采用新机床的标准回收期常定为 4～6 年。

　　当工艺方案按成本分析比较相差不大时，一般可按相对技术经济指标进行工艺方案的补充论证。常用的技术经济指标有：每个工人的年产量；每台设备的年产量；每平方米生产面积的年产量；材料利用率、设备负荷率、专用与通用设备构成比；原材料消耗与电力消耗等。

　　另外必须指出，在进行经济分析时，要全面考虑生产率的提高。对国防工业来说，战时的劳动生产率更具有特别重要的意义。在考虑经济问题时要同时考虑劳动条件的改善和技术安全问题。

　　通常，对于产量较大的主要零件或重大的工艺方案比较，才进行工艺成本的计算，而对于一般零件和一般工艺方案，常用其他的一些技术经济指标——如材料利用率与设备负荷率等进行估算。

## 习　题

　　1. 什么是时间定额？时间定额如何计算？

　　2. 如何减小基本时间？

　　3. 什么是工艺成本？工艺成本包含哪些内容？

　　4. 工艺成本中的可变成本包括哪些内容？

　　5. 在比较两套工艺方案时，如果两套方案前期投入相差较大，应该如何抉择？

# 第九章

# 生产调度及调度算法

生产调度是一个古老的问题，从工业化生产诞生起就有生产调度问题，而在当下，生产调度的重要性又一次随着智能制造的发展而凸显出来。生产计划和调度作为管理生产过程的活动，开始于已知或可以预知产品需求的时刻，终止于产品销售的时刻，贯穿整个制造过程始终。生产调度不仅包含工件加工先后顺序、加工参数的设置和规划，而且包含机床、刀具、工人等资源的优化配置及提前开工、延时开工、延时交货等时间规划和考量。所以，一个好的生产计划和调度，可以达到有效利用生产能力，提高生产效率，降低生产成本，提高企业竞争力的目的。

我国作为制造业大国，目前正处在智能化转型的关键阶段。转型中相当多的企业因资金链趋紧导致流动资金严重不足，因订单要求越来越高致使难以满足要求等，这些问题使得加工企业特别是中小型加工企业竞争加剧，如果不加以改变很可能会被淘汰出局。在智能制造中，AI 所承担的主要功能之一就是通过智能化的生产规划和调度实现资源的优化配置和保证生产的快速高效。因此，研究生产调度问题可以为我国赶超和引领国际智能制造水平，降低企业经营风险、增强企业的国际竞争力，增强企业抵御经济下行影响的能力提供技术保证和管理方法。

## 第一节 ▎ 生产调度问题的基本概念及特点

### 一、生产调度问题的基本概念

调度问题主要集中在车间的计划与调度方面。制造系统的生产调度是针对一项可分解的工作（如产品制造），探讨在尽可能满足约束条件（如交货期、工艺路线、资源情况）的前提下，通过下达生产指令，安排制造系统的组成部分（操作）使用哪些资源、确定制造系统加工时间及加工的先后顺序，以获得产品制造时间或成本的最优化。在理论研究中，生产调度问题常被称为排序问题或资源分配问题。

描述调度问题的名词术语与加工制造业相同，以"机器""工件""工序"和"加工时间""调度"等来描述。"机器"代表"服务者"，它指工厂里的各种机床；而"工件"代表的是"服务对象"，它指等待加工的各种零件或者待修理的机器；一个工件在一台机器上的加工称为一道"工序"；用"加工路线"表示工件加工在技术上的约束，即工件的加工工艺流程，加工路线是事先给定的；用"加工顺序"表示各台机器上工件加工的先后次序。

"调度"解决的是服务者对服务对象的服务顺序和时间安排问题。因此，从一般意义上讲，调度问题可以表述为：一个或多个服务者为两个或两个以上服务对象服务时，如何确定服务顺序和服务时间，使预定目标达到最优。

一般的调度问题都是对具体生产环境中复杂的、动态的、多目标的调度问题的抽象和简化，因而，一个调度算法可以通过其如何表述这些复杂性来进行分类。由于实际生产环境是千差万别的，那么，一个调度算法就应该根据其是否适合对应生产环境的重要特征来进行评估。尽管每个企业的生产调度策略和应用环境各有不同，但典型生产调度模型都具有下述五个特征，这些特征有助于我们了解各种不同调度算法的应用环境。

(1) 边界条件：生产调度常常是一个重调度问题，即修改已有的生产调度去适应新的作业。为提供重调度，调度算法应能处理生产系统中有关的初始状态。类似的生产调度通常是在有限的时间区域里进行的，系统的最优解（或次优解）亦是在限定的边界范围内获取。

(2) 分批调度和调整费用：为有效解决实际生产中的调度问题，往往将任务分成多批进行，并考虑改变已有调度结果所付出的代价（调整费用）。

(3) 加工路径：在实际生产中，作业的加工路径可能需要动态改变，工艺/工序可能是半有序的。

(4) 随机事件和扰动：比如出现关键作业、设备损坏、加工操作失败、原料短缺、加工时间/到达时间/交货期的改变等。

(5) 性能指标和多目标：追求不同的性能指标往往会得到不同的优化解，同时，系统目标也以多目标为主。

## 二、生产调度问题的特点

### 1. 复杂性

由于装卸作业、装卸设备、库场、搬运系统之间相互影响、相互作用，每个作业又要考虑它的到达时间、装卸时间、准备时间、操作顺序、交货期等，因而相当复杂。由于调度问题是在等式或不等式约束下求性能指标的优化，在计算量上往往是 NP(Nondeterministic Polynomial)完全问题，即随着问题规模的增大，对于求解最优化的计算量呈指数增长，使得一些常规的最优化方法无能为力，对于这一点前人已给出了明确的证明。即便对单机调度问题，如果考虑 $n$ 个作业，而每个作业只考虑加工时间及与序列有关的准备时间，就等价于 $n$ 个城市的 TSP(Traveling Salesman Problem)问题。对于一般的装卸系统，问题就变得更为复杂。

### 2. 动态随机性

实际生产调度系统中存在很多随机的和不确定的因素，比如作业到达时间的不确定性，作业的加工时间也有一定的随机性，而且生产系统中常出现一些突发偶然事件，如设备的损坏/修复、作业交货期的改变等。

**3. 多目标性**

实际的计划调度往往是多目标的，并且这些目标间可能发生冲突。调度目标可分为三类：基于作业交货期的目标、基于作业完成时间的目标、基于生产成本的目标。这种多目标性导致调度的复杂性和计算量急剧增加。

## 第二节　生产调度问题的分类

### 一、按机器的种类和数量分类

按机器的种类和数量不同，生产调度问题可以分为单台机器的调度问题和多台机器的调度问题。对于多台机器的调度问题，按工件加工路线的特征，可以分为单件作业调度问题和流水作业调度问题。工件的加工路线不同，是单件作业调度问题的基本特征；而所有工件的加工路线完全相同，则是流水作业调度问题的基本特征。

### 二、按工件到达车间的情况分类

按工件到达车间的情况不同，生产调度问题可以分为静态的排序问题和动态的排序问题。当进行排序时，所有工件都已到达，可以一次对它们进行排序，这是静态的排序问题；若工件是陆续到达，要随时安排它们的加工顺序，这是动态的排序问题。静态调度的所有待安排加工的工件均处于待加工状态，因而进行一次调度后，各作业的加工顺序被确定，在以后的加工过程中就不再改变；动态调度是指作业依次进入待加工状态，各种作业不断进入系统接受加工，同时完成加工的作业又不断离开，还要考虑作业环境中不断出现的动态扰动，如作业的加工超时、设备的损坏等。因此动态调度要根据系统中作业、设备等的状况，不断地进行调度。实际调度的类型往往是动态的。

### 三、按目标函数的性质分类

目标函数作为车间调度问题的关键影响因素，直接影响调度结果和算法的复杂性。根据目标函数性能指标不同，生产调度问题可分为基于调度费用的调度问题和基于调度性能的调度问题两类。

### 四、按目标函数的数目分类

调度模型中按照目标函数数目不同可分为单目标调度和多目标调度。近年来，传统多目标调度优化方法得到了很大发展，遗传算法、模糊优化、神经网络等现代技术也被应用到多目标调度优化中，使多目标调度优化方法取得很大进步。多目标问题中的各目标往往是冲突性的，其解不唯一，如何获得最优解即满意度问题成为多目标优化的一个难点，目前还没有非常成熟与实用性好的理论。

## 五、按参数的性质分类

按参数的性质，生产调度问题可以划分为确定型调度问题与随机型调度问题。所谓确定型调度问题，指加工时间和其他有关参数是已知确定的量；而随机型调度问题的加工时间和有关参数为随机变量。这两种调度问题的解法本质上不同，机器数、工件数以及工序完全相同的确定型调度问题和随机问题算法的设计、运算的过程及算法的评价也是不同的。例如求两台相同机床的时间表长的确定型问题是 NP-hard 问题，但若加工时间服从指数分布，反而有最优解，这就使得研究随机调度十分必要。

第三节　常用的生产调度模型

生产调度模型一般根据资源的多少进行构建，其中机器也作为资源投入构建过程中。

## 一、单机调度

单机调度(Single Machine Scheduling，SMS)问题可以描述为：$n$ 个相互独立的工件需要在系统中的一台机器上序贯处理，每项任务有加工时间、交货期等参数，此外还要满足一些调度环境和约束条件的要求，调度目标就是找到一个最优的任务序列使得目标最优。单机调度问题可用三参数法进行表示，如用 $1 \mid r_j, \text{prmp} \mid \sum \omega_j C_j$ 表示一个单机调度问题，即工件 $j$ 在其提交日期 $r_j$ 进入系统，允许中断，该问题的优化目标是最小化加权完成时间和。在理论上，单机调度可看作其他调度问题的特殊形式，因此深入研究单机调度问题可以更好地理解复杂的多机调度问题的结构。在生产实践中，复杂调度问题往往可以分解为多个单机调度问题来解决，若一条生产线上的某台机器成为瓶颈，则整条生产线的调度围绕该机器进行，就可以转化为一个单机调度问题。单机调度问题也是一类经典的 NP-hard 问题，研究单机调度问题求解算法可以为求解复杂调度问题的算法提供基础。

## 二、平行机调度

平行机调度(Parallel Machine Scheduling，PMS)问题与单机调度问题的区别在于用于加工的机器不是一个而是 $m$ 个，每台机器都具有相同的功能，每个工件可以任意选择一台机器进行加工，因此可以有 $m$ 个工件同时加工，即 $n$ 个相互独立的工件需要在系统中的 $m$ 台机器上序贯处理。该问题也可用三参数法进行表示，如用 $m \mid r_j, \text{prmp} \mid \sum \omega_j C_j$ 表示一个平行机调度问题，即工件 $j$ 在其提交日期 $r_j$ 进入系统，允许中断，该问题的优化目标是最小化加权完成时间和。

平行机按加工速度又分为三种类型：如果所有机器都具有相同的速度，称为同速机(Identical Machines)；如果机器的速度不同，但每台机器的速度都是常数，不依赖被加工的工件，则称为恒速机(Uniform Machines)；如果机器的加工速度依赖于被加工的工件，则称为变速机(Unrelated Machines)。

平行机调度在传统机群式管理中经常遇到，其优化目标通常涉及总完成时间、加权平均完成时间、交货期惩罚等。

## 三、流水线调度

流水线调度(Flow Shop)问题是典型的组合优化问题，目前大规模生产中流水线的应用还是主流，因此目前对流水线调度的研究仍然是热点。这一问题可以描述为假设有 $n$ 个工件，每个工件都按相同的顺序经过 $m$ 台机器加工，求解各工件加工顺序，使某种预先规定的目标函数达到最优。

经典 Flow Shop 问题的一般假设条件为：

（1）一个工件不能同时在不同的机器上进行加工。

（2）对所有的工件来说，在加工过程中采取平行移动方式。即上一道工序完工后，立即送下道工序加工。

（3）当一个工件在某个工序上开始加工，必须一直进行到完工，不允许中途停下来，也不允许插入其他工件。

（4）每道工序只能在一台机器上完成，每台机器只能完成一道工序。工序都不具有优先权。

（5）工件数 $n$、机器数 $m$ 和加工时间 $t_{ij}$ 已知，且加工时间与加工顺序无关。所有的工件都可以在零时刻开始加工。

（6）允许工件在工序之间等待，允许机器在工件未到达时闲置。

（7）工件加工技术上的约束事先给定。

（8）每台机器同时只能加工一个工件。

（9）所有工件在各台机器上的加工顺序相同。

其中第(9)条决定了该问题是流水线调度，因此不能改动，其他条目可以根据实际情况进行变动，比如第(3)条可以引入中断机制，第(5)条可以引入延时开工机制等。

## 四、单件调度

单件调度(Job Shop)问题是生产调度中最一般也是最复杂的类型，随着目前个性化定制和单件、小批量的兴起，单件调度问题越来越成为实际生产中常会遇到的情况。单件调度模型与流水线调度的区别在于上文中第(9)条，对于单件调度来说，各个工件有自己的加工顺序，而且有些工件可能会出现缺工序的情况，即某个工件无需使用某台机器。

在过去，单件调度的问题解决是很令人头疼的，所以企业一般会尽量避免形成单件调度的局面，比如尽量凑批量形成流水线，或者运用成组技术避免工序的过于分散。但是随着人工智能和大数据的兴起，单件调度的解决也有了很多有效方法，因此单件调度会渐渐成为企业生产规划的主流。

## 第四节　生产调度的主要算法

算法研究是经典调度理论的核心，从 20 世纪 50 年代至今，尽管已经出现了上百种调度算法，但人们并没有放弃寻找更新、更有效的算法，所以算法研究仍然是绝大多数调度研究者的重点研究内容。

一个算法一般包括设计、证明和分析三个阶段。算法设计是一种技巧性和灵活性很强的工作，对于不同的问题有不同的设计方法；算法证明要求能够证明对所有可能的合法输入都能得到正确的结果；算法分析则是对算法需要的时间和存储空间作定量分析，一般也称为问题复杂性的研究。经典调度理论的算法研究主要包括调度算法设计和调度问题复杂性分析。

## 一、算法的时间复杂度

原则上可解的算法在实际中不一定实用，因为该算法用现有的计算手段可能需要极长的运行时间（比如上百万年）或极大的存储空间，实际上是无法实现的，这就引出了算法的时间复杂性和空间复杂性的概念。

算法的时间复杂性指算法对时间的需要量，对于某个具体问题而言，一般用求解该问题的所有算法中耗时最短的时间长短来衡量该问题的时间复杂性。空间复杂性的定义也大体相似。一般情况下，对算法复杂性的研究主要集中在时间复杂性的研究上。

通常把算法按复杂性程度分为两大类：多项式算法和非多项式算法。多项式算法的复杂性都可以采用某个多项式为上界；而非多项式算法的复杂性不能以多项式为上界，其执行时间随着问题规模的增大而急剧增加，即使中等规模的问题也难以解决。因此人们常常称多项式算法为有效算法，而认为非多项式算法不是有效的算法。随着硬件能力的提高、人工智能的普及以及大数据的应用，各种算法的有效性和实用性也在不断变化。

在理论上，求解的问题按其复杂性可分为三大类：

第一类：存在多项式算法的问题，一般称为 P 类问题。

第二类：不存在多项式算法的问题，这类问题同 P 类问题一起称为 NP 类问题。

第三类：未找到多项式算法，也不能证明其不存在多项式算法的问题。

第三类问题介于第一类问题和第二类问题之间，随着研究的深入，将逐步向第一类问题和第二类问题分化。这类问题中有一个子类，该子类中的元素（即问题）形成了关系非常密切的集合，以至于该集合中一旦有一个元素被确定为归属于第一类问题或第二类问题，那么集合中的所有元素都属于该类，这个子类就是 NP-complete 问题类。

现在已证明的 NP-complete 问题有上千个，但没有找到任一问题的多项式时间算法。因此科学家们大都认为 NP-complete 问题不存在有效的多项式时间算法，即 P≠NP，但未能证明。

还有一类问题，它不比 NP-complete 问题容易，任何 NP 类问题都可以归纳为这类问题，该问题被称为 NP-hard 问题，它与 NP-complete 问题的区别在于不必是 NP 类中的问题。

问题复杂性方面的理论研究工作开始于 20 世纪 70 年代，人们发现绝大多数的调度问题都是 NP-hard 问题，有一些是 NP-complete 问题，对这些问题不可能找到精确的求解方法，只能用近似方法。因此问题复杂性的分析是调度算法研究的重要内容，但是，很多调度算法难以进行复杂性分析，只能通过实验和仿真来证明其可行性。

## 二、常用算法

一般的调度问题都是对具体生产环境中复杂的、动态的、多目标的调度问题的抽象和简化，因而一个调度算法可以通过其如何表述这些复杂性进行分类。由于实际生产环境是千差万别的，那么一个调度算法就应该根据其是否适合对应生产环境的重要特征进行评估。对于调度问题的研究方法，最初是想通过运筹学找到近似最优解，但由于调度问题以 NP-hard 问题为主，所以只运用纯数学方法比较困难。再后来人们开始开发基于规则的启发式算法，但这些方法不是调度结果不理想就是难以解决复杂的问题。随着各种新的相关学科及优化技术的建立与发展，本世纪初在调度领域也出现了许多新的基于搜索的优化方法，比如神经网络、模拟退火法、禁忌搜索法、遗传算法等，使得调度问题的研究方法向多元化方向发展，而随着近年来神经网络、人工智能和大数据的普及，调度算法进入了一个新的发展时期。

### 1. 精确算法

精确算法主要是指数学规划方法，其主要优点是能够得出精确的最优解，它是调度问题研究中的经典算法之一，用于求解调度问题的数学规划方法主要有分枝定界法和动态规划等。

分枝定界法是 20 世纪 60 年代由 Land Doig 和 Dakin 等人提出的一类重要的求解整数规划或混合整数规划的方法，该方法灵活且便于计算机求解，所以应用广泛。它的基本思想是先求出整数规划问题 A 所对应的线性规划问题 B 的最优解，如果该解不符合 A 的整数条件，那么 B 的最优目标函数必是 A 最优目标函数的上界，而 A 的任意可行解的目标函数值是其最优值的下界。然后将 B 的可行域分成区域(称为分枝)，逐步减小上界和增大下界，最终求得最优解。调度问题的研究中，分枝定界法一直是最重要的算法之一，目前存在的分枝定界法的差异主要表现在分析规则、定界机制和上界三个方面。

动态规划是另一种求解调度问题的重要数学规划方法。1951 年，美国数学家 Bellman 等人根据一类多阶段决策问题的特点，将问题按时间或空间特征分成若干前后衔接的时空阶段，然后逐个加以解决，最后求出整个问题的最优决策序列。同时他们提出了解决这类问题的"最优性原理"，根据这个原理，在求解的每一个阶段中，以后的最优策略只取决于当前的状态，这样就创建了求解最优化问题的动态规划方法。

数学规划方法在理论上能够求出问题的最优解，它们的有效性当然是最高的，适用范围也比较广，几乎能适用于任何一种调度问题，但是计算复杂(算法复杂度为指数函数)，计算规模容易受问题规模的限制，即使用来验证其他算法，也是在小规模问题上验证，难以得到实际的应用，所以动态规划方法主要同其他算法一起使用。

### 2. 基于规则的方法

对生产加工任务进行调度的最传统的方法是使用调度规则(Dispatching Rules)，已经有许多调度规则被应用，调度规则因简单、易于实现、计算复杂度低等原因，能够用于动态实时调度系统中。基于规则的调度方法按形式分为三类：简单规则、复合规则、启发式规则，目前，启发式规则是最常用的调度规则。

生产调度中常用的调度优先级规则的分类如下：

（1）与作业加工时间相关的调度优先级规则：

① SPT：选择具有最短工序加工时间的作业。

② LPT：选择具有最长工序加工时间的作业。

③ LWKR：选择剩余工序总工序加工时间最短的作业。

④ MWKR：选择剩余工序总工序加工时间最长的作业。

⑤ TWORK：选择全部工序加工时间最长的作业。

⑥ MWORK：选择全部工序加工时间最短的作业。

（2）与作业交货期相关的调度优先级规则：

① EDD：选择零件交货期最早的作业。

② ODD：选择工序交货期最早的作业。

（3）与剩余工序数量相关的调度优先级规则：

① FOPNR：选择剩余工序数量最少的作业。

② GOPNR：选择剩余工序数量最多的作业。

③ MDFO：选择直接后继工序最多的作业。

④ FSO：选择零件可调度工序最少的作业。

（4）与随机特征相关的调度优先级规则：

① FIFO：选择最先到达机床排队队列零件的作业。

② LIFO：选择最后到达机床排队队列零件的作业。

③ FASFS：选择最先到达车间排队队列零件的作业。

④ RDM：随机选择同时到达排队队列零件的作业。

（5）与车间全局信息相关的调度优先级规则：

① NINQ：选择直接后继工序机床等待队列最短的作业。

② WINQ：选择直接后继工序机床等待队列总工时最短的作业。

（6）与当前时间相关的调度优先级规则：

① ALL：选择允许剩余时间最短零件的作业。

② SLACK：选择松弛时间最短零件的作业。

③ CR：选择有最小临界比零件的作业。

④ ALL/OPN：选择单位剩余工序允许剩余时间最短的作业。

⑤ SLACK/OPN：选择单位剩余工序允许松弛时间最短的作业。

⑥ SLACK/WKR：选择单位剩余工序总工时松弛时间最短的作业。

⑦ SLACK/ALL：选择单位剩余时间松弛时间最短的作业。

随着计算机运算速度的飞速提高，人们希望寻找新的近似调度方法，使其以合理的额外计算时间为代价，换得比单纯启发式规则所得到的调度更好的调度。比较有代表性的近似调度方法有移动瓶颈方法（Shifting Bottleneck Procedure），用来解决以最小化 Makespan 为目标的 Job Shop 调度问题，通过不断对移动的瓶颈设备进行单机调度，获取更好的次优解。启发式规则直观、简单、易于实现，但是它是局部优化方法，并不存在全局最优的调度规则，难以得到全局优化结果，且其有效性依赖于对特殊性能需求的标准及生产条件，不能对得到的结果进行次优性的定量评估。顾客需求的个性化及市场响应的智能性，往往给生产加工过程加入了更多的不确定性及复杂性约束，寻找调度最优算法本身又是一个 NP-complete 问题，这些因素使得基于规则的调度算法已不能满足智能制造的要求。

### 3. 基于搜索的方法

基于搜索的方法是一种近似寻优技术，它的思想是对调度问题的解进行编码，搜索过程从任意一个有效的编码出发，通过对其领域的不断搜索和对当前序列的替换来实现优化。该方法是先有可行性加工顺序，然后对其进行优化。基于搜索的算法在生产调度领域中的应用十分普遍，如果与启发式方法相结合效果会更佳，应用最为广泛的有禁忌搜索法、模拟退火法和遗传算法。

#### 1）模拟退火算法

模拟退火算法（SA）是模拟固体从高温冷却到低温的过程，如果问题的一个解对应固体的一个微观状态，用问题的目标函数对应能量，用一个随算法进程不断递减的控制参数 $t$ 对应固体退火过程中的温度，对于控制参数 $t$ 的每一个取值，算法持续进行"产生新解—判断—接受或舍弃"的迭代过程对应固体在某一恒定温度下趋于热平衡的过程，这样的一次迭代过程就是执行了一次模拟退火算法。模拟退火算法从某个初始解出发，经过大量解的变换后，可以求得给定控制参数值时问题的相对最优解。然后减小控制参数 $t$ 的值，重复执行模拟退火算法，就可以在控制参数 $t$ 趋于 0 时，最终求得问题的整体最优解。模拟退火算法于 20 世纪 80 年代初被提出，该算法适合解大规模组合优化问题，是解 NP-complete 问题的通用有效近似算法，它的有效性与采用的随机抽样方式有关。总的来说，该算法能够渐近收敛于全局最优解，并具有多项式计算复杂特性。但是不同的抽样方式实现的最优率差异较大，有的高达 95%，有的才 11%，算法有效性随问题规模的增大有缓慢下降的趋势。另外，由于模拟退火算法能以一定的概率接受差的能量值，因而有可能跳出局部极小，但它的收敛速度较慢，难以用于实时动态调度环境。

#### 2）禁忌搜索算法

禁忌搜索算法（Taboo 搜索算法或 Tabu 搜索算法）是局部邻域搜索算法的推广。1986 年该算法首次被提出，进而形成了一套完整的算法。该算法能够解决 NP-hard 问题，它通过禁止向某些邻域移动的策略来跳出局部最优。禁忌搜索算法是一种迭代方法，它开始于一个初始可行解 $S$，然后移动到领域 $N(S)$ 中的最优解 $S^*$，即 $S^*$ 对于目标函数 $F(S)$ 在领域 $N(S)$ 中是最优的。然后，从新的开始点重复此法。为了避免死循环，禁忌搜索算法把最近进行的 $T$ 个移动（$T$ 可固定也可变化）放在一个禁忌表中（也称短期记忆），在目前的迭代中这些移动是被禁止的，在一定数目的迭代之后它们又被释放出来。这样的禁忌表是一个循环表，它被循环地修改，其长度 $T$ 称作 Tabu size。最后，还须定义一个停止准则来终止整个算法。由于禁忌表的限制，禁忌搜索算法在搜索中有可能跳出局部极小。禁忌搜索算法的不足是计算时间随着禁忌表长度的增加而增加。

#### 3）遗传算法

遗传算法（GA）是借鉴生物的自然选择和遗传进化机制开发的一种全局优化自适应概率搜索算法，用来解决组合优化问题。遗传算法使用群体搜索技术，通过对当前群体施加选择、交叉、变异等一系列遗传操作，产生新一代的群体，并逐步使群体进化到包含或接近最优解的状态。1985 年，遗传算法首次应用于解决车间调度问题，取得了近似最优解。此后学者对遗传算法在车间调度中的应用做了大量研究并取得了突破性的成果。此算法有较好的全局寻优性能和很强的灵活性，不足之处在于可能出现死锁现象。近年来研究人员不断提出改善措施来解决这一问题，使得遗传算法在复杂问题中的应用远比其他搜索方法广泛，这是由于确定搜索方向是一个难点，诸如禁忌搜索法等确定性搜索算法的实用性比较差，而这正是遗传算法的优势所在。遗传算法的最大优点是通过群体间的相互作用，保持已经搜索到的信息，这是其他基于搜索的优化方法所无法比拟的。事实上，遗传算法目前在优化领域中得到广泛应用的主要原因有以下几点：

（1）遗传算法不是直接作用在问题变量集上，而是利用问题变量集的某种编码，摆脱原问题的变量集，因此遗传算法具有广泛的适应性。

（2）遗传算法是对问题参数的编码组进行计算，而不是直接对参数本身进行计算。

（3）遗传算法的搜索是从问题解的编码组开始搜索，而不是从单个解开始。因此陷入一个局部最小的可能性明显减小。

（4）遗传算法使用适应度函数值这一信息进行搜索，而不需导数等其他信息。

（5）遗传算法使用的选择、交叉、变异这三个算子都是随机操作，而不是确定规则。

（6）遗传算法利用适应值信息，不需导数或其他辅助信息，因此很容易与现有的应用程序接口。

（7）遗传算法利用概率转移规则，而非确定性规则，因此遗传算法具有良好的可扩展性。

遗传算法的主要运算过程如下：

步骤一：初始化。设置进化代数计数器 $t=0$；设置最大进化代数 $T$；随机生成 $M$ 个个体作为初始群体 $P(0)$。

步骤二：个体评价。计算群体 $P(t)$ 中各个个体的适应度。

步骤三：选择运算。将选择算子作用于群体。

步骤四：交叉运算。将交叉算子作用于群体。

步骤五：变异运算。将变异算子作用于群体。群体 $P(t)$ 经过选择、交叉、变异运算之后得到下一代群体 $P(t+l)$。

步骤六：终止条件判断。若 $t<T$，则 $t=t+1$，转到步骤二；若 $t=T$，则以进化过程得到的具有最大适应度的个体作为最优解输出，终止计算。

**4. 神经网络及人工智能算法**

神经网络应用于生产调度算法中已经很久了，20 世纪 70 年代就有人将其应用于生产调度算法的开发，但是没有取得突破性的成果。随着人工智能的兴起，神经网络又一次进入人们视野。神经网络的本质是模仿人类学习和预测事物的能力，是一种并行处理模型。这种模型根据网络拓扑结构、节点特征和训练规则的不同而变化。通过训练使网络能够正确地根据生产特征选择合适的调度策略和评价指标。训练的输入信息有零件特征和车间特征（如设备待加工任务数、设备利用率等），训练的输出信息是对调度问题的几种分配规则或解决策略等指标的评判等级，选择优先权最高的指标进行辅助调度。但是神经网络的知识表达和学习训练是相互矛盾的，所以要合理设计神经元的有限个数，使其既能保证知识的表达，又不至于在学习训练时太过困难。另外，网络权值意义不明确是神经网络的天生缺陷，它只能描述难以理解的大量数据之间复杂的函数关系，无法以人类语言可以接受的方式表达出来。为解决这一问题，人们提出了一种基于模糊神经网络的推理系统，结合了神经网络和模糊逻辑的优点，既具有一定的学习能力，又使网络的权值有了明确的物理意义。这种方法为用户对系统的理解打下了良好的基础，越来越受到人们的重视。

　　近年来基于深度学习的智能调度技术的研究取得了很大进展，该技术能在决策处理中同时采用定性和定量的知识，能生成启发式规则，并能敏锐地获得信息之间的复杂关系，采用学习和特殊的技术来处理这些关系。但也有不足之处，它们需要时间去学习、建立和验证，有时很难维护和改变；只能产生可行解，不能说明与最优解的接近程度。人工智能可以通过深度学习的方式快速灵活响应市场的生产调度机制，在解决动态问题方面有着自身的优势，逐渐成为生产调度研究中的热门话题。

## 习　　题

1. 什么是生产调度？生产调度问题的特点是什么？
2. 生产调度问题如何分类？
3. 有哪些常见的生产调度模型？
4. 生产调度问题的主要算法有哪些？

# 参 考 文 献

［1］ 王启平，王振龙，狄士春. 机械制造工艺学［M］. 5 版. 哈尔滨：哈尔滨工业大学出版社，2005.

［2］ 付平，吴俊飞，杨化林. 机械制造技术基础［M］. 北京：化学工业出版社，2013.

［3］ 王庆明. 机械制造工艺学［M］. 上海：华东理工大学出版社，2017.

［4］ 王先逵. 机械制造工艺学［M］. 4 版. 北京：清华大学出版社，2020.

［5］ 柯明扬. 机械制造工艺学［M］. 北京：北京航空航天大学出版社，1996.

［6］ 周桂莲，付平，杨化林. 制造技术基础［M］. 北京：机械工业出版社，2014.

［7］ 王庆明. 先进制造技术导论［M］. 上海：华东理工大学出版社，2007.

［8］ 傅水根，张学政，马二恩. 机械制造工艺基础［M］. 3 版. 北京：清华大学出版社，2010.